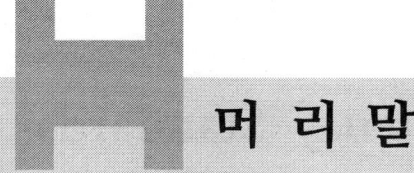
머리말

"용접기술은 조선, 기계, 자동차 및 건설 등의 중화학 공업에서 광범위하게 사용되는 기초 산업입니다. 그로 인해 산업인력관리공단에서 평가하는 용접기능사 및 특수용접기능사 시험 또한 많은 수험생이 응시하는 과목이지만, 기능사의 성격상 처음 도전하는 수험생들이 1차 시험에서 낮은 합격률을 나타내고 있습니다.

본 교재는 기능사 시험의 출제기준을 분석하여 보다 쉽고 간결하게 구성하여 처음 용접을 접하는 수험생들도 쉽게 시험에 대비할 수 있도록 하였습니다. 용접기능사와 특수용접기능사 자격증의 1차 시험은 동일한 과목이므로 본 교재로 충분히 합격할수 있도록 편집하였습니다. 열성을 다해 이 책을 엮었으나 미흡한 부분이 있으리라 생각되며 앞으로 계속 수정·보완해 나갈 것을 약속드립니다. 또한 의문되는 부분은 저자메일 hongkirl@naver.com 으로 보내주시면 성실히 답하도록 하겠습니다.

이 책이 나오기까지 많은 도움을 주신 도서출판 한필 대표님과 편집부 임직원 여러분들께 감사드립니다.

저자 씀

CRAFTSMAN WELDING

NCS, National Competency Standards

■ NCS(국가직무능력표준)은 무엇인가?

국가직무능력표준(NCS, National Competency Standards)은 산업현장에서 직무를 수행하기 위해 요구되는 지식 · 기술 · 태도 등의 내용을 국가가 체계화한 것입니다.

■ 국가직무능력 표준 개념도

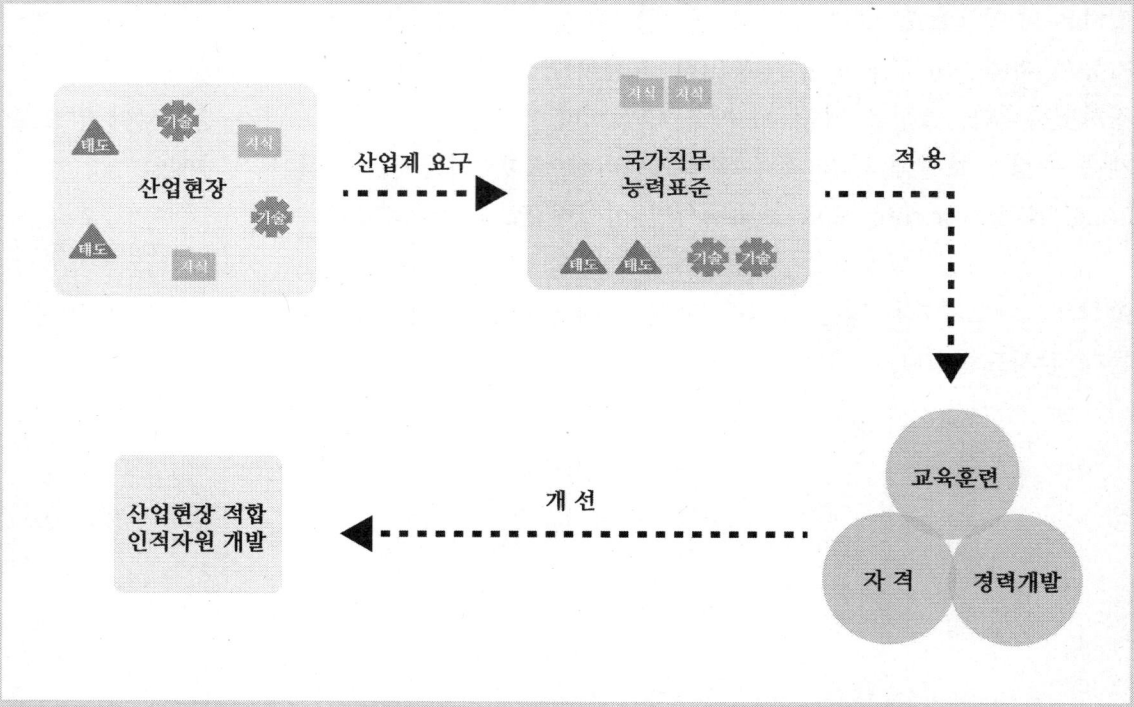

CRAFTSMAN WELDING

■ 직무능력

능력 = 직업기초능력 + 직무수행능력

직업기초능력 : 직업인으로서 기본적으로 갖추어야 할 공통 능력

직무수행능력 : 해당 직무를 수행하는데 필요한 역량(지식, 기술, 태도)

■ 국가직무능력표준(NCS)의 필요성

능력있는 인재를 개발해 핵심인프라를 구축하고, 나아가 국가경쟁력을 향상 시키기 위해 국가직무능력표준이 필요합니다.

· 기업은 직무분석자료, 인적자원관리 도구, 인적자원개발 프로그램, 특화자격 신설, 일자리정보 제공 등을 원합니다.
· 기업교육훈련기관은 산업현장의 요구에 맞는 맞춤형 교육훈련과정을 개설하여 운영하기를 원합니다.

지금은,		바뀝니다.
· 직업교육·훈련 및 자격제도가 산업현장과 불일치 · 인적자원의 비효율적 관리 운용	국가직무 능력표준	· 각각 따로 운영됐던 교육·훈련, 국가직무능력표준 중심 시스템으로 전환 (일-교육·훈련-자격 연계) · 산업현장 직무 중심의 인적자원 개발 · 능력중심사회 구현을 위한 핵심인프라 구축 · 고용과 평생 직업능력개발 연계를 통한 국가경쟁력 향상

■ 국가직무능력표준 활용범위

국가직무능력표준은 기업체, 직업교육훈련기관, 자격시험기관에서 활용 할 수 있습니다.

기업체 Corporation	교육훈련기관 Education and training	자격시험기관 Qualification
· 현장 수요 기반의 인력 채용 및 인사관리 기준 · 근로자 경력개발 · 직무기술서	· 직업교육 훈련과정 개발 · 교수계획 및 매체, 교재 개발 · 훈련기준 개발	· 자격종목의 신설통합폐지 · 출제기준 개발 및 개정 · 시험문항 및 평가방법

■ 국가직무능력표준(NCS) 분류체계

(1) 국가직무능력표준의 분류체계는 직무의 유형(Type)을 중심으로 국가직 무능력표준의 단계 구성을 나타내는 것으로, 국가직무능력표준 개발의 전체적인 로드맵을 제시하고 있다.

(2) 한국고용직업분류(KECO, Korean Employment Classification of Occupations)를 중심으로, 한국표준직업분류, 한국표준산업분류 등을 참고하여 분류하였으며 '대분류(24)→소분류(238)→세분류(887개)'의 순으로 구성되어 있다.

CRAFTSMAN WELDING

■ 국가직무능력표준(NCS) 학습모듈

1. 개념

국가직무능력표준(NCS, National Competency Standards)이 현장의 '직무 요구서'라고 한다면, NCS 학습모듈은 NCS의 능력단위를 교육훈련에서 학습할 수 있도록 구성한 '교수·학습 자료'이다. NCS학습모듈은 구체적 직무를 학습할 수 있도록 이론 및 실습과 관련된 내용을 상세하게 제시하고 있다.

2. 특징

(1) NCS학습모듈은 산업계에서 요구하는 직무능력을 교육훈련 현장에 활용할 수 있도록 성취목표와 학습의 방향을 명확히 제시하는 가이드라인의 역할을 한다.

(2) NCS학습모듈은 특성화고, 마이스터고, 전문대학, 4년제 대학교의 교육기관 및 훈련기관, 직장교육기관 등에서 표준교재로 활용할 수 있으며 교육과정 개편 시에도 유용하게 참고할 수 있다.

■ 과정평가형 자격취득안내

1. 정의

국가직무능력표준(NCS)에 따라 편성·운영되는 교육·훈련과정을 일정수준 이상 이수하고 평가를 거쳐 합격기준을 통과한 사람에게 국가기술자격을 부여하는 제도이다.

2. 시행대상

「국가기술자격법 제10조 제1항」의 과정평가형 자격 신청자격에 충족한 기관 중 공모를 통하여 지정된 교육·훈련기관의 단위과정별 교육·훈련을 이수하고 내부평가에 합격한 자

3. 국가기술자격의 과정평가형 자격 적용 종목

기계설계산업기사 등 61개 종목

※ NCS 홈페이지/자료실/과정평가형 자격참조(고용노동부 제2016-231호 참조)

4. 교육・훈련생 평가

(1) 내부평가(지정 교육・훈련기관)
  ① 평가대상 : 능력단위별 교육・훈련과정의 75% 이상 출석한 교육・훈련생
  ② 평가방법 : 지정받은 교육・훈련과정의 능력단위별로 평가
    ▶ 능력단위별 내부평가 계획에 따라 자체 시설・장비를 활용하여 실시
  ③ 평가시기 : 해당 능력단위에 대한 교육・훈련이 종료된 시점에서 실시하고 공정성과 투명성이 확보되어야 함.
    ▶ 내부평가 결과 평가점수가 일정수준(40%) 미만인 경우에는 교육・훈련기관 자체적으로 재교육 후 능력단위별 1회에 한해 재평가 실시

(2) 외부평가(한국산업인력공단)
  ① 평가대상 : 단위과정별 모든 능력단위의 내부평가 합격자
    수험원서는 교육・훈련 시작일로부터 15일 이내에 우리 공단 소재
    해당 지역 시험센터에 접수
  ② 평가방법 : 1・2차 시험으로 구분 실시
    ▶ 1차 시험 : 지필평가(주관식 및 객관식 시험)
    ▶ 2차 시험 : 실무평가(작업형 및 면접 등)

5. 합격자 결정 및 자격증 교부

(1) 합격자 결정 기준
  내부평가 및 외부평가 결과를 각각 100점을 만점으로 하여 평균 80점 이상 득점한 자
(2) 기업 등 산업현장에서 필요로 하는 능력보유 여부를 판단할 수 있도록
  교육・훈련 기관명・기간・시간 및 NCS 능력단위 등을 기재하여 발급

※ NCS에 대한 자세한 사항은 NCS국가직무능력표준 홈페이지 (http://www.ncs.go.kr)에서 확인해주시기 바랍니다.

CRAFTSMAN WELDING

CBT(컴퓨터 시험) 가이드

한국산업인력공단에서 2016년 5회 기능사 필기 시험부터 자격검정 CBT(컴퓨터 시험)으로 시행됩니다. CBT의 진행 과정과 메뉴의 기능을 미리 알고 연습하여 새로운 시험 방법인 CBT에 대비하시기 바랍니다.

다음과 같이 순서대로 따라해 보고 CBT 메뉴의 기능을 익혀 실전처럼 연습해 봅시다.

STEP1 자격검정 CBT 들어가기

큐넷(http://www.q-net.or.kr)에서 표시된 부분을 클릭하면 'CBT 체험하기'를 할 수 있습니다.

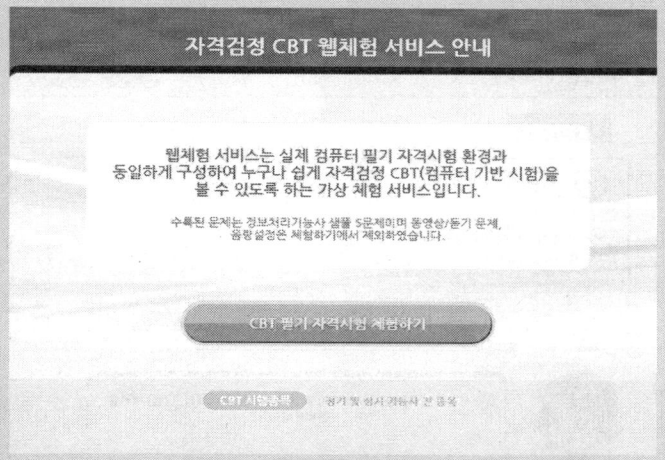

'CBT 필기 자격시험 체험하기'를 클릭하면 시작됩니다.

CRAFTSMAN WELDING

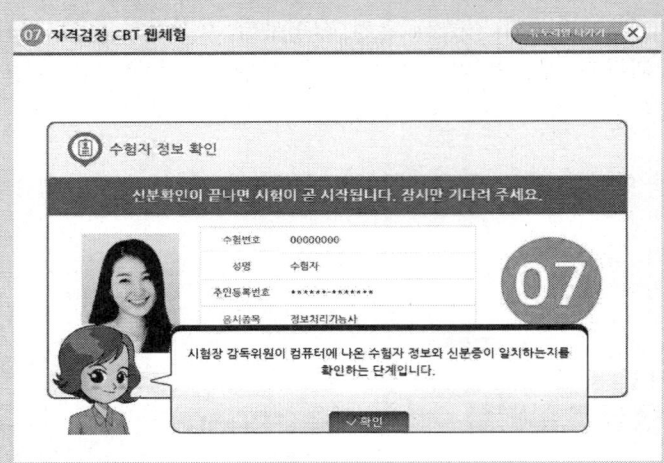

시험 시작 전 배정된 자석에 앉으면 수험자 정보를 확인합니다.

시험장 감독위원이 컴퓨터에 표시된 수험자 정보와 신분증의 일치여부를 확인합니다.

STEP 2 자격검정 CBT 둘러보기

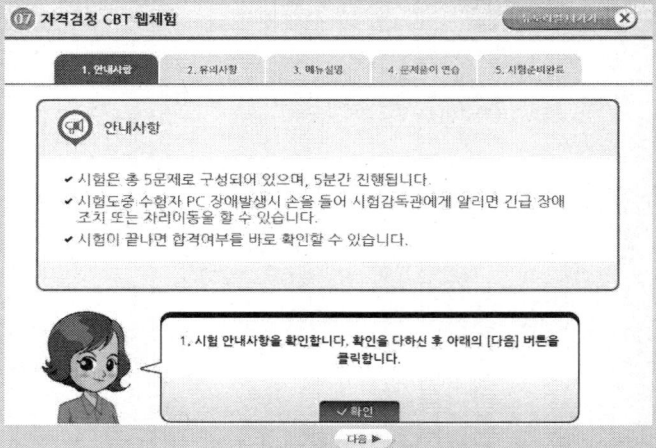

수험자 정보 확이니 끝난 후 시험 시작 전 'CBT 안내사항'을 확인합니다.

CRAFTSMAN WELDING

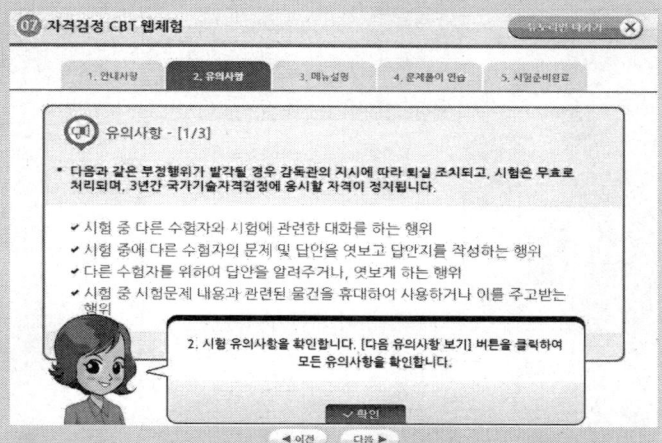

'CBT 유의사항'을 확인합니다. '다음 유의사항 보기'를 클릭하면 전체 유의사항을 확인할 수 있으며 보지 못한 유의사항이 있으면 '이전 유의사항 보기'를 클릭하여 다시 볼 수 있습니다.

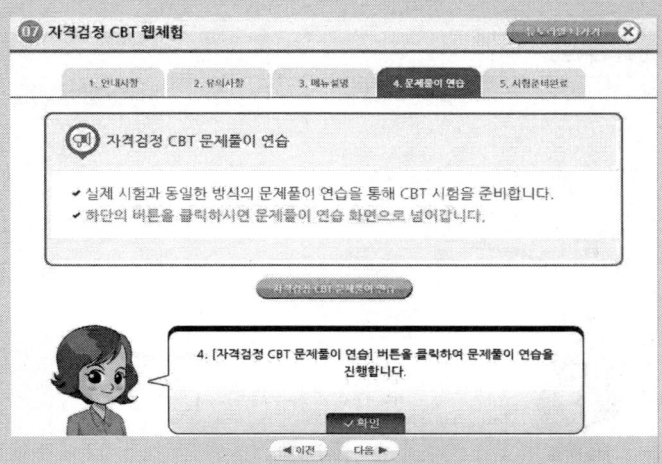

'문제풀이 연습'을 확인합니다.

CRAFTSMAN WELDING

'자격검정 CBT 문제풀이 연습'을 클릭하면 실제 시험과 동일한 방식으로 진행됩니다.

STEP 3 자격검정 CBT 연습하기

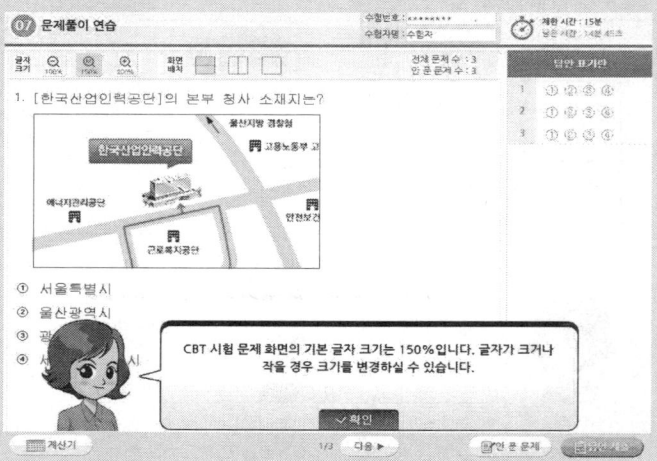

자격검정 CBT 문제풀이 연습을 시작합니다. 총 3문제로 구성되어 있습니다.

CRAFTSMAN WELDING

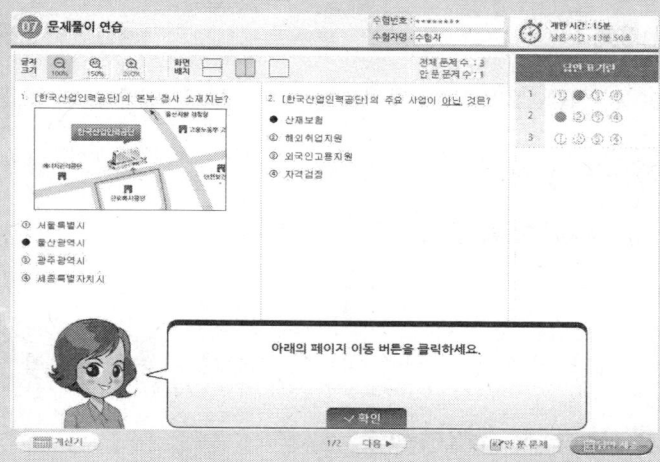

시험문제를 다 푼 후 답안 제출을 하거나 시험 시간이 경과되었을 경우 시험이 종료됩니다.

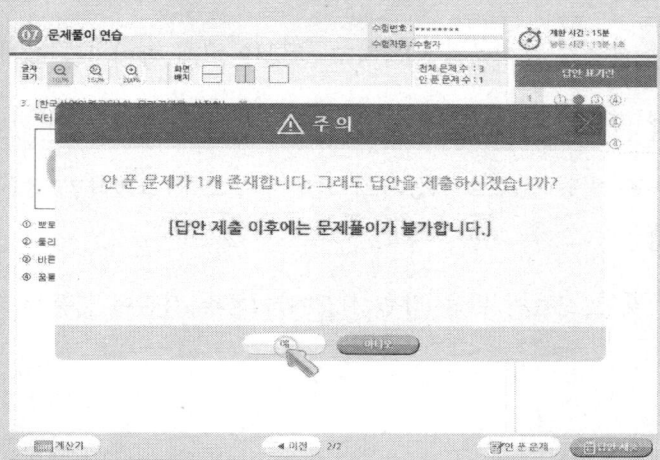

답안을 제출하면 점수와 합격여부를 바로 알 수 있습니다.

CRAFTSMAN WELDING

자격검정 CBT 메뉴 숙지

1. 글자크기&화면배치
글자크기(100%, 150%, 200%)와 화면 배치(1단, 2단, 한 문제씩 보기)가 선택 가능함.

2. 전체 안 푼 문제 수 조회
전체 문제 수와 안 푼 문제 수 확인 가능함.

3. 계산기도구
응시 종목에 계산 문제가 있을 경우 좌측 하단의 계산기 기능을 이용함.

4. 안 푼 문제 번호 보기 & 답안 제출
'안 푼 문항'을 클릭하면 현재까지 안 푼 문제 목록을 확인할 수 있으며, '답안 제출'을 클릭하면 답안 제출 승인 알림창이 나옴.

5. 페이지 이동
화면 아래 버튼을 이용해서 페이지를 이동하고 중앙에 현재 페이지를 표시함.

6. 답안 표기 영역
문제 번호를 클릭하면 해당 문제로 이동하고 선택지 번호를 클릭하면 답안이 표시됨.

7. 남은 시간 표시
남은 시간 표시 및 제한 시간이 없을 경우 시계 아이콘과 시간이 붉은색으로 표시됨.

CRAFTSMAN WELDING

용접기능사 필기 출제기준

직무분야	재료	중직무분야	금속재료	자격종목	용접기능사	적용기간	2021.1.1.~2022.12.31.

○ 직무내용 : 용접 도면을 해독하여 용접절차 사양서를 이해하고 용접재료를 준비하여 작업환경 확인, 안전보호구 준비, 용접장치와 특성 이해, 용접기 설치 및 점검관리하기, 용접 준비 및 본 용접하기, 용접부 검사 및 결함부 수정하기, 작업장 정리하기 등의 용접시공 계획 수립 및 관련 직무 수행

필기검정방법	객관식	문제 수	60	시험시간	1시간

필기과목명	문제 수	주요항목	세부항목	세세항목
용접일반, 용접재료, 기계제도 (비절삭부분)	60	1. 용접일반	1. 용접 개요	1. 용접의 원리 2. 용접의 장·단점 3. 용접의 종류 및 용도
			2. 피복아크 용접	1. 피복아크용접기기 2. 피복아크용접용 설비 3. 피복아크용접봉 4. 피복아크용접기법
			3. 가스용접	1. 가스 및 불꽃 2. 가스용접 설비 및 기구 3. 산소, 아세틸렌 용접기법
			4. 절단 및 가공	1. 가스절단 장치 및 방법 2. 플라즈마, 레이저 절단 3. 특수가스절단 및 아크절단 4. 스카핑 및 가우징
			5. 특수용접 및 기타 용접	1. 서브머지드 용접 2. TIG 용접, MIG 용접 3. 이산화탄소 가스 아크용접 4. 플럭스 코어드 용접 5. 플라즈마 용접 6. 일렉트로슬랙, 테르밋 용접 7. 전자빔 용접 8. 레이저 용접 9. 저항 용접 10. 기타 용접
		2. 용접 시공 및 검사	1. 용접시공	1. 용접 시공계획 2. 용접 준비 3. 본 용접 4. 열영향부 조직의 특징과 기계적 성질 5. 용접 전·후처리(예열, 후열 등) 6. 용접 결함, 변형 및 방지대책
			2. 용접의 자동화	1. 자동화 절단 및 용접 2. 로봇 용접
			3. 파괴, 비파괴 및 기타 검사(시험)	1. 인장시험 2. 굽힘시험 3. 충격시험 4. 경도시험 5. 방사선투과시험 6. 초음파탐상시험 7. 자분탐상시험 및 침투탐상시험 8. 현미경조직시험 및 기타시험

직무분야	재료	중직무분야	금속재료	자격종목	특수용접기능사	적용기간	2021.1.1.~2022.12.31.

○ 직무내용 : 용접 도면을 해독하여 용접절차 사양서를 이해하고 용접재료를 준비하여 작업환경 확인, 안전보호구 준비, 용접장치와 특성 이해, 용접기 설치 및 점검관리하기, 용접 준비 및 본 용접하기, 용접부 검사 및 결함부 수정하기, 작업장 정리하기 등의 용접시공 계획 수립 및 관련 직무 수행

필기검정방법	객관식	문제 수	60	시험시간	1시간

필기과목명	문제 수	주요항목	세부항목	세세항목
용접일반, 용접재료, 기계제도 (비절삭부분)	60	1. 용접일반	1. 용접원리 등	1. 용접의 원리 2. 용접의 장·단점 3. 용접의 종류 및 용도
			2. 피복아크 용접	1. 피복아크용접기기 2. 피복아크용접용 설비 3. 피복아크용접봉 4. 피복아크용접기법
			3. 가스용접	1. 가스 및 불꽃 2. 가스용접설비 및 기구 3. 산소, 아세틸렌 용접기법
			4. 절단 및 가공	1. 가스절단장치 및 방법 2. 플라즈마, 레이저 절단 3. 특수가스절단 및 아크절단 4. 스카핑 및 가우징
			5. 특수용접 및 기타 용접	1. 서브머지드 용접 2. TIG 용접, MIG 용접 3. 이산화탄소 가스 아크용접 4. 플럭스 코어드 용접 5. 플라즈마 용접 6. 일렉트로슬랙, 테르밋 용접 7. 전자빔 용접 8. 레이저 용접 9. 저항 용접 10. 기타 용접
		2. 용접 시공 및 검사	1. 용접시공	1. 용접 시공계획 2. 용접 준비 3. 본 용접 4. 열영향부 조직의 특징과 기계적 성질 5. 용접 전, 후처리(예열, 후열 등) 6. 용접결함, 변형 및 방지대책
			2. 용접의 자동화	1. 자동화 절단 및 용접 2. 로봇 용접
			3. 파괴, 비파괴 및 기타 검사 (시험)	1. 인장시험 2. 굽힘시험 3. 충격시험 4. 경도시험 5. 방사선투과시험

CRAFTSMAN WELDING

특수 용접기능사 필기 출제기준

필기과목명	문제 수	주요항목	세부항목	세세항목
용접일반, 용접재료, 기계제도 (비절삭부분)	60		3. 파괴, 비파괴 및 기타 검사 (시험)	6. 초음파탐상시험 7. 자분탐상시험 및 침투탐상시험 8. 현미경조직시험 및 기타시험

		3. 작업안전	1. 작업 및 용접안전	1. 작업 안전, 용접 안전관리 및 위생
				2. 용접화재 방지
				  1) 연소이론
				  2) 용접화재 방지 및 안전

		4. 용접재료의 관리	1. 용접재료 및 각종 금속 용접	1. 탄소강·저합금강의 용접 및 재료 2. 주철·주강의 용접 및 재료 3. 스테인리스강의 용접 및 재료 4. 알루미늄과 그 합금의 용접 및 재료 5. 구리와 그 합금의 용접 및 재료 6. 기타 철금속, 비철금속과 그 합금의 용접 및 재료
			2. 용접재료 열처리 등	1. 열처리 2. 표면경화 및 처리법
		5. 기계 제도 (비절삭 부분)	1. 제도통칙 등	1. 일반사항(도면, 척도, 문자 등) 2. 선의 종류 및 용도와 표시법 3. 투상법 및 도형의 표시방법
			2. KS 도시기호	1. 재료기호 2. 용접기호
			3. 도면 해독	1. 투상도면 해독 2. 투상 및 배관, 용접도면 해독 3. 제관(철골구조물)도면 해독 4. 판금도면 해독 5. 기타 관련 도면

CRAFTSMAN WELDING

1. 시험요강

(1) 용접기능사

시험	내용
필기	객관식 60문제 중 36개 이상 정답 시 합격
실기	1. 가스절단 2. 피복아크용접 • 시험시간(가스절단시간 포함 2시간 10분) • t6, t9를 V형 용접으로 위보기, 수평, 수직자세 중 2자세 • t9를 T형 필릿용접으로 아래보기, 수평, 수직자세 중 1자세

(2) 특수용접기능사

시험	내용
필기	객관식 60문제 중 36개 이상 정답 시 합격
실기	1. 재료 절단 및 가공 2. 특수용접(TIG, CO_2 용접) • t6, t9를 CO_2 용접으로 V형 용접으로 수평, 수직자세 중 1자세 • t9를 CO_2 용접으로 T형 필릿용접으로 아래보기, 수평, 수직자세 중 1자세 • t3, t4 스테인리스 모재를 V형 용접으로 위보기자세

CRAFTSMAN WELDING

목 차

제 1 편 용접일반

1 용접의 개요

1. 용접이음의 장점 ··· 4
2. 용접이음의 단점 ··· 4
3. 용접 시 예열과 후열의 장점 ··· 4
4. 용접의 검사사항 ··· 4
◎ 핵심문제 ··· 5

2 피복 아크용접

1. 개요 ·· 9
2. 아크용접기 ·· 9
3. 직류용접의 극성 ·· 10
4. 용접기의 특성 ··· 10
5. 역률과 효율 ··· 11
6. 용접 입열 ·· 11
7. 아크용접봉 ·· 12
8. 용접자세 및 용접봉 표시 기호 ·· 13
9. 용접부의 결함과 원인 ··· 14
◎ 핵심문제 ··· 21

3 가스용접

1. 가스용접 ·· 47
2. 가스 ·· 47
3. 산소-아세틸렌 불꽃 ··· 49
4. 가스용접 장치 및 기구 ·· 50
5. 용접방법 ·· 50

6. 용접 조건 ··· 51
◉ 핵심문제 ··· 52

4 절단 및 가공

1. 가스절단의 개요 ·· 66
2. 가스절단의 원리 ·· 66
3. 절단조건 ·· 66
◉ 핵심문제 ··· 67

5 특수용접 및 기타 용접

1. 불활성 가스용접(Inert Gas Shielded Arc Welding) ················ 83
2. 테르밋 용접(Thermit Welding) ··· 85
3. 잠호 용접(Submerged Arc Welding) ··· 86
4. 일렉트로슬래그 용접(Electroslag Welding) ······························ 86
5. 전자빔 용접(Electro Beam Welding) ·· 86
6. 플라즈마 용접(Plasma Welding) ·· 87
7. 레이저빔 용접(Laser Beam Welding) ······································· 87
8. 스터드 용접(Stud Welding) ·· 88
9. 원자수소 용접(Atomic Hydrogen Welding) ····························· 88
10. 플럭스 코드 아크용접(FCAW ; Flux Cored Arc Welding) ···· 88
11. 마찰 용접(Friction Welding) ··· 88
12. 납점(Soldering) ··· 89
◉ 핵심문제 ··· 90

목 차

6 전기저항용접 및 압접

1. 점 용접(Spot Welding) ·· 112
2. 심 용접(Seam Welding) ··· 112
3. 프로젝션 용접(Projection Welding) ··· 113
4. 업셋 용접(Upset Welding) ··· 113
5. 플래시 용접(Flash Welding) ··· 113
6. 퍼커션 용접(Percussion Welding) ··· 113
◎ 핵심문제 ·· 114

제2편 용접시공 및 검사

1 용접설계시공 및 자동화

1. 하중의 구분 ·· 119
2. 응력(Stress)과 변형률(Strain) ·· 120
◎ 핵심문제 ·· 124
3. 용접 ·· 126
◎ 핵심문제 ·· 129

2 파괴·비파괴 및 기타 검사

1. 금속재료의 성질 ·· 133
2. 재료시험 및 검사 ·· 136
3. 금속재료의 기계적 시험 ·· 140
◎ 핵심문제 ·· 147

제 3 편 작업안전

1 작업 및 용접안전

1. 일반적인 안전사항 ·· 155
2. 수공구류의 안전수칙 ·· 156
3. 안전 표지와 가스용기의 색채 ··· 162
◎ 핵심문제 ·· 163

2 용접안전

1. 가스용접의 안전 ··· 187
2. 아크용접의 안전 ··· 188
◎ 핵심문제 ·· 189

제 4 편 용접재료의 관리

1 용접재료 및 각종 금속용접

1. 재료의 분류 및 특성과 결정구조 ··· 197
◎ 핵심문제 ·· 208

2 철과 강

1. 철강재료의 분류 및 제조 ·· 210
2. 순철 및 탄소강 ··· 213
◎ 핵심문제 ·· 217
3. 열처리 및 표면경화법 ·· 226
4. 특수강 ·· 231
◎ 핵심문제 ·· 237
5. 주철 ·· 243

목 차

◉ 핵심문제 ··· 247

3 비철금속재료

1. 동 및 그 합금 ··· 262
2. 알루미늄과 그 합금 ··· 265
3. 마그네슘, 티타늄 및 니켈 ··· 267
4. 아연, 납, 주석 및 베어링 합금 ··· 269
◉ 핵심문제 ··· 272

4 비금속재료 / 288

◉ 핵심문제 ··· 293

제 5 편 기계제도

1 제도의 기본

1. 개요 ··· 297
2. 도면의 분류 ··· 297
3. 도면의 크기 ··· 299
4. 척도 ··· 300
5. 문자와 선 ··· 300
6. 도면 작성 시 주의사항 ··· 302
7. 스케치 방법 ··· 302
◉ 핵심문제 ··· 303

2 기초제도

1. 투상법 ··· 306
2. 도형의 표시방법 ··· 309

3. 단면도의 표시방법 ·· 313
4. 치수 기입방법 ·· 319
5. KS에 의한 기계재료 표시방법 ································· 323
◎ 핵심문제 ··· 326

③ 기계제도의 실제

1. 표면 거칠기 ··· 337

④ 끼워맞춤 공차

1. 끼워맞춤 공차 ·· 343
2. 기하공차(형상공차 또는 자세공차) ························· 347
◎ 핵심문제 ··· 351

⑤ 기계 요소 제도

1. 나사(Screw) ·· 354
2. 키(Key) ··· 357
3. 핀(Pin) ·· 359
4. 베어링(Bearing) ··· 359
5. 스프링(Spring) ·· 360
6. 벨트와 체인 ··· 362
7. 기어(Gear) ·· 363
8. 리벳 ·· 368
9. 용접 ·· 369
◎ 핵심문제 ··· 371

목 차

제 6 편 기출유사문제

용접기능사 2013년 1회 시행 ·· 379
용접기능사 2013년 2회 시행 ·· 388
용접기능사 2013년 5회 시행 ·· 397
용접기능사 2014년 1회 시행 ·· 407
용접기능사 2014년 2회 시행 ·· 416
용접기능사 2014년 4회 시행 ·· 425
용접기능사 2016년 1회 시행 ·· 434
용접기능사 2016년 2회 시행 ·· 443
용접기능사 2016년 3회 시행 ·· 452
특수용접기능사 2013년 5회 시행 ·· 461
특수용접기능사 2014년 1회 시행 ·· 470
특수용접기능사 2014년 2회 시행 ·· 479
특수용접기능사 2016년 1회 시행 ·· 488
특수용접기능사 2016년 2회 시행 ·· 497
특수용접기능사 2016년 3회 시행 ·· 506

디딤돌 용접기능사 필기

PART 01
용접일반

CHAPTER 01 용접의 개요
CHAPTER 02 피복 아크용접
CHAPTER 03 가스용접
CHAPTER 04 절단 및 가공
CHAPTER 05 특수용접 및 기타 용접
CHAPTER 06 전기저항용접 및 압접

CHAPTER 01 용접의 개요

두 금속을 결합시키는 방법에는 볼트, 리벳, 심(Seam) 등의 기계적 접합과 융접, 압접, 단접, 납접 등의 야금적 접합이 있다. 일반적으로 용접이라 함은 야금적 접합을 말한다.

융접이란 재료에 열을 가하여 용융상태에서 접합을 하는 방법이고, 단접은 반용융상태에서 가압하여 접합시키는 방법이며, 납접은 용접하고자 하는 재료는 용융시키지 않고 접합시키는 용가제만 용융 응고시켜 결합시키는 방법이다.

용접의 분류는 다음과 같다.

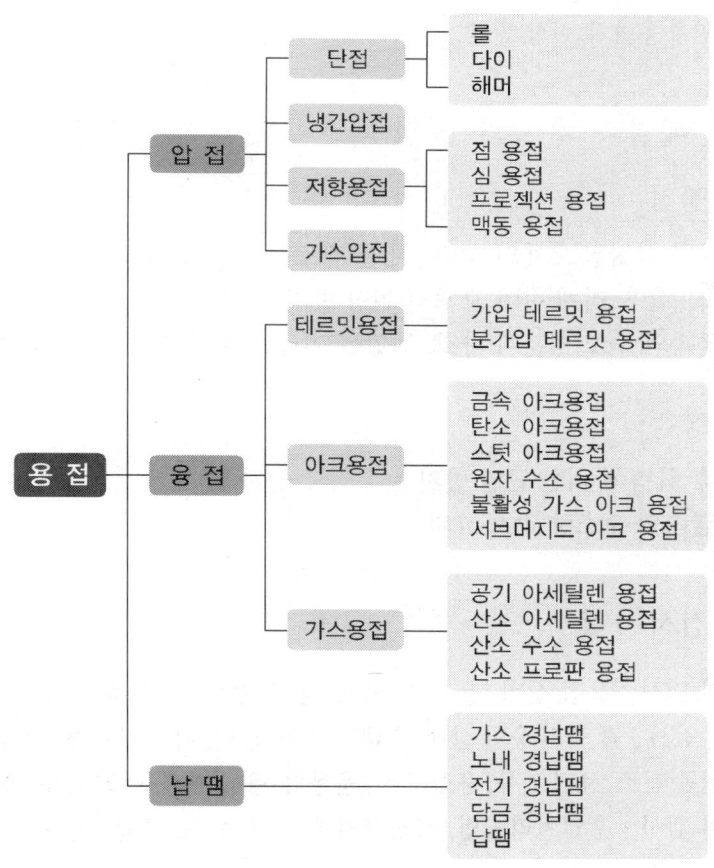

1 용접이음의 장점

① 자재의 절약
② 작업공정수 감소
③ 수밀·기밀 유지
④ 접합시간의 단축
⑤ 비교적 적은 두께의 제한

2 용접이음의 단점

① 용접이음에 대한 특별한 지식 필요
② 재질의 변질
③ 품질검사의 어려움
④ 용접 후 잔류응력과 변형 발생

3 용접 시 예열과 후열의 장점

1. 예열의 장점

① 용접부와 인접된 모재의 수축응력을 감소시켜 균열 발생 억제
② 냉각속도를 느리게 하여 모재의 취성 방지
③ 용착금속의 수소 성분이 나갈 수 있는 여유를 주어 비드 밑 균열 방지

2. 후열의 장점

① 용접 후 급랭에 의한 균열 방지
② 용접 금속의 수소량 감소 효과

4 용접의 검사사항

① 용접 전의 검사 : 용접 설비, 용접봉, 모재, 용접 준비, 시공 조건, 용접사의 기량 등
② 용접 중의 검사 : 각 층의 융합 상태, 슬래그 섞임, 균열, 비드 겉모양, 크레이터 처리, 변형 상태, 용접봉 건조, 용접 전류, 용접 순서, 운봉법, 용접 자세, 예열 온도, 층간 온도 점검 등
③ 용접 후의 검사 : 후열처리방법, 교정작업의 점검, 변형, 결함, 치수 등의 검사

EXERCISES 핵심문제

CHAPTER 01

01 재료의 접합방법은 기계적 접합과 야금적 접합으로 분류하는데 야금적 접합에 속하지 않는 것은?
① 리벳
② 융접
③ 압접
④ 납땜

> **GUIDE**
> 리벳, 나사 이음 등은 기계적 접합이며 야금적 접합은 용접으로 용접은 융접, 압접, 납땜으로 구분할 수 있다.

02 일반 가스용접 및 아크용접보다 낮은 온도에서 용접하며, 용접봉은 모재와 같은 공정 합금을 사용하는 용접법은?
① 열풍 용접
② 마찰 용접
③ 고주파 용접
④ 저온 용접

> 저온 용접은 일반 가스용접 및 아크용접보다 낮은 온도에서 용접하는 방법이다.

03 용접법 중 융접법에 속하지 않은 것은?
① 스터드 용접
② 산소 아세틸렌 용접
③ 일렉트로 슬래그 용접
④ 초음파 용접

> 진동에너지를 이용하는 초음파 용접, 마찰력을 이용하는 마찰 용접은 압접의 종류이다.

04 용접 시 예열을 하는 목적으로 가장 거리가 먼 것은?
① 균열의 방지
② 기계적 성질의 향상
③ 변형, 잔류응력의 감소
④ 화학적 성질의 향상

> 예열의 목적
> ㉠ 용접부와 인접된 모재의 수축응력을 감소시켜 균열 발생 억제
> ㉡ 냉각속도를 느리게 하여 모재의 취성 방지
> ㉢ 용착금속의 수소 성분이 나갈 수 있는 여유를 주어 비드 밑 균열 방지

05 다음 중 야금적 접합법에 해당되지 않는 것은?
① 융접(Fusion Welding)
② 접어 잇기(Seam)
③ 압접(Pressure Welding)
④ 납땜(Brazing and Soldering)

> 야금적 접합은 용접이며, 용접의 종류로는 융접, 압접, 납땜이 있다.

정답 01 ① 02 ④ 03 ④ 04 ④ 05 ②

06 다음 중 용접작업 전 준비를 위한 점검사항과 가장 거리가 먼 것은?

① 보호구의 착용 여부
② 용접봉의 건조 여부
③ 용접 설비의 점검
④ 용접 결함의 파악

07 다음 중 용접용 지그 선택의 기준으로 적절하지 않은 것은?

① 물체를 튼튼하게 고정시켜 줄 크기와 힘이 있을 것
② 변형을 막아줄 만큼 견고하게 잡아줄 수 있을 것
③ 물품의 고정과 분해가 어렵고 청소가 편리할 것
④ 용접 위치를 유리한 용접자세로 쉽게 움직일 수 있을 것

용접 지그 사용 효과
• 용접을 하기 쉬운 자세를 취할 수 있다. 즉 아래보기 자세로 용접할 수 있다.
• 제품의 정밀도 향상을 가져올 수 있다.
• 용접 조립작업을 단순화 또는 자동화를 할 수 있게 하여 작업능률이 향상된다. 따라서 물품의 고정과 분해가 용이해야 한다.

08 다음 중 용접작업 전 예열을 하는 목적으로 틀린 것은?

① 용접작업성의 향상을 위하여
② 용접부의 수축 변형 및 잔류 응력을 경감시키기 위하여
③ 용접금속 및 열 영향부의 연성 또는 인성을 향상시키기 위하여
④ 고탄소강이나 합금강 열 영향부의 경도를 높게 하기 위하여

09 용접 이음부에 예열(Preheating)하는 방법 중 가장 적절하지 않은 것은?

① 연강을 기온 0℃ 이하에서 용접하면 저온 균열이 발생하기 쉬우므로 이음의 양쪽을 약 100mm 폭이 되게 하여 약 50~75℃ 정도로 예열하는 것이 좋다.
② 다층 용접을 할 때는 제2층 이후는 앞 층의 열로 모재가 예열한 것과 동등한 효과를 얻기 때문에 예열을 생략할 수도 있다.
③ 일반적으로 주물, 내열합금 등은 용접 균열이 발생하지 않으므로 큰 것은 예열할 필요가 없다.
④ 후판, 구리 또는 구리 합금, 알루미늄 합금 등과 같이 열전도가 큰 것은 이음부의 열집중이 부족하여 융합 불량이 생기기 쉬우므로 200~400℃ 정도의 예열이 필요하다.

일반적으로 주물, 내열 합금 등의 경우에도 용접 균열의 발생을 막기 위하여 예열을 필요로 한다.

정답 06 ④ 07 ③ 08 ④ 09 ③

10 용접에 있어 모든 열적 요인 중 가장 영향을 많이 주는 요소는?
① 용접 입열
② 용접 재료
③ 주위 온도
③ 용접 복사열

> 용접부에 주어지는 열량을 입열이라 하며, 용접에 있어 열적으로 가장 많은 영향을 주는 요소이다.

11 리벳 이음과 비교하였을 때 용접 이음의 장점으로 틀린 것은?
① 자재가 절약되며 중량이 감소한다.
② 작업이 비교적 복잡하고 이음 효율이 낮다.
③ 기밀성, 수밀성이 우수하다.
④ 합리적 또는 창조적인 구조로 제작이 가능하다.

12 다음 중 용접의 장점에 대한 설명이 옳은 것은?
① 기밀성, 수밀성, 유밀성이 좋지 않다.
② 두께에 제한이 없다.
③ 작업이 비교적 복잡하다.
④ 보수와 수리가 곤란하다.

> 용접의 장점
> • 작업 공정 단축
> • 형상의 자유화 추구 가능
> • 이음효율 향상(기밀 수밀 유지)
> • 중량 경감, 재료 및 시간 절약
> • 이종재료의 접합 가능
> • 보수와 수리 용이(주물의 파손부 등)

13 기계적 이음과 비교한 용접 이음의 장점으로 틀린 것은?
① 기밀성이 우수하다.
② 재료의 변형이 없다.
③ 이음효율이 높다.
④ 재료 두께의 제한이 없다.

> 용접은 열원을 사용하므로 재료가 변형되고 잔류 응력이 발생하는 단점이 있다.

14 다음 중 용접 공사를 수주한 후 최적의 공정계획을 세우기 위해서 작성하여야 하는 사항과 가장 거리가 먼 것은?
① 가공표
② 공정표
③ 강재 중량표
④ 인원 배치표

> 공정이란 일이 진척되는 계획이다. 따라서 공정계획에는 중량을 나타내는 강재 중량표는 필요 없다.

15 용접의 장점 중 맞는 것은?
① 저온 취성이 생길 우려가 많다.
② 재질의 변형 및 잔류응력이 존재한다.
③ 용접사의 기량에 따라 용접 결과가 좌우된다.
④ 기밀성, 수밀성, 유밀성이 우수하다.

정답 10 ① 11 ② 12 ② 13 ② 14 ③ 15 ④

16 다음 중 기계적 이음과 비교한 용접 이음의 장점이 아닌 것은?

① 공정 수가 절감된다.
② 재료를 절약할 수 있다.
③ 성능과 수명이 향상된다.
④ 모재의 재질변화에 대한 영향이 적다.

17 용접 이음부를 예열하는 목적을 설명한 것 중 맞지 않는 것은?

① 모재의 열 영향부와 용착 금속의 연화를 방지하고 경화를 증가시킨다.
② 수고의 방출을 용이하게 하여 저온 균열을 방지한다.
③ 용접부의 기계적 성질을 향상시키고 경화 조직의 석출을 방지시킨다.
④ 온도 분포가 완만하게 되어 열응력의 감소로 변형과 잔류 응력의 발생을 적게 한다.

18 용접 시 구조물을 고정시켜 줄 지그의 선택 기준으로 잘못된 것은?

① 물체의 고정과 탈부착이 복잡해야 한다.
② 변형을 막아줄 만큼 견고하게 잡아 줄 수 있어야 한다.
③ 용접 위치를 유리한 용접 자세로 쉽게 움직일 수 있어야 한다.
④ 물체를 튼튼하게 고정시킬 크기와 힘이 있어야 한다.

◎ 지그는 물체의 고정과 탈부착이 쉬워야 된다.

정답 16 ④ 17 ① 18 ①

피복 아크용접

1 개요

피복재를 입힌 용접봉과 모재 사이에 전기 아크를 발생시켜 그 열로써 용접하는 방법이다. 아크의 열은 최고 6000℃까지 발생하며 용접봉과 모재를 녹여 용융풀(Molten pool)에 용착(Deposit)되고, 그곳에서 모재의 일부로서 융합되어 용접금속을 만든다.

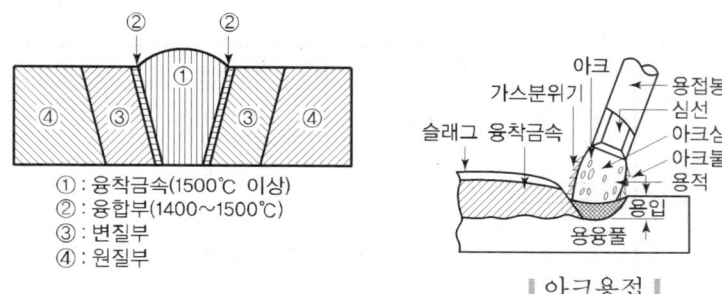

∥아크용접∥

2 아크용접기

아크용접기는 직류 용접기(DC arc welder)와 교류 용접기(AC arc welder)로 구분된다. 직류 용접기에는 정류기형과 발전기형, 엔진구동형 등이 있으며, 교류 용접기에는 탭전환형과 가동철심형, 가동코일형, 과포화리액터형 등이 있다.

직류 용접기는 안정된 전원인 직류를 사용하므로 아크가 안정되고 용접성이 우수하나 발전기형은 낮은 효율과 많은 고장률, 엔진구동형은 소음과 많은 고장률 때문에 거의 사용하지 않으며 특수용접기에 주로 사용되는 것은 정류기형 직류 용접기이다.

교류 용접기는 일종의 변압기로서 구조가 간단하고 피복용접봉의 발달로 가격이 직류에 비해 저렴하여 널리 이용되고 있다.

3 직류용접의 극성

교류 아크용접은 안정성이 떨어지나 직류 아크용접은 극성에 따라 다르다.
즉 열의 분배는 (+)극 쪽에 70%, (-)극 쪽에 30% 정도가 된다.

1. 정극성

   모재를 (+)극으로 한 것으로 모재의 용입이 깊고 용접봉의 흐름이 느리며 비드폭이 좁아 일반적으로 사용한다.

2. 역극성

   모재를 (-)극으로 한 것으로 정극성과 반대의 특징을 가지고 있으며 주로 박판, 주철, 합금강, 비철금속에 사용한다.

극 성	상 태		특 징
정극성 (DCSP)		열분배 -30% +70%	• 용입이 깊다. • 보통 일반적인 용접에 쓰인다.
역극성 (DCRP)		열분배 +70% -30%	• 용입이 얕다. • 박판, 주철, 고탄소강, 합금강, 비철금속의 용접에 쓰인다.

4 용접기의 특성

1. 아크 쏠림(Arc blow)

   모재, 아크, 용접봉에 흐르는 전류에 의해 주위에 자계가 발생하고 용접물의 현상과 아크 위치에 따라 비대칭이 되면 아크 쏠림이 발생하는 현상으로 주로 직류 아크용접에서 발생한다. 방지법으로는 가접을 하여 사용하며 짧은 아크와 긴 용접에는 후퇴법으로 하는 것이 좋다.

   • 쏠림 방지책
   ① 직류 용접기 대신 교류 용접기를 사용한다.
   ② 아크 길이를 짧게 유지한다.
   ③ 접지를 용접부로 멀리한다.
   ④ 긴 용접선에는 후퇴법을 사용한다.
   ⑤ 용접부의 시·종단에는 앤드탭을 설치한다.

2. 수하특성(Drooping Characteristic)

직류 아크용접이나 서브머지드 아크용접에서 발생하는 현상으로 부하전류가 증가하면 단자전압이 낮아지는 특징이다.

3. 정전압특성(Constant Voltage Characteristic)

부하전류가 변하여도 단자전압의 변화가 거의 발생하지 않는 특성이다.

4. 크레이터

아크를 끊을 때 발생되는 오목한 현상으로 균열, 부식, 기타의 결함원인이다.

5 역률과 효율

교류 용접기에서 무부하전압과 전류의 곱을 피상전력(소비전력) kVA로 표시한다.
소비전력과 입력 전력과의 비를 역률이라 하며 아크출력과 소비전력비를 효율이라고 한다.

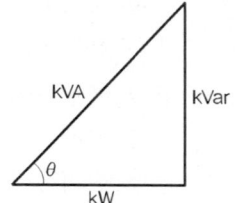

$$역률 = \frac{소비전력(kW)}{입력전력(kVA)} = \cos\theta$$

$$효율 = \frac{아크출력}{소비전력} \times 100\%$$

6 용접 입열

외부에서 용접모재에 주어지는 열량으로 용접 입열이 충분하지 못하면 용입 불량 등의 결함이 발생한다.

$$H = \frac{60EI}{V} (\text{J/cm})$$

여기서, H : 용접 입열
E : 아크전압[V]
I : 아크전류[A]
V : 용접속도(cm/sec)

7 아크용접봉

1. 개요
금속 아크용접의 용접봉은 주로 자동이나 반자동에 사용하는 비피복용접봉과 수동 아크용접에 사용하는 피복용접봉으로 구분하여 그중 금속봉을 심선(Core wire)이라 하고 주로 모재와 재질이 같은 것을 사용한다.
연강용에는 저탄소 림드강을 사용한다.

2. 피복제(Flux)의 역할
① 아크 안정
② 용착 금속보호
③ 정련된 용착금속
④ 용착금속의 급랭 방지
⑤ 용착금속에 필요한 원소 보충
⑥ 용착금속의 흐름을 양호하게 함
⑦ 슬래그 제거를 쉽게 함
⑧ 전기 절연 작용
⑨ 수직이나 위 보기 등의 어려운 자세를 쉽게 함

3. 용착금속의 보호방식

1) 슬래그 생성식
   용접부 주위를 슬래그로 둘러쌓아 공기와의 직접 접촉을 막아 보호하는 형식

2) 가스 발생식
   불활성 가스(He, Ar) 또는 환원가스 등을 이용하여 공기와의 직접 접촉을 막는 방식

3) 반가스 발생식
   슬래그 발생식과 가스 발생식의 혼합사용방식

8 용접자세 및 용접봉 표시 기호

1. 용접자세 및 기호

① 아래보기 용접(F ; Flat position)
② 수직용접(V ; Vertical position)
③ 수평용접(H ; Horizontal position)
④ 위보기(OH ; Over Head position)

수평자세와 수직자세 필릿용접이 있으며 용접봉의 자세와 각도는 다음 그림과 같다.

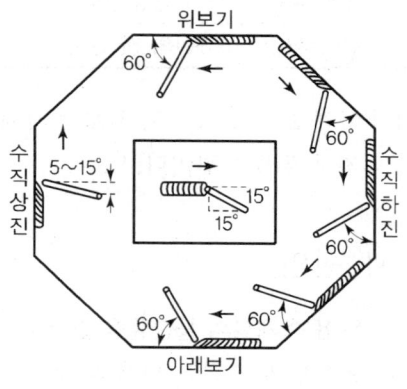

‖ 용접봉의 각도 ‖

2. 피복재의 종류 및 용접봉 표시기호

1) 피복제의 종류와 특징

종류	용착금속 보호형식	특징 및 용도
일미나이트계 (E 4301)	슬래그생성식	작업성 양호, 일반 구조물의 용접에 쓰인다.
저수소계 (E 4316)		피복제가 흡습하기 쉬우므로 건조시켜 사용한다. 기계적 성질이 양호, 고장력강, 고탄소강, 합금강의 용접에 쓰인다.
철분산화철계 (E 4327)		아크의 안정 양호, 아래보기 전용
티탄계 (E 4324)		준저수소계로 수직자세 작업성이 좋다.
고셀룰로오스계 (E 4311)	가스발생식	피복이 얇고, 위보기, 수직자세에 좋다. 강도가 있는 중요 구조물, 고압 용기에 쓰인다.
고산화티탄계 (E 4313)		용입이 적은 박판 용접에 좋다.

2) 용접봉 표시 기호

연강용 피복 용접봉의 KSD 기호는 E43△□과 같이 나타내는데 다음과 같은 의미를 가지고 있다.

기 호	의 미
□	피복제의 종류(극성에 영향)
△	용접 자세 0, 1 : 전 자세　　　　　　2 : 아래보기 및 수평필릿용접 3 : 아래보기　　　　　　　4 : 전 자세 또는 특정 자세의 용접
43	용착 금속의 최저 인장강도(kg/mm^2)
E	전극봉(Electrode)의 첫 글자

전 자세 용접이란 아래보기, 수직·수평 위보기 자세이며 한정자세 용접은 아래보기, 수평자세 필릿·수직자세 필릿용접이다.

9 용접부의 결함과 원인

용접을 할 때의 준비작업은 표면 재료의 불순물을 완전히 제거한 후 잘 건조된 용접봉을 선택하여 용접을 하여야 하며 운봉법과 결함은 다음과 같다.

1. 운봉법

   1) 직선 비드

   ㉠ 용접봉을 용접 진행방향으로 70~80° 기울여 사용
   ㉡ 박판 용접 및 홈 용접의 백 비드 형성 시 사용
   ㉢ 비드 폭은 용접봉 지름의 2배 정도로 한다.

   2) 위빙 비드

   운봉 폭은 심선 지름의 2~3배로 하고 위빙 피치는 5~6mm가 되게 한다.

2. 용접부의 결함

구 분	명 칭	상 태	주 된 원 인
	오버 랩	용융금속이 모재와 융합되어 모재 위에 겹쳐지는 상태	• 모재에 대해 용접봉이 굵을 때 • 운봉의 불량, 용접전류가 약할 때
	기공	용착금속 속에 남아 있는 가스로 인한 구멍	• 용접전류의 과대 • 용접봉에 습기가 많을 때 • 가스용접 시의 과열 • 모재에 불순물이 부착
	슬래그 섞임	녹은 피복제가 용착금속 표면에 떠 있거나, 용착금속 속에 남아 있는 것	• 운봉(運棒)의 불량 • 피복제의 조성 불량 • 용접전류, 속도의 부적당
	언더컷	용접선 끝에 생기는 작은 홈	• 용접전류의 과대 • 운봉(運棒)의 불량 • 용접전류, 속도의 부적당
	스패터	용착금속이 모재 위에 부착되는 것	• 전류가 높을 때 • 용접봉의 흡습 • 아크 길이가 너무 길 때 • 아크 블로가 클 때
	피트	금속표면에서 가스가 반쯤 방출되었을 때 응고되어 생긴 홈	수분, 녹 및 모재의 성분
	은점	용접부 파단 시 물고기 눈모양의 파면	수소가스가 원인이며 용착금속의 연성 감소
	용입 불량	저부가 용입 상태로 되기 전에 상부의 모재가 용융되는 현상	• 루트 간격이 작을 때 • 전류가 낮을 때 • 용접속도 빠를 때 • 아크길이가 길거나 용접봉의 지름이 클 때

3. 용접부의 변형 방지방법

용접부위는 열의 집중도가 커서 변형을 적게 하여야 하나, 변형을 완전히 제거할 수는 없다. 그러므로 다음의 방법을 이용하여 변형을 적게 한다.

① 억제법 : 모재를 가접하여 변형 억제
② 역변형법 : 변형의 크기 및 방향을 예측하여 미리 변형시키는 방법
③ 도열법 : 용접부 주위에서 열을 흡수하는 방법

4. 용접부의 결함보수방법

　① 언더컷 : 가는 용접봉을 사용하여 파인 부분을 용접한다.

　② 오버랩 : 덮인 부분을 깎아내고 재용접한다.

　③ 균열 : 균열부를 깎아내고 재용접한다.

5. 아크용접기의 종류

아크용접기는 용접전류에 따라 직류인 직류아크용접기와 교류인 교류아크용접기로 구분된다.

　1) 직류아크용접기(Direct Current Arc Welder)

　　아크가 안정하기 때문에 박판의 스테인리스강이나 비철금속의 용접에 유리하나 값이 고가이다. 종류로는 전동발전형, 엔진구동형, 정류기형이 있다.

　2) 교류아크용접기(Alternating Current Arc Welder)

　　교류전기를 이용하므로 전류의 세기가 변화하나 기술의 발달로 전류를 일정하게 하여 많이 사용한다. 종류로는 가동철심형, 가동코일형, 탭전환용, 기포화리액터형이 있다.

6. 판두께와 용접봉 지름의 관계식

$$D = \frac{T}{2} + 1$$

여기서, D : 용접봉 지름
　　　　T : 판두께

7. 용접관계 공식 정리

$$\text{용접 입열 } H = \frac{60EI}{V} (J/cm)$$

　V : 용접속도
　E : 전압
　I : 전류

$$\text{주울 } J \text{의 법칙 } (Q) = 0.24 I^2 RT$$

$$\text{사용률} = \frac{\text{아크발생시간}}{\text{아크발생시간} + \text{휴식} + \text{정지시간}} \times 100\%$$

$$허용사용률 = \frac{정격2차전류^2}{실제용접전류^2} \times 정격사용률\%$$

$$역률 = \frac{소비전력(아크전류 \times 아크전압) + 내부손실}{전원입력(아크전류 \times 무부하전압)} \times 100\%$$

$$효율 = \frac{아크출력(아크전류 \times 아크전압)}{소비전력(아크전류 \times 아크전압) + 내부손실} \times 100\%$$

1차측입력 = 2차무부하전압 × 2차부하전류

용접봉 용융속도 = 아크전류 × 용접봉쪽 전압강하

$$퓨즈용량 = \frac{1차입력(KVA)}{전원입력(VA)} \qquad 용접봉의 지름\ D = \frac{t}{2} + 1$$

t : 재료두께

$$편심률(3\%이내) = \frac{D' - D}{D} \times 100\%$$

아세틸렌 양 $C = 905(A - B)L$

A 병전체의 무게 B 빈병의 무게 C 15℃ 1기압에서의 아세틸렌 가스 용적
카바이드 1 kg = 아세틸렌 348L 이다.

산소의 양$(L) = V(내용적) \times FP(최고충전압력)$

8. 용접금속의 용착현상

용착이란 가열하여 녹은 용접봉 금속이 모재와 결합하는 현상을 말한다.
용접을 할 때 용착법의 종류는 크게 두 가지로 나눌 수 있다.
- 용접 진행방향에 따라 – 전진법, 후진법, 대칭법, 비석법
- 다층쌓기용착법 – 빌드업법, 캐스케이드법, 점진블록법

1) 용착법의 특징

용접금속의 용착현상에서 이행형식에는 단락형, 용적이행, 분무형이 있으며 특징은 다음과 같다.

㉠ **단락형 (Short Transfer)** : 용접봉과 모재 사이의 용융금속이 용융지에 접촉하여 단락 하여 표면장력의 도움으로 이행하는 것. 저전류, 20~200회/sec, 발생되는 와이어와 모재의 단락에 의해 큰 용적의 용융금속 이이행되며 (표면장력의 작용) 평균 전류 및 입력에너지가 작아 전자세 용접이 가능하며 주로 맨용접봉, 저수소계 용접봉을 사용할 때 많이 볼 수 있으며 박판용접에 적합하다.

㉡ **용적이행(글로뷸러형=핀치효과형)** : 원주상에 흐르는 전류 소자 간의 흡입력이 작용하여 원기둥이 가늘어지면서 용융방울이 모재로 이행하는 형식으로 비교적 큰 용적이 단락되지 않고 이행하며 전류의 흡입력에 의해 봉끝의 금속이 떨어져 나가며 용접되는 이행으로 스패터 현상이 발생하기 쉽다. 박판용접, 저수소계, CO_2, 서브머지드, MIG용접 시 직류역극성에서 전류밀도가 낮을 때 나타난다.(200A 이하)
- 핀치효과 : 원주상에 흐르는 전류소자 간의 흡입력이 작용하여 원기둥이 가늘어지면서 단면적을 감소시키는 효과

㉢ **분무형(스프레이형)** : 가스폭발의 힘과 아크힘에 의해 용접봉끝의 용융금속이 아주 미세한 입자로 되어 빠른 속도로 용접부에 이행하는 형식으로 스패터가 거의 없고 비드외관이 아름다우며 용입이 깊다. 일미나이트계, 고셀룰로스계를 비롯하여 MIG용접에서는 Ar80% 이상일 때만 일어난다.(200A 이상)

2) 용착법 종류별 특징
  ㉠ 용접진행방향에 따른 분류

직진법 (전진법)	용접 시작 부분보다 끝나는 부분이 수축 및 잔류 응력이 커서 용접이음이 짧고, 변형 및 잔류 응력이 그다지 문제가 되지 않을 때 사용 비드표면이 매끄럽고 3mm 이하의 판에 적합	용접방향 → 1 2 3 4 5
후진법 (후퇴법)	용접선의 전 길이를 적당한 길이로 나눠 국부 구간의 용접은 전진하지만 전체 구간의 용접방향은 용접방향에 대하여 후진하는 방법이다. 2층 이상의 경우에는 각 층 구간의 이음매가 일치되지 않고 어긋나도록 한다. 수축과 잔류 응력을 줄이며 아크쏠림을 방지한다. 비드가 비교적 거칠고 두꺼운 판재용접에 적합하다.	용접방향 → 1 2 3 4 5
대칭법	용접선이 긴 경우에 사용되는 비드 배치법의 일종으로서 용접 전 길이에 대하여 중심에서 좌우로 또는 용접물 형상에 따라 좌우 대칭으로 용접하여 변형과 수축 응력을 경감한다.	용접방향 ←→ 6 4 2 1 3 5
비석법	스킵법이라고도 하며 전 길이를 적당한 구간(20mm정도)으로 구분한 수후 각 구간을 한 칸씩 건너 뛰어서 용접한 후에 다시금 비어있는 곳에 차례로 용접하는 방법으로 잔류응력이 가장 적게 남는 방법이다.	용접방향 → 1 4 2 5 3
교호법	전체 용접선을 놓고 볼 때, 처음과 끝 그리고 중앙에 비드를 배치하여 2등분 한 후에 다시 등분된 곳의 중앙에 비드를 배치하는 용접 방법으로 용접이 교대로 진행되면서 전체 용접방법은 반대가 되는 형식으로 용접선 전체에 대하여 접열의 영향이 균일하게 분포되어 변형이 적어지는 장점이 있다.	용접방향 ← 2 5 3 4 1

ⓒ 다층 용접에 따른 분류

덧살 올림법 (빌드업법)	각층마다 전체길이를 용접하면서 다층용접을 한다. 열영향이 크고 슬래그 섞임의 우려가 있다. 한냉 시, 구속이 클 때 후판에서 첫층의 균열 발생 우려가 있으나 가장 일반적인 방법이다.	
캐스케이드법	한 부분의 몇 층을 용접하다가 이것을 다음 부분의 층으로 연속시켜 용접하는 방법으로 전체가 계단형태를 이루며 후진법과 같이 사용하며, 용접 결함 발생이 적으나 잘 사용되지는 않는다.	
전진 블록법	한 개의 용접봉으로 살을 붙일만한 길이로 구분해서 층을 한부분에 여러층으로 완전히 쌓아 올린 다음, 다음 부분으로 진행하는 방법으로 첫층의 균열 발생 우려가 있는 곳에 사용된다.	

EXERCISES 핵심문제

CHAPTER 02

01 다음 중 용접모재와 전극 사이의 아크열을 이용하는 방법으로 용접작업에서의 주된 에너지원에 속하는 용접열원은?

① 가스 에너지 ② 전기 에너지
③ 기계적 에너지 ④ 충격 에너지

02 용접 결함 중 치수상의 결함에 해당하는 변형, 치수불량, 형상 불량에 대한 방지대책과 가장 거리가 먼 것은?

① 역변형법 적용이나 지그를 사용한다.
② 습기, 이물질 제거 등 용접부를 깨끗이 한다.
③ 용접 전이나 시공 중에 올바르게 시공법을 적용한다.
④ 용접조건과 자세, 운봉법을 적정하게 한다.

▶ 습기, 이물질 등의 제거는 구조상 결함의 예방책이다.

03 용접 결함의 종류 중 치수상의 결함에 속하는 것은?

① 변형 ② 융합 불량
③ 슬래그 섞임 ④ 기공

▶ • 치수상 결함 : 변형, 치수 및 형상 불량
• 성질상 결함 : 기계적·화학적 성질 불량
• 구조상 결함 : 언더컷, 오버랩, 기공, 용입 불량 등

04 200V용 아크용접기의 1차 입력이 15kVA일 때, 퓨즈의 용량은 얼마[A]가 적당한가?

① 65[A] ② 75[A]
③ 90[A] ④ 100[A]

▶ kVA : 정격 출력
$I = \dfrac{P}{V} = \dfrac{15 \times 10^3}{200} = 75$

05 주물 제품을 용접한 후 용접에 의한 잔류응력을 최소화하기 위한 조치 방법으로 틀린 것은?

① 주물을 단열재로 덮는다.
② 주물을 토치로 후열처리한다.
③ 주물을 노(爐)에 옮긴다.
④ 주물을 급랭시켜 조직을 완화시킨다.

▶ 급랭 시 조직이 경화되고 잔류응력이 증가한다.

정답 01 ② 02 ② 03 ① 04 ② 05 ④

06 아래 그림과 같이 용접 길이를 짧게 나누어 간격을 두면서 용접하는 방법은?

① 전진법
② 후진법
③ 대칭법
④ 스킵법

> 스킵법
> 비석법이라고도 하며 잔류응력을 적게 할 경우 사용한다.

07 용접조건이 같은 경우에 박판과 후판의 열영향에 대한 설명으로 올바른 것은?

① 박판 쪽 열열향부의 폭이 넓어진다.
② 후판 쪽 열열향부의 폭이 넓어진다.
③ 박판, 후판 똑같이 열영향부의 폭은 넓어진다.
④ 박판, 후판 똑같이 열영향부의 폭은 좁아진다.

> 열 전달은 후판이 크기 때문에 박판 쪽 열영향부의 폭이 넓다.

08 아크 전류가 200A, 아크 전압이 25V, 용접 속도가 15cm/min인 경우 용접 길이 1cm당 발생하는 전기적 에너지는?

① 10000(J/cm)　　② 15000(J/cm)
③ 20000(J/cm)　　④ 25000(J/cm)

> $H = \dfrac{60EI}{V} = \dfrac{60 \times 25 \times 200}{15} = 20000$

09 전류가 증가하여도 전압이 일정하게 되는 특성으로 이산화탄소 아크용접장치 등의 아크 발생에 필요한 용접기의 외부 특성은?

① 상승 특성　　② 정전류 특성
③ 정전압 특성　　④ 부저항 특성

> 정전압 특성(자기 제어 특성)
> 수하특성과는 반대의 성질을 갖는 것으로 부하 전류가 변해도 단자 전압이 거의 변하지 않는 것으로 CP(Constant Potential) 특성이라고도 한다.

10 다음 중 용접 금속에 기공을 형성하는 가스에 대한 설명으로 적절하지 않은 것은?

① 응고 온도에서의 액체와 고체의 용해도 차에 의한 가스 방출
② 용접금속 중에서의 화학반응에 의한 가스 방출
③ 아크 분위기에서의 기체의 물리적 혼입
④ 용접 중 가스 압력의 부적당

정답　06 ④　07 ①　08 ③　09 ③　10 ④

11 수하특성에 관한 설명 중 가장 적당한 것은?
① 부하전류가 증가하면 단자전압이 저하하는 특성
② 부하전압이 증가하면 단자전압이 상승하는 특성
③ 아크전류가 증가하여도 단자전압이 변하지 않는 특성
④ 부하전압이 변화하여도 전압이 변화하지 않는 특성

> **수하특성**
> 부하 전류가 증가하면 단자 전압이 저하하는 특성을 말한다.
> $V = E - IR$ (V : 단자 전압, E : 전원 전압)

12 다음 중 직류 아크용접에서 직류 정극성의 특징을 올바르게 설명한 것은?
① 비드 폭이 넓어진다.
② 모재의 용입이 얕다.
③ 모재의 용입이 깊다.
④ 용접봉의 용융이 빠르다.

13 다음 중 주철의 보수 용접방법이 아닌 것은?
① 스터드법　　② 비녀장법
③ 버터링법　　④ 피닝법

> **주철의 보수방법**
> • 버터링법 : 먼저 모재와 잘 융합하는 용접봉을 사용하여 적당한 두께까지 용착시키고 후에 다른 용접봉으로 용접하는 방법
> • 비녀장법 : 균열의 수리 또는 가늘고 긴 용접을 할 때 용접선에 직각이 되게 6~10mm 정도의 ㄷ자형의 강봉을 박고 용접하는 방법
> • 로킹법 : 용접부 바닥면에 둥근 홈을 파고 이 부분에 걸쳐 힘을 받도록 하는 방법
> • 스텃법 : 용접 경계부 바로 밑 부분의 모재까지 갈라지는 결점을 보강하기 위하여 스텃 볼트를 사용하여 조이는 방법으로 비드의 배치는 가능한 짧게 한다.

14 피복 아크용접 결함 중 용착 금속의 냉각 속도가 빠르거나, 모재의 재질이 불량할 때 일어나기 쉬운 결함으로 가장 적당한 것은?
① 용입 불량　　② 언더컷
③ 오버랩　　　④ 선상조직

정답　11 ①　12 ③　13 ④　14 ④

15 직류 아크용접의 설명 중 올바른 것은?
   ① 용접봉을 양극, 모재를 음극에 연결하는 경우를 정극성이라고 한다.
   ② 역극성은 용입이 깊다.
   ③ 역극성은 두꺼운 판의 용접에 적합하다.
   ④ 정극성은 용접 비드의 폭이 좁다.

16 전류 밀도가 클 때 가장 잘 나타나는 것으로 아크 전류가 일정할 때 아크 전압이 높아지면 용접봉의 용융 속도가 늦어지고 아크 전압이 낮아지면 용융 속도가 빨라지는 특성은?
   ① 부특성
   ② 절연 회복 특성
   ③ 전압 회복 특성
   ④ 아크 길이 자기 제어 특성

17 가포화 리액터형 교류 아크용접기의 설명으로 잘못된 것은?
   ① 미세한 전류 조정이 가능하여 가장 많이 사용된다.
   ② 조작이 간단하고 원격 제어가 된다.
   ③ 가변 저항의 변화로 용접 전류를 조절한다.
   ④ 전기적 전류 조정으로 소음이 거의 없다.

▶ 가동 철심형에 비하여 많이 사용되지는 않는다.

18 다음 중 핫스타트(Hot Start) 장치의 사용 시 장점으로 볼 수 없는 것은?
   ① 기공(Blow Hole)을 방지한다.
   ② 비드 모양을 개선한다.
   ③ 아크 발생은 어렵지만 용착금속 성질은 양호해진다.
   ④ 아크 발생 초기의 용입을 양호하게 한다.

▶ 핫 스타트 장치는 아크부스터라 하며 모재에 접촉한 순간의 0.2~0.25초 정도의 순간적인 대전류를 흘려서 아크의 초기 안정을 도모하는 장치이다.

19 직류 아크용접기로 두께가 15mm이고, 길이가 5m인 고장력 강판을 용접하는 도중에 아크가 용접봉 방향에서 한쪽으로 쏠렸다. 다음 중 이러한 현상을 방지하는 방법으로 틀린 것은?
   ① 이음의 처음과 끝에 엔드 탭을 이용할 것
   ② 용량이 더 큰 직류 용접기로 교체할 것
   ③ 용접부가 긴 경우에는 후퇴 용접법으로 할 것
   ④ 용접봉 끝을 아크 쏠림 반대방향으로 기울일 것

정답 15 ④ 16 ④ 17 ① 18 ③ 19 ②

20 다음 중 교류 아크용접기의 종류에 있어 AWL-130의 정격사용률(%)로 옳은 것은?
① 20%   ② 30%
③ 40%   ④ 60%

> AWL은 정격출력 전류 130A이며 정격 사용률이 30%인 용접기이다.

21 직류 아크용접에서 용접봉을 용접기의 음극에, 모재를 양극에 연결하여 사용할 경우의 극성은?
① 정극성   ② 역극성
③ 혼합성   ④ 아크성

22 아크 발생 초기에 용접봉과 모재가 냉각되어 있어 입열이 부족하면 아크가 불안정하기 때문에 아크 초기에만 용접전류를 특별히 크게 해주는 장치는?
① 전격방지장치   ② 원격제어장치
③ 핫 스타트 장치   ④ 고주파 발생 장치

23 피복 아크용접봉에서 피복제의 역할로 틀린 것은?
① 아크를 안정시킴   ② 전기 절연작용을 함
③ 슬래그 제거가 쉬움   ④ 냉각속도를 빠르게 함

24 직류 아크용접에서 역극성의 특징이 아닌 것은?
① 용입이 얕다.
② 비드 폭이 좁다.
③ 용접봉의 녹음이 빠르다.
④ 박판, 주철, 고탄소강, 비철금속 등의 용접에 쓰인다.

25 교류 아크용접기 종류 중 AW-500의 정격 부하 전압은 몇 V인가?
① 28V   ② 32V
③ 36V   ④ 40V

> AW200에서는 30V, AW300일 때는 35V, 400A에서는 40V 정도가 된다.

정답 20 ② 21 ① 22 ③ 23 ④ 24 ② 25 ④

26 다음 중 표면 피복용접을 올바르게 설명한 것은?

① 연강과 고장력강의 맞대기 용접을 말한다.
② 연강과 스테인리스강의 맞대기 용접을 말한다.
③ 금속 표면에 다른 종류의 금속을 용착시키는 것을 말한다.
④ 스테인리스 강판과 연강판재를 접합 시 스테인리스 강판에 구멍을 뚫어 용접하는 것을 말한다.

27 다음 그림은 모재 위에 피복 아크용접으로 용접한 용접부의 단면 형상이다. 각각의 기호에 대한 설명이 틀린 것은?

◎ c는 모재가 녹은 쇳물 부분 용융지(용융풀)이다.

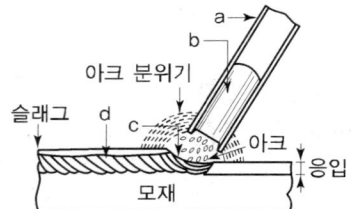

① a : 피복제　　② b : 심선
③ c : 용접비드　④ d : 용착금속

28 아크 에어 가우징 작업에서 탄소강과 스테인리스강에 가장 우수한 작업효과를 나타내는 전원은?

① 교류(AC)　　　　② 직류 정극성(DCSP)
③ 직류 역극성(DCRP)　④ 교류·직류 모두 동일

29 직류 아크용접을 할 때 극성 선택에 고려되어야 할 사항으로 거리가 먼 것은?

① 용접봉 심선의 재질　② 피복제의 종류
③ 용접 이음의 모양　　④ 용접 지그

30 연강용 피복 금속 아크용접봉의 작업성 중 직접 작업성이 아닌 것은?

① 아크 상태　　　　　② 용접봉 용융 상태
③ 부착 슬래그의 박리성　④ 스패터

정답 26 ③ 27 ③ 28 ③ 29 ④ 30 ③

31 가스용접봉을 선택하는 공식으로 맞는 것은?(단, D : 용접봉 지름(mm), T : 판두께(mm))

① $D = \dfrac{T}{2} + 1$ ② $D = \dfrac{T}{2} + 2$

③ $D = \dfrac{T}{2} - 1$ ④ $D = \dfrac{T}{2} - 2$

32 피복 아크용접봉에서 모재로 용융금속이 옮겨가는 상태에서 비교적 큰 용적이 단락되지 않고 옮겨가는 형식은?

① 단락형 ② 스프레이형
③ 글로블러형 ④ 슬래그형

○ 용융금속의 이행 형태
• 단락형 : 큰 용적이 용융지에 단락되어 표면 장력의 작용으로 이행되는 형식으로 맨 용접봉, 박피복 용접봉에서 발생한다.
• 글로 블러형 : 비교적 큰 용적이 단락되지 않고 옮겨가는 형식으로 피복제가 두꺼운 저수소계 용접봉 등에서 발생한다.
• 스프레이형 : 미세한 용적이 스프레이와 같이 날려 이행되는 형식으로 고산화티탄계, 일미나이트계 등에서 발생한다.

33 피복 아크용접에서 용접성이 가장 우수한 용접 재료로 적당한 것은?

① 주철 ② 저탄소강
③ 고탄소강 ④ 니켈강

34 교류 용접기에서 무부하 전압이 높기 때문에 감전의 위험이 있어 용접사를 보호하기 위하여 설치하는 장치는?

① 초음파 장치 ② 전격방지 장치
③ 원격 제어장치 ④ 핫 스타트 장치

○ 전격이란 전기적인 충격, 즉 감전이다.

35 다음 중 교류 아크용접기에 포함되지 않는 것은?

① 가동 철심형 ② 가동 코일형
③ 정류기형 ④ 가포화 리액터형

○ 교류용접기의 종류
탭 전환형, 가동 코일형, 가동 철심형, 가포화 리액터형이 있다.

정답 31 ① 32 ③ 33 ② 34 ② 35 ③

36 양극 전압강하 V_A, 음극 전압강하 V_K, 아크기동 전압강하 V_P라고 할 때 아크 전압 V_a의 올바른 관계식은?

① $V_a = V_A + V_K - V_P$ ② $V_a = V_K + V_P - V_A$
③ $V_a = V_A - V_K - V_P$ ④ $V_a = V_K + V_P + V_A$

37 피복 아크용접에서 용접의 단위 길이 1cm당 발생하는 전기적 열에너지 H(J/cm)를 구하는 식은?

① $H = \dfrac{V}{60EI}$ ② $H = \dfrac{60V}{EI}$
③ $H = \dfrac{60E}{VI}$ ④ $H = \dfrac{60EI}{V}$

38 다음 중 교류 아크용접기의 종류별 특성으로 가변저항의 변화를 이용하여 용접 전류를 조정하는 형식은?

① 탭 전환형
② 가동 코일형
③ 가동 철심형
④ 가포화 리액터형

◉ 가동코일형
아크용접기의 1차 코일과 2차 코일이 같은 철심에 감겨져 있고, 대개 2차 코일은 고정하고 1차 코일을 이동하여 두 코일 간의 거리를 조절하여 전류를 조정하는 용접방법

탭 전환형
코일의 감긴 수에 따라 전류를 조정한다. 탭과 탭 사이의 전류를 조절할 수 없어 미세 전류 조절이 불가능하며, 넓은 범위의 전류 조정이 어렵다. 주로 소형으로 사용되며 적은 전류 조정 시에는 무부하 전압이 높아져서 감전의 위험이 있다.

39 아크용접기의 구비조건에 대한 설명으로 틀린 것은?

① 구조 및 취급이 간단해야 한다.
② 전류 조정이 용이하고 일정하게 전류가 흘러야 한다.
③ 아크 발생 및 유지가 용이하고 아크가 안정되어야 한다.
④ 사용 중에 온도 상승이 커야 한다.

40 다음 중 아크 길이에 따라 전압이 변동하여도 아크 전류가 거의 변하지 않는 특성은?

① 정전류 특성 ② 아크의 부특성
③ 정격 사용률 특성 ④ 개로 전압 특성

정답 36 ④ 37 ④ 38 ④ 39 ④ 40 ①

41 다음 중 피복 아크용접 회로의 주요 구성요소로 볼 수 없는 것은?
① 접지 케이블   ② 전극 케이블
③ 용접봉 홀더   ④ 콘덴싱 유닛

> 용접회로란 용접기 → 전극케이블 → 홀더 → 용접봉 → 아크 → 모재 → 접지케이블 → 용접기의 순으로 용접이 이루어진다.

42 다음 중 교류 아크용접기의 네임 플레이트(Name Plate)에 사용률이 40%로 나타나 있다면 그 의미로 가장 적절한 것은?
① 용접작업 준비시간이 전체시간의 40% 정도이다.
② 용접 시의 아크 발생시간이 전체의 40% 정도이다.
③ 용접기가 쉬는 시간이 전체의 40% 정도이다.
④ 용접 시의 아크를 발생시키지 않고 쉬는 시간이 전체의 40% 정도이다.

> 사용률
> $= \dfrac{\text{작업시간}}{\text{작업시간} + \text{여유시간}} \times 100$

43 직류 아크용접기의 종류가 아닌 것은?
① 엔진 구동형   ② 진동 발전형
③ 정류기형   ④ 가동 철심형

> 교류용접기의 종류에는 탭 전환형, 가동 코일형, 가동 철심형, 가포화리액터형이 있다. 이 중 가장 많이 사용되는 것이 가동 철심형이다.

44 피복 배합제의 성분 중 탈산제로 사용되지 않는 것은?
① 규소철   ② 망간철
③ 알루미늄   ④ 유황

> 탈산제로는 페로실리콘, 페로망간, 페로티탄, 알루미늄 등이 있다.

45 AW300인 교류 아크용접기로 쉬지 않고 계속적으로 용접작업을 진행할 수 있는 용접전류는 약 몇 암페어(A) 이하인가?(단, 이때 허용사용률은 100%이며, 이 용접기의 정격사용률은 40[%]이다.)

① 138[A] 이하   ② 154[A] 이하
③ 189[A] 이하   ④ 226[A] 이하

> 허용사용률(%) × (실제 용접전류)² = 정격사용률(%) × (정격 2차 전류)²
> $I = \sqrt{\dfrac{40 \times 300^2}{100}} = 189.7[A]$

46 정격전류 200A, 정격사용률 40%인 아크용접기로 실제 아크 전압 30V, 아크 전류 130A로 용접을 수행한다고 가정할 때 허용사용률은 약 얼마인가?
① 70%   ② 75%
③ 80%   ④ 95%

> $0.4 \times 200^2 =$ 허용사용률 $\times 130^2$
> 허용사용률
> $= \dfrac{0.4 \times 200^2}{130^2} \times 100 = 94.67\%$

정답 41 ④ 42 ② 43 ④ 44 ④ 45 ③ 46 ④

47 피복 금속 아크용접 회로를 순서에 맞게 잘 표현한 것은?

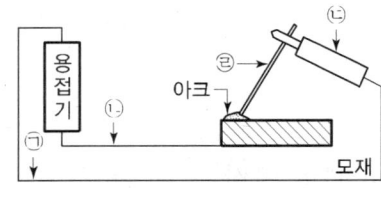

	㉠	㉡	㉢	㉣
①	전극 케이블	접지 케이블	용접봉	홀더
②	전극 케이블	접지 케이블	홀더	용접봉
③	접지 케이블	전극 케이블	홀더	용접봉
④	홀더	전극 케이블	접지 케이블	용접봉

48 피복 아크용접용 기구에 해당되지 않는 것은?
① 주행 대차
② 용접봉 홀더
③ 접지 클램프
④ 전극 케이블

○ 주행 대차는 자동 용접에서 용접 헤드 등의 자동이송장치이다.

49 아크용접기의 1차 코일과 2차 코일이 같은 철심에 감겨져 있고, 대개 2차 코일은 고정하고 1차 코일을 이동하여 두 코일 간의 거리를 조절하여 전류를 조정하는 용접기는?
① 가동 철심형
② 가동 코일형
③ 탭 전환형
④ 가포화 리액터형

50 다음 중 용접 전류를 결정하는 요소와 가장 관련이 적은 것은?
① 판(모재) 두께
② 용접봉의 지름
③ 아크 길이
④ 이음의 모양(형상)

51 교류 아크용접기는 무부하 전압이 높아 전격의 위험이 있으므로 안전을 위하여 전격 방지기를 설치한다. 이때 전격 방지기의 2차 무부하 전압은 몇 V 범위로 유지하는 것이 적당한가?
① 80~90V 이하
② 60~70V 이하
③ 40~50V 이하
④ 20~30V 이하

정답 47 ② 48 ① 49 ② 50 ③ 51 ④

52 연강용 피복 아크용접봉 심선의 화학성분 중 강의 성질을 좋게 하고 균열이 생기는 것을 방지하는 것은?
① 탄소   ② 망간
③ 인   ④ 황

> 인과 황은 균열 발생의 원인이 되는 원소로 황의 해를 제거하기 위하여 망간을 첨가한다.

53 용접봉의 보관 및 취급상의 주의사항으로 틀린 것은?
① 용접 작업자는 용접전류, 용접자세 및 건조 등의 용접봉 사용조건에 대한 제조자의 지시에 따라야 한다.
② 보통 용접봉은 70~100℃에서 30~60분 정도 건조시켜야 한다.
③ 저수소계 용접봉은 300~350℃에서 1~2시간 정도 건조시켜야 한다.
④ 용접봉은 진동이 없고 하중을 받는 상태에서 지면보다 낮은 곳에 보관한다.

> 용접봉은 흡습하지 않도록 해야 하며 진동이 없고 하중을 받지 않는 상태에서 보관한다.

54 용접봉의 소요량을 판단하거나 용접 작업시간을 판단하는 데 필요한 용접봉의 용착효율을 구하는 식은?

① 용착효율 = $\dfrac{\text{용착금속의 중량}}{\text{용접봉 사용 중량}} \times 100$

② 용착효율 = $\dfrac{\text{용착금속의 중량} \times 2}{\text{용접봉 사용 중량}} \times 100$

③ 용착효율 = $\dfrac{\text{용접봉 사용 중량}}{\text{용착금속의 중량}} \times 100$

④ 용착효율 = $\dfrac{\text{용접봉 사용 중량}}{\text{용착금속의 중량} \times 2} \times 100$

> 용착이란 용접봉이 용융지에 녹아 들어가는 것이다.

55 피복 아크용접에서 용접 전류에 의해 아크 주위에 발생하는 자장이 용접봉에 대해서 비대칭일 때 일어나는 현상은?
① 자기흐름   ② 언더컷
③ 자기불림   ④ 오버랩

> 아크 쏠림, 아크 블로, 자기 불림은 같은 단어이다.

정답 52 ② 53 ④ 54 ① 55 ③

56 용접봉의 분류에서 용적이 모재에 이행하는 형식에 따라 용접봉을 분류한 것이 아닌 것은?
① 스프레이형　② 슬래그형
③ 글로블러형　④ 단락형

▶ 용융 금속의 이행 형태에는 단락형, 글로블러형, 스프레이형이 있다. 단락형은 맨용접봉·박피용 용접봉, 글로블러형은 저수소계 용접봉, 스프레이형은 일미나이트계·고산화티탄계 용접봉에서 발생한다.

57 용접봉의 지름이 9mm 정도이고 용접 전류가 400A 이상인 탄소 아크용접에 가장 적합한 차광 유리의 차광도 번호는?
① 18　② 14
③ 10　④ 6

▶
차광도 번호	용접 전류(A)	용접봉 지름(mm)
8	45~75	1.2~0
9	75~130	1.6~2.6
10	100~200	2.6~3.2
11	150~250	3.2~4.0
12	200~300	4.8~6.4
13	300~400	4.4~9.0
14	400 이상	9.0~9.6

58 피복금속 아크용접에서 가접을 할 때 본 용접보다 지름이 약간 가는 용접봉을 사용하게 되는 이유로 가장 적합한 것은?
① 용접봉의 소비량을 줄이기 위하여
② 가접 모양을 좋게 하기 위하여
③ 변형량을 줄이기 위하여
④ 충분한 용입이 되게 하기 위하여

▶ 가접을 할 때는 용입을 좋게 하기 위해 본 용접보다 전류를 높게 하거나 약간 가는 용접봉을 사용한다.

59 피복 아크용접봉에서 피복제의 주된 역할이 아닌 것은?
① 용융금속의 용적을 미세화하여 용착효율을 높인다.
② 용착금속의 응고와 냉각속도를 빠르게 한다.
③ 스패터의 발생을 적게 하고 전기 절연작용을 한다.
④ 용착금속에 적당한 합금 원소를 첨가한다.

▶ 피복제(Flux)의 역할
• 아크 안정
• 용착금속 보호
• 정련된 용착금속
• 용착금속의 급랭 방지
• 용착금속에 필요한 원소 보충
• 용착금속의 흐름을 양호하게 함
• 슬래그 제거를 쉽게 함
• 전기 절연 작용
• 수직이나 위보기 등의 어려운 자세를 쉽게 함

60 피복 아크용접을 할 때 용융속도를 결정하는 것으로 맞는 것은?
① 용융속도 = 아크전류×용접봉 쪽 전압강하
② 용융속도 = 아크전압×용접봉 쪽 전압강하
③ 용융속도 = 아크전류×용접봉 지름
④ 용융속도 = 아크전류×아크 전압

정답 56 ② 57 ② 58 ④ 59 ② 60 ①

61 연강용 가스용접봉의 종류 GA43에서 43이 뜻하는 것은?
① 용착금속의 연신율 구분
② 가스용접봉
③ 용착금속의 최소 인장강도
④ 용접봉의 최대 지름

• G : 가스용접봉
• A : 용착금속의 연신율 구분
• 43 : 용착금속의 최소인장강도 (kg/mm^2)

62 다음 중 고셀룰로오스계 연강용 피복 아크용접봉에 관한 설명으로 틀린 것은?
① 슬래그가 적어 좁은 홈의 용접에 좋다.
② 가스 실드에 의한 아크 분위기가 환원성이므로 용착 금속의 기계적 성질이 양호하다.
③ 수직 상진·하진 및 위보기 자세 용접에서 우수한 작업성을 나타낸다.
④ 사용 전류는 슬래그 실드계 용접봉에 비해 10~15% 높게 사용한다.

63 다음 중 피복 아크용접봉의 피복제가 연소한 후 생성된 물질이 용접부를 보호하는 형식에 따라 분류한 것에 해당되지 않는 것은?
① 반가스 발생식
② 스프레이 형식
③ 슬래그 생성식
④ 가스 발생식

• 용착 금속의 보호 형식에는 슬래그 생성식, 가스발생식과 두 형식을 혼합한 반가스발생식이 있다.

64 다음 중 연강용 가스용접봉의 종류인 "GB43"에서 "43"이 의미하는 것은?
① 가스용접봉
② 용착금속의 연신율 구분
③ 용착금속의 최소 인장강도
④ 용착금속의 최대 인장강도

65 연강용 가스용접봉에서 "625±25℃에서 1시간 동안 응력을 제거했다."는 내용의 영문자 표시에 해당되는 것은?
① NSR
② GB
③ SR
④ GA

• SR(Stress Remove) : 응력 제거
• NSR(Non Stress Remove) : 응력 제거하지 않음

정답 61 ③ 62 ④ 63 ② 64 ③ 65 ③

66 지름이 3.0mm인 용접봉에서 아크의 길이는 몇 mm로 하는 것이 가장 적당한가?
① 3.0 ② 6.0
③ 9.0 ④ 12.0

아크 길이는 일반적으로 2~3mm이며 지름이 2.6mm 이하일 때는 심선의 지름과 같이 한다.

67 피복 금속 아크용접봉의 내균열성이 좋은 정도는?
① 피복제의 염기성이 높을수록 양호하다.
② 피복제의 산성이 높을수록 양호하다.
③ 피복제의 산성이 낮을수록 양호하다.
④ 피복제의 염기성이 낮을수록 양호하다.

피복제의 성분 중 염기성이 높은 저수소계(E4316) 용접봉은 내균열성이 우수하다.

68 피복제 중의 산화티탄을 약 35% 정도 포함하였고 슬래그의 박리성이 좋아 비드의 표면이 고우며 작업성이 우수한 특징을 지닌 연강용 피복 아크용접봉은?
① E4301 ② E4311
③ E4313 ④ E4316

고산화티탄계(E4313)

69 아래 그림에서 탄소강을 아크용접한 매크로 조직 용접부 중 열영향부를 나타낸 곳은?

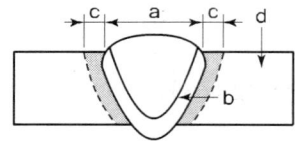

① a ② b
③ c ④ d

열영향부(HAZ ; Heat Affected Zone)
a : 용착금속부, b : 혼합부
c : 열영향부,   d : 원질부

70 고셀룰로오스계 용접봉에 대한 설명이 틀린 것은?
① 비드 표면이 거칠고 스패터가 많은 것이 결점이다.
② 피복제 중 셀룰로오스가 20~30% 정도 포함되어 있다.
③ 고셀룰로오스계는 E4311로 표시한다.
④ 슬래그 생성계에 비해 용접전류를 10~15% 높게 사용한다.

고셀룰로오스계(E4311)는 슬랙실스계 용접봉에 비해 10~15% 낮게 사용한다.

정답 66 ① 67 ① 68 ③ 69 ③ 70 ④

71 용접부의 열영향부에 대하여 설명한 것 중 틀린 것은?

① 열영향부에 인접한 모재 중 약 200~700℃로 가열된 부분에서는 현미경 조직의 변화를 볼 수 있다.
② 결정립의 조대화 또는 재결정 및 기계적 성질과 물리적 성질의 변화가 나타나는 영역이 있다.
③ 연강의 경우 준열 영향부는 노치 인성이 저하하므로 취성 영역이라고도 한다.
④ 오스테나이트강, 페라이트강, 등합금, 알루미늄 합금 등에서는 변태가 되지 않으므로 펄라이트강과 같이 분명한 열영향부를 용접단면의 매크로 조직에서 보기 힘들다.

열영향부(HAZ)는 용접 시 녹지 않고 열에 의해 금속조직이나 성질의 변화를 받는 모재의 부분이다.

72 다음 중 가스 실드계의 대표적인 용접봉으로 비드 표면이 거칠고 스패터가 많으며 수직 상진·하진 및 위보기 용접에서 우수한 작업성을 가지고 있는 용접봉은?

① E4301
② E4311
③ E4313
④ E4316

E4311(고셀룰로오스계)

73 피복 아크용접봉은 염기도(Basicity)가 높을수록 내균열성은 좋으나 작업성이 저하되는데, 다음 중 염기도 크기를 순서대로 올바르게 나열한 것은?

① E4311＜E4301＜E4316
② E4316＜E4301＜E4311
③ E4301＜E4316＜E4311
④ E4316＜E4311＜E4301

피복제의 염기도가 높을수록 내균열성이 우수하다. 저수소계(E4316)＞알루미나이트계(E4301)＞고셀룰로오스계(E4311)의 순이다.

74 1차측 입력이 24kVA인 용접기의 전원이 200V일 때 가장 적합한 퓨즈의 용량은?

① 100A
② 120A
③ 150A
④ 240A

퓨즈 용량 = $\dfrac{24000}{200}$ = 120[A]

정답 71 ① 72 ② 73 ① 74 ②

75 가스용접에서 모재의 두께가 6mm일 때 사용되는 용접봉의 직경을 계산식에 의해 구하면 얼마인가?
① 1mm   ② 4mm
③ 7mm   ④ 9mm

$D = \dfrac{T}{2}+1 = \dfrac{6}{2}+1 = 4$

76 피복 아크용접봉의 피복 배합제 성분 중 고착제에 해당하는 것은?
① 산화티탄   ② 규소철
③ 망간   ④ 규산나트륨

고착제
심선에 피복제를 잘 붙게 하는 재료로서 규산나트륨, 규산칼륨, 아교, 소맥분, 해초 등이 있다.

77 다음 중 연강용 가스용접봉의 길이 치수로 옳은 것은?
① 500mm   ② 700mm
③ 800mm   ④ 1000mm

78 용접에 의한 수축 변형에 영향을 미치는 인자로 거리가 가장 먼 것은?
① 가접   ② 용접 입열
③ 판의 예열온도   ④ 판 두께와 이음형상

가접은 용접 중 변형을 방지하기 위하여 양 끝을 미리 용접하는 방법이다.

79 용접봉의 피복제 중에 산화티탄을 약 35% 정도 포함한 용접봉으로서 일반 경구조물의 용접에 많이 사용되는 용접봉은?
① 저수소계   ② 일루미나이트계
③ 고산화티탄계   ④ 철분산화철계

고산화티탄계(E4313) TiO_2

80 피복제 중에 석회석이나 형석을 주성분으로 한 피복제를 사용한 것으로서 용착 금속 중의 수소량이 다른 용접봉에 비해서 1/10 정도로 적은 용접봉은?
① E4301   ② E4311
③ E4316   ④ E4327

정답 75 ② 76 ④ 77 ④ 78 ① 79 ③ 80 ③

81 저수소계 용접봉의 건조 온도에 대하여 올바르게 설명한 것은?

① 건조로 속의 온도가 100℃ 가열되었을 때부터의 2~4시간 정도 건조시킨다.
② 건조로 속의 온도가 200℃일 때 용접봉을 넣은 다음부터 30분 정도 건조시킨다.
③ 건조로 속에 들어있는 용접봉의 온도가 300~350℃에 도달한 시간부터 1~2시간 정도 건조시킨다.
④ 건조로 속에 들어있는 용접봉의 온도가 100~200℃에 도달한 시간부터 2~3시간 정도 건조시킨다.

82 용접 시공 시 발생하는 용접변형이나 잔류응력 발생을 최소화하기 위하여 용접순서를 정할 때의 유의사항으로 틀린 것은?

① 동일 평면 내에 많은 이음이 있을 때 수축은 가능한 자유단으로 보낸다.
② 중심에 대하여 대칭으로 용접한다.
③ 수축이 적은 이음은 가능한 먼저 용접하고 수축이 큰 이음은 맨 나중에 한다.
④ 리벳작업과 용접을 같이 할 때에는 용접을 먼저 한다.

● 용접 시공 시 유의점
• 수축이 큰 맞대기 이음을 먼저 용접한 후 필릿 용접
• 큰 구조물은 구조물의 중앙에서 끝으로 향하여 용접
• 용접선에 대하여 수축력의 합이 영이 되도록 한다.
• 리벳과 같이 쓸 때에는 용접 후 리베팅한다.
• 물품의 중심에 대하여 대칭으로 용접 진행

83 피복 아크용접봉의 피복제(Flux) 연소 시 용접부 보호방식에 속하지 않는 것은?

① 가스 발생식
② 슬래그 생성식
③ 반가스 발생식
④ 반슬래그 생성식

● 용착 금속의 보호 형식
• 슬래그 생성식(무기물형) : 슬래그로 산화, 질화 방지 및 탈산 작용
• 가스 발생식 : 대표적으로 셀룰로오스가 있으며 전자세 용접이 용이하다.
• 반가스 발생식 : 슬래그 생성식과 가스 발생식의 혼합

84 다음 중 아크의 길이가 너무 길었을 때 일어나는 현상과 가장 거리가 먼 것은?

① 아크가 불안정하다.
② 스패터가 감소한다.
③ 산화 및 질화가 일어나기 쉽다.
④ 열의 집중 불량, 용입 불량의 우려가 있다.

● 아크 길이가 길어지면 스패터 발생이 증가한다.

정답 81 ③ 82 ③ 83 ④ 84 ②

85 다음 그림은 필릿용접 이음의 홈의 각 부 명칭을 나타낸 것이다. 필릿용접의 목두께에 해당하는 부분은?

① a
② b
③ c
④ d

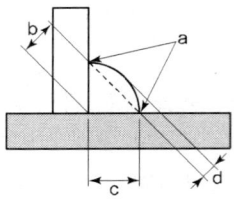

▶ b : 목두께, c : 용접두께

86 직류 용접에서 아크 쏠림(Arc Blow)에 대한 설명으로 틀린 것은?

① 아크 쏠림의 방지 대책으로는 용접봉 끝을 아크 쏠림 방향으로 기울인다.
② 자기불림(Magnetic Blow)이라고도 한다.
③ 용접 전류에 의해 아크 주위에 발생하는 자장이 용접에 대해서 비대칭으로 나타나는 현상이다.
④ 용접봉에 아크가 한쪽으로 쏠리는 현상이다.

▶ 아크 쏠림은 교류용접에서는 발생하지 않으며 방지대책으로 용접봉 끝을 아크쏠림 반대방향으로 후퇴법으로 하며 접지부를 용접부로부터 멀리한다.

87 용접 지그를 사용하여 용접했을 때 얻을 수 있는 장점이 아닌 것은?

① 구속력을 크게 하면 잔류응력이나 균열을 막을 수 있다.
② 동일 제품을 대량 생산할 수 있다.
③ 제품의 정밀도와 신뢰성을 높일 수 있다.
④ 작업을 용이하게 하고 용접능률을 높인다.

▶ 용접 지그 사용 효과
• 용접을 하기 쉬운 자세를 취할 수 있다.
• 제품의 정밀도 향상을 가져올 수 있다.
• 용접 조립작업을 단순화 또는 자동화할 수 있어 작업능률이 향상된다.

88 피복 아크용접용 기구 중 홀더(Holder)에 관한 사항으로 옳지 않은 것은?

① 용접봉을 고정하고 용접 전류를 용접 케이블을 통하여 용접봉 쪽으로 전달하는 기구이다.
② 홀더 자신은 전기저항과 용접봉을 고정시키는 조(Jaw) 부분의 접촉저항에 의한 발열이 되지 않아야 한다.
③ 홀더가 400호라면 정격 2차 전류가 400[A]임을 의미한다.
④ 손잡이 이외의 부분까지 절연체로 감싸서 전격의 위험을 줄이고 온도 상승에도 견딜 수 있는 일명 안전홀더, 즉 B형을 선택하여 사용한다.

▶ 홀더의 종류로는 A형과 B형이 있다. A형은 안전 홀더로 전체가 절연된 것이고 B형은 손잡이만 절연된 것이나 B형은 안전을 고려해서 잘 사용되지 않는다. 홀더의 규격에서 기호 다음에 나오는 숫자가 정격 용접 전류이다. A200은 정격 2차 전류를 200(A), 용접봉 지름은 3.2~5.0(mm)를 사용할 수 있다.

정답 85 ② 86 ① 87 ① 88 ④

89 각 층마다 전체 길이를 용접하면서 쌓아 올리는 방법으로서 이종 금속 등에 의하여 새로운 기계적 성질을 얻고자 할 때 이용되는 것은?

① 맞대기 용접
② 필릿 용접
③ 플러그 용접
④ 덧살 올림 용접

◎ 덧살 올림법(빌드업법)
열 영향이 크고 슬래그 섞임의 우려가 있다.

90 피복 아크용접 시 일반적으로 언더컷을 발생시키는 원인으로 가장 거리가 먼 것은?

① 용접 전류가 너무 높을 때
② 아크 길이가 너무 길 때
③ 부적당한 용접봉을 사용했을 때
④ 홈 각도 및 루트 간격이 좁을 때

◎ 언더컷의 원인은 용접 전류가 너무 높을 때, 부적당한 용접봉 사용 시, 용접 속도가 너무 빠를 때, 용접봉의 유지 각도가 부적당할 때

91 다음 중 아크가 발생하는 초기에 용접봉과 모재가 냉각되어 있어 아크가 불안정하기 때문에 아크 발생을 쉽게 하기 위하여 아크 초기에만 용접 전류를 특별히 크게 하는 장치는?

① 핫 스타트 장치
② 고주파 발생장치
③ 원격 제어장치
④ 전격 방지장치

◎ 교류용접기의 부속장치
• 전격 방지기 : 감전의 위험으로부터 작업자를 보호하기 위하여 2차 무부하 전압을 20~30[V]로 유지하는 장치
• 핫 스타트 장치 : 처음 모재에 접촉한 순간(0.2~0.25초) 순간적인 대전류를 흘려서 아크의 초기 안정을 도모하는 장치로 아크 부스터라 한다.
• 고주파 발생장치 : 아크의 안정을 확보하기 위하여 상용 주파수의 아크 전류 외에, 고전압 3000~4000[V]를 발생하여, 용접 전류를 중첩시키는 장치

92 피복 아크용접에서 슬래그 혼입으로 용접 결함이 발생하였다. 방지대책으로 틀린 것은?

① 전류를 약간 높게 한다.
② 루트 간격 및 치수를 적게 한다.
③ 용접부를 예열한다.
④ 슬래그를 깨끗이 제거한다.

◎ 슬래그 섞임
1. 결함 발생원인
 • 전층의 슬래그 제거 불충분 시
 • 전류 과소, 운봉 불완전 시
 • 용접 이음부가 부적당할 때
 • 냉각속도가 빠를 때
 • 봉의 각도가 부적당할 때
 • 운봉속도가 느릴 때

2. 결함 방지대책
 • 슬래그를 깨끗이 제거한다.
 • 적정 전류로, 운봉을 잘한다.
 • 이음부 설계를 잘한다.
 • 예열, 후열을 한다.
 • 봉의 적정 각도를 유지한다.
 • 운봉속도를 조절한다.

정답 89 ④ 90 ④ 91 ① 92 ②

93 피복 아크용접에 관한 설명 중 틀린 것은?

① 피복 아크용접은 가스용접보다 두꺼운 판의 용접에 사용한다.
② 피복 아크용접에서 교류보다 직류의 아크가 안정되어 있다.
③ 직류 전류에서 60~70%가 음극에서 열이 발생한다.
④ 직류 아크용접이 가스용접보다 온도가 높다.

극성은 직류(DC)에서만 존재하며 정극성(DCSP ; Direct Current Straight Polarity)과 역극성(DCRP ; Direct Current Reverse Polarity)이 있다.
• 모재가 용접봉에 비하여 두꺼워 모재 측에 양극(+)을 연결하는 것을 정극성이라 한다.
• 일반적으로 양극(+)에서 발열량이 70% 이상 나온다.
• 정극성일 때 모재에 양극(+)을 연결하므로 모재 측에서 열 발생이 많아 용입이 깊게 되고, 음극(-)을 연결하는 용접봉은 천천히 녹는다.
• 역극성일 때 모재에 음극(-)을 연결하므로 모재 측의 열량 발생이 적어 용입이 얕고 넓게 된다. 하지만 용접봉은 양극(+)에 연결하므로 빨리 녹게 된다.

94 다음 중 각 층마다 전체 길이를 용접하면서 쌓아 올리는 방법으로서 능률이 좋지만 한랭 시나 구속이 클 때, 판 두께가 두꺼울 때 첫 층에서 균열이 생길 우려가 있는 용착법은?

① 대칭법
② 블록법
③ 덧살올림법
④ 캐스케이드법

다층 용접에 따른 분류
• 덧살올림법(빌드업법) : 다층용접의 일반적인 방법으로 열 영향이 크고 슬래그 섞임의 우려가 있다. 한랭 시, 구속이 클 때 후판에서 첫층에 균열 발생우려가 있다.
• 캐스케이드법 : 한 부분의 몇 층을 용접하다가 이것을 다음부분의 층으로 연속시켜 용접하는 방법으로 후진법과 같이 사용하며, 용접결함 발생이 적으나 잘 사용되지 않는다.
• 전진블록법 : 한 개의 용접봉으로 살을 붙일 만한 길이로 구분해서 홈을 한 부분에 여러 층으로 완전히 쌓아 올린 다음, 다음 부분으로 진행하는 방법으로 첫 층에 균열 발생 우려가 있는 곳에 사용된다.

95 용착법을 용접 방향, 순서, 다층 용접으로 대별할 경우 다음 중 다층 용접법에 의한 분류법에 속하지 않는 것은?

① 덧살올림법
② 캐스케이드법
③ 전진블록법
④ 후진법

96 본 용접의 용착법 중 각 층마다 전체 길이를 용접하면서 쌓아 올리는 방법으로 용접하는 것은?

① 전진 블록법　　② 캐스케이드법
③ 빌드업법　　　④ 스킵법

97 일반적으로 모재에 흡수되는 열량은 용접입열의 몇 % 정도가 되는가?

① 약 35~45% 정도　　② 약 45~55% 정도
③ 약 75~85% 정도　　④ 약 95~99% 정도

◉ 용접입열은 용접부에 주어지는 열량이며 일반적으로 약 75~85% 정도이다.

98 다음 중 가스용접에서 용제를 사용하는 주된 이유로 적합하지 않은 것은?

① 재료 표면의 산화물을 제거한다.
② 용융금속의 산화·질화를 감소하게 한다.
③ 청정작용으로 용착을 돕는다.
④ 용접봉 심선의 유해성분을 제거한다.

◉ 용제로 용접봉 심선의 유해성분을 제거하지는 않는다.

99 아크전류가 일정할 때 아크 전압이 높아지면 용접봉의 용융 속도가 높아지고 아크 전압이 낮아지면 용융 속도는 빨라지는 특성은?

① 절연회복 특성
② 정전압 특성
③ 정전류 특성
④ 아크 길이 자기제어 특성

◉ 수하특성과는 반대의 성질을 갖는 것으로 부하 전류가 변해도 단자 전압이 거의 변하지 않는 것으로 CP(Constant Potential) 특성이라고도 한다. 주로 반자동 및 자동 용접에 필요한 특성이다.

100 다음 중 직류 정극성의 특징이 아닌 것은?

① 모재의 용입이 깊다.
② 비드 폭이 좁다.
③ 주로 박판에 사용된다.
④ 용접봉의 용융이 느리다.

◉ 정극성은 두꺼운 판(후판) 용접 시 사용한다.

101 아크가 용접봉 방향에서 한쪽으로 쏠리는 현상인 아크 쏠림에 대한 방지대책으로 맞는 것은?

① 직류 용접기를 사용한다.
② 접지점을 용접부에서 가까이 한다.
③ 용접봉 끝은 아크 쏠림 반대방향으로 기울인다.
④ 아크 길이를 길게 한다.

> 아크 쏠림(아크 블로, 자기불림)은 용접전류에 의해 아크 주위에 발생하는 자장이 용접봉에 대하여 비대칭일 때 일어나는 현상이며 방지대책은 다음과 같다.
> • 직류용접기 대신 교류접기를 사용한다.
> • 아크 길이를 짧게 유지한다.
> • 접지를 용접부로부터 멀리한다.
> • 긴 용접선에는 후퇴법을 사용한다.
> • 용접봉 끝은 아크쏠림 반대방향으로 기울인다.

102 무부하 전압이 높아 전격 위험이 크고 코일의 감긴 수에 따라 전류를 조정하는 교류 용접기의 종류로 맞는 것은?

① 탭 전환형
② 가동 코일형
③ 가동 철심형
④ 가포화 리액터형

> 탭 전환형
> 코일의 감긴 수에 따라 전류를 조정한다. 탭과 탭 사이의 전류를 조절할 수 없어 미세 전류 조절이 불가능하며, 넓은 범위의 전류 조정이 어렵다. 주로 소형으로 사용되며 적은 전류 조정 시에는 무부하 전압이 높아져서 감전의 위험이 있다.

103 피복 아크용접기를 사용할 때 지켜야 할 사항으로 틀린 것은?

① 정격 이상으로 사용하면 과열되어 소손된다.
② 탭 전환은 반드시 아크를 중지시킨 후에 시행한다.
③ 1차 측 탭은 2차 측 무부하 전압을 높이거나 용접전류를 올리는 데 사용한다.
④ 2차 측 단자의 한쪽과 용접기 케이스는 반드시 접지를 확실히 해야 한다.

104 주철 균열의 보수용접 중 가늘고 긴 용접을 할 때 용접선에 직각이 되게 꺾쇠 모양으로 직경 6mm 정도의 강봉을 박고 용접하는 방법은?

① 스터드법
② 비녀장법
③ 버터링법
④ 로킹법

> 주철의 보수용접 작업
> • 비녀장법 : 균열부 수리 및 가늘고 긴 용접을 할 때 용접선에 직각이 되게 지름 6~10mm 정도의 ㄷ자형의 강봉을 박고 용접하는 방법
> • 버터링법 : 처음에는 모재와 잘 융합되는 용접봉으로 적당한 두께까지 용착시키고 난 후 다른 용접봉으로 용접하는 방법
> • 로킹법 : 스터드볼트 대신 용접부 바닥에 홈을 파고 이 부분을 걸쳐 힘을 받도록 하는 방법
> • 스터드법 : 강봉을 모재에 심는 용접법으로 막대를 모재에서 조금 띄워 아크를 발생시켜 용착시키는 방법

105 용접 균열에 대한 대책이 아닌 것은?
① 응력이 집중되게 한다.
② 용접 시공을 적정하게 한다.
③ 나쁜 강재를 사용하지 않는다.
④ 용접부에 노치부분을 만들지 않는다.

> 응력이 집중되면 그곳이 취약한 곳이 된다.

106 다음 중 용접 결함에서 구조상 결함에 속하는 것은?
① 기공
② 인장강도의 부족
③ 변형
④ 화학적 성질 부족

> 용접 결함의 분류
> • 치수상 결함 : 변형, 치수 및 형상 불량
> • 성질상 결함 : 기계적·화학적 성질 불량
> • 구조상 결함 : 언더컷, 오버랩, 기공, 용입 불량

107 다음 중 아크용접에서 아크를 중단시켰을 때, 중단된 부분이 납작하게 파여진 모습으로 남는 부분을 무엇이라 하는가?
① 스패터
② 오버랩
③ 슬래그 섞임
④ 크레이터

> 크레이터 처리는 아크 길이를 짧게 하여 운봉을 정지시켜서 크레이터를 채운 다음 용접봉을 빠른 속도로 들어 아크를 끊는 방법이다.

108 다음 중 일반적으로 모재의 용융선 근처의 열 영향부에서 발생되는 균열이며 고탄소강이나 저합금강을 용접할 때 용접 열에 의한 열 영향부의 경화와 변태응력 및 용착금속 속의 확산성 수소에 의해 발생되는 균열은?
① 비드 밑 균열
② 루트 균열
③ 설파 균열
④ 크레이터 균열

> 비드 밑 균열은 비드의 바로 밑 용융선을 따라 열 영향부에 생기는 균열로서 고탄소강이나 합금강 같은 재료를 용접 시 발생하는 균열이다.

109 다음 중 아크용접 결함의 종류에 대한 발생 원인을 설명한 것으로 틀린 것은?
① 균열 : 모재에 탄소, 망간 등의 합금원소 함량이 많을 때
② 기공 : 용접 분위기 가운데 수소 또는 일산화탄소가 과잉될 때
③ 용입 불량 : 이음 설계에 결함이 있을 때
④ 스패터 : 건조된 용접봉을 사용했을 때

> 스패터 발생원인
> • 전류가 높을 때
> • 수분이 많은 용접봉을 사용했을 때
> • 아크 길이가 너무 길 때

정답 105 ① 106 ① 107 ④ 108 ① 109 ④

110 용접 결함과 그 원인을 서로 짝지어 놓은 것 중 잘못된 것은?

① 언더컷 – 용접 전류가 너무 높을 때
② 용입 불량 – 용접속도가 너무 느릴 때
③ 오버랩 – 용접 전류가 너무 낮을 때
④ 기공 – 용접 분위기 중 수소, 일산화탄소가 많을 때

> 용입 불량은 용접 속도가 너무 빠르거나, 전류가 낮을 때, 용접 홈의 각도가 작을 때 발생하는 결함이다.

111 피복 아크용접에서 언더컷(Under Cut) 발생 시 방지대책으로 맞는 것은?

① 용접속도를 빠르게 한다.
② 유황 함량을 검사한다.
③ 적정한 용접봉을 선택하여 사용한다.
④ 아크 길이를 길게 한다.

> 언더컷은 전류가 높아 용접속도가 빠를 때 용접부가 움푹 패이는 결함으로 그 원인은 용접 전류가 너무 높을 때, 부적당한 용접봉 사용 시, 용접 속도가 너무 빠를 때, 용접봉의 유지 각도가 부적당할 때이다. 발생 시 처리방법은 가는 용접봉을 사용하여 갈아내고 재용접하여 보수하는 것이다.

112 용접지그(Welding Jig) 사용 시 효과를 가장 바르게 설명한 것은?

① 제품의 마무리 정밀도가 떨어진다.
② 용접 변형을 촉진시킨다.
③ 작업시간이 길어진다.
④ 다량생산의 경우 작업능률이 향상된다.

> 용접지그 사용 효과
> • 용접을 하기 쉬운 자세를 취할 수 있다.
> • 제품의 정밀도 향상을 가져올 수 있다.
> • 용접 조립작업을 단순화 또는 자동화할 수 있게 하여 작업능률이 향상된다.

113 다음 중 저탄소강의 용접에 관한 설명으로 틀린 것은?

① 용접 균열의 발생 위험이 크기 때문에 용접이 비교적 어렵고, 용접법의 적용에 제한이 있다.
② 피복 아크용접의 경우 피복 아크용접봉은 모재와 강도 수준이 비슷한 것을 선정하는 것이 바람직하다.
③ 판의 두께가 두껍고 구속이 큰 경우에는 저수소계 계통의 용접봉이 사용된다.
④ 두께가 두꺼운 강재일 경우 적절한 예열을 할 필요가 있다.

> 용접 균열의 발생 위험이 크기 때문에 용접이 비교적 어렵고, 용접법의 적용에 제한이 있는 것은 고 탄소강의 용접이다.

정답 110 ② 111 ③ 112 ④ 113 ①

114 다음 중 열영향부의 기계적 성질에 대한 설명으로 틀린 것은?

① 강의 열영향부는 본드로부터 원모재 쪽으로 멀어질수록 최고 가열온도가 높게 되고, 냉각속도는 빠르게 된다.
② 본드에 가까운 조립부는 담금질 경화 때문에 강도가 증가한다.
③ 최고경도가 높을수록 열영향부가 취약하게 된다.
④ 담금질 경화성이 없는 오스테나이트계 스테인리스강에서는 최고경도를 나타내지 않고, 오히려 조립부는 연약하게 된다.

◉ 용접 열영향부는 HZA(Heat Affect Zone)라 하며 용접부와 인접되어 있고 본드로부터 원모재 쪽에서 멀어질수록 온도는 낮아진다.

115 변형 방지용 지그의 종류 중 다음 그림과 같이 사용된 지그는?

① 바이스 지그
② 스트롱 백
③ 탄성 역변형 지그
④ 판넬용 탄성 역변형 지그

◉ 스트롱 백은 용접 시공을 할 때 사용되는 지그의 일종으로 가접을 하지 않고 피용접재(모재)를 구속시키기 위한 도구이다.

116 피복 아크용접 결함의 종류에 따른 원인과 대책이 바르게 묶인 것은?

① 기공 : 융착부가 급랭되었을 때 – 예열 및 후열을 한다.
② 슬래그 섞임 : 운봉 속도가 빠를 때 – 운봉에 주의한다.
③ 용입 불량 : 용접 전류가 높을 때 – 전류를 약하게 한다.
④ 언더컷 : 용접 전류가 낮을 때 – 전류를 높게 한다.

◉ 기공의 원인
• 수소 또는 일산화탄소 과잉
• 용접부의 급속한 응고
• 모재 가운데 유황 함유량 과대
• 기름 페인트 등이 모재에 묻어 있을 때
• 아크 길이, 전류 조작의 부적당
• 용접 속도가 너무 빠를 때

기공의 대책
• 저수소계 용접봉 등으로 용접봉을 교환
• 위빙을 하여 열량을 높이거나 예열
• 이음의 표면을 깨끗이 청소
• 정해진 전류 범위 안에서 약간 긴 아크를 사용하거나 용접법을 조절
• 적당한 전류를 사용
• 용접속도를 늦춤

117 용접의 변 끝을 따라 모재가 파이고 용착 금속이 채워지지 않고 층으로 남아있는 부분을 무엇이라고 하는가?

① 언더컷
② 피트
③ 슬래그
④ 오버랩

◉ 언더컷의 발생은 용접 전류가 너무 높을 때, 부적당한 용접봉 사용 시, 용접 속도가 너무 빠를 때, 용접봉의 유지 각도가 부적당할 때, 아크 길이가 길 때 등이다.

정답 114 ① 115 ② 116 ① 117 ①

118 다음 중 용접시공에 있어 각 변형의 방지대책으로 틀린 것은?

① 구속지그를 활용한다.
② 용접속도를 느리게 한다.
③ 역변형의 시공법을 활용한다.
④ 개선각도는 작업에 지장이 없는 한도 내에서 작게 하는 것이 좋다.

용접에 의한 판 두께 방향의 용접 금속량과 온도 변화의 차이에 의해 수축량이 달라져서 판재가 구부러지는 현상을 각 변형이라 하며 용접속도와는 무관하다.

119 용접에서 결함이 언더컷일 경우 보수방법으로 가장 적절한 것은?

① 용접부에 홈을 만들어 다시 용접한다.
② 결함 부분을 깎아내고 다시 용접한다.
③ 결함 부분에 홈을 만들어 용접한다.
④ 지름이 작은 용접봉을 사용하여 용접한다.

가는 용접봉을 사용하여 결함 부분을 갈아내고 재용접하여 보수한다.

120 용접의 결함과 원인을 각각 짝지은 것 중 틀린 것은?

① 언더컷 : 용접 전류가 너무 높을 때
② 오버랩 : 용접 전류가 너무 낮을 때
③ 용입 불량 : 이음설계가 불량할 때
④ 기공 : 저수소계 용접봉을 사용했을 때

- 오버랩 : 용접 전류가 너무 낮을 때, 부적당한 용접봉 사용 시, 용접 속도가 너무 늦을 때, 용접봉의 유지 각도가 부적당할 때
- 언더컷 : 용접 전류가 너무 높을 때, 부적당한 용접봉 사용 시, 용접 속도가 너무 빠를 때, 용접봉의 유지 각도가 부적당할 때
- 기공 : 수소 또는 일산화탄소 과잉, 용접부의 급속한 응고, 모재 가운데 유황함유량 과대, 기름 페인트 등이 모재에 묻어 있을 때, 아크 길이, 전류조작의 부적당, 용접 속도가 너무 빠를 때, 용접봉에 습기가 있을 때
- 슬래그 섞임 : 이음의 설계가 부적당할 때, 봉의 각도가 부적당할 때, 전류가 낮을 때, 슬래그 융점이 높은 봉을 사용할 때, 용접 속도가 너무 느려 슬래그가 선행할 때, 전 층의 슬래그 제거가 불완전할 때
- 선상 조직 : 용착금속의 냉각 속도가 빠를 때, 모재 재질이 불량할 때
- 피트 : 모재에 탄소, 망간, 황 등의 함유량이 많을 때, 습기·녹·페인트가 있을 때, 용착 금속의 냉각속도가 빠를 때
- 스패터 : 전류가 높을 때, 건조되지 않은 용접봉 사용 시, 아크 길이가 너무 길 때, 봉각도가 부적당할 때
- 용입 부족 : 전류가 낮을 때, 용접 속도가 빠를 때, 홈 각도가 좁을 때

정답 118 ② 119 ④ 120 ④

03 가스용접

1 가스용접

가스용접이란, 가연성 가스와 산소를 혼합·연소시켜 발생하는 고온의 열을 이용하여 피용접물의 용접부를 가열하여 용융상태로 하여 접합시키는 용접법이다.
가장 양호한 야금적 용접부를 얻을 수 있는 가스는 아세틸렌가스이며, 보통 가스용접이라 하면 산소-아세틸렌가스를 일컫는다.

1. 가스용접의 장점과 단점

1) 장점
   ① 응용범위가 넓다.
   ② 열량 조절이 비교적 쉽다.
   ③ 용접장치를 쉽게 설치할 수 있다.
   ④ 전기가 필요없다.

2) 단점
   ① 폭발 또는 화재의 위험이 크다.
   ② 열효율이 낮아 용접진행속도가 다른 용접법에 비해 느리다.
   ③ 탄화 및 산화될 우려가 많다.
   ④ 용접 후의 변형이 크다.
   ⑤ 용접부의 기계적 강도가 저하된다.

2 가스

1. 산소(Oxygen, O_2)

산소(O_2)는 물을 전기분해하거나 공기 중에서 채취를 하며 무색·무미·무취이다. 비중 (S) 1.105, 비등점 −182℃, 용융점 −219℃이며 액체산소는 연한 청색을 띠는 조연성 기체이다.

2. 아세틸렌(Acetylene, C_2H_2)

1) 카바이드(Carbide)

카바이드는 코크스와 생석회를 56 : 36의 중량비로 혼합하여 이를 900℃에서 소결(Sintering)한 것이다.

$3C + CaO \rightarrow CaC_2 + CO \uparrow$

비중은 2.2~2.3이며 순수한 카바이드는 1kg당 348L의 아세틸렌가스(C_2H_2)를 발생시킨다.

2) 아세틸렌가스의 제조

아세틸렌가스는 카바이드가 물과 반응하여 생성되며 발생장치에는 투입식·침지식·주수식이 있다.

투입식은 물에 카바이드를 투입하는 것이고, 주수식은 카바이드에 물을 주입하며, 침지식은 물에 그물 등을 이용하여 담갔다 꺼내는 아세틸렌 발생기이다. 시중에서는 주로 주수식을 이용한다.

$CaC_2 + 2H_2O \rightarrow C_2H_2 + Ca(OH)_2 + 31.88kcal$

▼ 각 발생기의 장단점

항목＼형식	주수식 발생기	투입식 발생기	침지식 발생기
구조·취급	비교적 간단	취급이 불편	가장 간단
발생된 아세틸렌	고온에서 불순물 지연 발생된다.	온도가 낮고 불순물이 적음. 발생량 조정 용이	가장 온도가 높고 불순물이 많음. 지연 발생이 큼
안정성	안정성이 크다.	안정성이 큼	카바이드를 바꿀 때 기종에 손이 닿게 되어 충격에 의한 폭발위험이 큼

3) 아세틸렌가스의 성질

① 순수한 가스는 무색 무취이다.
② 각종 액체에 잘 용해되며 아세톤에는 25배 용해된다.
   압력의 증가에 따라 용해량은 증가한다.
③ 아세틸렌가스는 400℃ 정도에서 자연 발화되고, 500℃ 정도에서 폭발하며 산소가 없더라도 780℃ 이상이면 폭발한다.
④ 아세틸렌가스는 150℃에서 2기압 이상이면 폭발하므로 위험 압력은 1.5기압이다.
⑤ 아세틸렌에 Cu, Ag, Hg 등을 접촉 시 이들과 화합해 폭발성이 있게 된다.
⑥ 아세틸렌가스가 공기, 산소 등과 혼합 시 폭발성이 심해진다.
   (아세틸렌 15%, 산소 85% : 가장 폭발위험이 크다.)

3 산소 – 아세틸렌 불꽃

1. 불꽃의 구성

내염과 용접대인 속불꽃, 외염으로 구분된다.

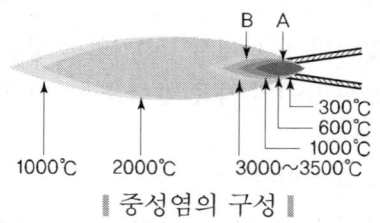

∥ 중성염의 구성 ∥

2. 불꽃의 종류

① 아세틸렌과잉염 : 탄화불꽃이라고도 하며 아세틸렌의 탄소분이 많아서 연소가 불충분하여 온도가 상승하지 않는다.
② 표준화염 : 중성화염이라고도 하며 이론적으로 산소와 아세틸렌의 비가 2.5 : 1로 혼합시 얻어지는 불꽃이다. 그러나 대기 중에는 산소가 있으므로 실제적으로는 1 : 1로 하는 것이 적당하다.
③ 산화성화염 : 표준화염보다 산소의 양이 많을 때 발생한다.

3. 불꽃의 종류에 따른 피용접 금속

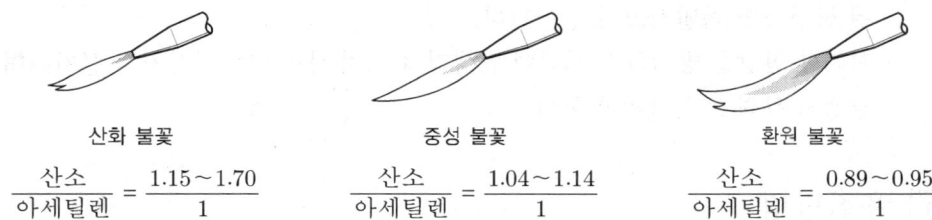

불꽃의 종류	혼합비	특 성
중성 불꽃	산소 1 : 아세틸렌 1	각종 용접에 적합(연강)
산화 불꽃	산소>아세틸렌	구리 및 구리합금 용접에 적합
환원(탄화) 불꽃	산소<아세틸렌	연강, 알루미늄 및 스테인리스 용접에 적합

4 가스용접 장치 및 기구

1. 산소용기

인장강도 55kg/mm² 이상의 강을 무용접관용법으로 제조
① 내부용적은 40L이며 35℃에서 150기압을 충전
② 산소조정기(Regulator)의 사용 압력을 5~20기압으로 감압

2. 가스청정기(Gas Cleaner)

아세틸렌 발생기에서 발생하는 유독가스를 여과시키는 기기로 규조토, 크롬산칼륨, 황산과 물을 사용한다.

3. 토치(Welding Torch)

손잡이, 혼합실, 팁의 3부분으로 구성되며 팁의 능력으로 구분한다.

프랑스식	가변압식으로 표준불꽃 사용 시 1시간당 아세틸렌 사용량을 l로 표시
독 일 식	불변압식으로 용접작업 시 판의 두께를 mm로 표시

4. 안전장치(Safety Device)

토치 내부의 청소상태가 불량 시 막힘에 의한 역류나 역화(Back Fire)가 가스 발생장치에 도달하면 폭발사고가 일어난다.
이러한 현상을 방지하기 위하여 발생기와 토치 사이에 안전장치를 설치하며 저압가스 발생시 특히 조심하여야 한다.

5 용접방법

1. 전진용접법

가스 토치의 방향이 용접의 진행방향과 같은 방향이며, 일반적으로 5mm 이하의 얇은 판이나 둘레용접에서 사용한다.

2. 후진용접법

가스 토치의 방향이 용접의 진행방향과 반대방향의 용접법이며 두꺼운 재료 및 다층용접에 사용하고 가열 시간이 짧아 과열되지 않으며 용접 변형이 적고 속도가 빠르다.

6 용접 조건

판의 두께에 따라 모재의 형태가 변화한다.

4.5mm 이하	간격이 없다.
4.5~6mm	1~2mm의 간격
6~12mm	V형
12mm 이상	X형, H형, 3~5mm 간격

EXERCISES 핵심문제

CHAPTER 03

01 아세틸렌은 각종 액체에 잘 용해되는데 벤젠에서는 몇 배의 아세틸렌 가스를 용해하는가?
① 4
② 14
③ 6
④ 25

> **GUIDE**
> 아세틸렌은 물에는 같은 양, 석유 2배, 벤젠 4배, 알코올 6배, 아세톤에 25배 용해된다.

02 산소용기의 내용적이 33.7리터인 용기에 120kgf/cm²가 충전되어 있을 때, 대기압 환산 용적은 몇 리터인가?
① 28.3
② 4044
③ 40440
④ 28030

> $33.7 \times 120 = 4044$

03 가스용접에서 산화방지가 필요한 금속의 용접, 즉 스테인리스, 스텔라이트 등의 용접에 사용되며 금속표면에 침탄작용을 일으키기 쉬운 불꽃의 종류로 적당한 것은?
① 산화 불꽃
② 중성 불꽃
③ 탄화 불꽃
④ 역할 불꽃

> 탄화 불꽃
> • 아세틸렌 과잉 불꽃 또는 환원성 불꽃이라 한다.
> • 속불꽃과 겉불꽃 사이에 연한 백색의 제3의 불꽃, 즉 아세틸렌 깃이 있다.
> • 탄화 불꽃은 산소의 양이 부족할 경우에 생기는 것으로 금속의 산화를 방지할 필요가 있는, 스테인리스강, 스텔라이트, 모넬메탈 등의 용접에 사용된다.

04 가스용접의 특징 설명으로 틀린 것은?
① 가열시 열량 조절이 비교적 자유롭다.
② 피복 금속 아크용접에 비해 후판 용접에 적당하다.
③ 전원 설비가 없는 곳에서도 쉽게 설치할 수 있다.
④ 피복 금속 아크용접에 비해 유해 광선의 발생이 비교적 적다.

> 피복 금속 아크용접은 5000~6000℃, 가스용접은 3000~3500℃ 정도의 열을 이용하여 용접을 한다. 그러므로 피복 금속 아크용접이 가스용접보다 후판 용접에 적합하다.

정답 01 ① 02 ② 03 ③ 04 ②

05 다음 중 산소 및 아세틸렌 용기의 취급방법으로 적절하지 않은 것은?
   ① 산소 용기의 밸브, 조정기, 도관, 취부구는 반드시 기름이 묻은 천으로 깨끗이 닦아야 한다.
   ② 산소 용기의 운반 시는 충격을 주어서는 안 된다.
   ③ 산소 용기 내에 다른 가스를 혼합하면 안 되며, 산소 용기는 직사광선을 피해야 한다.
   ④ 아세틸렌 용기는 세워서 사용하며 병에 충격을 주어서는 안 된다.

산소 용기를 취급할 때 주의점
• 타격, 충격을 주지 않는다.
• 직사광선, 화기가 있는 고온의 장소를 피한다.
• 용기 내의 압력이 너무 상승(170kgf/cm²)하지 않도록 한다.
• 밸브가 동결되었을 때 더운물, 또는 증기를 사용하여 녹여야 한다.
• 누설 검사에는 비눗물을 사용한다.
• 용기 내의 온도는 항상 40℃ 이하로 유지하여야 한다.
• 용기 및 밸브 조정기 등에 기름이 부착되지 않도록 한다.
• 저장실에 가스를 보관 시 다른 가연성 가스와 함께 보관하지 않는다.

06 산소·아세틸렌가스용접할 때 가스용접봉 지름을 결정을 하려고 하는데, 일반적으로 모재의 두께가 1mm 이상일 때 다음 중 가스용접봉의 지름을 결정하는 식은?(단, D는 가스용접봉의 지름[mm], T는 판 두께[mm]를 의미한다.)
   ① $D = \dfrac{T}{5} + 4$ ② $D = \dfrac{T}{4} + 3$
   ③ $D = \dfrac{T}{3} + 2$ ④ $D = \dfrac{T}{2} + 1$

$D = \dfrac{T}{2} + 1$ (D: 지름, T: 판 두께)

07 가스 절단 시 예열 불꽃이 강할 때 생기는 현상은?
   ① 절단면이 거칠어진다.   ② 드래그가 증가한다.
   ③ 절단속도가 높아진다.   ④ 절단이 중단되기 쉽다.

예열 불꽃이 강하면 절단면의 윗 모서리가 녹아내리거나 절단면이 거칠어진다.

08 산소-아세틸렌 가스 불꽃의 종류 중 불꽃온도가 가장 높은 것은?
   ① 탄화 불꽃   ② 중성 불꽃
   ③ 산화 불꽃   ④ 아세틸렌 불꽃

불꽃의 온도
• 중성 불꽃 : 3230℃
• 산화 불꽃 : 3320~3430℃
• 탄화 불꽃 : 3070~3150℃

09 가스 불꽃의 구성에서 높은 열(3200~3500℃)을 발생하는 부분으로 약간의 환원성을 띠게 되는 불꽃은?
   ① 겉불꽃   ② 불꽃심(백심)
   ③ 속불꽃(내염)   ④ 겉불꽃 주변

산소 아세틸렌 불꽃의 구성은 불꽃심, 속불꽃, 겉불꽃으로 구성되어 있으며 이 중 온도가 가장 높은 곳은 속불꽃(3200~3500℃)이다.

정답 05 ① 06 ④ 07 ① 08 ③ 09 ③

10 가스용접에서 모재의 두께가 8mm일 경우 적당한 가스용접봉의 지름(mm)은?(단, 계산식으로 구한다.)

① 2.0   ② 3.0
③ 4.0   ④ 5.0

$D = \dfrac{T}{2} + 1 = \dfrac{8}{2} + 1 = 5$

11 가스용접에서 전진법과 비교한 후진법의 설명으로 맞는 것은?

① 열 이용률이 나쁘다.
② 용접속도가 느리다.
③ 용접변형이 크다.
④ 두꺼운 판의 용접에 적합하다.

비교 내용	후진법	전진법
열 이용률	좋다.	나쁘다.
용접속도	빠르다.	느리다.
홈 각도	작다(60°).	크다(80°).
변형	적다.	크다.
산화성	적다.	크다.
비드 모양	나쁘다.	좋다.
용도	후판	박판

※ 후진법이 비드 모양만 빼고 전진법에 비하여 모든 면에서 우수하다.

12 가스용접 시 용접부의 시공 상태에 대한 설명으로 틀린 것은?

① 용접부에는 노치 부분이 있어야 양호한 용접성을 얻을 수 있다.
② 용접부에는 기름, 먼지, 녹 등을 완전히 제거하여야 한다.
③ 용접부에는 청결을 유지해야 한다.
④ 용접부의 개선 면이 일직선으로 정교해야 한다.

용접에서는 노치 부분이 있으면 양호한 용접을 하기 곤란하다.

13 다음 중 표준불꽃(산소와 아세틸렌 1 : 1 혼합)의 구성요소를 표현한 것으로 틀린 것은?

① 불꽃심   ② 속불꽃
③ 겉불꽃   ④ 환원불꽃

불꽃의 구성
• 백심(불꽃심), 속불꽃, 겉불꽃으로 구성되어 있다.
• 백심 : 환원성 백색 불꽃이다.
• 속불꽃 : 백심부에서 생성된 일산화탄소와 수소가 공기 중의 산소와 결합 연소되어 고열을 발생하는 부분이다. 온도가 가장 강한 부분으로 3200~3450℃이다.
• 겉불꽃 : 연소가스가 다시 주위 공기의 산소와 결합하여 완전연소되는 부분이다.

14 가스용접에 비해 피복 금속 아크용접법의 장점이 아닌 것은?

① 직접 용접에 이용되는 열효율이 높다.
② 열의 집중성이 좋아 효율적인 용접을 할 수 있다.
③ 용접 변형이 크고 기계적 강도가 양호하다.
④ 폭발의 위험이 없다.

일반적으로 가스용접의 경우 박판에서 용접 변형이 크게 일어난다.

정답 10 ④ 11 ④ 12 ① 13 ④ 14 ③

15 가스용접법에서 후진법과 비교한 전진법의 설명에 해당하는 것은?

① 열 이용률이 나쁘다.
② 용접속도가 빠르다.
③ 용접변형이 적다.
④ 용접 가능 판 두께가 두껍다.

비교 내용	후진법	전진법
열 이용률	좋다.	나쁘다.
용접속도	빠르다.	느리다.
홈 각도	작다(60°).	크다(80°).
변형	적다.	크다.
산화성	적다.	크다.
비드 모양	나쁘다.	좋다.
용도	후판	박판

※ 후진법이 비드 모양만 빼고 전진법에 비하여 모든 면에서 우수하다.

16 가스가공의 분류에 해당되지 않는 것은?

① 가우징   ② 스카핑
③ 천공   ④ 용제 절단

▶ 용제 절단은 분말 절단이다.

17 가스가공에서 강재 표면의 홈, 탈탄층 등의 결함을 제거하기 위해 얇게 그리고 타원형 모양으로 표면을 깎아내는 가공법은?

① 가스 가우징   ② 분말 절단
③ 산소창 절단   ④ 스카핑

▶ 스카핑은 강재 표면의 탈탄층 또는 홈을 제거하기 위해 사용하는 것으로 표면을 얇고 넓게 깎는 것이다. 가스가우징은 용접홈을 파는 가공법이다.

18 산소에 대한 설명으로 틀린 것은?

① 무색, 무취, 무미이다.
② 물의 전기 분해로도 제조한다.
③ 가연성 가스이다.
④ 액체 산소는 보통 연한 청색을 띤다.

▶ 산소는 연소를 돕는 조연성 가스이다.

19 가스절단에서 예열불꽃이 약할 때 나타나는 현상이 아닌 것은?

① 드래그가 증가한다.
② 절단이 중단되기 쉽다.
③ 전단속도가 늦어진다.
④ 슬래그 중의 철 성분의 박리가 어려워진다.

▶ 예열불꽃의 역할
• 절단 개시점을 발화온도로 가열, 절단 산소의 순도 저하 방지, 절단 산소의 운동량 유지, 절단재 표면 스케일 등을 제거하여 절단 산소와의 반응을 용이하게 한다.
• 예열불꽃의 세기가 세면 절단면 모서리가 용융되어 둥글게 되고, 절단면이 거칠게 되며 슬래그의 박리성이 떨어진다. 불꽃 세기가 약해지면 드래그의 길이가 증가하고, 절단속도가 늦어진다.

정답 15 ① 16 ④ 17 ④ 18 ③ 19 ④

20 가스용접작업에서 양호한 용접부를 얻기 위해 갖추어야 할 조건과 거리가 먼 것은?

① 기름, 녹 등을 용접 전에 제거하여 결함을 방지한다.
② 모재의 표면이 균일하면 과열의 흔적은 있어도 된다.
③ 용착 금속의 용입 상태가 균일해야 한다.
④ 용접부에 첨가된 금속의 성질이 양호해야 한다.

21 다음 중 불연성 물질이 아닌 것은?

① 일산화탄소(CO)   ② 이산화탄소(CO_2)
③ 질소(N)   ④ 네온(Ne)

> 불연성 가스로는 질소, 이산화탄소, 헬륨, 네온, 아르곤, 프레온 등이 있으며, 불연성 액체로는 사염화탄소가 있다.

22 다음 중 토치를 이용하여 용접부분의 뒷면을 따내거나 강재의 표면 결함을 제거하며 U형, H형의 용접 홈을 가공하기 위하여 깊은 홈을 파내는 가공법은?

① 산소창 절단   ② 가스 가우징
③ 분말 절단   ④ 스카핑

> 가스 가우징
> 용접 뒷면 따내기, 금속 표면의 홈 가공을 하기 위하여 깊은 홈을 파내는 가공법

23 가스용접봉을 선택할 때의 조건으로 틀린 것은?

① 모재와 같은 재질일 것
② 불순물이 포함되어 있지 않을 것
③ 용융온도가 모재보다 낮을 것
④ 기계적 성질에 나쁜 영향을 주지 않을 것

> 가스용접봉은 모재와 같은 재질이어야 하므로 용융 온도도 모재와 같다.

24 다음 중 아크 에어 가우징 장치에 해당하지 않는 것은?

① 가우징 토치   ② 용접기(전원)
③ 텅스텐 전극   ④ 압축공기(컴프레셔)

> 아크 에어 가우징
> • 탄소 아크 절단에 압축 공기를 병용하여 결함을 제거(흑연으로 된 탄소봉에 구리 도금을 한 전극 사용)
> • 가스 가우징보다 작업능률이 2~3배 좋다.
> • 균열의 발견이 쉽다.
> • 철, 비철금속 어느 경우도 사용된다.
> • 전원으로는 직류 역극성이 사용된다.
> • 아크 전압 35V, 전류 200~500A, 압축 공기 압력은 6~7kg/cm^2 (4kg/cm^2 이하 시 용융 금속이 잘 불려 나가지 않는다.)

정답 20 ② 21 ① 22 ② 23 ③ 24 ③

25 33.7리터의 산소 용기에 150kgf/cm²로 산소를 충전하여 대기 중에 환원하면 산소는 몇 리터인가?

① 5055
② 6066
③ 7077
④ 8088

○ $33.7 \times 150 = 5055$

26 다음 중 수중 절단에 가장 적합한 가스로 짝지어진 것은?

① 산소 - 수소 가스
② 산소 - 이산화탄소 가스
③ 산소 - 암모니아 가스
④ 산소 - 헬륨 가스

○ 수소의 성질
• 무색, 무미, 무취로 불꽃은 육안으로 확인이 곤란하다.
• 납땜이나 수중 절단용으로 사용한다.
• 아세틸렌 다음으로 폭발성이 강한 가연성 가스이다.
• 고온, 고압에서는 취성이 생길 수 있다.
• 제조법으로는 물의 전기 분해 및 코크스의 가스화법으로 제조한다.

27 산소-아세틸렌의 불꽃에서 속불꽃과 겉불꽃 사이에 백색의 제3의 불꽃, 즉 아세틸렌 페더라고도 하는 불꽃의 가장 올바른 명칭은?

① 탄화 불꽃
② 중성 불꽃
③ 산화 불꽃
④ 백색 불꽃

○ 중성 불꽃 : 불꽃의 온도는 3230℃ 정도이다.
• 산화 불꽃 : 불꽃의 온도는 3320 ~3430℃ 정도이며 산소과잉 불꽃이라고도 한다.
• 탄화 불꽃 : 불꽃의 온도는 3070 ~3150℃ 정도로 아세틸렌 깃 불꽃이라고도 한다. 속불꽃과 겉불꽃 사이에 백색의 제3의 불꽃이 존재한다.

28 A는 병 전체 무게(빈 병의 무게 + 아세틸렌 가스 무게)이고, B는 빈 병의 무게이며, 또한 15℃ 1기압에서의 아세틸렌가스 용적을 905리터라고 할 때 용해 아세틸렌 가스의 양 C(리터)를 계산하는 식은?

① C = 905(B - A)
② C = 905 + (B - A)
③ C = 905(A - B)
④ C = 905 + (A - B)

29 산소-아세틸렌 불꽃의 종류가 아닌 것은?

① 중성 불꽃
② 탄화 불꽃
③ 질화 불꽃
④ 산화 불꽃

정답 25 ① 26 ① 27 ① 28 ③ 29 ③

30 프로판 가스가 완전연소하였을 때에 대한 설명으로 맞는 것은?

① 완전연소하면 이산화탄소로 된다.
② 완전연소하면 이산화탄소와 물이 된다.
③ 완전연소하면 일산화탄소와 물이 된다.
④ 완전연소하면 수소가 된다.

> 프로판 반응식 $C_3H_8 + 5O_2 = 3CO_2 + 4H_2O$ 즉 완전 연소하면 이산화탄소와 물이 된다.

31 아세틸렌(C_2H_2)의 성질로 맞지 않는 것은?

① 매우 불안전한 기체이므로 공기 중에서 폭발위험성이 매우 크다.
② 비중이 1.906으로 공기보다 무겁다.
③ 순수한 것은 무색, 무취의 기체이다.
④ 구리, 은, 수은과 접촉하면 폭발성 화합물을 만든다.

> 아세틸렌(C_2H_2)
> • 비중은 0.906으로 공기보다 가볍고, 가연성 가스로 가장 많이 사용한다.
> • 카바이드(CaC_2)에 물을 작용시켜 제조한다.
> ($CaC_2 + 2H_2O \rightarrow C_2H_2 \uparrow + Ca(OH)_2 + 31872(kcal)$)
> • 순수한 것은 무색, 무취의 기체이다. 하지만 인화수소, 유화수소, 암모니아와 같은 불순물 혼합할 때 악취가 난다.
> • 15℃ 1기압에서 1L의 무게는 1.176g이다.
> • 여러 가지 액체에 잘 용해되며 물에는 같은 양, 석유에는 2배, 벤젠에는 4배, 알코올에서는 6배, 아세톤에는 25배 용해되며, 그 용해량은 압력에 따라 증가한다. 단, 소금물에는 용해되지 않는다.
> • 대기압에서 −82℃이면 액화하고, −85℃이면 고체로 된다.
> • 산소와 혼합하였을 때 3000~3430℃의 고온을 낸다.

32 가스 발생식 용접봉의 특징에 대한 설명 중 틀린 것은?

① 전자세 용접이 불가능하다.
② 슬래그의 제거가 손쉽다.
③ 아크가 매우 안정된다.
④ 슬래그 생성식에 비해 용접속도가 빠르다.

> 용착금속의 보호형식
> • 슬래그 생성식(무기물형) : 슬래그로 산화, 질화 방지 및 탈산 작용
> • 가스 발생식 : 대표적으로 셀룰로오스가 있으며 전 자세 용접이 용이하다.
> • 반가스 발생식 : 슬래그 생성식과 가스 발생식의 혼합

33 아세틸렌(Acetylene)이 연소하는 과정에 포함되지 않는 원소는?

① 유황(S)   ② 수소(H)
③ 탄소(C)   ④ 산소(O)

> 아세틸렌의 화학식은 C_2H_2이다.

정답 30 ② 31 ② 32 ① 33 ①

34 다음 가스 중에서 발열량이 큰 것에서 작은 것의 순서로 배열된 것은?

① 아세틸렌＞프로판＞수소＞메탄
② 프로판＞아세틸렌＞메탄＞수소
③ 프로판＞메탄＞수소＞아세틸렌
④ 아세틸렌＞수소＞메탄＞프로판

> 가스발열량
> • 프로판 : 25000kcal/m²
> • 아세틸렌 : 12750kcal/m³
> • 메탄 : 8130kcal/m³
> • 수소 : 2400kcal/m³

35 다음 중 확산연소를 바르게 설명한 것은?

① 수소, 메탄, 프로판 등과 같은 가연성 가스가 버너 등에서 공기 중으로 유출해서 연소하는 경우이다.
② 알코올, 에테르 등 인화성 액체의 연소에서처럼 액체의 증발에 의해서 생긴 증기가 착화하여 화염을 발화하는 경우이다.
③ 목재, 석탄, 종이 등의 고체 가연물 또는 지방유와 같이 고비점의 액체가연물이 연소하는 경우이다.
④ 화약처럼 그 물질 자체의 분자 속에 산소를 함유하고 있어 연소 시 공기 중의 산소를 필요로 하지 않고 물질 자체의 산소를 소비해서 연소하는 경우이다.

> 확산연소란 연료(수소, 메탄, 프로판)와 연소용 공기를 따로 공급하는 방법으로 화염면은 형성되나 화염은 전파되지 않는다. 단점으로는 화염이 길게 늘어난다.

36 산소 - 아세틸렌 가스용접에 대한 장점 설명으로 틀린 것은?

① 운반이 편리하다.
② 후판 용접이 용이하다.
③ 아크용접에 비해 유해 광선이 적다.
④ 전원 설비가 없는 곳에서도 쉽게 설치할 수 있다.

> 1. 가스용접의 장점
> • 전기가 필요 없다.
> • 용접기의 운반이 비교적 자유롭다.
> • 용접장치의 설비비가 전기용접에 비하여 싸다.
> • 불꽃을 조절하여 용접부의 가열 범위를 조정하기 쉽다.
> • 박판 용접에 적당하다.
> • 용접되는 금속의 응용 범위가 넓다.
> • 유해광선의 발생이 적다.
> • 용접기술이 쉬운 편이다.
> 2. 가스용접의 단점
> • 고압가스를 사용하기 때문에 폭발, 화재의 위험이 크다.
> • 열효율이 낮아서 용접속도가 느리다.
> • 아크용접에 비해 불꽃의 온도가 낮다.
> • 금속이 탄화 및 산화될 우려가 많다.
> • 열의 집중성이 나빠 효율적인 용접이 어렵다.
> • 일반적으로 신뢰성이 적다.
> • 용접부의 기계적 강도가 떨어진다.
> • 가열범위가 넓어 용접 응력이 크고, 가열 시간 또한 오래 걸린다.

정답 34 ② 35 ① 36 ②

37 가스 용기의 취급상 주의사항으로 잘못된 것은?
① 가스 용기의 이동 시는 밸브를 잠근다.
② 가스 용기를 난폭하게 취급하지 않는다.
③ 가스 용기의 저장은 환기가 되는 장소에 둔다.
④ 가연성 가스 용기는 눕혀서 보관한다.

38 다음 중 가스용접에 사용되는 아세틸렌용 용기와 고무호스의 색깔이 올바르게 연결된 것은?
① 용기 : 녹색, 호스 : 흑색
② 용기 : 회색, 호스 : 적색
③ 용기 : 황색, 호스 : 적색
④ 용기 : 백색, 호스 : 청색

39 청색의 겉불꽃에 둘러싸인 무광의 불꽃이므로 육안으로는 불꽃 조절이 어렵고, 납땜이나 수중 절단의 예열불꽃으로 사용되는 것은?
① 천연가스 불꽃
② 산소 – 수소 불꽃
③ 도시가스 불꽃
④ 산소 – 아세틸렌 불꽃

40 다음 중 아세틸렌가스의 성질에 대한 설명으로 틀린 것은?
① 비중은 0.906으로 공기보다 가볍다.
② 순수한 아세틸렌 가스는 무색, 무취의 기체이다.
③ 물에는 4배, 아세톤에는 6배가 용해된다.
④ 산소와 적당히 혼합하여 연소시키면 높은 열을 낸다.

◎ 물에는 같은 양, 아세톤에는 25배 용해된다.

41 가스용접 시 토치의 팁이 막혔을 때 조치방법으로 가장 올바른 것은?
① 팁 클리너를 사용한다.
② 내화 벽돌 위에 가볍게 문지른다.
③ 철판 위에 가볍게 문지른다.
④ 줄칼로 부착물을 제거한다.

42 다음 중 가스용접기의 압력조정기가 갖추어야 할 점으로 틀린 것은?

① 조정 압력과 사용 압력이 차이가 작을 것
② 동작이 예민하고 빙결(氷結)되지 않을 것
③ 가스의 방출량이 많더라도 흐르는 양이 안정될 것
④ 조정 압력이 용기 내의 가스량 변화에 따라 유동성이 있을 것

43 다음 중 산소 용기에 각인할 사항에 포함되지 않는 것은?

① 내용적　　　　② 내압 시험 압력
③ 가스 충전 일시　④ 용기의 번호

압력조정기
1. 압력조정기는 산소와 아세틸렌을 사용압력으로 조정하는 장치이다.
2. 작동 순서 : 부르동관 → 켈리브레이팅 링크 → 섹터 기어 → 피니언 → 눈금판
3. 종류
   - 프랑스식(스템형) : 매우 예민한 작동
   - 독일식(노즐형) : 고장이 적음
4. 압력 조정기 취급 시 유의사항
   - 설치 전 먼지 등을 불어낸 후 연결부에 가스 누설이 없도록 정확하게 연결한다.
   - 압력조정기 설치구의 나사부나 조정기의 각 부에 그리스나 기름 등을 사용하지 않는다.
   - 압력조정기의 지시 바늘이 잘 보이도록 설치한다.
   - 가스의 누설검사는 비눗물을 사용한다.
   - 밸브를 연 뒤 조정 핸들을 이용하여 사용압력에 맞춘다.
5. 조정압력과 사용압력의 차이는 없어야 한다. 따라서 조정압력이 용기 내의 가스량 변화에 따라 변하면 안 된다.

산소 용기
- 최고 충전 압력(FP)은 보통 35℃에서 150kgf/cm²으로 한다.
- 산소병 또는 봄베(Bombe)는 에르하르트법 또는 만네스만법으로 제조하며, 인장강도 57(kgf/cm²) 이상, 연신율 18% 이상의 강재가 사용된다.
- 산소 용기에는 충전가스의 명칭, 용기 제조번호, 용기 중량, 내압 시험 압력, 최고 충전 압력 등이 각인 되어 있다.
- 용기의 내압 시험 압력(TP)은 최고 충전 압력(FP)의 $\frac{5}{3}$로 한다.
- 산소 용기는 보통 5000l, 6000l, 7000l의 3종류가 있다. 즉 기압으로 나누어 내용적으로 환산하여 보면, 33.7l, 40.7l, 46.7l가 있다.
- 용기의 색은 녹색이다.

정답 42 ④　43 ③

44 가스용접에서 팁의 재료로 가장 적당한 것은?
① 고탄소강
② 고속도강
③ 스테인리스강
④ 동합금

> 가스용접의 팁의 재료는 구리(동)의 함유량이 62% 이내인 동합금을 사용한다.

45 아세틸렌 가스의 성질에 대한 설명으로 틀린 것은?
① 15℃, 1kgf/cm²에서의 아세틸렌 1L의 무게는 1.176g으로 산소보다 무겁다.
② 산소를 적당히 혼합하여 연소시키면 3000~3500℃의 높은 열을 낸다.
③ 아세틸렌 가스는 산소와 혼합되면 폭발성이 증가된다.
④ 각종 액체에 잘 용해되며 아세톤에 25배가 용해된다.

> 아세틸렌의 비중은 0.906으로 공기보다 가벼우며 산소는 1.105로 공기보다 무겁다.

46 가변압식의 팁 번호가 200일 때 10시간 동안 표준불꽃으로 용접할 경우 아세틸렌 가스의 소비량은 몇 리터인가?
① 20
② 200
③ 2000
④ 20000

> 가변압식은 시간당 사용되는 아세틸렌 가스량으로 크기를 나타낸다.
> $200 \times 10 = 2000 l$

47 가스용접에서 충전가스의 용기 도색으로 틀린 것은?
① 산소 - 녹색
② 프로판 - 회색
③ 탄산가스 - 백색
④ 아세틸렌 - 황색

> • 아세틸렌 - 황색
> • 산소 - 녹색(공업용), 백색(의료용)
> • 아르곤 - 회색
> • 수소 - 주황색
> • 이산화탄소 - 청색
> • 질소 - 회색, 의료용(흑색)
> • 프로판 - 회색

48 가스용접 시 전진법과 후진법을 비교 설명한 것 중 틀린 것은?
① 전진법은 용접 속도가 느리다.
② 후진법은 열 이용률이 좋다.
③ 전진법은 개선 홈의 각도가 크다.
④ 후진법은 용접 변형이 크다.

정답 44 ④ 45 ① 46 ③ 47 ③ 48 ④

49 가스용접에서 가변압식 팁의 능력을 표시하는 것은?
   ① 표준 불꽃으로 용접 시 매시간당 아세틸렌 가스의 소비량을 리터로 표시한 것
   ② 표준 불꽃으로 용접 시 매시간당 산소의 소비량을 리터로 표시한 것
   ③ 산화 불꽃으로 용접 시 매시간당 아세틸렌 가스의 소비량을 리터로 표시한 것
   ④ 산화 불꽃으로 용접 시 매시간당 산소의 소비량을 리터로 표시한 것

> 불변압식은 독일식 가변압식은 프랑스식이다.

50 가스용접봉 선택의 조건에 맞지 않는 것은?
   ① 모재와 같은 재질일 것
   ② 불순물이 포함되어 있지 않을 것
   ③ 용융온도가 모재보다 낮을 것
   ④ 기계적 성질에 나쁜 영향을 주지 않을 것

> 가스용접봉은 일반적으로 모재와 재질이 같은 것을 선택하며 모재와 용융온도가 같은 것이 좋다.

51 가스용접 시 사용하는 용제에 대한 설명으로 틀린 것은?
   ① 용제의 융점은 모재의 융점보다 낮은 것이 좋다.
   ② 용제는 용융금속의 표면에 떠올라 용착금속의 성질을 양호하게 한다.
   ③ 용제는 용접 중에 생기는 금속의 산화물 또는 비금속 개재물을 용해하여 용융온도가 높은 슬래그를 만든다.
   ④ 연강에는 용제를 일반적으로 사용하지 않는다.

> 용제
> • 모재 표면의 불순물과 산화물의 제거로 양호한 용접이 되도록 도와준다.
> • 용접 중에 생기는 산화물과 유해물을 용융시켜 슬래그로 만들거나, 산화물의 용융온도를 낮게 하기 위해서 용제를 사용한다.

52 산소–아세틸렌 가스를 이용하여 용접할 때 사용하는 산소압력조정기의 취급에 관한 설명 중 틀린 것은?
   ① 산소 용기에 산소압력조정기를 설치할 때 압력조정기 설치구에 있는 먼지를 털어내고 연결한다.
   ② 산소압력조정기 설치구 나사부나 조정기의 각 부에 그리스를 발라 잘 조립되도록 한다.
   ③ 산소압력조정기를 견고하게 설치한 후 가스 누설 여부를 비눗물로 점검한다.
   ④ 산소압력조정기의 압력 지시계가 잘 보이도록 설치하며 유리가 파손되지 않도록 주의한다.

> 산소압력조정기를 설치할 때는 먼지를 제거하기 위하여 산소 밸브를 약간 열어 먼지를 제거한 후 연결하며 그리스 등을 발라서는 안 된다.

정답 49 ① 50 ③ 51 ③ 52 ②

53 가스용접 토치의 취급상 주의사항으로 틀린 것은?
① 토치를 작업장 바닥이나 흙 속에 방치하지 않는다.
② 팁을 바꿔 끼울 때는 반드시 양쪽 밸브를 모두 열고 난 다음 행한다.
③ 토치를 망치 등 다른 용도로 사용해서는 안 된다.
④ 작업 중 발생하기 쉬운 역류, 역화, 인화에 항상 주의하여야 한다.

> 팁을 바꿀 경우에는 가스 밸브를 모두 닫은 후에 교체한다.

54 가스용접에서 프로판 가스의 성질 중 틀린 것은?
① 연소할 때 필요한 산소의 양은 1 : 1 정도이다.
② 폭발한계가 좁아 다른 가스에 비해 안전도가 높고 관리가 쉽다.
③ 액화가 용이하여 용기에 충전이 쉽고 수송이 편리하다.
④ 상온에서 기체상태이고 무색, 투명하여 약간의 냄새가 난다.

> 아세틸렌
> • 혼합비 1 : 1
> • 점화 및 불꽃 조절이 쉽다.
> • 예열시간이 짧다.
> • 표면의 녹 및 이물질 등에 영향을 덜 받는다.
> • 박판의 경우 절단 속도가 빠르다.
>
> 프로판
> • 혼합비 1 : 4.5
> • 절단면이 곱고 슬래그가 잘 떨어진다.
> • 중첩 절단 및 후판에서 속도가 빠르다.
> • 분출 공이 크고 많다.
> • 산소 소비량이 많아 전체적인 경비는 비슷하다.

55 표준 불꽃에서 프랑스식 가스용접 토치의 용량은?
① 1시간에 소비하는 아세틸렌가스의 양
② 1분에 소비하는 아세틸렌가스의 양
③ 1시간에 소비하는 산소가스의 양
④ 1분에 소비하는 산소가스의 양

> • 독일식은 두께 1mm를 1번, 두께 2mm를 2번이라 한다.
> • 프랑스식은 100번 : 표준불꽃으로 용접하였을 때 1시간당 아세틸렌가스 소비량 100L이다.

56 가스용접에서 산소 용기 취급에 대한 설명이 잘못된 것은?
① 산소 용기 밸브, 조정기 등은 기름천으로 잘 닦는다.
② 산소 용기 운반 시에는 충격을 주어서는 안 된다.
③ 산소 밸브의 개폐는 천천히 해야 한다.
④ 가스 누설의 점검은 비눗물로 한다.

57 가스용접 시 사용하는 용제에 대한 설명으로 틀린 것은?

① 용제는 용접 중에 생기는 금속의 산화물을 용해한다.
② 용제는 용접 중에 생기는 비금속 개재물을 용해한다.
③ 용제의 융점은 모재의 융점보다 높은 것이 좋다.
④ 용제는 건조한 분말, 페이스트 또는 용접부 표면을 피복한 것도 있다.

정답 57 ③

CHAPTER 04 절단 및 가공

1 가스절단의 개요

가스절단장치는 절단토치 이외에는 용접용 장치와 같은 것을 사용하며 프랑스식 절단토치와 독일식 절단토치로 구분된다. 프랑스식 절단토치는 팁을 혼합가스를 이중으로 된 중심원의 구멍에서 분출시키는 동심형으로 일반적으로 많이 사용하며 독일식 절단토치는 절단 산소와 혼합가스를 각각 다른 팁에서 분출시키는 이심형으로 예열팁과 산소팁이 별도로 되어 있어 예열용 팁이 있는 방향으로만 절단이 가능하며 직선절단과 완만한 곡선에 능률적이다.

2 가스절단의 원리

적열된 강과 산소의 화학작용으로 강의 연소를 이용 절단을 한다.

$$3Fe + 2O_2 \rightarrow Fe_3O_4 + 267kcal$$

3 절단조건

① 금속의 산화연소하는 온도가 그 금속의 용융온도보다 낮을 것
② 산화물의 용융온도가 금속의 용융온도보다 낮을 것
③ 산화물이 유동성이 좋고 재료의 성분 중 연소방해 원소가 적을 것

절단이 약간 곤란한 금속	경강, 합금강, 고속도강
절단이 곤란한 금속	주철
절단이 불가능한 금속	알루미늄, 아연, 주석, 납, 구리합금

EXERCISES
핵심문제

CHAPTER 04

G·U·I·D·E

01 46.6l의 산소 용기에 150기압이 되게 산소를 충전하였다면 이것을 대기 중에서 환산하면 몇 l의 산소가 되겠는가?
① 5000l ② 6000l
③ 7000l ④ 8000l

◎ 고압 : 150기압
저압 : 5기압
$46.6l \times 150 = 7000l$

02 다음에서 가스절단이 잘 되는 것은?
① 탄소강 ② 스테인리스강
③ 비철금속 ④ 주철

◎ • 가스절단이 불가능한 것
Al, Zn, Sn, Pb+Cu 합금(폭발이 일어나며 표면이 거칠어짐)
• 주철 : 가스절단하기 다소 어려운 것

03 내용적 46l의 산소용기에 설치한 조정기의 고압 게이지가 80kg/cm²를 표시하였다. 그 후 산소를 사용하였더니 이 산소 용기 내의 산소량이 5기압으로 떨어졌다. 산소의 소비량은?
① 2800l ② 3000l
③ 3450l ④ 3680l

◎ $(46 \times 80) - (46 \times 5) = 3450l$

04 용접봉의 E4301에서 43은 무엇을 뜻하는가?
① 피복제의 종류와 용접자세
② 아크용접 시의 사용전류
③ 용착금속의 최저 인장강도
④ 피복제의 종류

◎ • E : 전기용접
• 피복제의 종류 : 일미나이트계
• 용접자세 : F. V. OH. H
• 전류의 종류 : AC 또는 DC(±)

05 다음 중 용접부에 생긴 잔류응력을 없애기 위한 방법은?
① 담금질을 한다. ② 풀림을 한다.
③ 불림을 한다. ④ 경화를 한다.

◎ 숏피닝한다.
• 풀림 : 재료를 적당한 온도로 가열해 서서히 냉각시켜 연화시키는 데 목적이 있다.

정답 01 ③ 02 ① 03 ③ 04 ③ 05 ②

06 불활성 가스를 사용하여 대기로부터 아크나 용융금속을 보호하고 전극은 텅스텐봉을 사용하는 용접은?
① TIG 용접
② MIG 용접
③ 테르밋 용접
④ 서브머지드 용접

• MIG 용접 : 금속 불활성 가스 아크 용접으로 용가재를 전극으로 사용
• 테르밋 용접 : 산화철 분말과 알루미늄 분말을 3 : 1의 비율로 혼합한 분말(테르밋)에서 과산화 바륨과 마그네슘의 혼합분말을 점화제로 점화
• 서브머지드 용접 : 피복제가 없는 심선만 와이어식으로 자동공급하고 용접부위에 피복제 대신 분말을 계속 공급하여 용제 속에서 아크가 발생. 잠호 용접으로도 불린다. 가장 큰 열을 발생한다.(유니온 멜트용접)

07 발생기 내의 카바이드가 다갈색을 띠는 일이 있다. 그 원인으로 옳은 것은?
① 카바이드 덩어리가 크기 때문
② 카바이드에 냉수가 작용했기 때문
③ 카바이드가 고온이 되었기 때문
④ 카바이드의 순도가 높기 때문

카바이드는 60℃ 이상이 되면 폭파한다.

08 아크(Arc) 용접 모재에 (-)극, 용접봉에 (+)극을 연결하여 용접할 때의 극성은?
① 역극성
② 정극성
③ 용극성
④ 모극성

모재를 (+)극에, 용접봉을 (-)극에 연결한 것이 정극성이다.

09 다음 중 전기저항 용접이 아닌 것은?
① 스폿 용접
② 프로젝션 용접
③ 티그 용접
④ 플래시 용접

• 티그 용접 : 불활성 가스용접
• 스폿 용접 : 점 용접
• 플래시 용접 : 중공축 용접

10 저항용접을 할 때 주의사항 중 틀린 것은?
① 접합부에 녹, 기름, 도료 등 불순물을 제거할 것
② 전극부에 접촉저항이 클 것
③ 냉각순환이 잘 될 것
④ 형상, 두께 등에 알맞은 전극을 택할 것

정답 06 ① 07 ③ 08 ① 09 ③ 10 ②

11 용접부의 설명선에서 용접부를 지시하는 화살표는 기선에 대하여 얼마의 각도로 하는 것이 좋은가?
① 30° ② 45°
③ 60° ④ 75°

- MIG 용접 : 금속 비 피복봉 사용 (Al, Hs, 합금, 내식강, 내열강 등 용접)
- CO_2 아크용접 : MIG 용접의 불활성 가스 대신에 탄산가스 사용
- 서브머지드 용접 : 유니온 멜트, 급속, 자동 아크용접, 잠호 용접이라고도 한다.

12 아르곤(Ar), 헬륨(He) 등의 불활성 가스 분위기 속에서 텅스텐 용접봉을 사용하여 용접하는 것은?
① MIG 용접 ② TIG 용접
③ CO_2 아크용접 ④ 서브머지드 용접

13 아세틸렌의 압력은 산소의 압력에 대하여 어느 정도로 사용하는 것이 좋은가?
① 1 : 1 정도 ② $\frac{1}{2}$ 정도
③ 2배 정도 ④ $\frac{1}{10}$ 정도

14 다음 중 용접자세의 기호를 설명한 것으로 맞는 것은?
① H : 하향자세 ② OH : 위보기
③ V : 수평자세 ④ H-V : 수평자세 필릿

H : 수평
V : 수직
H-V : 수평수직자세
F : 하향
OH : 위보기
H-FILL : 수평자세 필릿

15 다음은 용접결함과 그 원인을 조합한 것이다. 틀린 것은?
① 기공 - 용접봉의 습기 ② 슬래그 섞임 - 전층의 언더컷
③ 언더컷 - 용접전류 과대 ④ 용입 부족 - 홈 각도 과대

- 스패터(Spatter) - 전류가 높고 아크 길이가 길 때
- 용입 부족과 언더컷 - 전류가 높을 때 용접류의 과다
- 오버랩 - 아크 불안정
- 용입 불량 - 전류가 낮을 때, 전류의 부적합, 극성, 속도, 아크 길이 부적합

16 온둘레 현장 용접을 나타내는 기호는?

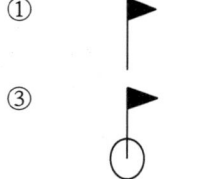

🚩 : 현장 용접

◯ : 온둘레 용접

정답 11 ③ 12 ② 13 ④ 14 ② 15 ④ 16 ③

17 다음 중 가스 절단속도에 영향을 주지 않는 것은?
① 산소의 순도
② 봄베 속의 가스 압력
③ 산소 사용 압력
④ 팁 구멍의 형상

○ 산소 아세틸렌 가스절단속도는 산소의 순도, 사용압력, 불꽃의 조정, 팁 구멍의 형상, 토치의 절단각도 등에 영향을 준다.

18 다음 기호는 용접의 기본 기호이다. 비드 덧붙임 기호는 어느 것인가?
① ▢
② ◠
③ ◺
④ ⌒

○ ▢ : 플러그, 슬롯
◺ : 필릿
⌒ : 한쪽 플렌지형

19 기밀 용기, 긴 파이프 등의 연속적인 용접작업에 주로 사용되는 전기저항 용접은?
① 스폿 용접
② 업셋버트 용접
③ 심 용접
④ 플래시버트 용접

○ ① 스폿 용접(점) : 자동차, 항공기 공업에 사용
② 업셋버트 용접 : 재료를 클램프로 양극에서 잡고 축방향으로 밀고 통전
④ 플래시버트 용접 : 양극의 클램프로 모재를 잡고 전류를 통전하면 두 모재 사이에 스파크 발생, 용해되면서 용접

20 가스용접의 장점이 아닌 것은?
① 온도를 조절하기 쉽다.
② 얇은 판을 용접하기가 쉽다.
③ 전기용접보다 변형률이 작다.
④ 설치·유지비가 적게 든다.

21 용접 후 피닝(Peaning)을 하는 목적은?
① 용접 후 변형을 방지하기 위하여
② 응력을 강하게 하고 변형을 적게 하기 위하여
③ 좋은 비드를 얻기 위하여
④ 도료를 없애기 위하여

22 용접재료 원소 중 용접성에 가장 큰 영향을 주는 것은?
① 탄소(C)
② 규소(Si)
③ 인(P)
④ 유황(S)

정답 17 ② 18 ② 19 ③ 20 ③ 21 ① 22 ④

23 다음 중 금속의 용접에 사용되는 불꽃과 연결이 잘못된 것은?

① 연강 – 표준불꽃
② 황동 – 산화불꽃
③ 스테인리스강 – 탄화불꽃
④ 알루미늄 – 산화불꽃

24 테르밋 용접에서 테르밋제의 주성분은?

① SiO_2
② Sic
③ MnO
④ Al과 FeO 분말

25 용적 40l의 산소용기의 고압력계에서 90기압이 나타났다면 300l의 팁으로서 표준불꽃으로 용접할 때 몇 시간 용접할 수 있는가?

① 3.5시간
② 7.5시간
③ 10시간
④ 12시간

$$\frac{40 \times 90}{300} = 12$$

26 다음 중 압접법에 속하지 않는 것은?

① Spot 용접
② Seam 용접
③ Butt 용접
④ Thermit 용접

27 다음은 용접의 장점에 대한 설명이다. 옳지 않은 것은?

① 리벳접합에 비하여 강도가 크다.
② 기밀, 수밀, 유밀을 쉽게 할 수 있다.
③ 사용재료가 겹치므로 경비가 많이 소요된다.
④ 작업이 빠르고 간단하다.

28 일반 용접봉은 약 몇 ℃에서 얼마 정도 건조시키는가?

① 300℃에서 1시간
② 100℃에서 30분~1시간
③ 300℃에서 3시간
④ 150℃에서 30분~1시간

정답 23 ④ 24 ④ 25 ④ 26 ④ 27 ③ 28 ②

29 용접변형을 방지하는 방법이 아닌 것은?
① 역변형법　　　② 교정법
③ 억제법　　　　④ 초음파법

30 카바이드 품질이 가장 좋은 것은?
① 가격이 가장 싼 것　　② 산소의 발생이 많은 것
③ 단단하고 가벼운 것　　④ 아세틸렌가스 발생이 많은 것

31 Al 분말과 Fe_3O_4를 약 1 : 3으로 혼합한 것을 필요로 하는 용접도는?
① 일렉트로스텍 용접　　② 서브머지드 용접
③ 분할성 가스용접　　　④ 테르밋 용접

32 용접을 할 때 가접하는 경우가 있다. 그 이유는?
① 용접 집중을 크게 하기 위하여
② 열팽창으로 제품의 치수를 크게 하기 위하여
③ 용접 중 변형을 방지하기 위하여
④ 용접 자세를 일정하게 하기 위하여

33 용접의 고속화와 자동화를 기하기 위한 용접법 중 입상의 용재를 사용하는 용접법은?
① 심 용접　　　　　　② 버트 용접
③ 서브머지드 아크용접　④ 불활성 가스 아크용접

34 다음 중 연납의 주성분은?
① 주석과 아연　　② 주석과 규소
③ 주석과 연　　　④ 규소와 아연

35 다음 중 전기저항용접이 아닌 것은?
① 스폿 용접　　② 프로젝션 용접
③ 티그 용접　　④ 플래시 용접

◎ 티그 용접은 불활성 가스용접

정답　29 ④　30 ④　31 ④　32 ③　33 ③　34 ③　35 ③

36 가스용접의 장점이 아닌 것은?

① 온도를 조절하기 쉽다.
② 얇은 판을 용접하기 쉽다.
③ 전기 용접보다 변형률이 작다.
④ 설치·유지비가 적게 든다.

37 플래시 용접(Flash Welding)에서 산화물이나 불순물은 어떻게 제거되는가?

① 용재의 사용으로 제거된다.
② 접합부에 생기는 용융금속에 묻어 흘러 나간다.
③ 압접할 때 밀려 나간다.
④ 집합부에 그대로 잔류한다.

38 불활성 가스를 사용하여 대기로부터 아크나 용융금속을 보호하고 전극은 텅스텐 봉을 사용하는 용접은?

① TIG 용접　　　　② MIG 용접
③ 테르밋 용접　　　④ 서브머지드 용접

39 다음 저항용접 중에서 판금 공작물을 접합하는 데 적합한 것은 어느 것인가?

① 테르밋 용접　　　② 플래시 맞대기 용접
③ 프로젝션 용접　　④ 업셋 맞대기 용접

40 다음 중 금속산화물이 알루미늄에 의하여 산소를 빼앗기는 화학반응을 이용한 용접방법은?

① 원자수소 용접법　② 프로젝션 용접법
③ 테르밋 용접법　　④ 플래시 비트 용접법

41 다음 중 용접가공에서 열 영향부(HAZ)의 재질을 향상시키기 위하여 흔히 취하는 방법은?

① 특수한 용가재의 사용　② 용접부의 냉각속도 감소
③ 용접부의 피닝　　　　　④ 용접부의 예열과 후열

정답　36 ③　37 ②　38 ①　39 ③　40 ③　41 ③

42 모재 표면 위에 미리 미세한 입상(粒狀)의 용제를 산포하여 두고 이 용제 속으로 용접봉을 꽂아 놓아 용접하는 자동 아크용접은?

① 서브머지드 아크용접
② 원자수소(原子水素) 아크용접
③ 탄산가스 아크용접
④ MIG 용접

43 용입 부족에 대한 원인에 해당되지 않는 것은?

① 용접이음의 설계에 결함이 있을 때
② 부적합한 용접봉을 사용할 때
③ 용접속도가 너무 빠를 때
④ 모재에 유황 함량이 많을 때

44 가스용접에서 아세틸렌 가스 발생기의 형식이 아닌 것은?

① 발전식
② 침지식
③ 투입식
④ 주수식

45 테르밋 용접(Thermit Welding)법을 설명한 것 중 가장 알맞은 것은?

① 원자수소의 반응열을 이용한 용접법이다.
② 전기용접과 가스용접법을 결합한 방법이다.
③ 산화철과 알루미늄의 반응열을 이용한 용접법이다.
④ 액체산소를 이용한 가스용접법의 일종이다.

46 용융용접의 일종으로서 아크열이 아닌 와이어와 용융슬래그 사이에 통전된 전류의 저항열을 이용하여 용접하는 방법은?

① 일렉트로 슬래그 용접
② 테르밋 용접
③ 원자수소 아크용접
④ 플라즈마 용접

정답 42 ① 43 ① 44 ① 45 ③ 46 ①

47 용접을 하였을 때 열영향부의 조직을 순서대로 적은 것이다. 이 중 균열이 생길 가능성이 가장 큰 곳은 어느 곳인가?

① 원래의 조직
② 원래의 조직에 미세(微細) 오스테나이트 조직이 섞인 곳
③ 미세(微細)화된 오스테나이트 결정
④ 조대(粗大)화된 오스테나이트 결정

48 특수 아크용접에 해당되지 않는 것은?

① TIG 용접　　② MIG 용접
③ 잠호 용접　　④ 심(Seam) 용접

○ 심용접은 전기저항용접

49 다음은 철강의 용접과 구리의 용접이 곤란한 이유를 열거한 것이다. 틀린 것은?

① 열전도율이 낮고, 냉각속도가 느리다.
② 용융 시 매우 심하게 산화된다.
③ 수소와 같은 확산성이 큰 가스를 석출한다.
④ 구리 중의 산화구리 부분이 순구리에 비하여 용융점이 약간 낮아 균열이 생긴다.

50 아크용접 모재에 (+)극, 용접봉에 (−)극을 연결하여 용접할 때의 극성은?

① 역극성　　② 정극성
③ 음극성　　④ 모극성

51 교류 아크용접기의 효율을 옳게 나타낸 식은?

① (아크출력÷소비전력)×100%
② (소비전력÷아크출력)×100%
③ (소비전력÷전원입력)×100%
④ (아크출력÷전원입력)×100%

정답 47 ④ 48 ④ 49 ① 50 ② 51 ①

52 산화염으로 용접하는 것이 적합한 금속은?
① 저탄소강
② 고탄소강
③ 알루미늄계 합금
④ 6-4 황동

53 다음 각각의 용접 결함에 관한 설명으로 틀린 것은?
① 융합불량 : 피복제나 용제의 일부가 용접 금속 표면으로 떠오르지 않고 내부로 흡입된 것이다.
② 언더컷 : 용접전류가 과대하여 아크가 지나치게 긴 경우에는 모재 용접부의 양단이 지나치게 녹아서 오목하게 패이게 될 것이다.
③ 용입부족 : 접합부 끝의 홈 밑바닥 부분이 충분히 용융되지 않고 틈이 남아 있는 것이다.
④ 피시아이(Fisheye) : 용착금속의 인장 또는 굽힘시험편의 파단면에서, 중심에 공간, 홈 등의 결함이 나타나는 것이다.

54 I형 맞대기 용접을 하려고 한다. 다음 그림 중 올바른 용접 기호는?

①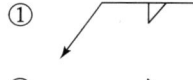
②
③
④

55 가스 절단 시 산소 대 프로판 가스의 혼합비로 적당한 것은?
① 2.0 : 1
② 4.5 : 1
③ 3.0 : 1
④ 3.5 : 1

56 알루미늄을 가공하기 위하여 아크에어가우징 작업을 할 때의 전원 특성으로 가장 적당한 것은?
① DCRP(직류 역극성)
② DCSP(직류 정극성)
③ ACRP(교류 역극성)
④ ACSP(교류 정극성)

> 아크에어가우징
- 탄소 아크 절단에 압축 공기를 병용하여 결함을 제거한다.(흑연으로 된 탄소봉에 구리 도금을 한 전극 사용)
- 가스 가우징보다 작업능률이 2~3배 좋다.
- 균열의 발견이 쉽다.
- 철, 비철금속 어느 경우도 사용된다.
- 전원으로는 직류 역극성이 사용된다.

정답 52 ④ 53 ① 54 ② 55 ② 56 ①

57 다음 중 아크 절단의 종류에 속하지 않는 것은?
① 탄소아크 절단 ② 플라즈마 제트 절단
③ 스카핑 ④ 아크 에어 가우징

> 스카핑은 강재 표면의 탈탄 층 또는 홈을 제거하기 위해 표면을 얇고 넓게 깎는 것이다.

58 아크 절단법 중 텅스텐 전극과 모재 사이에 아크를 발생시켜 모재를 용융하여 절단하는 방법으로 알루미늄, 마그네슘, 구리 및 구리합금, 스테인리스강 등의 금속재료의 절단에만 이용되는 것은?
① 티그 절단 ② 미그 절단
③ 플라즈마 절단 ④ 금속아크 절단

> 티그 절단
> • 열적 핀치 효과에 의한 플라즈마로 절단하는 방법으로 텅스텐 전극과 모재 사이에 아크를 발생시켜 아르곤 가스를 공급하여 절단하는 방법
> • 전원은 직류 정극성이 사용된다.
> • 주로 알루미늄, 구리 및 구리합금, 마그네슘, 스테인리스강과 같은 금속 재료의 절단에만 사용하며 열효율이 좋고 능률적이다.
> • 사용 가스로는 아르곤과 수소 혼합 가스가 사용된다.

59 절단의 종류 중 아크 절단에 해당하지 않는 것은?
① 아크 에어 가우징 ② 분말 절단
③ 플라즈마 절단 ④ 불활성 가스 아크 절단

> 분말 절단은 철분 및 플럭스 분말을 자동적으로 산소에 혼입 공급하여 산화열 혹은 용제 작용을 이용하여 절단하는 방법이다.

60 다음 중 절단에 관한 설명으로 옳은 것은?
① 수중 절단은 침몰선의 해체나 교량의 개조 등에 사용되며 연료 가스로는 헬륨을 가장 많이 사용한다.
② 탄소 전극봉 대신 절단 전용의 피복을 입힌 피복봉을 사용하여 절단하는 방법을 금속 아크 절단이라 한다.
③ 산소 아크 절단은 속이 꽉 찬 피복 용접봉과 모재 사이에 아크를 발생시키는 가스 절단법이다.
④ 아크 에어 가우징은 중공의 탄소 또는 흑연 전극에 압축공기를 병용한 아크 절단법이다.

> • 수중 절단은 보통 수소와 산소의 혼합가스를 연료로 하고 산소나 압축공기를 고압으로 이송하여 급격한 산화 발생을 일으키게 한다.
> • 산소 아크 절단의 사용 전원은 직류 정극성이 널리 쓰이며 때로는 교류도 사용한다. 중공(속이 빈)의 피복 강 전극으로 아크를 발생(예열원)시키고 그 중심부에서 산소를 분출시켜 절단하는 방법으로 절단속도가 크나 절단면이 고르지 못한 단점도 있다.

61 가스 절단작업 시의 표준 드래그 길이는 일반적으로 모재 두께의 몇 % 정도인가?
① 5 ② 10
③ 20 ④ 25

> 표준 드래그는 판두께의 20%, 즉 $\frac{1}{5}$ 정도이다.

정답 57 ③ 58 ① 59 ② 60 ② 61 ③

62 가스 절단 시 양호한 절단면을 얻기 위한 조건이 아닌 것은?
① 드래그가 가능한 작을 것
② 절단면이 충분히 평활할 것
③ 슬래그의 이탈이 양호할 것
④ 드래그의 홈이 높고 노치가 있을 것

> 가스 절단에서 양부 판정
> • 드래그는 가능한 작을 것
> • 절단 모재의 표면 각이 예리할 것
> • 절단면이 평활할 것
> • 슬래그의 박리성이 우수할 것
> • 경제적인 절단이 이루어질 것

63 다음 중 두께 20mm인 강판을 가스 절단하였을 때 드래그(Drag)의 길이가 5mm이었다면 드래그 양은 몇 %인가?
① 4.0%   ② 20%
③ 25%   ④ 100%

> $\frac{5}{20} \times 100 = 25\%$

64 다음 중 가스 절단에서 절단용 산소의 순도가 저하되거나 불순물이 증가되면 나타나는 현상으로 볼 수 없는 것은?
① 절단속도가 빨라진다.
② 절단면이 거칠어진다.
③ 산소의 소비량이 많아진다.
④ 슬래그의 이탈성이 나빠진다.

> 순도가 저하하면 산소의 소비량이 증가하며 순도가 높을수록 절단속도는 빠르다.

65 다음 중 속이 빈 피복봉을 사용하며 절단속도가 빨라 철강 구조를 해체, 특히 해체작업에 이용되는 절단방법은?
① 산소 아크절단   ② 금속 아크절단
③ 탄소 아크절단   ④ 플라즈마 아크절단

> 산소아크절단
> • 사용전원은 직류 정극성이 널리 쓰이며 때로는 교류도 사용한다.
> • 중공(속이 빈)의 피복 강전극으로 아크를 발생(예열원)시키고 그 중심부에서 산소를 분출시켜 절단하는 방법으로 절단속도가 크나 절단면이 고르지 못한 단점도 있다.

66 다음 중 가스용접 및 절단용 아세틸렌 가스가 갖추어야 할 성질로 틀린 것은?
① 연소속도가 늦어야 한다.
② 연소 발열량이 커야 한다.
③ 불꽃의 온도가 높아야 한다.
④ 용융금속과 화학반응이 일어나지 않아야 한다.

정답 62 ④ 63 ③ 64 ① 65 ① 66 ①

67 다음 용접 용어 중 경사 각도를 갖도록 절단하는 것은 어느 것인가?(단, 판재에 맞대기 용접 홈을 만들기 위함이다.)

① 헬리컬(Helical) 절단　② 베벨(Bevel) 절단
③ 수퍼(Super) 절단　④ 웜(Worm) 절단

> 용접 홈의 종류에서도 한쪽만 경사진 것은 베벨 홈이며 베벨 절단은 경사 각도를 갖도록 절단하는 것이다.

68 산소 아크 절단을 올바르게 설명한 것은?

① 아크플라즈마의 성질을 이용한 절단법
② 속이 빈 피복 용접봉과 모재 사이에 아크를 발생시켜 절단하는 방법
③ 강판을 사용하여 절단 산소를 보내서 절단하는 방법
④ 금속 전극에 큰 전류를 흐르게 하여 절단하는 방법

69 다음 중 수중 절단 시 고압에서 사용이 가능하고 수중 절단 시 기포 발생이 적어 가장 널리 사용되는 연료가스는?

① 수소　② 질소
③ 부탄　④ 벤젠

> 수중 절단
> • 주로 침몰선의 해체, 교량 건설 등에 사용된다.
> • 예열용 가스로는 아세틸렌(폭발에 위험), 수소(수심에 관계없이 사용가능하나 예열 온도가 낮다), 프로판가스(LPG), 벤젠이 사용된다.
> • 예열 불꽃은 육지보다 크게 하고 절단속도는 느리게 한다.
> • 물의 깊이가 깊어지면 수압이 커져 일반적으로 수심 45m 이내에서 작업한다.

70 다음 중 수동가스절단기에서 저압식 절단토치는 아세틸렌가스 압력이 보통 몇 kgf/cm² 이하에서 사용되는가?

① 0.07　② 0.40
③ 0.70　④ 1.40

> 절단토치는 저압식(0.07kgf/cm² 이하), 중압식(0.07~1.3kgf/cm²), 고압식(1.3kgf/cm² 이상)으로 분류된다.

71 가스절단에서 절단용 산소에 불순물이 증가되면 발생되는 결과가 아닌 것은?

① 절단면이 거칠어진다.
② 절단속도가 빨라진다.
③ 슬래그 이탈성이 나빠진다.
④ 산소의 소비량이 많아진다.

정답　67 ②　68 ②　69 ①　70 ①　71 ②

72 가스 절단에서 예열불꽃이 강한 경우 미치는 영향이 아닌 것은?
① 모서리가 용융되어 둥글게 된다.
② 드래그가 증가한다.
③ 슬래그 중 철 성분의 박리가 어렵게 된다.
④ 절단면이 거칠게 된다.

> 예열불꽃의 세기가 세면 절단면 모서리가 용융되어 둥글게 되고, 절단면이 거칠게 되며, 슬래그의 박리성이 떨어진다. 반대로 약해지면 드래그의 길이가 증가하고, 절단속도는 늦어진다.

73 가스 절단에 대한 설명으로 옳지 않은 것은?
① 주철은 포함된 흑연이 산화 반응을 방해하므로 가스 절단이 잘된다.
② 하나의 드래그 라인의 시작점에서 끝점까지의 거리를 드래그 길이라 한다.
③ 표준 드래그 길이는 보통 판 두께의 20% 정도이다.
④ 절단 팁의 거리, 팁의 오염, 절단 산소 구멍의 형상 등도 절단 결과에 영향을 끼친다.

> 드래그는 가스 절단면에 있어서 절단 기류의 입구점과 출구점 사이에 수평거리를 말하며, 드래그는 판두께의 20%, 즉 $\frac{1}{5}$ 정도로 한다. 절단에 영향을 주는 요소는 절단 산소의 순도, 압력, 절단 팁의 거리, 팁의 오염, 절단 산소 구멍의 형상 등이다.

74 가스 절단에 영향을 주는 요소가 아닌 것은?
① 산소의 압력 ② 팁의 크기와 모양
③ 절단재의 재질 ④ 호스의 굵기

> 가스 절단은 산소의 순도 및 압력, 예열(모재의 온도), 팁의 크기와 모양, 절단재의 재질 등에 영향을 받는다.

75 가스 절단 시 예열 불꽃의 역할에 대한 설명으로 틀린 것은?
① 절단 산소 운동량 유지
② 절단 산소 순도 저하 방지
③ 절단 개시 발화점 온도 가열
④ 절단재의 표면 스케일 등의 박리성 저하

> 가스 절단은 절단 전 800~900℃ 정도로 모재를 예열한 후 고압의 산소를 불어 절단한다. 적절한 예열 불꽃은 절단재 표면의 스케일 등의 박리성을 증가시킨다.

76 가스 절단에서 절단 속도에 대한 설명으로 틀린 것은?
① 모재의 온도가 높을수록 고속 절단이 가능하다.
② 절단 속도는 절단 산소의 압력이 낮고 산소 소비량이 적을수록 정비례하여 증가한다.
③ 산소 절단할 때의 절단 속도는 절단 산소의 분출 상태와 속도에 따라 좌우된다.
④ 산소의 순도(99% 이상)가 높으면 절단속도가 빠르다.

정답 72 ② 73 ① 74 ④ 75 ④ 76 ②

77 U형, H형의 용접 홈을 가공하기 위하여 슬로우 다이버전트로 설계된 팁을 사용하여 깊은 홈을 파내는 가공법은?
① 치핑
② 슬래그 절단
③ 가스 가우징
④ 아크 에어 가우징

> 가스 가우징
> 용접 뒷면 따내기, 금속 표면의 홈 가공을 하기 위하여 깊은 홈을 파내는 가공법으로 홈의 깊이와 폭의 비는 1 : 2~3 정도로 하며, 가스용접에 절단용 장치를 이용할 수 있다. 단지 팁은 비교적 저압으로서 대용량의 산소를 방출할 수 있도록 슬로 다이버전트로 팁을 사용한다. 토치의 예열 각도는 30~45°를 유지한다.

78 다음 그림은 가스절단의 종류 중 어떤 작업을 하는 모양을 나타낸 것인가?

① 산소창 절단
② 포갬 절단
③ 가스 가우징
④ 분말 절단

79 다음 중 가스 절단 작업 시 주의하여야 할 사항으로 틀린 것은?
① 호스가 꼬여 있는지 확인한다.
② 가스 절단에 알맞은 보호구를 착용한다.
③ 절단 진행 중 시선은 주위의 먼 부분을 향한다.
④ 절단부는 예리하고 날카로우므로 주의해야 한다.

> 절단작업 중 항상 시선은 절단부를 향하고 있어야 한다.

80 산소-아세틸렌 가스 절단에 비교한 산소-프로판가스 절단의 특징을 설명한 것으로 옳지 않은 것은?
① 점화하기 쉽다.
② 절단면이 미세하여 깨끗하다.
③ 후판 절단 시 속도가 빠르다.
④ 포갬 절단 속도가 빠르다.

> 산소-프로판 가스 불꽃은 산소-아세틸렌 가스 불꽃에 비하여 육안 식별이 어려워 점화하기는 쉽지 않으나 산소 분출공이 많아 절단 시 아세틸렌보다 후판 절단에 적당하며, 포갬 절단 등이 용이하며 절단면이 깨끗하다.

정답 77 ③ 78 ③ 79 ③ 80 ①

81 가스 가우징에 대한 설명으로 가장 올바른 것은?
① 강재 표면의 홈이나 개재물, 탈산층 등을 제거하기 위해 표면을 얇게 깎아내는 가공법
② 용접부분의 뒷면을 따내든지 H형 등의 용접 홈을 가공하기 위한 가공법
③ 침몰선의 해체나 교량의 개조, 항만의 방파제 공사 등에 사용하는 가공법
④ 비교적 얇은 판을 작업능률을 높이기 위하여 여러 장을 겹쳐놓고 한 번에 절단하는 가공법

> 가우징은 홈을 파는 작업이며 개재물, 탈탄층의 제거를 위해 얇고 넓게 깎아내는 작업은 스카핑이다.

82 탄소 아크 절단에 압축 공기를 병용한 방법으로 용융부에 전극 홀더의 구멍에서 탄소 전극봉에 나란히 분출하는 고속의 공기를 불어내어 홈을 파는 방법을 무엇이라 하는가?
① 탄소 아크 절단(Carbon Arc Cutting)
② 아크 에어 가우징(Arc Air Gouging)
③ 금속 아크 절단(Metal Arc Cutting)
④ 분말 절단(Powder Cutting)

> 아크 에어 가우징
> • 탄소 아크 절단에 압축 공기를 병용하여 결함을 제거(흑연으로 된 탄소봉에 구리 도금을 한 전극 사용)
> • 가스 가우징보다 작업능률이 2~3배 좋다.
> • 균열의 발견이 특히 쉽다.
> • 철, 비철금속 어느 경우도 사용된다.
> • 전원으로는 직류 역극성이 사용된다.

83 강괴, 강편, 슬래그, 기타 표면의 균열이나 주름, 주조 결함, 탈탄층 등의 표면 결함을 얇게 불꽃 가공에 의해서 제거하는 가스 가공법은?
① 스카핑   ② 가스 가우징
③ 아크 에어 가우징   ④ 플라즈마 제트 가공

84 아크 가우징에 대한 설명으로 틀린 것은?
① 가스 가우징에 비해 2~3배 작업능률이 좋다.
② 용접 현장에서 결함부를 제거하고, 용접 홈을 가공한다.
③ 탄소강 등 철제품에만 사용한다.
④ 탄소 아크 절단에 압축 공기를 같이 사용하는 방법이다.

정답 81 ② 82 ② 83 ① 84 ③

05 특수용접 및 기타 용접

1 불활성 가스용접(Inert Gas Shielded Arc Welding)

아크용접은 용접 후에 변형을 수반하여 심각한 영향을 주는 경우가 있다. 이러한 변형을 막기 위해 다른 원소와 화합하기 어려운 불활성 가스를 사용하여 용융지와 대기의 결합을 막는 용접법으로 용제를 사용하지 않는데, 그로 인해 아크가 집중안정되어 균일한 용접이 된다. 여기에 사용되는 가스를 실드가스(Shield Gas)라 하며 아르곤(Ar)과 헬륨(He)을 많이 사용한다.

1. 티크(Tig) 용접

전극을 텅스텐봉으로 하고 별개의 용가제를 사용하는 용접으로 전극봉은 전자 방사 능력이 좋고, 낮은 전류에서도 아크 발생이 쉽다. 오손 또한 적은 토륨 1~2%를 포함한 텅스텐(용융점이 3400℃) 전극봉을 사용하는데, 전극봉의 색과 용도는 다음과 같다.

종류	색 구분	용도
순 텅스텐	초록	낮은 전류의 용접에 사용, 가격은 저가
1% 토륨	노랑	전류 전도성이 우수하며, 순 텅스텐보다 가격은 다소 고가이나 수명이 긺
2% 토륨	빨강	박판 정밀 용접에 사용
지르코니아	갈색	교류 용접에 주로 사용

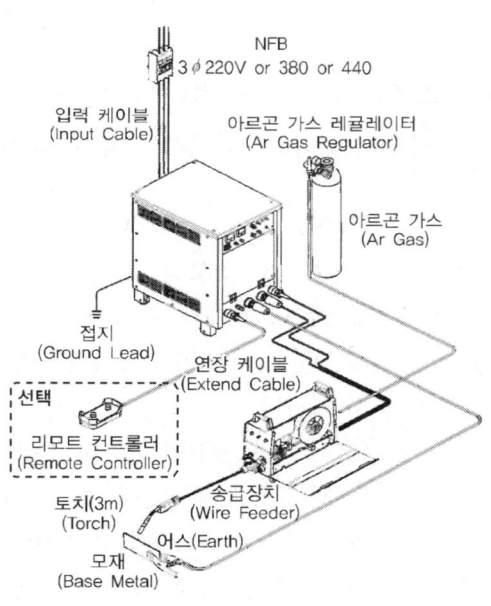

∥ 접속도(Connected Diagram) ∥

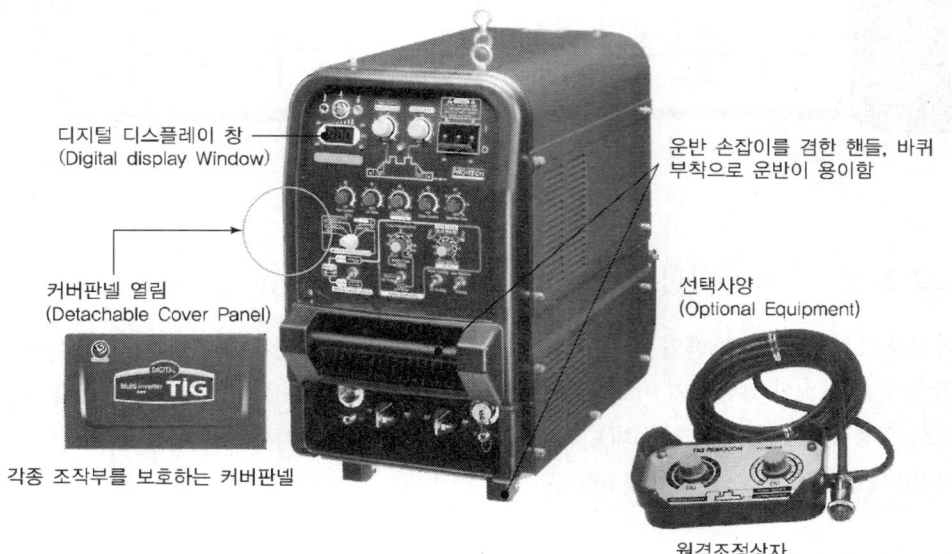

‖ Tig 용접기 ‖

2. 미그(Mig) 용접(불활성 가스 금속용접 GMAN)

전극을 금속비피복봉인 용가제로 하여 하는 용접으로 특징 및 장단점은 다음과 같다.

1) 특징
   ① 용극식, 소모식
   ② 에어코우메틱, 시그마, 필터 아크, 아르고노트 용접법
   ③ 전류 밀도가 티그 용접의 2배, 일반 용접의 4~6배로 매우 크고 용적이행은 스프레이형이다.
   ④ 전 자세 용접이 가능하고 판 두께가 3~4mm 이상인 Al·Cu 합금, 스테인리스강, 연강 용접에 이용된다.
   ⑤ 아크는 6~8mm의 것을 사용하며 전진법을 주로 사용한다.
   ⑥ He 가스는 Ar 가스를 사용할 때보다 용입 및 속도를 증가시킬 수 있다.
   ⑦ 전원은 정전압 특성을 가진 직류 역극성이 주로 사용된다.
   ⑧ 토치 공랭식(200A 이하), 수랭식이 있다.

2) 장점
   ① 용접기 조작이 간단하여 손쉽게 용접할 수 있다.
   ② 용접 속도가 빠르다.
   ③ 슬래그가 없고 스패터가 최소로 되기 때문에 용접 후 처리가 불필요하다.
   ④ 용착 효율이 좋다.(수동 피복 아크용접 60%, Mig는 95%)
   ⑤ 전 자세 용접이 가능하며, 용입이 크고, 전류밀도가 높다.

3) 단점
① 장비가 고가이고, 이동이 곤란하다.
② 토치가 용접부에 접근하기 곤란한 경우 용접이 어렵다.
③ 슬래그가 없기 때문에 취성이 발생할 우려가 있다.
④ 옥외에서 사용하기 힘들다.

┃Mig 용접기┃

3. 탄산가스(CO_2) 아크용접

고가인 불활성 가스 대신 탄산가스를 사용하는 소모식 용접법으로 Mig의 고능률성을 살리고 경제성을 확보하여 이용도 높은 철강 구조물의 고속도 용접을 목적으로 개발되었으며 특징은 다음과 같다.

① 불활성 가스 금속 아크용접과 원리가 같으며, 불활성 가스 대신 탄산가스를 사용한 용극식 용접법이다. 일반적으로 플럭스 코드가 많이 사용된다.
② 용입을 결정하는 가장 큰 요인은 전류로, 전류값이 높아지면 용입이 깊어진다.
③ 비드 형상을 결정하는 것은 용접 전압인데 전압 값이 높아지면 비드 형상이 넓어진다. 하지만 지나치게 커지면 기포가 발생할 수 있다.
④ 용융 속도는 아크 전류에 거의 정비례하여 증가하며, 용접 속도가 빠르면 모재의 입열이 감소되어 용입이 얕아진다.
⑤ 연강에 가장 많이 사용되는 용접법이다.

2 테르밋 용접(Thermit Welding)

알루미늄 분말과 산화철(Fe_3O_4)을 중량비 1 : 3의 비로 혼합한 물질을 마그네슘(Mg)이나 과산화바륨의 반응열을 이용한 화학반응에 의해 열을 얻어 용접을 하는 방법으로 용접 후 변형이 적고 용접시간이 짧다. 용도로는 철도레일, 덧붙임 용접, 큰 단면의 주조품, 단조품이나 운반·이송이 곤란한 파손부분의 수리에 사용한다.

3 잠호 용접(Submerged Arc Welding)

서브머지드(Submerged) 아크용접 또는 유니온 멜트(Union Melt)라고 하며 용제를 용접부에 쌓고 그 속에서 아크를 발생시키는 용접법으로 장단점은 다음과 같다.

1) 장점
① 용접속도가 수동 용접에 비해 10~20배, 용입은 2~3배 정도가 커서 능률적이다.
② 용접 홈의 크기가 작아도 되며 용접 재료의 소비 및 용접 변형이 적다.
③ 용접 조건만 일정하다면 용접공의 기술 차이에 의한 품질의 격차가 거의 없어 이음의 신뢰도를 높일 수 있다.
④ 한 번 용접으로 75mm까지 가능하다.

2) 단점
① 설비비가 고가이며 와이어 용제의 선정이 어렵다.
② 아래보기 수평 필릿 자세에 한정된다.
③ 홈의 정밀도가 높아야 한다.(루트 간격 0.8mm 이하, 홈각도 오차 ±5도, 루트 오차 ±1mm)
④ 용접부가 보이지 않아 확인할 수 없다.
⑤ 시공 조건을 잘못 잡으면 제품의 불량률이 커진다.
⑥ 입열량이 커서 용접 금속의 결정립의 조대화로 충격값이 커진다.

4 일렉트로슬래그 용접(Electroslag Welding)

서브머지드 아크용접에서와 같이 처음에는 플럭스 안에서 모재와 용접봉 사이에 아크가 발생하고 플럭스가 녹아서 액상의 슬래그가 됨으로써 전류를 통하기 쉬운 도체의 성질을 갖게 된다. 그러면 아크는 꺼지고 와이어와 용융 슬래그 사이에 흐르는 전류의 저항 발열을 이용하는 자동 용접법이다.

5 전자빔 용접(Electro Beam Welding)

고진공 전자빔용접이라고 하며 고진공의 용기 중에서 전자빔을 사용하는 방법으로 티그 용접보다 좁고 깊은 용입이 가능하다. 용점이 높아 지르코늄(Zr)의 용접이 가능하며 특징은 다음과 같다.
① 용접부가 좁고 용입이 깊다.
② 얇은 판에서 두꺼운 판까지 광범위한 용접이 가능하다.
③ 고용융점 재료 또는 열전도율이 다른 이종 금속과의 용접이 용이하다.
④ 대기의 유해한 원소와 차단되어 양호한 용접부를 얻을 수 있다.
⑤ 고속 용접이 가능하므로 열 영향부가 적고, 완성치수에 정밀도가 높다.
⑥ 고진공형, 저진공형, 대기압형이 있다.

⑦ 저전압 대전류형, 고전압 소전류형이 있다.
⑧ 피용접물의 크기에 제한을 받으며 장치가 고가이다.
⑨ 용접부의 경화 현상이 일어나기 쉽다.
⑩ 배기장치 및 X선 방호가 필요하다.

6 플라즈마 용접(Plasma Welding)

기체를 가열 시 기체 원자는 전리되어 이온과 전자로 분리된다. 플라즈마란 이와 같이 전자와 이온이 혼합되어 도전성을 띤 가스체인데 냉각 가스를 이용하여 10000~30000℃까지 온도를 높일 수 있다.

■ 플라즈마 : 전극선단과 모재 사이에서 전기적 아크를 발생시킨 후 압축된 공기를 공급하면 공기가 아크기류 사이를 통과하면서 화학적 작용에 의해 이온화되고 전자와 양이온으로 분리 혼합된 고속, 고온의 제트성 기체가 된다. 이러한 제트성 기체 흐름을 플라즈마라고 하며 이것을 이용한 것이 플라즈마 절단기이다.

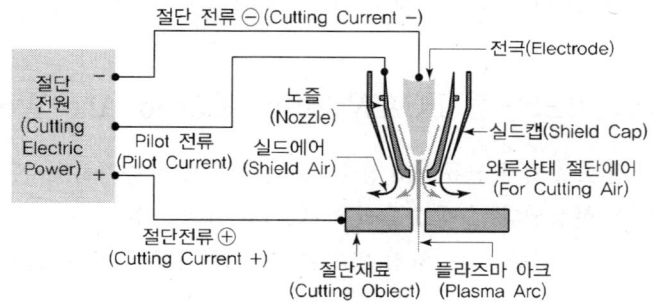

‖ 플라즈마 절단의 원리(The Principle of Plasma Cutting) ‖

7 레이저빔 용접(Laser Beam Welding)

레이저란 유도광선 증폭기(Light Amplification by Stimulated Emission of Radiation)의 첫 글자를 조합한 것으로, 특징은 다음과 같다.

① 18kHz 이상의 초음파를 이용하여 진동마찰을 발생시켜 압접하는 초음파 용접법과 고주파 전류를 이용하는 고주파 용접법이 있다.
② 용접장치에는 고체 금속형, 가스 방전형, 반도체형이 있다.
③ 아르곤, 질소, 헬륨으로 냉각하여 레이저 효율을 높일 수 있다.
④ 원격 조작이 가능하고, 육안으로 확인하면서 용접이 가능하다.
⑤ 에너지 밀도가 크고, 고융점을 가진 금속에 이용된다.
⑥ 정밀 용접도 가능하다.
⑦ 불량 도체 및 접근하기 곤란한 물체도 용접이 가능하다.

8 스터드 용접(Stud Welding)

지름 5~16mm의 강 또는 동 제품인 환봉, 볼트, 못 등의 스터드(Stud)를 모재 표면에 수직 또는 어떤 각도로 세워 접합하는 용접법을 스터드 용접이라 한다. 모재와 스터드의 중간에 반도체로 만든 보조환을 끼워 놓고, 스터드에 압력을 가하면서 통전하면, 스터드와 모재 사이에서 아크가 발생하여, 1초 이내에 모재의 접합부가 용융된 스터드는 가해지는 압력에 의해 모재와 밀착하게 되며 전원이 자동적으로 차단되어 용접이 완료된다. 여기서 보조환은 용가재와 용제의 기능을 갖게 된다.

‖아크스터드 용접기‖

9 원자수소 용접(Atomic Hydrogen Welding)

2개의 텅스텐 전극 끝에 아크를 발생시키고 전극봉의 주위에서 분출하는 수소 가스를 아크의 중심부에 분출시켜 이때 발생하는 고열을 이용하는 용접법이다.

10 플럭스 코드 아크용접(FCAW ; Flux Cored Arc Welding)

와이어의 단면적 감소로 인한 전류밀도 상승으로 용착속도가 증가하고, 플럭스에 의한 용접부의 금속학적 성질이 향상된다. 슬래그에 의한 매끄러운 비드 외관을 유지할 수 있으며, 수직 상진 용접에서 슬래그에 의한 비드 처짐 방지로 고전류 사용이 가능하다.

11 마찰 용접(Friction Welding)

1) 원리

접합하고자 하는 재료를 접촉시키고 하나는 고정시키며 다른 하나를 가압, 회전하여 발생되는 마찰열로 적당한 온도가 되었을 때 접합한다.

2) 특징

① 컨벤셔널형과 플라이 휠형이 있다.
② 자동화가 용이하며 숙련이 필요 없다.
③ 접합 재료의 단면은 원형으로 제한한다.
④ 상대 운동을 필요로 하는 것은 곤란하다.

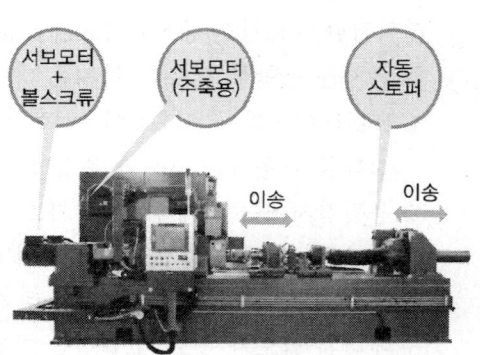

‖마찰 용접기‖

12 납점(Soldering)

납점은 다른 두 금속을 접합할 때 모재금속을 용융시키지 않고 용접모재보다 융점이 낮은 금속을 용가제로 하여 용접하는 방법으로, 용융점 450℃ 이하를 연납(Soldering)이라 하며, 450℃ 이상에서의 납접을 경납(Brazing)이라고 한다.
연합의 종류와 용제는 다음과 같다.

1) 연납의 종류

   ① 주석 – 납
   - 대표적 연납이다.
   - 흡착 작용은 주석의 함유량이 많아지면 커진다.

   ② 카드뮴 – 아연납
   - 모재에 가공 경화를 주지 않고 이음 강도가 요구될 때 쓰인다.
   - 카드뮴(40%), 아연(60%)은 알루미늄의 저항 납땜에 사용된다.

   ③ 저융점 납땜
   - 주석 – 납 합금에 비스무트를 첨가한 것이 사용된다.
   - 100℃ 이하의 용융점을 가진 납땜을 의미한다.

2) 용제

   ① 연납용 용제에는 부식성 용제인 염화아연, 염화암모늄, 염산 등이 있으며, 비부식성 용제로는 송진, 수지, 올리브유 등이 있다.
   ② 경납용 용제는 붕사, 붕산, 염화리튬, 빙정석, 산화제1동이 사용된다.

EXERCISES 핵심문제

CHAPTER 05

01 용접법의 분류 중에서 융접에 속하는 것은?
① 테르밋 용접　② 초음파 용접
③ 플래시 용접　④ 심 용접

GUIDE
초음파 용접, 전기저항용접(점 용접, 심 용접, 프로젝션 용접, 업셋 용접, 플래시 용접, 퍼커션 용접), 마찰 용접은 압접이다.
테르밋 용접은 테르밋 반응에 의한 화학 반응열을 이용하는 용접방법이다.

02 다음 중 기계적 압력, 마찰, 진동에 의한 열을 이용하는 용접방식이 아닌 것은?
① 마찰 압접　② 피복 아크용접
③ 초음파 용접　④ 냉간 압접

03 플라즈마 아크용접에서 아크의 종류가 아닌 것은?
① 관통형 아크　② 반이행형 아크
③ 이행형 아크　④ 비이행형 아크

플라즈마 아크용접에서 아크는 이행과 비이행형 및 반이행형으로 구분할 수 있다.

04 플라즈마 아크용접에서 매우 적은 양의 수소(H_2)를 혼입하여도 용접부가 약화될 위험성이 있는 재질은?
① 티탄　② 연강
③ 니켈 합금　④ 알루미늄

플라즈마 아크용접에서 티탄을 용접할 경우 수소 혼입에 유의하여야 한다.

05 용접작업용 충전가스인 아르곤(Ar) 용기를 나타내는 색깔은?
① 황색　② 녹색
③ 회색　④ 흰색

아르곤 용기의 색은 회색이며, 황색은 아세틸렌, 녹색(공업용)은 산소, 흰색은 (의료용) 산소 용기의 색이다.

정답 01 ① 02 ② 03 ① 04 ① 05 ③

06 불활성 가스 금속 아크용접에서 가스공급계통의 확인 순서로 가장 적합한 것은?

① 용기 → 감압 밸브 → 유량계 → 제어장치 → 용접 토치
② 용기 → 유량계 → 감압 밸브 → 제어장치 → 용접 토치
③ 감압 밸브 → 용기 → 유량계 → 제어장치 → 용접 토치
④ 용기 → 제어장치 → 감압 밸브 → 유량계 → 용접 토치

> 불활성 가스 금속 아크용접에서 가스의 공급은 용기에서 시작하여 용기에 부착된 감압 밸브, 유량계를 거쳐 제어장치를 통해 용접 토치에 가스가 공급된다.

07 다음 중 플라즈마(Plasma) 아크용접의 특징으로 볼 수 없는 것은?

① 용접속도가 빠르므로 가스의 보호가 불충분하다.
② 용접부의 금속학적·기계적 성질이 좋으며 변형도 적다.
③ 무부하 전압이 일반 아크용접기의 2~5배 정도 높다.
④ 핀치 효과에 의해 잔류 밀도가 작아지므로 용입이 얕고 비드 폭이 넓어진다.

> 플라즈마 용접 및 절단은 열적 핀치 효과와 자기적 핀치 효과를 이용하는데, 열적 핀치효과는 냉각으로 인한 단면 수축으로 전류 밀도가 증대하는 방법이고, 자기적 핀치효과는 방전 전류에 의해 자장과 전류의 작용으로 단면 수축하여 전류 밀도가 증대되는 것이다.

08 TIG 용접의 단점에 해당되지 않는 것은?

① 불활성 가스와 TIG 용접기의 가격이 비싸 운영비와 설치비가 많이 소요된다.
② 바람의 영향으로 용접부 보호작용이 방해가 되므로 방풍 대책이 필요하다.
③ 후판 용접에서는 다른 아크용접에 비해 능률이 떨어진다.
④ 모든 용접 자세가 불가능하며 박판 용접에 비효율적이다.

> 불활성 가스 텅스텐 아크용접의 장단점
> 1. 장점
> • 용접된 부분이 더 강해진다.
> • 연성·내부식성이 증가한다.
> • 플럭스가 불필요하며, 비철금속 용접이 용이하다.
> • 보호 가스가 투명하여 용접사가 용접 상황을 잘 확인할 수 있다.
> • 용접 스패터를 최소한으로 하여 전 자세 용접이 가능하다.
> • 용접부 변형이 적다.
>
> 2. 단점
> • 소모성 용접을 쓰는 용접방법보다 용접 속도가 느리다.
> • 텅스텐 전극이 오염될 경우 용접부가 단단하고 취성을 가질 수 있다.
> • 용가재의 끝 부분이 공기에 노출되면 용접부의 금속이 오염된다.
> • 가격이 고가(텐스텐 전극이 가격 상승을 초래, 용접기 가격도 고가)이다.
> • 후판에는 사용할 수 없다.(3mm 이하의 박판에 사용. 주로 0.4~0.8mm에 쓰임)

정답 06 ① 07 ④ 08 ④

09 다음 중 TIG 용접에서 나타나는 용접부의 결함으로 볼 수 없는 것은?

① 균열(Crack)
② 기공(Porosity)
③ 슬래그 혼입(Slag Inclusion)
④ 비금속 개재물(Nonmetallic Inclusion)

> 티그 용접은 피복제를 사용하지 않으므로 슬래그 혼입은 없고 텅스텐봉이 혼입될 수 있다.

10 TIG 용접에서 토치의 분류 중 형태에 따른 종류가 아닌 것은?

① T형 토치
② Y형 토치
③ 직선형 토치
④ 플렉시블형 토치

> 티그 용접의 토치 형태에는 직선형 토치, 플렉시블형 토치, T형 토치가 있다.

11 다음 중 불활성 가스 금속 아크용접장치에 있어 제어장치의 기능과 가장 거리가 먼 것은?

① 예비가스 유출시간(Pre Flow Time)
② 크레이터 충전시간(Crate Fill Time)
③ 가스지연 유출시간(Post Flow Time)
④ 스파크 시간(Spark Time)

> 용접 시작 전과 용접을 마칠 때 보호가스를 유출하는 시간을 설정할 수 있다. 이를 '예비가스 유출시간'과 '가스 지연 유출시간'이라고 한다. 아울러 크레이터 충전시간을 제어장치에서 세팅할 수 있다.

12 다음 중 무색, 무취, 무미이며 독성이 없고, 공기 중에 약 0.94% 정도를 포함하는 불활성 가스는?

① 헬륨(He)
② 아르곤(Ar)
③ 네온(Ne)
④ 크립톤(Kr)

13 다음 중 TIG 용접기로 알루미늄을 용접할 때 직류 역극성을 사용하는 가장 중요한 이유는?

① 전극이 심하게 가열되지 않으므로 전극의 소모가 적기 때문이다.
② 산화막을 제거하는 청정작용이 이루어지기 때문이다.
③ 비드 폭이 좁고, 모재의 용입이 깊어지기 때문이다.
④ 전자가 모재에 강하게 충돌하므로 깊은 용입을 얻을 수 있기 때문이다.

> 일반적으로 티그 용접에서 알루미늄은 교류를 사용하여 용접하나 산화막을 제거하기 위하여 청정작용을 이용할 경우에는 직류 역극성이 사용된다.

정답 09 ③ 10 ② 11 ④ 12 ② 13 ②

14 텅스텐 아크 절단은 특수한 TIG 절단 토치를 사용한 절단법이다. 주로 사용되는 작동 가스는?

① Ar+C₂H₂ ② Ar+H₂
③ Ar+C₂ ④ Ar+CO₂

> 텅스텐 아크 절단에는 주로 아르곤과 수소를 혼합한 가스를 작동 가스로 사용한다.

15 불활성 가스 금속 아크(MIG) 용접에서 사용되는 와이어로 적절한 지름은?

① ϕ1.0~2.4mm ② ϕ5.0~7.0mm
③ ϕ3.0~5.0mm ④ ϕ4.0~6.4mm

16 스테인리스강을 TIG 용접 시 보호가스 유량에 관한 사항이 옳은 것은?

① 용접 시 아크 보호능력을 최대한으로 하기 위하여 가능한 한 가스 유량을 크게 하는 것이 좋다.
② 낮은 유속에서도 우수한 보호 작용을 하고 박판용접에서 용락의 가능성이 적으며, 안정적인 아크를 얻을 수 있는 헬륨(He)을 사용하는 것이 좋다.
③ 가스 유량이 과다하게 유출되는 경우에는 가스 흐름에 난류현상이 생겨 아크가 불안정해지고 용접 금속의 품질이 나빠진다.
④ 양호한 용접 품질을 얻기 위해 79.5% 정도의 순도를 가진 보호가스를 사용하면 된다.

> 가스 유량이 과다하게 유출될 경우 난류 현상으로 오히려 용접부를 보호하지 못할 수 있다. 그러므로 필릿 부분에서는 모서리 부분보다 유량을 작게 한다.

17 다음 중 TIG 용접에 사용되는 전극봉의 재료로 가장 적합한 금속은?

① 알루미늄 ② 텅스텐
③ 스테인리스 ④ 강철

18 TIG 용접에서 가스노즐의 크기는 가스 분출 구멍의 크기로 정해진다. 보통 몇 mm의 크기가 사용되는가?

① 1~3 ② 4~13
③ 14~20 ④ 21~27

정답 14 ② 15 ① 16 ③ 17 ② 18 ②

19 TIG 용접 시 전극봉의 어느 한쪽 끝부분에는 식별용 색을 칠하여야 한다. 순 텅스텐 전극봉의 색은?

① 황색
② 적색
③ 녹색
④ 회색

종류	색 구분
순 텅스텐	초록
1% 토륨	노랑
2% 토륨	빨강
지르코니아	갈색

20 전자동 MIG 용접과 반자동용접을 비교했을 때 전자동 MIG 용접의 장점으로 틀린 것은?

① 우수한 품질의 용접이 얻어진다.
② 생산 단가를 최소화할 수 있다.
③ 용착효율이 낮아 능률이 매우 좋다.
④ 용접속도가 빠르다.

▶ 반자동은 작업자가 토치를 이동하면서 용접하는 것이고 전자동이란 토치의 이동도 기계가 하는 것이다.

21 TIG 용접에서 모재가 (-)이고 전극이 (+)인 극성은?

① 정극성
② 역극성
③ 반극성
④ 양극성

▶ 모재 (+), 용접봉 (-)이면 정극성, 모재 (-), 용접봉 (+)이면 역극성이다. 일반적으로 용접에서는 모재가 용접봉보다 두꺼우므로 모재 측에서 열량을 높여 용접하여야 하므로 모재에 양극을 연결하는 것을 정극성이라고 부른다.

22 알루미늄을 TIG 용접할 때 가장 적합한 전류는?

① AC
② ACHF
③ DCRP
④ DCSP

▶ 알루미늄의 적합한 전원은 교류+고주파(ACHF)이다.

정답 19 ③ 20 ③ 21 ② 22 ②

23 MIG 용접의 특징에 대한 설명으로 틀린 것은?

① 용접속도가 빠르다.
② 아크 자기제어 특성이 있다.
③ 전류밀도가 3mm 이상인 판 용접에 적당하다.
④ 직류 정극성 이용 시 청정작용으로 알루미늄이나 마그네슘 용접이 가능하다.

○ 불활성 가스 금속 아크용접 (GMAW)
1. 장점
   • 용접기 조작이 간단하여 손쉽게 용접할 수 있다.
   • 용접속도가 빠르다.
   • 슬래그가 없고 스패터가 최소로 되기 때문에 용접 후 처리가 불필요하다.
   • 용착효율이 좋다.(수동 피복 아크용접 60%, MIG는 95%)
   • 전 자세 용접이 가능하고, 용입이 크고, 전류밀도도 높다.

2. 단점
   • 장비가 고가이고, 이동이 곤란하다.
   • 토치가 용접부에 접근하기 곤란한 경우 용접이 어렵다.
   • 슬래그가 없기 때문에 취성이 발생할 우려가 있다.
   • 옥외에서 사용하기 힘들다.

24 다음 중 피복 아크용접에 비교한 가스메탈아크용접(GMAW)법의 특징으로 틀린 것은?

① 용접봉을 교체하는 작업이 불필요하기 때문에 능률적이다.
② 슬래그가 없으므로 슬래그 제거시간이 절약된다.
③ 과도한 스패터로 인해 용접 재료의 손실이 있어 용착효율이 약 60% 정도이다.
④ 전류 밀도가 높기 때문에 용입이 크다.

25 TIG 용접으로 스테인리스강을 용접하려고 한다. 가장 적합한 전원 극성으로 맞는 것은?

① 교류 전원   ② 직류 역극성
③ 직류 정극성   ④ 고주파 교류 전원

○ 스테인리스강은 직류 정극성을 주로 사용하며, 알루미늄은 고주파 교류 전원을 사용하여 용접한다.

26 다음 중 불활성 가스 아크용접의 장점이 아닌 것은?

① 아크가 안정되고 스패터가 적다.
② 열 집중성이 좋아 고능률적이다.
③ 피복제나 용제가 필요 없다.
④ 청정작용이 없어 산화막이 약한 금속으로 용접이 가능하다.

○ 불활성 가스 아크용접에서 직류 역극성(폭이 넓고 얕은 용입을 얻음)은 청정작용이 있다.

정답 23 ④ 24 ③ 25 ③ 26 ④

27 다음 중 MIG 용접 시 와이어 송급방식의 종류가 아닌 것은?
① 풀(Pull) 방식
② 푸시 오버(Push – Over) 방식
③ 푸시 풀(Push – Pull) 방식
④ 푸시(Push) 방식

> 와이어 송급방식
> • 푸시(Push) 방식 : 반자동 용접에 적합
> • 풀(Pull) 방식 : 송급 시 마찰저항을 작게 하여 와이어 송급을 원활하게 한 방식으로 직경이 작고 연한 와이어에 이용
> • 푸시-풀 방식 : 송급 튜브가 길고 연한 재료에 사용이 가능하나, 조작이 불편함

28 미그(MIG) 용접 제어장치의 기능으로 아크가 처음 발생되기 전 보호가스를 흐르게 하여 아크를 안정시킴으로써 결함 발생을 방지하기 위한 것은?
① 스타트 시간
② 가스 지연 유출 시간
③ 버언 백 시간
④ 예비 가스 유출 시간

> 예비 가스 유출시간
> 아크가 처음 발생되기 전 보호가스를 흐르게 하여 아크를 안정시키는 시간으로 결함 발생을 방지하기 위한 것이다.

29 다음 중 자동 불활성 가스 텅스텐 아크용접의 종류에 해당하지 않는 것은?
① 단전극 TIG 용접형
② 전극 높이 고정형
③ 아크 길이 자동 제어형
④ 와이어 자동 송급형

> 자동 용접이란 아크 길이가 일정하게 유지되면서 이동하는 것이다.

30 불활성 가스 금속 아크용접에서 용적 이행 형태의 종류에 속하지 않는 것은?
① 단락 이행
② 입상 이행
③ 슬래그 이행
④ 스프레이 이행

> 용적 이행 형식은 단락형, 입상형(글로블러형), 스프레이형이 있다.

31 TIG 용접에서 아크 발생이 용이하며 전극의 소모가 적어 직류 정극성에는 좋으나 교류에는 좋지 않은 것으로 주로 강, 스테인리스강, 동합금 용접에 사용되는 전극봉은?
① 토륨 텅스텐 전극봉
② 순 텅스텐 전극봉
③ 니켈 텅스텐 전극봉
④ 지르코늄 텅스텐 전극봉

정답 27 ② 28 ④ 29 ① 30 ③ 31 ①

32 TIG 용접에서 직류 정극성 용접을 할 때 전극선단의 각도로 가장 적합한 것은?

① 5~10°   ② 10~20°
③ 20~50° ④ 60~70°

> 직류 정극성일 때는 전극에서 많은 열이 발생하지 않으므로 전극 선단을 뾰족하게 가공하여 사용하여야 한다. 즉, 전극선단의 각도는 20~50° 정도로 한다.

33 다음 중 펄스 TIG 용접기의 특징에 관한 설명으로 틀린 것은?

① 저주파 펄스 용접기와 고주파 펄스 용접기가 있다.
② 직류 용접기에 펄스 발생 회로를 추가한다.
③ 전극봉의 소모가 많아 수명이 짧다.
④ 20A 이하의 저전류에서 아크의 발생이 안정하다.

> 펄스 티그 용접은 전극봉이 모재에 닿지 않아 수명이 길다.

34 불활성 가스 금속 아크(MIG) 용접의 특징에 대한 설명으로 옳은 것은?

① 바람의 영향을 받지 않아 방풍대책이 필요 없다.
② TIG 용접에 비해 전류 밀도가 높아 용융속도가 빠르고 후판 용접에 적합하다.
③ 각종 금속 용접이 불가능하다.
④ TIG 용접에 비해 전류 밀도가 낮아 용접속도가 느리다.

35 CO_2 가스 아크용접 결함에 있어서 다공성이란 무엇을 의미하는가?

① 질소, 수소, 일산화탄소 등에 의한 기공을 말한다.
② 와이어 선단부에 용적이 붙어 있는 것을 말한다.
③ 스패터가 발생하여 비드의 외관에 붙어 있는 것을 말한다.
④ 노즐과 모재 간 거리가 지나치게 짧아서 발생하는 와이어 송급 불량을 의미한다.

> 다공성은 가공이 생기는 결함이다.

36 이산화탄소 가스 아크용접의 결함에서 아크가 불안정할 때의 원인으로 가장 거리가 먼 것은?

① 팁이 마모되어 있다.   ② 와이어 송급이 불안정하다.
③ 팁과 모재가 거리가 길다. ④ 이음 형상이 나쁘다.

> 이음형상이 나쁜 데에는 복합적인 원인이 있다.

정답 32 ③ 33 ③ 34 ② 35 ① 36 ④

37 다음 중 이산화탄소 아크용접에 대한 설명으로 옳은 것은?
① 전류 밀도가 낮다.
② 비철금속 용접에만 적합하다.
③ 전류 밀도가 낮아 용입이 얕다.
④ 용착 금속의 기계적 성질이 좋다.

38 다음 중 CO_2 가스 아크용접 시 작업장의 이산화탄소 체적 농도가 3~4%일 때 인체에 일어나는 현상으로 가장 적절한 것은?
① 두통 및 뇌빈혈을 일으킨다.
② 위험상태가 된다.
③ 치사량이 된다.
④ 아무런 증상이 없다.

◎ CO_2 농도에 따른 인체의 영향
㉠ 3~4% : 두통
㉡ 15% 이상 : 위험
㉢ 30% 이상 : 치명적

39 다음 중 복합와이어 CO_2 가스 아크용접법이 아닌 것은?
① 아코스 아크법
② 유니언 아크법
③ NCG법
④ SYG법

◎ 용제가 들어 있는 와이어 CO_2법을 복합와이어 CO_2 가스용접법이라 한다.
• 아코스 아크법(컴파운드 와이어)
• 퓨즈 아크법
• 유니언 아크법(자성용)
• 버나드 아크법(NCG법)

40 다음 중 CO_2 용접 토치의 부속품에 해당하지 않는 것은?
① 오리피스(Orifice)   ② 디퓨즈(Difuse)
③ 콜릿(Collet)   ④ 콘택트 팁(Contact Tip)

◎ 콜릿은 티그 용접의 부속장치이다.

41 다음 중 이산화탄소 아크용접의 특징에 대한 설명으로 틀린 것은?
① 전류 밀도가 높아 용입이 깊다.
② 자동 또는 반자동 용접은 불가능하다.
③ 용착금속의 기계적·금속화학적 성질이 우수하다.
④ 가시 아크이므로 용융지의 상태를 보면서 용접할 수 있어 시공이 편리하다.

◎ 이산화탄소 용접은 용극식으로 주로 자동이나 반자동으로 용접한다.

정답 37 ④ 38 ① 39 ④ 40 ③ 41 ②

42 이산화탄소 가스 아크용접에 대한 설명으로 틀린 것은?

① 비용극식 용접방법이다.
② 가시 아크이므로 시공이 편리하다.
③ 전류 밀도가 높아 용입이 깊다.
④ 용제를 사용하지 않아 슬래그 혼입이 없다.

> 용극식이란 전극이 용접봉 형태인 용접법으로 미그 용접과 이산화탄소 아크용접 등이 있다.

43 다음 중 CO_2 가스 아크용접에 가장 적합한 금속은?

① 연강
② 알루미늄
③ 스테인리스강
④ 동과 그 합금

44 가스 메탈 아크용접(GMAW)에서 보호가스를 아르곤(Ar) 가스와 CO_2 가스 또는 산소(O_2)를 소량 혼합하여 용접하는 방식을 무엇이라 하는가?

① MIG 용접
② FCA 용접
③ TIG 용접
④ MAG 용접

> 이산화탄소+아르곤 가스, 아르곤 가스+산소 등의 혼합가스를 사용하여 용접하는 방법은 MAG 용접이다.

45 이산화탄소 아크용접의 특징에 대한 설명으로 틀린 것은?

① 용제를 사용하지 않아 슬래그의 혼입이 없다.
② 용접 금속의 기계적·야금적 성질이 우수하다.
③ 전류 밀도가 높아 용입이 깊고 용융 속도가 빠르다.
④ 바람의 영향을 전혀 받지 않는다.

46 CO_2 가스 아크용접에서 솔리드 와이어와 비교한 복합 와이어의 특징을 설명한 것으로 틀린 것은?

① 양호한 용착금속을 얻을 수 있다.
② 스패터가 많다.
③ 아크가 안정적이다.
④ 비드 외관이 깨끗하며 아름답다.

정답 42 ① 43 ① 44 ④ 45 ④ 46 ②

47 다음 중 반자동 CO_2 용접에서 용접 전류와 전압을 높일 때의 특성을 설명한 것으로 옳은 것은?

① 용접 전류가 높아지면 용착률과 용입이 감소한다.
② 아크 전압이 높아지면 비드가 좁아진다.
③ 용접 전류가 높아지면 와이어의 용융속도가 느려진다.
④ 아크 전압이 지나치게 높아지면 기포가 발생한다.

48 이산화탄소 가스 아크용접에서 용착 속도에 대한 내용 중 틀린 것은?

① 와이어 용융 속도는 아크 전류에 거의 정비례하며 증가한다.
② 용접 속도가 빠르면 모재의 입열이 감소한다.
③ 용착률은 일반적으로 아크 전압이 높은 쪽이 좋다.
④ 와이어 용융 속도는 와이어 지름과는 거의 관계가 없다.

▶ 이산화탄소 가스 아크용접에서 아크 전압이 높아지면 비드 폭은 넓어지나 용착률은 높아지지 않는다.

49 반자동 CO_2 가스 아크 편면(One Side) 용접 시 뒷댐 재료로 가장 많이 사용되는 것은?

① 세라믹 제품
② CO_2 가스
③ 테프론 테이프
④ 알루미늄 판재

▶ 이산화탄소 아크용접에서 뒷댐 재료로 가장 많이 사용하는 것은 세라믹 백킹 재료이다.

50 이산화탄소 아크용접의 특징이 아닌 것은?

① 전원은 교류 정전압 또는 수하 특성을 사용한다.
② 가시 아크이므로 시공이 편리하다.
③ 모든 용접 자세로 용접이 가능하다.
④ 산화나 질화가 되지 않는 양호한 용착금속을 얻을 수 있다.

▶ 이산화탄소 아크용접은 반자동용접으로 정전압 특성이나 상승 특성을 이용한 직류 또는 교류를 사용한다.

51 이산화탄소 가스 아크용접에서 CO_2 가스가 인체에 미치는 영향 중 위험한 상태가 되는 CO_2(체적 %양) 양은?

① 0.1 이상
② 3 이상
③ 8 이상
④ 15 이상

정답 47 ④ 48 ③ 49 ① 50 ① 51 ④

52 탄산가스를 이용한 용극식 용접에서 용강 중에 산화철(FeO)을 감소시켜 기포를 방지하기 위해 첨가하는 원소는?

① C, Na
② Si, Mn
③ Mg, Ca
④ S, P

53 다음 중 CO_2 가스 아크용접에서 기공 발생의 원인과 가장 거리가 먼 것은?

① CO_2 가스 유량이 부족하다.
② 노즐과 모재 간 거리가 지나치게 길다.
③ 바람에 의해 CO_2 가스가 날린다.
④ 엔드 탭(End Tab)을 부착하여 고전류를 사용한다.

○ 엔드 탭은 용접부 시종단에 붙여 시점과 종점에서 발생할 수 있는 결함을 방지할 수 있는 장치이다.

54 CO_2 가스 아크용접에서 후진법에 비교한 전진법의 특징을 설명한 것으로 맞는 것은?

① 용융금속이 앞으로 나가지 않으므로 깊은 용입을 얻을 수가 있다.
② 용접선을 잘 볼 수 있어 운봉을 정확하게 할 수 있다.
③ 스패터의 발생이 적다.
④ 높이가 약간 높고, 폭이 좁은 비드를 얻는다.

○ 일반적으로 이산화탄소 아크용접은 토치의 직경이 커서 용접선을 잘 볼 수 없으나 후진법을 사용하게 되면 전진법에 비하여 용접선을 잘 볼 수 있어 정확한 운봉이 가능하다.

55 CO_2 가스 아크용접 조건에 대한 설명으로 틀린 것은?

① 전류를 높게 하면 와이어의 녹아내림이 빠르고 용착률과 용입이 증가한다.
② 아크 전압을 높이면 비드가 넓어지고 납작해지며, 지나치게 아크 전압을 높이면 기포가 발생한다.
③ 아크 전압이 너무 낮으면 볼록하고 넓은 비드를 형성하며, 와이어가 잘 녹는다.
④ 용접 속도가 빠르면 모재의 입열이 감소되어 용입이 얕아지고, 비드 폭이 좁아진다.

○ 아크 전압을 높이면 비드가 넓어지고 납작해지며, 용착률이 저하된다. 지나치게 아크 전압을 높이면 기포가 발생한다.

정답 52 ② 53 ④ 54 ② 55 ③

56 CO_2 가스 아크용접의 보호가스 설비에서 히터장치가 필요한 가장 중요한 이유는?

① 액체가스가 기체로 변하면서 열을 흡수하기 때문에 조정기의 동결을 막기 위하여
② 기체가스를 냉각하여 아크를 안정하게 하기 위하여
③ 동절기의 용접 시 용접부의 결함 방지와 안전을 위하여
④ 용접부의 다공성을 방지하고 가스를 예열하여 산화를 방지하기 위하여

57 CO_2 가스 아크용접에서 용접 전류를 높였을 때의 상황을 열거한 것 중 옳은 것은?

① 용착률과 용입이 감소한다.
② 와이어의 녹아내림이 빨라진다.
③ 용접 입열이 작아진다.
④ 와이어 송급 속도가 늦어진다.

58 CO_2 가스 아크용접의 특징을 설명한 것으로 틀린 것은?

① 전류 밀도가 높아 용입이 깊고 용접속도를 빠르게 할 수 있다.
② 박판(0.8mm) 용접은 단락이행 용접법에 의해 가능하며, 전자세 용접도 가능하다.
③ 거의 모든 재질의 적용이 가능하며, 이종(異種) 재질의 용접도 가능하다.
④ 가시 아크이므로 용융지의 상태를 보면서 용접할 수 있어 용접 진행의 양(良)·부(不) 판단이 가능하다.

59 CO_2 용접 결함 중 기공의 방지대책에 관한 설명으로 틀린 것은?

① 오염, 녹, 페인트 등을 제거한다.
② 산소의 압력을 높인다.
③ 순도가 높은 CO_2 가스를 사용한다.
④ 노즐에 부착되어 있는 스패터를 제거한 후 용접한다.

○ 이산화탄소 용접에서 산소는 사용하지 않으며, 만일 다른 용접 등에서 산소가 들어가면 오히려 기공이 발생할 수 있다.

정답 56 ① 57 ② 58 ③ 59 ②

60 CO_2 가스 아크용접에서 아크 전압이 높을 때 나타나는 현상으로 맞는 것은?

① 비드 폭이 넓어진다.   ② 아크 길이가 짧아진다.
③ 비드 높이가 높아진다. ④ 용입이 깊어진다.

> 이산화탄소 가스 아크용접에서 전류값이 높아지면 용입이 깊어지고 전압값이 높아지면 비드 폭이 넓어진다.

61 CO_2 가스 아크용접용 토치 구조에 속하지 않는 것은?

① 스프링 라이너   ② 가스 디퓨저
③ 가스 캡   ④ 노즐

> CO_2 가스 아크용접용 토치는 노즐, 콘택트 팁, 오리피스, 노즐 인슐레이터, 가스 디퓨저, 토치 보디, 스프링 라이너로 구성되어 있다.

62 다음 중 이산화탄소 가스 아크용접의 특징으로 적당하지 않은 것은?

① 모든 재질에 적용이 가능하다.
② 용착금속의 기계적·금속학적 성질이 우수하다.
③ 전류 밀도가 높아 용입이 깊고, 용접속도를 빠르게 할 수 있다.
④ 피복 아크용접처럼 피복 아크용접봉을 갈아 끼우는 시간이 필요 없으므로 용접 작업시간을 길게 할 수 있다.

> 이산화탄소 가스 아크용접은 주로 연강 등에 적합하며, 모든 재질에 적용이 가능하지는 않다.

63 서브머지드 아크용접에 대한 설명으로 틀린 것은?

① 용접장치는 송급장치, 전압 제어장치, 접촉팁, 이동대차 등으로 구성되어 있다.
② 용제의 종류에는 용융형 용제, 고온 소결형 용제, 저온 소결형 용제가 있다.
③ 시공을 할 때는 루트 간격을 0.8mm 이상으로 한다.
④ 엔드 탭의 부착은 모재와 홈 형상이나 두께, 재질 등이 동일한 규격으로 부착하여야 한다.

64 서브머지드 아크용접에서 누설 방지 비드를 배치하는 이유로 맞는 것은?

① 용접 공정 수를 줄이기 위하여
② 크랙을 방지하기 위하여
③ 용접 변형을 방지하기 위하여
④ 용락을 방지하기 위하여

> 용락이란 모재가 녹아 쇳물이 떨어져 흘러내려 구멍이 나는 것으로 서브머지드 아크용접에서 용락이 발생하면 누설이 될 수 있다.

정답 60 ① 61 ③ 62 ① 63 ③ 64 ④

65 서브머지드 아크용접기로 스테인리스강 용접, 덧살 붙임 용접, 조선의 대판계(大板繼) 용접을 할 때 사용하는 용접용 용제(Flux)는?

① 용융형 용제
② 혼성형 용제
③ 소결형 용제
④ 혼합형 용제

66 서브머지드 아크용접의 현장 조립용 간이 백킹법 중 철분 충진제의 사용목적으로 틀린 것은?

① 홈의 정밀도를 보충해 준다.
② 양호한 이면 비드를 형성시킨다.
③ 슬래그와 용융금속의 선행을 방지한다.
④ 아크를 안정시키고 용착량을 적게 한다.

◉ 백킹제 중 철분을 충전하는 목적은 홈의 정밀도를 보충하여 양호한 이면 비드를 형성하기 위해서이다.

67 서브머지드 아크용접의 특징이 아닌 것은?

① 콘택트 팁에서 통전되므로 와이어 중에 저항열이 적게 발생되어 고전류 사용이 가능하다.
② 아크가 보이지 않으므로 용접부의 적부를 확인하기가 곤란하다.
③ 용접 길이가 짧을 때 능률적이며 수평 및 위보기 자세 용접에 주로 이용된다.
④ 일반적으로 비드 외관이 아름답다.

◉ 서브머지드 아크용접은 아래보기 수평 필릿 자세로 용접자세가 한정되며, 용접 길이가 짧거나 곡선인 경우 비효율적이다.

68 다음 일렉트로 슬래그 용접에 관한 설명으로 틀린 것은?

① 수직 상진으로 단층 용접을 하는 방식이다.
② 용접 전원으로는 정전압형의 교류가 적합하다.
③ 용융 금속의 용착량이 100%가 되는 용접방법이다.
④ 높은 아크열을 이용하여 효율적으로 용접하는 방식이다.

69 다음 중 금속 산화물과 정제된 고체 알루미늄 파우더의 혼합이 발생하는 과정에서 용접 열이 얻어지고, 용융된 금속이 용가제로 되는 발열 반응으로 형성된 점화를 이용한 용접법은?

① 플라즈마 아크용접
② 테르밋 용접
③ 플래시 버트 용접
④ 프로젝션 용접

정답 65 ③ 66 ④ 67 ③ 68 ④ 69 ②

70 테르밋 용접에서 미세한 알루미늄 분말과 산화철 분말의 중량비로 가장 올바른 것은?

① 1~2 : 1   ② 3~4 : 1
③ 5~6 : 1   ④ 7~8 : 1

71 다음 중 테르밋제의 점화제가 아닌 것은?

① 과산화바륨   ② 망간
③ 알루미늄   ④ 마그네슘

72 아크 플라즈마는 고전류가 되면 방전 전류에 의하여 자장과 전류의 작용으로 아크의 단면이 수축되고 그 결과 아크 단면이 수축하여 가늘게 되며 전류 밀도가 증가한다. 이와 같은 성질을 무엇이라고 하는가?

① 열적 핀치효과
② 자기적 핀치효과
③ 플라즈마 핀치효과
④ 동적 핀치효과

> 열적 핀치 효과는 냉각으로 인한 단면 수축으로 전류 밀도가 증대되며 자기적 핀치 효과는 방전 전류에 의해 자장과 전류의 작용으로 단면 수축하여 전류 밀도가 증대된다.

73 레일 및 선박의 프레임 등 비교적 큰 단면적을 가진 주조나 단조품의 맞대기 용접과 보수 용접에 용이한 용접방식은?

① 테르밋 용접   ② MIG 용접
③ TIG 용접   ④ 브레이징

74 철강계통의 레일, 차축 용접과 보수에 이용되는 테르밋 용접법의 특징에 대한 설명으로 틀린 것은?

① 용접작업이 단순하다.
② 용접용 기구가 간단하고 설비비가 싸다.
③ 용접 시간이 길고 용접 후 변형이 크다.
④ 전력이 필요 없다.

정답 70 ② 71 ② 72 ② 73 ① 74 ③

75 알루미늄 분말과 산화철 분말을 중량비로 혼합, 과산화바륨과 알루미늄 등 혼합 분말을 점화제로 점화했을 때 일어나는 화학 반응은?

① 테르밋 반응　② 용융 반응
③ 포정 반응　④ 공석 반응

76 주로 레일의 접합, 차축, 선박의 프레임 등 비교적 큰 단면을 가진 주조나 단조품의 맞대기 용접과 보수 용접에 주로 사용되며, 용접작업이 단순하고, 용접 결과의 재현성이 높지만 용접 비용이 비싼 용접법은?

① 가스용접　② 테르밋 용접
③ 플래시 버트 용접　④ 프로젝션 용접

77 용접의 일종으로서 아크 열이 아닌 와이어와 용융 슬래그 사이에 통전된 전류의 저항열을 이용하여 용접하는 것은?

① 테르밋 용접
② 전자빔 용접
③ 초음파 용접
④ 일렉트로 슬래그 용접

78 다음 중 안내 레일형 일렉트로 슬래그 용접장치의 주요 구성에 해당하지 않는 것은?

① 안내레일　② 제어상자
③ 냉각장치　④ 와이어 절단장치

> 일렉트로 슬래그 용접은 자동 용접으로 안내레일, 제어상자, 냉각장치 등으로 구성되어 있다.

79 전자레인지에 의해 에너지를 집중시킬 수 있고, 고용융재료의 용접이 가능한 용접법은?

① 레이저 용접　② 그래비티 용접
③ 전자 빔 용접　④ 초음파 용접

정답 75 ① 76 ② 77 ④ 78 ④ 79 ③

80 다음 중 전자 빔 용접의 장점과 거리가 먼 것은?

① 고진공 속에서 용접을 하므로 대기와 반응되기 쉬운 활성 재료도 용이하게 용접된다.
② 두꺼운 판의 용접이 불가능하다.
③ 용접을 정밀하고 정확하게 할 수 있다.
④ 열의 집중이 가능하기 때문에 고속으로 용접이 된다.

81 모재의 열 변형이 거의 없으며 이종 금속의 용접이 가능하고 정밀한 용접을 할 수 있으며 비접촉식 방식으로 모재에 손상을 주지 않는 용접은?

① 레이저 용접　　② 테르밋 용접
③ 스터드 용접　　④ 플라즈마 제트 아크용접

82 다음 중 높은 진공 속에서 충격 열을 이용하여 용융하는 용접법은?

① 펄스 용접　　② 퍼커션 용접
③ 전자빔 용접　　④ 고주파 용접

83 서브머지드 아크용접에 사용되는 용접 용융제 중 용융형 용제에 대한 설명으로 옳은 것은?

① 화학적 균일성이 양호하다.
② 미용융 용제는 재사용이 불가능하다.
③ 흡수성이 거의 없으므로 재건조가 불필요하다.
④ 용융 시 분해되거나 산화되는 원소를 첨가할 수 있다.

84 다음 중 서브머지드 아크용접의 다른 명칭이 아닌 것은?

① 잠호 용접　　② 유니언 멜트 용접
③ 불가시 아크용접　　④ 헬리 아크용접

정답　80 ②　81 ①　82 ③　83 ③　84 ④

85 다음 중 서브머지드 아크용접(Submerged Arc Welding)에서 용제의 역할과 가장 거리가 먼 것은?

① 아크 안정
② 용락 방지
③ 용접부의 보호
④ 용착 금속의 재질 개선

86 다음 중 서브머지드 아크용접에서 용접헤드에 속하지 않는 것은?

① 용제 호퍼
② 와이어 송급장치
③ 불활성 가스 공급장치
④ 제어장치 콘택트 팁

87 자동 금속 아크용접법으로 모재의 이음 표면에 미세한 입상 모양의 용제를 공급하고, 용제 속에 연속적으로 전극 와이어를 송급하여 모재 및 전극 와이어를 용융시켜 용접부를 대기로부터 보호하면서 용접하는 것은?

① 불활성 가스 아크용접
② 탄산가스 아크용접
③ 서브머지드 아크용접
④ 일렉트로 슬래그 용접

88 미국에서 개발된 것으로 기계적인 진동으로 모재의 용점 이하에서도 용접부가 두 소재 표면 사이에서 형성되도록 하는 용접은?

① 테르밋 용접
② 원자수소 용접
③ 금속아크용접
④ 초음파 용접

89 서브머지드 아크용접의 일반적인 특징으로 틀린 것은?

① 고전류 사용이 가능하다.
② 용융속도가 빨라 고능률 용접이 가능하다.
③ 기계적 성질(강도, 연신율, 충격치 등)이 우수하다.
④ 개선 각을 크게 하여 용접 패스 수를 줄일 수 있다.

정답 85 ② 86 ③ 87 ③ 88 ④ 89 ④

90 다음 중 일명 유니언 멜트 용접법이라고도 불리며 아크가 용제 속에 잠겨 있어 밖에서는 보이지 않는 용접법은?

① 이산화탄소 아크용접
② 일렉트로 슬래그 용접
③ 서브머지드 아크용접
④ 불활성 가스 텅스텐 아크용접

91 두꺼운 판의 양쪽에 수냉 동판을 대고 용융 슬래그 속에서 아크를 발생시킨 후 용융 슬래그의 전기 저항열을 이용하여 용접하는 방법은?

① 서브머지드 아크용접 ② 불활성 가스 아크용접
③ 일렉트로 슬래그 용접 ④ 전자 빔 용접

92 스터드 용접에서 페룰의 역할이 아닌 것은?

① 용융금속의 탈산 방지
② 용융금속의 유출 방지
③ 용착부의 오염 방지
④ 용접사의 눈을 아크로부터 보호

93 스터드 용접장치에서 내열성의 도기로 만들며 아크를 보호하기 위한 것으로 모재와 접촉하는 부분은 홈이 패여 있어 내부에서 발생하는 열과 가스를 방출할 수 있도록 한 것을 무엇이라 하는가?

① 제어장치   ② 스터드
③ 용접토치   ④ 페룰

94 마찰용접의 장점이 아닌 것은?

① 용접작업의 시간이 짧아 작업능률이 높다.
② 이종금속의 접합이 가능하다.
③ 피용접물의 형상치수, 길이, 무게의 제한이 없다.
④ 치수의 정밀도가 높고, 재료가 절약된다.

정답 90 ③ 91 ③ 92 ① 93 ④ 94 ③

95 접합하고자 하는 모재에 구멍을 뚫고 그 구멍으로부터 용접하여 다른 한쪽 모재와 접합하는 용접방법은?

① 필릿 용접 ② 플러그 용접
③ 초음파 용접 ④ 고주파 용접

96 각각의 단독 용접공정(Each Welding Process)보다 훨씬 우수한 기능과 특성을 얻을 수 있도록 두 종류 이상의 용접 공정을 복합적으로 활용하여 서로의 장점을 살리고 단점을 보완하여 시너지 효과를 얻기 위한 용접법을 무엇이라 하는가?

① 하이브리드 용접
② 마찰교반 용접
③ 천이액상확산 용접
④ 저온용 무연 솔더링 용접

97 침몰선의 해체나 교량의 개조 시 사용되는 수중 절단법에서 가장 많이 사용되는 연료 가스는?

① 아세톤 ② 에틸렌
③ 수소 ④ 질소

> 수중 절단에는 수소를 주로 사용하며 아세틸렌은 압력의 영향으로 사용이 제한적이다.

98 다음 중 연납의 특성에 관한 설명으로 틀린 것은?

① 연납 땜에 사용하는 용가제를 말한다.
② 주석-납계 합금이 가장 많이 사용된다.
③ 기계적 강도가 낮으므로 강도를 필요로 하는 부분에는 적당하지 않다.
④ 은납, 황동납 등이 이에 속하고 물리적 강도가 크게 요구될 때 사용된다.

99 다음 중 연납 땜의 종류에 해당되지 않는 것은?

① 주석-납 ② 납-카드뮴납
③ 납-은납 ④ 인-망간납

정답 95 ② 96 ① 97 ③ 98 ④ 99 ④

100 연납의 대표적인 합금으로 사용이 가장 많은 땜납은?
① 저용접 땜납
② 주석 – 납
③ 납 – 카드뮴 납
④ 납 – 은납

> 연납의 대표적인 것은 주석(Sn) 40%, 납(Pb) 60%의 합금이다.

101 구리가 주성분이며 소량의 은, 인을 포함하여 전기 및 열전도가 뛰어나므로 구리나 구리합금의 납땜에 적합한 것은?
① 양은납 ② 인동납
③ 금납   ④ 내열납

102 연납용 용제로 사용되는 것이 아닌 것은?
① 인산   ② 염화아연
③ 염산   ④ 붕산

103 납땜의 가열방법에서 가열원으로 사용하는 것이 아닌 것은?
① 가스   ② 저항열
③ 고주파 전류 ④ 감마선

104 납땜의 용제가 갖추어야 할 조건을 잘못 설명한 것은?
① 청정한 금속면의 산화를 촉진시킬 것
② 모재나 땜납에 대한 부식 작용을 최소화할 것
③ 용제의 유효 온도범위와 납땜 온도가 일치할 것
④ 땜납의 표면 장력을 맞추어서 모재와의 친화도를 높일 것

> 청정한 금속면의 산화를 촉진시키면 녹이 발생한다.

정답 100 ② 101 ② 102 ④ 103 ④ 104 ①

CHAPTER 06 전기저항용접 및 압접

용접할 금속의 접촉부에 전류를 통하여 전기의 저항열로서 금속을 국부적으로 용융압력을 가해 접합시키는 방법이다.

저항열은 줄의 법칙(Joule's law)에 의하면

$$Q = 0.24 I^2 R t$$

여기서, Q : 저항열(cal) I : 전류(A)
       R : 저항(Ω) t : 시간(sec)

전기저항 용접의 3대 요소는 용접전류, 통전시간, 가압력이며 종류로는 점 용접, 심 용접, 프로젝션 용접, 업셋 용접, 플래시 용접이 있다.

1 점 용접(Spot Welding)

구리합금제 전극 사이에 용접재료를 넣고 가압하면 점(Spot) 모양으로 융합되며 이 부분을 네이커(Nacre) 접합부라 한다.

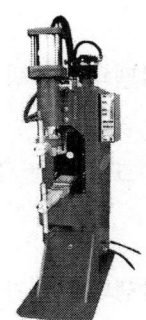

∥점 용접기∥

2 심 용접(Seam Welding)

점 용접을 연속적으로 하는 것으로서 점 용접의 전극 대신 롤러 형상의 전극을 사용하며 주로 기밀, 수밀, 유밀을 요하는 탱크 용접이나 자동차 용접에 많이 사용된다.

∥심 용접기∥

3 프로젝션 용접(Projection Welding)

모재 용융부에 여러 개의 돌기(projection)를 만들어 용접하는 방법으로 두께가 다른 판이나 용량이 다른 판의 용접을 쉽게 할 수 있다.

4 업셋 용접(Upset Welding)

버트 용접이라고도 하며 주로 봉모양의 맞대기 용접 시에 사용한다.
모재를 맞대어 가압부에 통전하면 접합부가 가열되어 적당한 압접온도에 달할 때 업셋인 국부적 소성변형으로 접합시킨다.

- 장점
  ① 불꽃의 비산이 없다.
  ② 접합부가 새지 않는다.
  ③ 용접이 간단하며 저렴하다.
  ④ 업셋 부분의 접합이 균등하다.

5 플래시 용접(Flash Welding)

업셋 용접과 비슷한 방법이나 온도가 어느 정도 올라가면 강한 불꽃을 일으켜서 가압하여 용접하는 방법이다.

- 장점
  ① 박판 및 얇은 파이프 용접이 가능하다.
  ② 모재가 다른 금속의 용접이 가능하다.

6 퍼커션 용접(Percussion Welding)

알루미늄(Al)이나 구리(Cu) 등과 같이 산화의 발생이 많은 금속선 및 모재가 다른 금속선의 용접에 사용하며, 전기에너지를 매우 짧은 시간에 방전시켜 용접에 필요한 열을 얻는 방법이다.

EXERCISES 핵심문제

CHAPTER 06

01 점 용접의 3대 요소가 아닌 것은?
① 전극 모양   ② 통전 시간
③ 가압력   ④ 전류 세기

> GUIDE
> 점 용접은 전기 저항 용접의 일종으로 그 3대 요소는 가압력, 통전 전류, 통전 시간이다.

02 다음 중 기계적 접합법의 종류가 아닌 것은?
① 볼트 이음   ② 리벳 이음
③ 코터 이음   ④ 스터드 용접

> 스터드 용접은 볼트나 환봉 등을 피스톤형 홀더에 끼우고 모재와 환봉 사이에서 순간적으로 아크를 발생시켜 접합하는 것으로, 야금적 접합이다.

03 다음 중 기밀, 수밀을 필요로 하는 탱크의 용접이나 배관용 탄소 강관의 관 제작 이음 용접에 가장 적합한 접합 법은?
① 심 용접   ② 스폿 용접
③ 업셋 용접   ④ 플래시 용접

04 다음 중 전기저항 용접의 종류가 아닌 것은?
① TIG 용접   ② 점 용접
③ 프로젝션 용접 ④ 플래시 용접

> 전기저항 용접의 종류
> • 겹치기 : 점 용접, 심 용접, 프로젝션 용접
> • 맞대기 : 업셋 용접, 플래시 용접, 퍼커션 용접

05 다음 중 이음 형상에 따른 저항 용접의 분류에 있어 겹치기 저항 용접에 해당하지 않는 것은?
① 점 용접   ② 퍼커션 용접
③ 심 용접   ④ 프로젝션 용접

06 다음 중 겹치기 저항 용접에 있어서 접합부에 나타나는 용융 응고된 금속부분을 무엇이라 하는가?
① 용융지   ② 너깃
③ 크레이터   ④ 언더컷

> 겹치기 저항 용접인 점 용접에서 돌기부분을 너깃이라 한다.

정답 01 ① 02 ④ 03 ① 04 ① 05 ② 06 ②

07 플래시 버트 용접 과정의 3단계는?
   ① 예열, 플래시, 업셋
   ② 업셋, 플래시, 후열
   ③ 예열, 검사, 플래시
   ④ 업셋, 예열, 후열

> 플래시 용접은 맞대기 전기 저항 용접으로 예열 → 플래시 → 업셋의 순으로 진행된다.

08 전지 저항 용접에 속하지 않는 것은?
   ① 테르밋 용접   ② 점 용접
   ③ 프로젝션 용접   ④ 심 용접

09 전기 저항 용접법의 특징에 대한 설명으로 틀린 것은?
   ① 작업속도가 빠르고 대량생산에 적합하다.
   ② 산화 및 변질 부분이 적다.
   ③ 열손실이 많고, 용접부에 집중 열을 가할 수 없다.
   ④ 용접봉, 용제 등이 불필요하다.

> 1. 전기 저항 용접의 장점
>   • 자동용접이 가능하다.
>   • 용접 시간이 짧고 대량 생산에 적합하다.
>   • 용접부가 깨끗하다.
>   • 산화 작용 및 용접 변형이 적다.
>   • 가압 효과로 조직이 치밀하다.
> 2. 전기 저항 용접의 단점
>   • 설비가 복잡하고 가격이 비싸다.
>   • 후열 처리가 필요하다.
>   • 이종 금속의 접합은 어렵다.

10 원판 상의 롤러 전극 사이에 용접할 2장의 판을 두고 가압 통전해 전극을 회전시키면서 연속적으로 용접하는 것은?
   ① 퍼커션 용접   ② 프로젝션 용접
   ③ 심 용접   ④ 업셋 용접

> 심 용접
> • 점용접에 비해 가압력은 1.2~1.6배, 용접 전류는 1.5~2.0배 증가한다.
> • 단속 통전법, 연속 통전법, 맥동 통전법 등이 있다.
> • 이음 형상에 따라 원주 심, 세로 심이 있다.
> • 용접 방법에 따라 매시 심, 포일 심, 맞대기 심, 롤러 심이 있다.

정답 07 ① 08 ① 09 ③ 10 ③

PART 02

용접시공 및 검사

CHAPTER 01 용접설계시공 및 자동화
CHAPTER 02 파괴·비파괴 및 기타 검사

CHAPTER 01 용접설계시공 및 자동화

1 하중의 구분

1. 하중의 작용방식에 의한 분류

① 축하중 : 하중의 작용선이 축선에 일치하는 하중으로 인장하중과 압축하중이 있다.
② 전단하중 : 작용선이 축선에 직각으로 작용하는 하중
③ 비틀림하중 : 축심에서 떨어져 작용하여 모멘트를 발생하는 하중
④ 굽힘하중 : 하중의 작용선이 축선과 직각을 이루어 모멘트를 발생할 때의 하중

2. 하중 변화상태에 의한 분류

1) 정하중

   시간에 대한 하중의 변화가 없거나 변화를 무시할 수 있는 하중

2) 동하중

   ① 반복하중 : 두 종류의 힘이 변화가 없이 반복적으로 작용하는 하중
   ② 교번하중 : 하중의 크기와 방향이 동시에 주기적으로 변하는 하중
   ③ 충격하중 : 하중이 순간적으로 작용하는 하중
   ④ 이동하중 : 하중이 이동하면서 작용하는 하중

3. 하중의 분포상태에 따른 분류

1) 집중하중

   하중이 한곳에 집중하여 작용하는 하중

2) 분포하중

   하중이 특정 면적에 분포하여 작용하는 하중
   ① 균일분포하중
   ② 불균일분포하중

(a) 집중하중   (b) 균일분포하중   (c) 불균일분포하중

‖ 하중의 분포 상태에 따른 분류 ‖

2 응력(Stress)과 변형률(Strain)

1. 응력(Stress)

물체에 하중이 작용하면 가상단면을 잘랐을 때 가상단면에는 그 물체를 구성하고 있는 분자 사이에 하중에 대한 저항력이 발생하는데 단위면적당의 저항력을 응력(Stress)이라 한다. 응력의 종류는 다음과 같다.

① 수직응력 : 단면에 수직으로 생기는 것. 인장, 압축응력이 이에 속한다.
② 전단응력 : 하중이 축선에 직각으로 작용하는 하중

2. 변형률

재료에 하중이 작용하면 응력이 발생하여 이에 따른 치수의 변화도 발생하는데, 이 변형과 원래 치수와의 비를 변형률이라 한다. 변형률의 종류는 다음과 같다.

① 종(세로) 변형률(ε)

$$\varepsilon = \frac{l' - l}{l} = \frac{\delta}{l}$$

여기서, l' : 변형 후의 길이
l : 원래의 길이
δ : 종변화량

② 횡(가로) 변형률(ε')

$$\varepsilon = \frac{d - d'}{d} = \frac{\delta'}{d}$$

여기서, d : 원래의 지름
d' : 변형 후의 지름
δ' : 횡변화량

③ 전단 변형률(γ)

$$\gamma = \frac{\delta}{l} [\text{rad}]$$

3. 훅의 법칙(Hooke's Law)과 탄성률

비례한도 범위 내에서 응력과 변형이 비례하는 것을 말한다.

① 종탄성계수

$$\sigma = E\varepsilon$$

여기서, E : 종탄성계수

강의 종탄성계수는 약 $2.1 \times 10^4 [\text{kg/mm}^2]$이다. 최초의 길이 l, 단면적 A, 재료의 종변형량을 δ라 하고 재료에 인장 또는 압축 하중 P를 가했다면,

$$\sigma = E\varepsilon$$
$$\frac{P}{A} = E\frac{\delta}{l} \text{ 그러므로 } \delta = \frac{Pl}{AE}$$

② 횡(가로) 탄성계수

$$\tau = G\gamma$$

비례상수 G를 가로탄성계수 또는 전단탄성계수라고 하며, 강의 가로탄성계수는 약 $0.81 \times 10^4 [\text{kg/mm}^2]$이다.

4. 재료의 성질

1) 열응력

온도의 변화에 따라 재료는 늘어나거나 줄어드는데 이러한 변형을 억제하면 재료 내부에 응력이 발생한다. 이러한 응력을 열응력이라 한다.

① 온도를 $t[°C]$까지 올렸을 때, 만일 막대가 자유로이 늘어날 수 있다면 δ만큼 늘어나서 l'로 된다. 따라서 $\delta = l' - l = l\alpha\Delta T$이다.
② 강체를 고정하였을 경우 온도가 내려갈 때는 인장 열응력이 생기고, 올라갈 때는 압축 열응력이 생긴다. 따라서 $\sigma = E\alpha\Delta T$이다.

2) 응력 집중

구멍이나 노치, 단이 있을 때 국부적으로 큰 응력이 생기는 현상을 응력집중이라 한다.

응력 집중의 정도는 최대 응력($\sigma_{\max}$)과 평균 응력(σ_{av})의 비로 나타내며, 이것을 형상 계수(a_k)라 한다.

$$\sigma_{\max} = \alpha_k \sigma_{av}$$

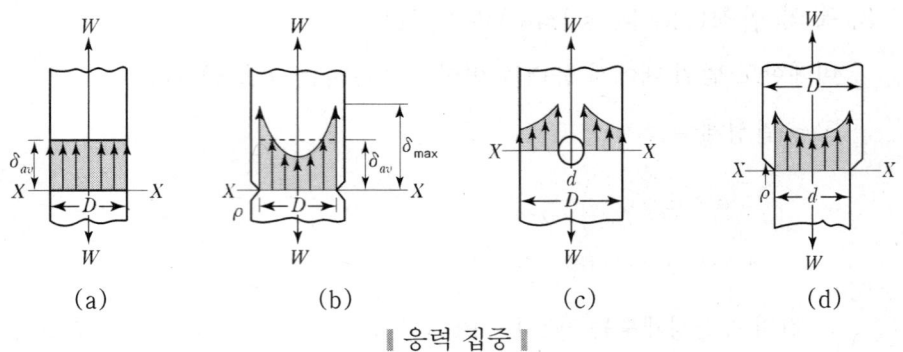

‖ 응력 집중 ‖

3) 피로한도
   ① 피로파괴 : 피로에 의하여 파괴되는 것을 말한다.
   ② 피로한도 : 파괴를 일으키기까지의 반복횟수가 증가하면 피로한도는 감소하게 되는데, 응력이 일정한 값에 도달하면 곡선이 이미 수평으로 되어 반복 횟수를 아무리 늘려도 파괴되지 않게 된다.($10^7 \sim 10^8$)

4) 크리프
   금속이 고온에서 일정한 하중이 작용하는 시간에 따라 그 변형이 증가되는 현상이다.

> **참고정리**
>
> ✔ 크리프 한도
> 일정한 온도하에서 어떤 정해진 시간 내에 크리프 변형을 일으키는 일 없이 재료가 지탱할 수 있는 최대 응력

5) 사용응력과 허용응력
   기계나 구조물이 안전하기 위해서는 그것에 생기는 응력이 탄성한도를 넘지 않아야 한다. 즉, 탄성한도 이내의 응력이 작용하도록 하여야 한다.

   ① 사용응력
      기계나 구조물을 실제로 사용할 때 각 부분에 생기는 응력

   ② 허용응력
      기계나 구조물을 설계 시 각부에서 생기는 응력이 허용응력 이내라면 안전하다고 허용되는 최댓값
      • 허용응력은 사용 재료와 그 치수 결정의 기초가 된다.
      • 극한강도를 σ_u, 허용응력을 σ_a, 사용응력을 σ_w라 하면 다음이 성립된다.

$$\sigma_u > \sigma_a \geq \sigma_w$$

6) 안전율(S)

허용응력과 극한강도 또는 사용응력과 극한강도의 비를 안전율이라 한다.

$$S(허용) = \frac{극한강도}{허용응력}$$

$$S(사용) = \frac{극한강도}{사용응력}$$

> **참고정리**
>
> 극한강도는 인장강도라고 하며 반복하중일 때는 극한강도, 피로강도가 크리프일 때는 크리프 한도라 한다.

EXERCISES 핵심문제

CHAPTER 01

01 맞대기 용접 이음에서 최대 인장 하중이 8000kgf이고 판 두께가 9mm, 용접선의 길이가 15cm일 때 용착 금속의 인장 강도는 약 몇 kgf/mm²인가?

① 5.9
② 5.5
③ 5.6
④ 5.2

GUIDE

$\sigma = \dfrac{P}{A} = \dfrac{8000}{9 \times 150} = 5.925$
(단위에 주의하자.)

02 두께가 다른 판을 맞대기 용접할 때 응력 집중이 가장 적게 발생하는 것은?

①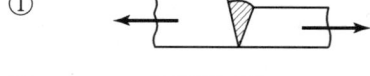

②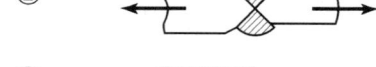

③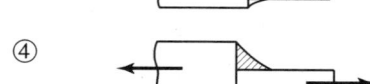

④

대칭적일 때 응력 집중이 가장 적게 발생한다. 따라서 보기 중에서는 ②가 가장 대칭적이어서 응력 집중이 가장 적다.

03 맞대기 용접 이음에서 모재의 인장강도는 40kgf/mm²이며, 용접 시험편의 인장강도가 45kgf/mm²일 때 이음효율은 몇 %인가?

① 104.4
② 112.5
③ 125.0
④ 150.0

이음효율
$= \dfrac{\text{용접 시험편의 인장강도}}{\text{모재의 인장강도}} \times 100$
$= \dfrac{45}{40} \times 100 = 112.5$

04 다음 중 용착금속의 인장강도 55kgf/mm²에 안전율이 6이라면 이음의 허용응력은 약 몇 kgf/mm²인가?

① 330
② 92
③ 9.2
④ 33

허용응력
$= \dfrac{\text{용착금속의 인장강도}}{\text{안전율}} = \dfrac{55}{6} = 9.2$

정답 01 ① 02 ② 03 ② 04 ③

05 용접 자동화의 장점을 설명한 것으로 틀린 것은?

① 생산성 증가 및 품질을 향상시킨다.
② 용접조건에 따른 공정을 늘릴 수 있다.
③ 일정한 전류 값을 유지할 수 있다.
④ 용접 와이어의 손실을 줄일 수 있다.

> 용접 조건에 따른 공정이 늘어난다는 것은 단점이지 장점이 될 수 없다.

06 필릿 용접에서 이론 목두께 a와 용접 다리길이 z의 관계를 옳게 나타낸 것은?

① $a ≒ 0.3z$
② $a ≒ 0.5z$
③ $a ≒ 0.7z$
④ $a ≒ 0.9z$

> 필릿 용접에서 이론 목두께(a)
= 다리길이(z)×cos45°= 0.707z

정답 05 ② 06 ③

3 용접

1. 용접의 장단점

리벳 이음과 비교했을 때 용접의 장단점은 다음과 같다.
① 설계의 자유성과 무게를 가볍게 할 수 있다.
② 작업공정 수를 줄일 수 있다.
③ 작업이 능률적이어서 제작속도가 빠르다.
④ 이음효율이 높다.
⑤ 잔류응력이나 수축 변형을 수반한다.
⑥ 고도의 기술력을 필요로 한다.

2. 용접 기호

1) 모재 이음의 형식에 따른 종류

용접할 재료의 이음 형식에 따라 I형, V형, U형, J형, K형, ∨형 등 여러 종류가 있다.

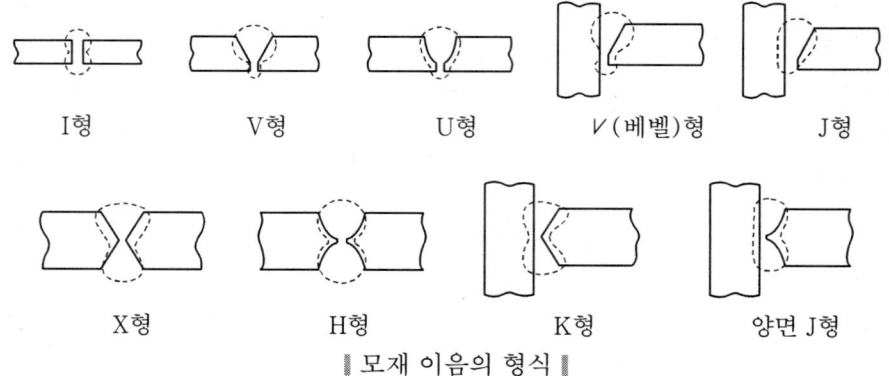

‖ 모재 이음의 형식 ‖

▼ 용접기호 및 기입보기(KS B 0052)

용접부		실제 모양	도면표시
I형 홈 용접	루트 간격 2mm		
V형 홈 용접	판의 두께 9mm 홈의 깊이 16mm 홈의 각도 60° 루트 간격 2mm		

X형 홈 용접	홈의 깊이
	  화살 쪽 16mm
	  화살 반대쪽 9mm
	홈의 각도
	  화살 쪽 60°
	  화살 반대쪽 90°
	루트 간격 3mm		

▼ 용접기호 및 보조기호

아크용접과 가스용접					보조기호			
용접의 종류		기호	용접의 종류	기호	구분		기호	비고
버트용접 및 그루브	I형	‖	필릿용접	연속		평탄	—	기선에 대하여 평행
	V형	V		단속	용접부의 표면모양	볼록	⌒	기선의 바깥쪽을 향하여 볼록
	X형	✕		연속(병렬)		오목	⌣	기선의 바깥쪽을 향하여 오목
	U형	⋃		단속(병렬)	용접부의 다듬질 방법	치핑 연삭 절삭	C G M	다듬질 방법을 특히 구별하지 않을 때는 F로 한다.
	H형	⟂						
	V(베벨)형	V		단속(지그재그)				
	K형	⟂						
	J형	⌐	플러그 용접	⊓	현장 용접		⚑	
	양면J형	⟂	비드 용접	⌒	전 둘레 용접		○	전 둘레 용접이 분명할 때는 생략하여도 좋다.
			덧살올림 용접	⌒⌒	전 둘레 현장 용접		⚑	
			스폿용접 심용접	⊖				

3. 용접 이음의 강도

1) 맞대기 용접

① 판의 인장

$$\sigma = \frac{W}{A} = \frac{W}{t \cdot l}$$

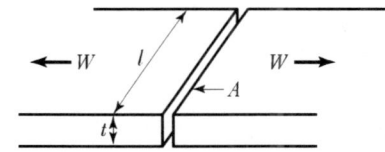

② 판의 굽힘

$$\sigma = \frac{M}{Z} = \frac{M}{\frac{t \cdot l^2}{6}}$$

$$\sigma = \frac{M}{Z} = \frac{M}{\frac{l \cdot t^2}{6}}$$

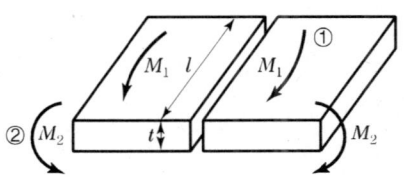

2) 필릿 용접

$$t = f\cos 45° = \frac{f}{\sqrt{2}}$$

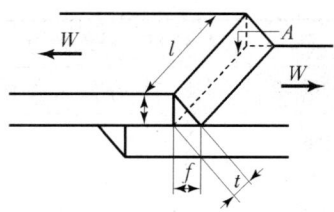

① 한 면 필릿 용접

$$\sigma = \frac{W}{A} = \frac{W}{t \cdot l} = \frac{W}{f\cos 45° l} = \frac{\sqrt{2}\,W}{fl}$$

② 양면 필릿 용접

$$\sigma = \frac{W}{2 \cdot t \cdot l} = \frac{W}{2f\cos 45° l} = \frac{0.707\,W}{fl}$$

EXERCISES
핵심문제

01 용접이 리벳과 비교하여 우수한 점이 아닌 것은?

① 변형이 힘들고 잔류응력이 남지 않는다.
② 기밀성이 좋다.
③ 재료를 절감할 수 있다.
④ 중량을 경감시킨다.

GUIDE
◉ 용접 후 변형이 생기므로 풀림 처리나 숏 피닝으로 잔류응력 제거

02 필릿 용접이음에서 강판의 두께를 h, 하중을 W, 용접길이를 l 이라 할 때 인장응력을 계산하는 식은?

① $\sigma = \dfrac{W}{hl}$
② $\sigma = \dfrac{0.707\,W}{hl}$
③ $\sigma = \dfrac{W}{0.707\,hl}$
④ $\sigma = \dfrac{Wl}{0.707\,hl}$

◉ (양쪽) $\sigma = \dfrac{\sqrt{2}\,W}{2hl} = \dfrac{0.707\,W}{hl}$

(한쪽) $\sigma = \dfrac{\sqrt{2}\,W}{hl} = \dfrac{2W}{\sqrt{2}\,hl}$
$= \dfrac{W}{0.707\,hl}$

03 다음 그림과 같은 측면 필릿용접이음에서 허용전단응력이 5kg/mm²일 때 하중(W)은 얼마인가?

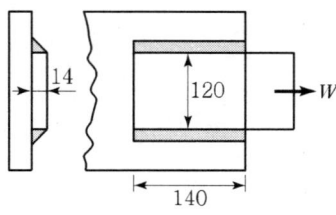

① 18860kg
② 16860kg
③ 15860kg
④ 13860kg

◉ $\tau = \dfrac{\sqrt{2}\,w}{2fl}$
$w = \dfrac{2\tau fl}{\sqrt{2}} = \dfrac{2 \times 5 \times 14 \times 140}{\sqrt{2}}$
$= 13859.2$

04 인장하중이 45ton, 판의 두께가 1/2inch, 용접길이 40mm일 때, 맞대기 이음의 인장응력은 얼마인가?

① 70kg/mm²
② 82kg/mm²
③ 89kg/mm²
④ 100kg/mm²

◉ 1/2inch = 12.7mm
$\sigma = \dfrac{\rho}{tl} = \dfrac{45000}{12.7 \times 40} = 88.5$
$= 89\text{kg/mm}^2$

정답 01 ① 02 ③ 03 ④ 04 ③

05 두께 10mm인 강판을 리벳 이음으로 안지름 1000mm인 보일러 동체를 만들었다. 강판의 허용인장응력을 7kg/mm², 리벳 이음의 효율을 65%라 할 때, 얼마의 내압까지 사용할 수 있는가?

① 8kg/cm² ② 9kg/cm²
③ 10kg/cm² ④ 11kg/cm²

$t = \dfrac{Pd}{200\sigma\eta}$

$P = \dfrac{200\sigma\eta t}{d} = \dfrac{200\times0.07\times65}{100}$
$= 9.1$

06 회전수 N[rpm], 전달마력 H[PS], 축의 길이 1m에 대한 허용비틀림 각을 0.25° 이하로 할 때 지름을 구하는 식은?

① $d = 12\sqrt[4]{\dfrac{H}{N}}$ [mm]   ② $d = 120\sqrt[4]{\dfrac{H}{N}}$ [mm]
③ $d = 12\sqrt{\dfrac{H}{N}}$ [mm]   ④ $d = 120\sqrt{\dfrac{H}{N}}$ [mm]

바하의 축공식

07 다음 그림과 같은 겹치기 이음을 필릿 용접하였다. 허용응력을 8kg/mm²이라 할 때 유효길이는?

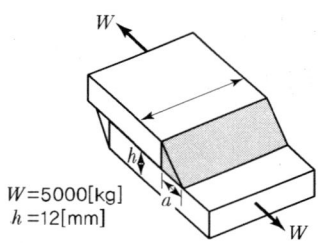
W = 5000[kg]
h = 12[mm]

① 35mm ② 37mm
③ 39mm ④ 41mm

$\sigma = \dfrac{\sqrt{2}\,W}{2fl}$ $2\sigma fl = \sqrt{2}\,W$

$l = \dfrac{\sqrt{2}\,W}{2\sigma f} = \dfrac{\sqrt{2}\times5000}{2\times8\times12}$
$= 36.8 = 37\text{mm}$

08 인장하중을 받는 폭 100mm, 두께 12mm 강판의 측면을 필릿 용접하였다. 용접두께를 12mm라 하고, 용접부의 허용전단응력은 4kg/mm라고 할 때 몇 kg의 인장하중에 견딜 수 있겠는가?

① 8000 ② 8145
③ 8245 ④ 9000

$\tau = \dfrac{\sqrt{2}\,P}{2fl}$

$P = \dfrac{\tau\cdot 2fl}{\sqrt{2}} = \dfrac{4\times2\times12\times120}{\sqrt{2}}$
$= 8145\text{kg}$

정답 05 ② 06 ② 07 ② 08 ②

09 그림과 같은 용접기호를 바르게 해독한 것은?

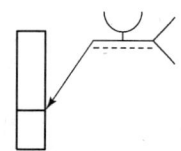

① U형 맞대기용접, 화살표 쪽 용접
② V형 맞대기용접, 화살표 쪽 용접
③ U형 맞대기용접, 화살표 반대쪽 용접
④ V형 맞대기용접, 화살표 반대쪽 용접

▶ 실선에 기호가 있으므로 화살표 쪽 용접이며, 용접 기호는 홈의 형상에 따라 U형이 맞대기용접의 표시이다.

10 [보기]와 같은 용접기호 도시방법에서 기호 설명이 잘못된 것은?

[보기] C ⊖ n×l (e)

① C : 용접부의 반지름
② l : 용접부의 길이
③ n : 용접부의 개수
④ ⊖ : 심(Seam) 용접

▶ C는 용접부의 지름, n은 개수, l은 용접부의 길이를 의미하며, ⊖ 는 심 용접을 의미한다.

11 피복 아크용접봉으로 강판의 판 두께에 따라 맞대기 용접에 적용하는 홈 형식 중 적합하지 않은 것은?

① I형 : 판 두께 6.0mm 정도까지 적용
② V형 : 판 두께 6.0~20mm 정도 적용
③ ∨형 : 판 두께 50mm까지 적용
④ X형 : 판 두께 10~40mm 정도 적용

▶ 판 두께 6mm까지는 I형, 6~19mm까지는 V형, ∨형(베벨형), J형, 12mm 이상은 X형, K형, 양면 J형이 쓰이고 16~50mm에는 U형 맞대기 이음이 쓰이며 50mm 이상에서는 H형 맞대기 이음에 쓰인다.

12 용접에 의한 이음을 리벳 이음과 비교했을 때 용접 이음의 장점이 아닌 것은?

① 이음 구조가 간단하다.
② 판 두께에 제한을 거의 받지 않는다.
③ 용접 모재의 재질에 대한 영향이 작다.
④ 기밀성과 수밀성을 얻을 수 있다.

▶ 용접 이음은 모재에 열을 가하므로 잔류 응력이 발생하여 변형 등이 일어나는 단점을 가지고 있다.

13 용접부의 형상에 따른 필릿 용접의 종류가 아닌 것은?
① 연속 필릿   ② 단속 필릿
③ 경사 필릿   ④ 단속 지그재그 필릿

> 필릿 용접을 연속해서 끊지 않고 계속 진행하는 경우를 연속 필릿이라 하며 일정한 용접 길이만큼 한 후 일정한 간격으로 하는 것을 단속 필릿이라 한다. 단속 필릿 방법에는 나란히 하는 경우도 있지만 지그재그로 하는 경우도 있다.

14 다음 중 특히 두꺼운 판을 맞대기 용접하여 충분한 용입을 얻으려고 할 때 가장 적합한 홈의 형상은?
① H형   ② V형
③ K형   ④ I형

> 판 두께 6mm까지는 I형, 6~19mm까지는 V형, ∨형(베벨형), J형, 12mm 이상은 X형, K형, 양면 J형이 쓰이고, 16~50mm에는 U형 맞대기 이음이 쓰이며, 50mm 이상에서는 H형 맞대기 이음에 쓰인다.

15 용접 용어 중 "중단되지 않은 용접의 시발점 및 크레이터를 제외한 부분의 길이"를 뜻하는 것은?
① 용접선   ② 용접 길이
③ 용접축   ④ 다리 길이

> 용접 길이는 시작(시점)과 끝(크레이터)을 제외한 부분의 길이로 정의된다.

16 맞대기 용접에서 판 두께가 대략 6mm 이하인 경우에 사용되는 홈의 형상은?
① I형   ② X형
③ U형   ④ H형

> 용접 홈 형상의 종류
> • 한 면 홈이음 : I형, V형, ∨형(베벨형), U형, J형(그러므로 한쪽 방향에서는 V형 또는 U형이 완전한 용입을 얻을 수 있다.)
> • 양면 홈이음 : 양면 I형, X형, K형, H형, 양면 J형
> • 판 두께 6mm까지는 I형, 6~19mm까지는 V형, ∨형(베벨형), J형, 12mm 이상은 X형, K형, 양면 J형이 쓰이고, 16~50mm에는 U형 맞대기 이음이 쓰이며, 50mm 이상에서는 H형 맞대기 이음에 쓰인다.

17 연강 용접 이음의 안전율은 정하중일 때 얼마로 하는 것이 가장 적당한가?
① 3   ② 5
③ 8   ④ 12

> • 정하중 : 3
> • 동하중(단진 응력) : 5
> • 동하중(교번 응력) : 8
> • 충격 하중 : 12

정답 13 ③ 14 ① 15 ② 16 ① 17 ①

파괴·비파괴 및 기타 검사

1 금속재료의 성질

금속재료의 성질은 물리적 성질과 기계적 성질, 화학적 성질, 제작상 성질로 구분할 수 있다.

- 물리적 성질 : 비중, 용융점, 비열, 선팽창계수, 열전도율, 전기전도율
- 기계적 성질 : 항복점, 강도, 경도, 인성, 메짐성, 피로, 크리프, 연성, 전성, 연신율
- 화학적 성질 : 내열성, 내식성
- 제작상 성질 : 주조성, 단조성, 용접성, 절삭성, 합금성

1. 물리적 성질

1) 비중

   같은 체적을 갖는 물의 질량 또는 중량에 대한 어떤 물질의 질량 또는 중량의 비

2) 비강도

   인장강도를 비중으로 나눈 값

3) 용융온도

   금속을 가열하면 고상에서 액상으로 변하는 온도

4) 열전도율

   단위길이에서 1시간 동안 1m^{2}의 면적을 통해 1℃ 올리는 데 필요한 열량(kcal·m/h·m^2·℃)

5) 전기전도율

   일반적으로 합금의 전기전도율은 순금속보다 저하

6) 융해잠열

   고상에서 액상으로 변할 때 열을 가하여도 온도 증가가 없는 구역의 열량

7) 비열

   물질 1kg을 1℃ 올리는 데 필요한 열량(물의 비열 1kcal/kg·℃)

▼ 순금속의 평균비열

금속	비열(cal/g)	금속	비열(cal/g)	금속	비열(cal/g)
Mg	0.25	Ni	0.105	Sb	0.049
Al	0.215	Cu	0.092	W	0.034
Mn	0.115	Zn	0.0915	Hg	0.033
Cr	0.11	Ag	0.056	Pt	0.032
Fe	0.11	Sn	0.054	Au	0.031

8) 자성

자석에 끌리는 성질

① 강자성체 : Fe(768℃), Ni(360℃), Co(1120℃)

② 상자성체 : Cr, Pt, Mn, Al

③ 비자성체 : Au, Hg, Cu

9) 선팽창계수

온도가 증가하면 물체가 증가하는 현상이 발생

$$\delta = l\alpha\Delta T \ (\alpha : 선팽창계수)$$

▼ 금속재료의 선팽창계수

재료	팽창계수(1/℃)	재료	팽창계수(1/℃)
Pb	28.9×10^{-6}	Ni	13.4×10^{-6}
Mg	26×10^{-6}	Au	14.2×10^{-6}
Al	23.1×10^{-6}	Pd(팔라듐)	11.8×10^{-6}
Sn	23×10^{-6}	연강(0.2%C)	11.6×10^{-6}
Ag	19.7×10^{-6}	경강(0.5~0.8%C)	11.0×10^{-6}
황동	18.4×10^{-6}	주철	10.4×10^{-6}
청동	17.5×10^{-6}	Pt	8.9×10^{-6}
Cu	16.5×10^{-6}	Pt-Ir	8.3×10^{-6}
Zn	30.5×10^{-6}	엘린바	8.0×10^{-6}
콘스탄탄	16.5×10^{-6}	인바	1.2×10^{-6}

2. 화학적 성질

화학적 성질은 화학 작용에 의한 부식과 기계적 작용에 의한 침식으로 분류된다.

3. 기계적 성질

기계적 성질은 하중을 가하여 측정하는 성질이며 다음과 같이 분류하여 측정한다.

1) 강도(Strength)

강도는 외력의 작용방법에 따라 인장강도, 굽힘강도, 전단강도, 압축강도, 비틀림강도로 구분되며, 각각의 성질은 재질에 따라 다르나 일반적으로 강도라 하면 인장강도를 일컫는다.

2) 경도(Hardness)

경도는 일반적으로 인장강도에 비례한다.

3) 인성(Toughness)

충격에 의한 저항을 인성이라 하며 충격시험은 강인한 재료가 충분한 인성을 가지고 있는가 없는가를 검사하는 것으로 너무 굳고 메진 재료에 대해서는 하지 않는다.

4) 피로(Fatigue)

응력이 강도보다 훨씬 작다 하여도 오랜 시간 동안 연속적으로 되풀이하면 결국 파괴되는데, 이러한 현상을 피로라 한다.

5) 취성(Shortness)

일반적인 금속은 경도나 인장강도가 증가할 시 연신율이나 충격값은 작아져서 약간의 충격에도 파괴되는데, 이러한 현상을 메짐 또는 취성이라 한다.

6) 크리프(Creep)

금속재료는 일반적으로 상온에서 시험을 하나 고온에서 오랜 시간 외력을 가할 시 서서히 그 변형이 증가하는 현상을 말한다.

7) 연·전성 크기

① 가단 크기(금은 알구 백납 아철니)
② 가단 압연크기(납주금은 알구 백)
③ 전성 크기(금은 백알 철니구마)
④ 연성 크기(금백은 철구알아)

2 재료시험 및 검사

1. 조직 및 결함검사법

조직의 검사법으로는 파괴검사와 비파괴검사가 있고 성질에 따라 분류하면 육안적 검사, 물리적 검사, 화학적 검사, 기계적 검사가 있다. 10배 이내의 확대경을 사용하면 매크로 시험, 10배 이상의 현미경을 사용하면 마이크로 시험이라 한다.

1) 시편의 채취

시편을 채취할 때는 4등분법으로 하면 좋으며, 시편의 크기는 직경 2cm 정도, 두께는 1cm 정도로 하면 된다. 그러나 시편이 작을 때는 Specimen Mounting Press를 사용해 만든다.(Mounting press-PVC 가루를 가지고 작은 시편을 넣고 압력(3t 정도)·가열(250~300℃)해서 만든다.)
시편을 절단할 때는 쇠톱이나 절단그라인더를 사용한다.

2) 육안적 검사

① 산세법(Picking)
비교적 큰 결함을 염산 혹은 황산으로 검출할 수 있는 방법으로, 억제제를 사용한다. 억제제로는 유기물이 사용되며, 산세할 때 수반되는 현상으로 산세취성과 산세기포가 있다.

② 강산부식법(Macro Etching)
산세법으로 식별하기 어려운 미세균열, 편석 등을 확대검출함

③ 전해법
④ 파면검사법

3) 물리적 검사

① 타진법
피검재를 망치로 두들겨서 나오는 청탁음을 듣고 결함의 유무를 검사하는 방법으로 주로 주물의 공극, 파이프, 내부 균열 등의 검사에 사용한다.

② 가압사용법
주물의 공극, 수축, 파이프 등의 결함검사 혹은 압력을 받는 기계 부품의 내압검사에 널리 이용되고 있다.

③ 유중침지법
피검재를 장시간 담근 후 꺼내어 기름이 삼출하는 상태에 의하여 결함의 유무를 조사하는 방법이다. 단조품, 주조품, 완전제품 등에 널리 또는 비파괴적으로 적응할 수 있으므로 편리하다.

④ 피막첩사법

SUMP법이라고도 하며, 피검면의 상황을 셀룰로이드 피막에 옮겨 이것을 현미경으로 검사하는 방법이다.

⑤ 현미경 검사법

반사광선을 이용한 금속 현미경, 편광 현미경, 위상차 현미경 등이 있다.

⑥ 전자회절법

전자회절에 의하여 결정구조, 조직, 내부응력 등을 알 수 있다.

4) 비파괴검사(Nondestructive Inspection)

① 비파괴검사란 자료의 원형과 기능에 변화를 주지 않고 시행하는 검사를 말한다. 즉, 재료나 제품에 물리적 현상을 이용한 특수방법으로 검사 대상물을 손상시키지 아니하고 결함의 유무와 상태 또는 성질 및 내부구조 등을 알아내는 모든 검사를 말한다.

② 비파괴검사의 목적
  ㉠ 신뢰성의 향상
  ㉡ 제조기술의 개선
  ㉢ 제조원가의 절감

③ 비파괴검사의 종류

  ㉠ 방사선 비파괴 검사(RT ; Radiographic Testing)

  방사선(X-선 또는 γ-선)을 시험체에 조사하였을 때 투과 방사선의 강도의 변화 즉, 건전부와 결함부의 투과선량의 차에 의한 농도차를 기록하여 결함을 검출하는 방법으로 용접부, 주조품 등의 결함을 검출할 때 사용된다.

  ㉡ 초음파 비파괴검사(UT ; Ultrasonic Testing)

  시험체에 초음파를 전달하여 내부에 존재하는 불연속으로부터 반사한 초음파의 에너지양, 초음파의 진행시간 등을 분석하여 불연속의 위치 및 크기를 알아내는 검사방법으로 시험체 내부결함의 검출에 주로 이용되며 균열 등 면상결함의 검출능력이 방사선투과검사보다 우수하다.

  ㉢ 자기(磁氣) 비파괴검사(MT ; Magnetic Particle Testing)

  강자성체의 표면 또는 표면 하에 있는 불연속부를 검출하기 위하여 강자성체를 자화시키고 자분을 적용시켜 누설자장에 의해 자분이 모이거나 붙어서 불연속부의 윤곽을 형성, 그 위치, 크기, 형태 및 넓이 등을 검사하는 방법이다.

㉣ 침투 비파괴검사(PT ; Liquid Penetrant Testing)
시험체 표면에 침투제를 적용시켜 침투제가 표면에 열려 있는 불연속부에 침투할 수 있는 충분한 시간이 경과한 후 불연속부에 침투하지 못하고 시험체 표면에 남아 있는 과잉의 침투제를 제거하고 그 위에 현상제를 도포하여 불연속부에 들어 있는 침투제를 빨아올림으로써 불연속의 위치, 크기 및 지시모양을 검출하는 검사방법이다.

㉤ 와전류(渦電流) 비파괴검사(ECT ; Eddy Current Testing)
금속 등의 시험체에 가까이 가져가면 도체의 내부에는 와전류라는 교류전류가 발생한다. 이 와전류는 결함이나 재질 등의 영향에 의하여 그 크기와 분포가 변화하는데, 이 와전류가 검사체 표면 근방의 균열 등의 불연속에 의하여 변화하는 것을 관찰함으로써 검사체에 존재하는 결함을 찾아내는 검사방법이다. 이를 와류탐상검사라고도 하며, 검사체가 전도체일 경우 적용 가능하고, 비접촉식 방법이며, 고속으로 탐상할 수 있어 관, 봉 등의 비교적 단순한 형상의 제품검사와 발전소, 화학 플랜트 배관의 보수검사에 널리 이용되고 있다.

㉥ 누설 비파괴검사(LT ; Leak Testing)
시험체 내부 및 외부의 압력차 등에 의해서 기체나 액체를 담고 있는 기밀용기, 저장시설 및 배관 등에서 내용물의 유체가 누출되거나 다른 유체가 유입되는데 시험체의 불연속부에 의해 발생된다. 이때 유체의 누출, 유입 여부를 검사하거나, 유출량을 검출하는 방법이다.

㉦ 음향방출 비파괴검사(AET ; Acoustic Emission Testing)
하중을 받고 있는 재료의 결함부에서 방출되는 응력파를 분석하여 소성변형, 균열의 생성 및 진전 감시 등 동적 거동을 파악하고 결함부의 취이 판정 및 재료의 특성평가에 이용한다.

㉧ 육안 비파괴검사(VT ; Visual Testing)
재료, 제품 또는 구조물(시험체)을 직접 또는 간접적으로 관찰하여 시험체에 결함이 있는지 알아내는 비파괴검사 방법으로서 여러 재료 제품 또는 구조물의 제작사양, 도면 설계사양 규격 등에 적합한지, 허용한도 이내인지를 결정하는 것까지 포함한 것으로 다른 비파괴검사 방법이 사용되기 전에 적용되어야 한다.

㉨ 열화상(熱畵像) 비파괴검사(IRT ; Infrared Thermography Testing)
피사체의 실물을 보여주는 것이 아닌 피사체의 표면으로부터 복사(방사)되는 에너지(열에너지)를 전자파의 일종인 적외선 형태로 검출하고, 피사체 표면의 복사열의 강도(양)를 측정하여 강도(양)에 따른 피사체 온도 차이의 분포를 열화상 장치를 이용하여 영상으로 재현한 후 영상을 평가하여 건전성을 검사하는 방법이다.

㊃ 중성자 비파괴검사(NRT ; Neutron Radiographic Testing)
중성자가 물질을 투과할 때 물질과 상호작용에 의해 그 세기가 감쇠되는 현상을 이용한 비파괴검사 방법으로 X-선이 전자와 반응하는 반면 중성자는 원자핵과 반응하여 침투 정도가 X-선보다 훨씬 깊고 분해능도 뛰어나다. 금속과 같이 밀도가 높은 물질이나 폭약류, 수소 화합물과 같이 가벼운 원소로 구성된 복합 물질의 비파괴검사에 유용하다.

㊉ 응력 측정 비파괴검사(SM ; Stress measurement Testing)
구조물의 안전성은 외력을 가한 상태에서 응력을 측정하여 평가하나 응력을 직접 측정할 수 없으므로 응력과 변형량이 비례한다는 사실을 이용하여 구조물의 변형량을 측정함으로써 응력을 구하고 안전성을 평가한다.

5) 화학적 검사
① 해수시험법
피검재를 해수나 염수에 10~20시간 침지하여 재료 내의 편석, 균열 등의 결함을 판단하는 방법이다.

② 도금시험법
재료를 도금하면 도금상태에 따라 달라지는 것을 이용하는 방법으로, 철판과 같은 것은 저장 중의 발수를 방지하는 목적을 겸하여 이 시험을 하면 편리하다.

③ 아말감법
제1질산수은 100g, 질산(비중 1.24) 1.3cc를 물 1L에 녹인 용액 중에 피검재를 담그면, 표면에 아말감을 만들어 재료를 대단히 취약하게 하므로 자연 균열을 일으킬 정도의 큰 내부응력이 남아 있기 때문에 자연 균열을 일으키는 재료를 적발할 수 있다.

④ 설퍼프린트(Sulfur Print)법
홈의 검출과 고스트 라인(Ghost Line) 검출 등에 이용된다. 유화물에 약산이 작용하면 브로마이드 인화지를 착색하는 성질이 있다. 이것을 이용해서 H_2S를 발생시켜 강 혹은 주물 등에 작용시켜 설퍼프린트를 검사할 수 있다.
설퍼프린트법을 이용하면 분석된 불순물의 분포상태를 알 수 있다.

3 금속재료의 기계적 시험

1. 강도

재료의 강도를 검사하는 방법에는 인장시험, 압축시험, 굽힘시험 등이 있다.

1) 인장시험

인장시험의 시험편의 표점거리는 $L = 4\sqrt{A_0}$ 로 나타내며 규격화되어 있다.
(여기서, A_0 : 시험편 원단면적)

① 시험방법

각종 재료의 응력 변형률 선도를 시험편으로 시험한 결과는 그림 (a)와 같다. 위의 시험결과에서 연강은 항복점이 확실히 표시되나 황동과 기타의 재료에서 탄성한계를 구분하기 어려우므로 전 신장량의 0.2%를 탄성한계로 하며, 연강에 대한 자세한 응력 변형률 선도는 아래 그림 (c)와 같다.

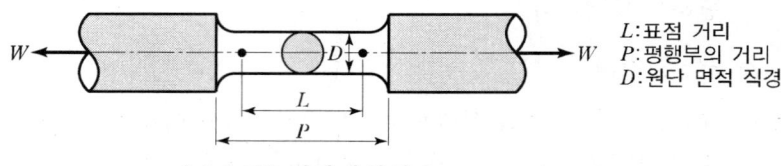

∥(a) KS 인장시험편∥

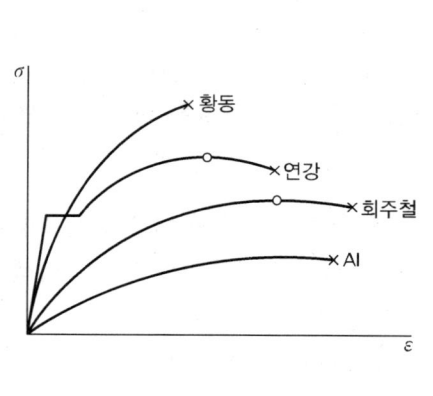

∥(b) 각종 재료의 응력 변형률 선도∥

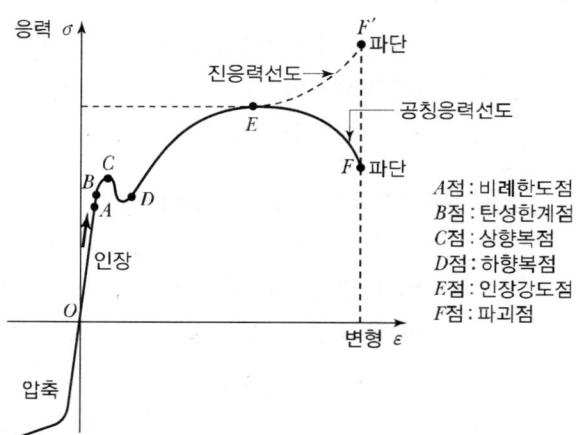

∥(c) 연강의 응력 변형률 선도∥

소성영역의 냉간가공 시에는 변형에 대한 저항이 증가하는 가공경화가 발생한다. 이 때의 진응력(σ_T)와 진변형률(ε_T)은 다음과 같다.

$$\sigma_T = \frac{P}{A} = \sigma(1+\varepsilon)$$

$$\varepsilon_T = \int_{l_0}^{l} \frac{dl}{l} = l_n \frac{l}{l_0} = l_n(1+\varepsilon)$$

2) 압축시험

압축시험은 압축강도를 구하기 위한 목적으로 사용되는데, 하중의 방향이 다를 뿐 인장시험과 똑같다. 소성구역의 경우 원주상 길이와 지름비는 $L/D = 1 \sim 3$이 된다. 연성이 큰 재료는 최후까지 파괴하지 않으므로 파괴강도를 측정할 수 없다.

3) 굽힘시험

굽힘시험에는 재료의 굽힘에 대한 저항력을 조사하는 항곡시험 또는 항절시험과 심하게 굽힌 때 파열 등의 발생 여부를 조사하는 굴곡시험이 있다.

2. 경도

경도는 재료의 정적 강도를 나타내는 하나의 기준이다. 경도는 일반적으로 인장강도에 비례하며, 경도표시법은 다음과 같다.

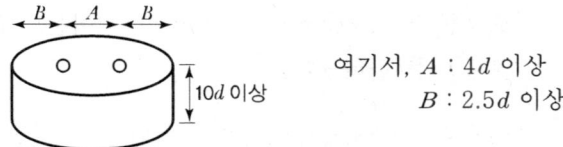

여기서, A : $4d$ 이상
B : $2.5d$ 이상

1) 압입경도

① 브리넬(Brinell) 경도

H_B로 표시하고, 브리넬 경도의 단위는 kg/mm^2이나, 경도수에는 단위를 붙이지 않는다.(D : 강철 볼의 지름, d : 볼 자국 지름)

인장강도[MPa] = 3.45HB

인장강도[kg/mm²] = $\frac{1}{2.85}$ HB

$$H_B = \frac{2W}{\pi D(D - \sqrt{D^2 - d^2})} = \frac{W}{\pi Dt}$$

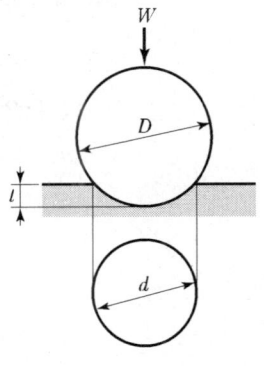

▮ 브리넬 경도시험 ▮

② 비커스 경도 및 누프 경도

비커스 경도는 일명 'Diamond pyramid Hardness'라고도 하며, 정각 136°의 다이아몬드 제4각추를 시험편에 압입할 때 생기는 압흔의 면적으로 압입에 요하는 하중을 나눈 값으로 나타내며 질화강이나 침탄강 경도시험에 적합하다.

$$H_V = \frac{2W}{d^2} \cos 22° = 1.854 \frac{W}{d^2}$$

여기서, W : 하중
  d : 압흔의 대각선의 길이

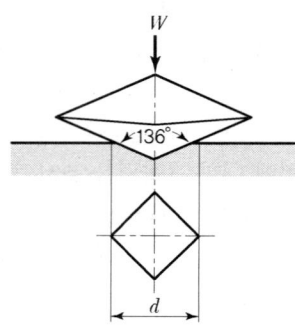

∥ 비커스 경도시험 ∥

③ 로크웰 경도

로크웰 경도는 강구 또는 120°의 다이아몬드 원추시험편에 압입할 때 생기는 압흔의 깊이를 나타낸다.

- $H_R B - 1.588\text{mm} \left(\frac{1}{16}''\right)$의 압입강구 : 연한 재료(연강, 황동)의 경도시험에 이용
- $H_R C - 120°$의 원뿔 다이아몬드 : 굳은 재료의 경도시험에 이용(담금질강)

$$\text{강구의 경도 } H_R = 130 - \frac{t}{0.002}$$

$$\text{다이아몬드 } H_R = 100 - \frac{t}{0.002}$$

2) 스크래치(Scratch) 경도

스크래치 경도의 대표적인 것이 모스(Mohs) 경도이며, 금속의 재료에는 별로 사용되지 않고 암석류나 광석을 긁어 홈을 주어서 대략의 경도 측정에 사용한다. (활석 1, 금강석 10)

3) 반발경도(H_S)

반발경도의 대표적인 방법은 쇼어(Shore) 경도계이다. 선단에 다이아몬드를 붙인 일정한 하중의 추를 일정한 높이에서 떨어뜨려, 그 추가 시험면에 부딪혀 튀어 오르는 높이 h에 의하여 쇼어 경도 H_S를 정하는 방법으로 $H_S = (10000/65) \times (h/h_0)$의 식으로 나타낸다.

▼ 각종 경도의 상호 비교치

브리넬(Brinell) 경도		쇼어(Shore) 경도	로크웰(Rockwell) 경도		비커스(Vicker's) 경도
볼의 직경 10mm, 하중 3000kg			B 스케일 (scale)	C 스케일 (scale)	
자국 직경	경도수	경도수	하중 100kg	하중 150kg	경도수
3.25	352	51	(110.0)	37.9	372
3.30	341	50	(109.0)	36.6	360
3.35	331	48	(108.5)	35.5	350
3.40	321	47	(108.0)	34.3	339
3.45	311	46	(107.5)	33.1	328

∗ 경도 크기(HB) : 시멘타이트(820) > 마텐자이트(720) > 트루스타이트(400) > 베이나이트(340)소르바이트(270) > 펄라이트(225) > 오스테나이트(155) > 페라이트(90)

3. 충격강도

금속이 소성변형을 일으키지 않고 파괴하는 성질을 취성이라 하고, 이에 반대의 의미로 연성과 인성이라는 용어가 있다. 인성이라는 용어는 충격적인 하중에 대한 재료의 저항을 말한다. 충격 시험에는 샤르피(Charpy) 시험과 아이조드(Izod) 시험이 있다.

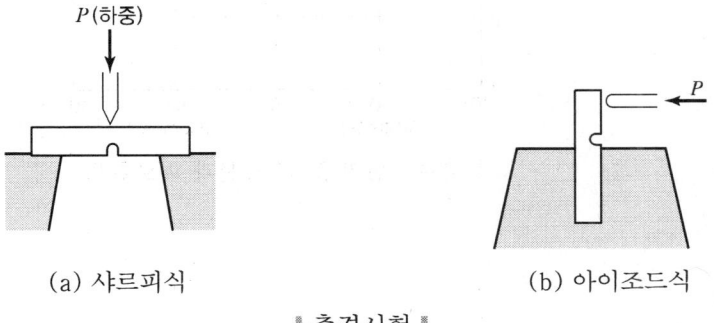

∥ 충격시험 ∥

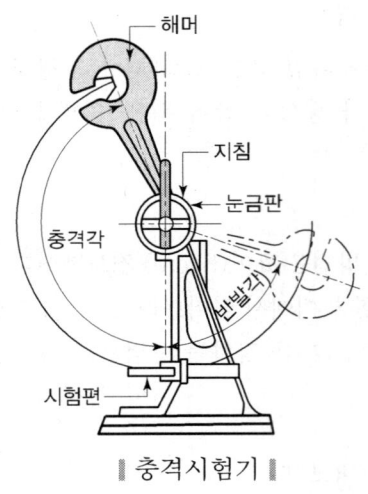

‖ 충격시험기 ‖

4. 피로

   재료가 인장과 압축을 되풀이해서 받는 부분이 있는데 이러한 경우 그 응력이 인장 또는 압축 강도보다 훨씬 작다 하더라도 이것을 오랫동안 되풀이하여 작용시키면 파괴된다. 이와 같은 현상을 피로라 하고, 그 파괴현상을 피로파괴라고 한다. 어느 응력에 대하여 되풀이 횟수가 무한대로 되는 한계가 있는데, 이와 같은 능력의 최대한도를 피로한도 또는 내구한도라고 한다. 아래 그림에서 보는 바와 같이 강이나 Ti는 어느 응력 이하에서는 S-N 곡선이 수평이 되어 하중의 사이클을 무한히 반복하여도 전혀 파괴가 일어나지 않게 된다. 그러나 대부분의 비철 금속에서는 S-N 곡선이 피로한도를 나타내지 않고 계속 강하한다. 이러한 때에는 실용적인 입장에서 10^6 사이클의 반복에 상당하는 응력치를 피로한도로 하고 있다.

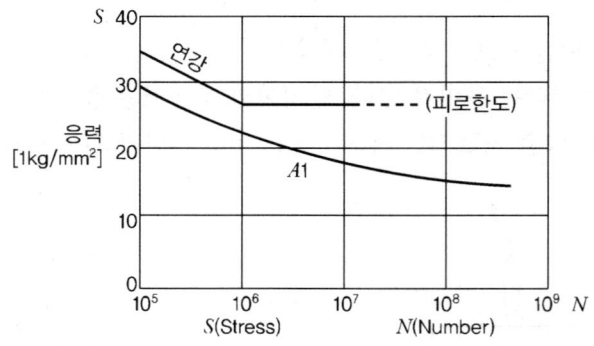

‖ 피로시험의 S-N 곡선과 피로한도 ‖

5. 크리프

금속의 재료에 고온에서 장시간 외력을 가하면 시간의 경과에 따라 서서히 그 변형이 증가하는 현상을 크리프라고 한다.

6. 마모

재료의 마모에 대한 저항이나 마모의 기구 등을 알기 위하여 마모시험이 실시된다.

마모시험 방법에는,
① 회전하는 원판 또는 원통에 시험편을 접촉시키는 방법
② 왕복운동을 하는 평면에 시험편을 접촉시키는 방법
③ 같은 지름의 원주상 시험편을 끝내면서 접촉시키면서 회전시키는 방법 등이 있다.

7. 에릭센 시험

에릭센 시험은 얇은 금속판의 딥드로잉성을 시험하는 방법이다.

8. 부식시험

부식시험에는 다음과 같은 부식제를 사용한다.

▼ 현미경 조직 시험의 부식제

재료	부식제	
철강	질산 알코올 용액 : 진한 질산 5[cc], 알코올 100[cc], 탄소강, 철강	
	피크린산 알코올 용액	피크린산, 탄소강, 철강 알코올
	피크린산 + 가성소다(NaOH) : 페라이트와 시멘타이트 구분 시 시멘타이트가 갈색 또는 흑색으로 나타남	
구리, 황동, 청동	염화제이철 용액	염화제이철 진한 염산 물
Ni 및 그 합금	질산 초산 용액	질산(70%) 초산(50%)
Sn 합금	질산 용액 및 나이탈	질산 알코올
Pb 합금	질산 용액	질산 물
Zn 합금	염산 용액	염산 물
Al 및 그 합금	수산화나트륨액	수산화나트륨 물
	불화수소산 : 10% 수용액	
	염산용액	
Au, Pt 등의 귀금속	왕수	진한 질산 진한 염산 물

EXERCISES 핵심문제

CHAPTER 02

01 용접부의 시험법 중 기계적 시험법에 해당하는 것은?
① 부식 시험
② 육안 조직 시험
③ 현미경 조직 시험
④ 피로 시험

02 시험편을 인장 파단하여 항복점(또는 내력) 인장 강도, 연신율, 단면 수축률 등을 조사하는 시험법은?
① 경도 시험
② 굽힘 시험
③ 충격 시험
④ 인장 시험

03 연강의 인장시험에서 하중 100N, 시험편의 최소 단면적이 20mm²일 때 응력은 몇 N/mm²인가?
① 5
② 10
③ 15
④ 20

G·U·I·D·E

$\sigma = \dfrac{P}{A} = \dfrac{100}{20} = 5$

04 맞대기 이음에서 판 두께 6mm, 용접선의 길이 120mm, 하중 7000kgf에 대한 인장응력은 약 얼마인가?
① 9.7kgf/mm²
② 8.5kgf/mm²
③ 9.1kgf/mm²
④ 7.6kgf/mm²

인장응력(σ) = $\dfrac{하중}{단면적}$

따라서, $\dfrac{7000}{(6 \times 120)} = 9.72$

05 형틀 굽힘(굴곡) 시험을 할 때 시험편을 보통 몇 도까지 굽히는가?
① 120°
② 180°
③ 240°
④ 300°

06 용접부의 시험법 중 기계적 시험법이 아닌 것은?
① 굽힘 시험
② 경도 시험
③ 인장 시험
④ 부식 시험

정답 01 ④ 02 ④ 03 ① 04 ① 05 ② 06 ④

07 다음 중 용접 재료의 인장시험에서 구할 수 없는 것은?
① 항복점 ② 단면 수축률
③ 비틀림 강도 ④ 연신율

08 용접결함 중 구조상 결함이 아닌 것은?
① 슬래그 섞임 ② 용입 불량과 융합 불량
③ 언더 컷 ④ 피로강도 부족

> 용접결함은 크게 치수상 결함(변형, 치수 및 형상 불량)과 구조상 결함(언더컷, 오버랩 등) 및 성질상 결함(기계적·화학적 성질 불량)으로 나눌 수 있다.

09 다음 중 비파괴 시험이 아닌 것은?
① 초음파 탐상법 ② 피로시험
③ 침투 탐상시험 ④ 누설 탐상시험

10 잔류응력을 완화하는 방법 중에서 저온응력 완화법에 대한 설명으로 맞는 것은?
① 용접선의 좌우 양측 각각 250mm의 범위를 625℃에서 1시간 가열하여 수냉하는 방법
② 600℃에서 10℃씩 온도가 내려가게 풀림 처리하는 방법
③ 가열 후 압력을 가하여 수냉하는 방법
④ 용접선의 양측을 정속으로 이동하는 가스 불꽃에 150~200℃로 가열한 다음 수냉하는 방법

> 저온 응력 완화법
> 용접선 좌우 양측을 정속도로 이동하는 가스 불꽃으로 약 150mm의 너비를 약 150~200℃로 가열 후 수냉하는 방법으로 용접선 방향의 인장응력을 완화시키는 효과가 있다.

11 변형 교정방법 중 외력만으로 소성 변형을 일으키게 하여 변형을 교정하는 방법은?
① 박판에 대한 점 수축법
② 형재에 대한 직선 수축법
③ 가열 후 해머링하는 방법
④ 롤러에 거는 방법

> 점 수축법, 직선 수축법 등은 모두 열을 가하여 변형을 감소시키는 방법이며 롤러에 거는 방법은 열을 가하지 않고 외력만으로 소성 변형을 일으켜 변형을 교정하는 방법이다.

12 용접부 검사방법에서 비드의 모양, 언더컷 및 오버랩, 표면 균열 등을 검사하는 것은?
① 침투 검사 ② 누수 검사
③ 외관 검사 ④ 형광 검사

정답 07 ③ 08 ④ 09 ② 10 ④ 11 ④ 12 ③

13 다음 중 KS에서 규정한 방사선 투과시험 필름 판독에서 제1종 결함에 해당하는 것은?

① 노치 및 이와 유사한 결함
② 슬래그 혼입 및 이와 유사한 결함
③ 갈라짐 및 이와 유사한 결함
④ 둥근 블로홀 및 이와 유사한 결함

⊙ 방사선 투과시험에서 제1종 결함은 둥근 블로홀 및 이와 유사한 결함이다.

14 용접부의 검사에서 교류의 자장에 의해 금속 내부에 와류(Eddy Current) 작용을 이용하는 것은?

① 초음파 검사   ② 방사선 투과 검사
③ 자분 검사   ④ 맴돌이 전류 검사

15 침투탐상법의 장점으로 틀린 것은?

① 국부적 시험이 가능하다.
② 미세한 균열도 탐상이 가능하다.
③ 주변 환경, 특히 온도에 둔감해 제약을 받지 않는다.
④ 철, 비철, 플라스틱, 세라믹 등 거의 모든 제품에 적용이 용이하다.

16 전류를 통하여 자화가 될 수 있는 금속재료, 즉 철, 니켈과 같이 자기변태를 나타내는 금속 또는 그 합금으로 제조된 구조물이나 기계부품의 표면부에 존재하는 결함을 검출하는 비파괴 시험법은?

① 맴돌이 전류시험   ② 자분 탐상시험
③ γ선 투과시험   ④ 초음파 탐상시험

17 용접 구조물의 제작 도면에 사용하는 보조기능 중 RT는 비파괴시험 중 무엇을 뜻하는가?

① 초음파 탐상시험   ② 자기분말 탐상시험
③ 침투 탐상시험   ④ 방사선 투과시험

⊙ 초음파 탐상시험(UT), 자기분말 탐상시험(MT), 침투 탐상시험(PT), 방사선 투과시험(RT)

정답 13 ④ 14 ④ 15 ③ 16 ② 17 ④

18 침투 탐상 검사법의 장점이 아닌 것은?
① 시험방법이 간단하다.
② 고도의 숙련이 요구되지 않는다.
③ 검사체의 표면이 침투제와 반응하여 손상되는 제품도 탐상할 수 있다.
④ 제품의 크기, 형상 등에 크게 구애받지 않는다.

19 초음파 탐상법에서 일반적으로 널리 사용되며 초음파의 펄스를 시험체의 한쪽 면으로부터 송신하여 그 결함에서 반사되는 반사파의 형태로 결함을 판정하는 방법은?
① 투과법   ② 공진법
③ 침투법   ④ 펄스 반사법

20 다음 중 침투 탐상 검사의 장점이 아닌 것은?
① 시험방법이 간단하다.
② 제품의 크기, 형상 등에 크게 구애를 받지 않는다.
③ 검사원의 경험과 지식에 따라 크게 좌우된다.
④ 미세한 균열도 탐상이 가능하다.

◎ 검사원의 경험과 지식에 따라 판정이 달라질 수 있는 것은 단점이다.

21 용접부에서 비파괴 시험 방법의 기본기호 중 'PT'에 해당하는 것은?
① 방사선 투과시험   ② 초음파 탐상시험
③ 자기분말 탐상시험   ④ 침투 탐상시험

◎ 비파괴 검사
방사선 검사(RT), 초음파 검사(UT), 침투검사(PT), 자분 탐상검사(MT) 등이 있다.

22 다음 중 비중은 4.5 정도이며 가볍고 강하며 열에 잘 견디고 내식성이 강한 특징을 가지고 있으며 융점이 1670℃ 정도로 높고 스테인리스강보다도 우수한 내식성 때문에 600℃까지 고온 산화가 거의 없는 비철금속은?
① 티타늄(Ti)   ② 아연(Zn)
③ 크롬(Cr)   ④ 마그네슘(Mg)

정답 18 ③ 19 ④ 20 ③ 21 ④ 22 ①

23 다음 중 용융점이 가장 높은 금속은?
① 철(Fe) ② 금(Au)
③ 텅스텐(W) ④ 몰리브덴(Mo)

> 텅스텐의 용융점은 3400℃로 가장 높다.
> ① 철(Fe) : 1539℃
> ② 금(Au) : 1063℃
> ③ 텅스텐(W) : 3420℃
> ④ 몰리브덴(Mo) : 2610℃

24 침입형 고용체에 용해되는 원소가 아닌 것은?
① B(붕소) ② C(탄소)
③ N(질소) ④ F(불소)

25 다음 가공법 중 소성가공이 아닌 것은?
① 선반 가공 ② 압연 가공
③ 단조 가공 ④ 인발 가공

정답 23 ③ 24 ④ 25 ①

PART 03

작업안전

CHAPTER 01 작업 및 용접안전
CHAPTER 02 용접안전

작업 및 용접안전

1 일반적인 안전사항

1. 작업 복장

1) 작업복
   ① 작업복은 신체에 맞고 가벼운 것으로서 상의의 끝이나 바짓자락이 말려 들어가지 않는 것이 좋다.
   ② 실밥이 풀리거나 터진 것은 즉시 수선하도록 한다.
   ③ 고온 작업 시에도 작업복을 벗지 않는다. 작업복을 벗고 작업 시에는 재해의 위험성이 크다.
   ④ 작업복 선정 시 스타일을 고려하여 선정한다.

2) 작업모
   ① 기계의 주위에서 작업을 할 때는 반드시 모자를 쓰도록 한다.
   ② 여성 및 장발자의 경우에는 모자나 수건으로 머리카락을 완전히 감싸도록 한다.

3) 신발
   ① 신발은 작업 내용에 잘 맞는 것을 선정하고, 넘어질 우려가 있는 신발은 착용하지 않는다.
   ② 발의 보호를 위해 신발은 안전화의 착용이 바람직하다.

4) 보호구
   ① 보안경 : 철분, 모래 등이 날리는 작업(연삭, 선반, 셰이퍼 등)에 사용한다.
   ② 차광 보호 안경 : 용접 작업 등과 같이 불꽃이나 유해광선이 나오는 작업에 사용한다.
   ③ 방진 마스크 : 먼지가 많은 장소나 유해가스가 발생되는 작업에 사용, 산소가 16% 이하로 결핍되었을 때에는 산소 마스크를 사용한다.
   ④ 장갑 : 선반작업, 드릴, 밀링, 연삭, 해머, 정밀기계 작업 등에는 장갑 착용을 금한다.
   ⑤ 귀마개 : 소음이 발생하는 작업 등에는 귀마개를 사용한다.
   ⑥ 안전모
      ㉠ 물건이 떨어지거나 추락, 충돌에서 머리를 보호할 수 있는 안전모를 착용한다.
      ㉡ 안전모의 상부와 머리 상부 사이의 간격을 유지하여 충격에 대비한다.
      ㉢ 턱 조리개는 반드시 졸라맨다.

2. 통행과 운반

   1) 통행 시 안전수칙

      ① 통행로 위의 높이 2m 이하에는 장해물이 없을 것
      ② 기계와 다른 시설물 사이의 통행로 폭은 80cm 이상으로 할 것
      ③ 뛰거나 주머니에 손을 넣고 걷지 말 것
      ④ 통로가 아닌 곳은 걷지 말 것
      ⑤ 통행규칙을 지킬 것
      ⑥ 높은 작업장 밑을 통과할 때는 안전모를 착용할 것
      ⑦ 통행 우선 수칙을 숙지할 것

   2) 운반 시 안전수칙

      ① 운반차는 규정속도를 지킬 것
      ② 운반 시 시야를 가리지 않게 할 것
      ③ 긴 물건에는 끝에 표지를 단 후 운반할 것

   3) 작업장에서 작업을 시작하기 전 점검사항

      ① 기계 및 공구는 그 기능이 정상적인지 점검한다.
      ② 가스 사용 시 누설 및 폭발 위험이 없는지 점검한다.
      ③ 전기장치에 이상이 없는지 점검한다.
      ④ 작업장 조명이 정상인지 점검한다.
      ⑤ 정리 정돈이 잘 되어 있는지 점검한다.
      ⑥ 주변에 위험물이 있는지 점검한다.

2 수공구류의 안전수칙

1. 일반적인 안전수칙

   1) 일반수칙

      ① 주위를 정리정돈할 것
      ② 손이나 공구에 기름, 물 등 미끄러운 물질은 제거할 것
      ③ 수공구는 그 목적에만 사용할 것
      ④ 적절한 공구를 사용할 것

   2) 수공구류 안전수칙

      ① 해머 작업
         ㉠ 보호안경을 착용할 것
         ㉡ 처음과 마지막에는 서서히 칠 것

　　　　ⓒ 장갑을 끼지 말 것
　　　　ⓔ 해머를 자루에 꼭 끼울 것
　　　　ⓜ 적당한 공간을 유지할 것

　　② 정, 끌작업
　　　　㉠ 거스러미가 있는 정은 사용하지 말 것
　　　　㉡ 정에 기름이 묻을 시 기름을 깨끗이 닦은 후에 사용할 것
　　　　㉢ 따내기 작업 시에는 보호안경을 착용할 것
　　　　㉣ 절단 시 조각이 비산할 경우 반대편에 차폐막을 설치하여 비산을 방지할 것
　　　　㉤ 정을 잡은 손의 힘을 뺄 것
　　　　㉥ 날끝이 결손된 것이나 둥근 것은 사용하지 말 것
　　　　㉦ 정 작업은 처음에는 가볍게 두들기고 차츰 세게 두들기며, 작업이 끝날 때는 타격을 약하게 할 것
　　　　㉧ 담금질한 재료는 작업을 하지 않을 것
　　　　㉨ 절삭면을 손가락으로 만지거나 절삭칩을 손으로 제거하지 않을 것

　　③ 스패너, 렌치 작업
　　　　㉠ 사용목적 이외로 사용하지 말 것
　　　　㉡ 너트에 꼭 맞게 사용할 것
　　　　㉢ 조금씩 돌릴 것
　　　　㉣ 작업 중 벗겨져도 손을 다치거나 넘어지지 않는 안전한 자세인 몸 앞쪽으로 회전시킬 것
　　　　㉤ 스패너와 너트 사이에 물림쇠를 끼우지 말 것
　　　　㉥ 스패너에 파이프를 끼우거나 해머로 두들겨서 작업하지 말 것

　　④ 드라이버 작업
　　　　㉠ 드라이버는 홈에 맞는 것을 사용할 것
　　　　㉡ 드라이버의 이가 상한 것은 사용하지 말 것
　　　　㉢ 작업 중 드라이버가 빠지지 않도록 할 것
　　　　㉣ 전기 작업에서는 절연된 드라이버를 사용할 것

2. 다듬질의 안전작업

1) 바이스 작업

① 바이스는 이가 꼭 맞는 것을 사용할 것
② 조(Jaw)의 기름을 잘 닦아낼 것
③ 조의 중심에 공작물이 오도록 고정할 것
④ 바이스대에 재료, 공구 등을 올려놓지 말 것

⑤ 작업 중 헐거울 시 바이스를 조인 후 작업할 것
⑥ 가공물에 체결한 다음에는 반드시 핸들을 밑으로 내릴 것
⑦ 둥근 가공물은 V-블록 등의 보조구를 이용하여 고정할 것

2) 줄 작업
① 줄을 점검하여 균열이 있는 것은 사용하지 않는다.
② 줄자루는 소정의 크기의 것으로 자루를 확실하게 고정하여 사용한다.
③ 칩은 반드시 브러시로 턴다.
④ 오른손 사용자는 오른손에 힘을 주고 왼손은 균형을 잡도록 한다.

3) 쇠톱 작업
① 작업 중 톱날이 부러지지 않도록 하며 전체 날을 사용한다.
② 쇠톱자루와 테의 선단을 잘 고정시켜 좌우로 흔들리지 않도록 하고 작업한다.
③ 절삭이 끝날 무렵에는 힘을 빼고 가볍게 사용한다.

4) 스크레이핑 작업
① 스크레이퍼의 절삭날은 날카로우므로 다치지 않도록 조심한다.
② 작업을 할 때는 공작물을 확실히 고정시킨다.
③ 허리로 스크레이퍼 작업을 할 때는 배에 스크레이퍼를 대어 작업한다.

3. 주요 기계 작업 시 안전

1) 공작기계의 안전수칙
① 공구나 재료는 반드시 공구대에서 사용하도록 한다.
② 이송 중 기계를 정지시키지 않는다.
③ 기계의 회전을 손이나 공구로 멈추지 않는다.
④ 가공물, 절삭공구의 설치를 확실히 한다.
⑤ 절삭 공구는 짧게 설치하고 절삭성이 나쁘면 공구를 교체한다.
⑥ 칩이 비산하는 작업은 보안경을 사용한다.
⑦ 칩을 제거할 때는 브러시나 칩 클리너를 사용한다.
⑧ 공작물 측정 시에는 반드시 정지시킨 후 측정한다.

2) 선반 작업
① 가공물의 설치는 전원 스위치를 끄고 바이트를 충분히 뗀 다음 작업한다.
② 바이트 설치 시에는 기계를 정지시킨 다음에 한다.
③ 공작물의 설치가 끝나면 척, 렌치류는 곧 떼어 공구대에 놓는다.
④ 공작물의 길이가 직경의 12배 이상일 경우 방진구를 설치한다.

3) 밀링 작업

① 절삭 공구나 공작물 설치 시 전원스위치를 끄고 작업한다.
② 예리한 칩이 비산하므로 보안경을 착용한다.
③ 상하 이송용 핸들은 작동 후 반드시 벗겨 놓는다.
④ 칩이 많이 비산하는 재료는 커터 부분에 커버를 부착한다.

4) 연삭 작업

① 숫돌은 시운전 시 지정된 사람이 운전하도록 한다.
② 숫돌을 설치하기 전에 나무망치로 숫돌을 때려 탁한 소리가 나면 숫돌의 균열을 조사한다.
③ 숫돌차의 안지름은 축의 지름보다 0.05~0.15mm 정도의 틈을 준다.
④ 플랜지는 좌우 같은 것을 사용하고 숫돌 바깥 지름의 1/3 이상의 것을 사용한다.
⑤ 플랜지와 숫돌 사이에는 플랜지와 같은 크기의 종이와셔를 양쪽에 끼우고 너트를 조인다.
⑥ 숫돌은 시작 전 1분 이상, 숫돌 대체 시 3분 이상 시운전을 하며 작업자는 숫돌의 회전 방향으로부터 몸을 피하여 안전에 유의한다.
⑦ 숫돌과 작업대의 간격은 항상 3mm 이하로 유지한다.
⑧ 공작물과 숫돌은 조용하게 접촉하고, 무리한 압력으로 연삭은 금한다.
⑨ 소형 숫돌은 측압에 약하므로 컵형 숫돌 외에는 측면 사용을 금한다.
⑩ 숫돌의 커버를 반드시 부착하여 사용한다.
⑪ 안전 차폐막을 갖추지 않은 연삭기를 사용할 때는 방진 안경을 사용한다.

5) 플레이너 작업

① 프레임 내의 피트(Pit)에는 뚜껑을 설치하여 재해를 방지한다.
② 테이블의 이동 범위를 나타내는 안전 방호울을 세워 놓아 재해를 예방한다.
③ 기계 작동 중에 테이블 위에는 절대로 올라가지 않는다.(탑승 금지)
④ 베드 위에 다른 물건을 올려놓지 않는다.
⑤ 바이트는 되도록 짧게 나오도록 설치한다.
⑥ 일감은 견고하게 징치한다.
⑦ 일감 고정 작업 중에는 반드시 동력 스위치를 꺼 놓는다.
⑧ 절삭 행정 중 일감에 손을 대지 않는다.

6) 용접 시 안전수칙

① 산소용접 시 안전수칙
  ㉠ 용접 작업 시 적당한 차광 안경을 사용한다.
  ㉡ 점화 시 아세틸렌 밸브를 먼저 열고 점화한 뒤 산소 밸브를 연다.
  ㉢ 충전된 산소병은 직사광선이 직접 투사하는 곳에 놓지 않도록 한다.

ⓔ 작업 후 산소 밸브를 먼저 닫고 아세틸렌 밸브를 닫는다.
　　　ⓜ 점화는 로치 라이터로 한다.
　　　ⓗ 역화가 일어났을 때는 즉시 산소 밸브를 잠근다.
　　　ⓢ 발생기에서 5m 이내, 발생기실에서 3m 이내의 장소에서 흡연과 화기의 사용 또는 불꽃이 일어나는 행위를 금한다.
　　　ⓞ 아세틸렌 용기밸브를 열 때는 $\frac{1}{4} \sim \frac{1}{2}$ 회전만 하고 핸들은 끼워놓는다.
　　　ⓩ 아세틸렌 누출 검사 시에는 비눗물을 사용하여 검사한다.
　　　ⓒ 호스의 색은 산소용은 흑색, 아세틸렌용은 적색을 사용한다.

　② 전기용접 시 안전수칙
　　　㉠ 전기용접은 환기장치가 완전한 일정한 장소에서 실시한다.
　　　㉡ 용접 시에는 소화기 및 소화수를 준비한다.
　　　㉢ 우천시 옥외 작업을 금한다.
　　　㉣ 홀더는 항상 파손되지 않은 것을 사용한다.
　　　㉤ 작업 시에는 반드시 보호장비를 착용한다.
　　　㉥ 용접봉을 갈아끼울 때는 홀더의 충전부에 몸이 닿지 않도록 주의한다.
　　　㉦ 작업 중단 시에는 전원 스위치를 끄고 커넥터를 풀어준다.
　　　㉧ 보호장갑 및 에이프런(앞치마), 발 덮개 등의 보호장구를 착용한다.

7) 드릴 작업
　① 드릴을 고정하거나 풀 때는 주축이 완전히 멈춘 후에 한다.
　② 드릴은 양호한 것을 사용하고, 생크에 상처나 균열이 있는 것은 교환한다.
　③ 가공 중에 드릴의 절삭성이 떨어지면 곧 드릴을 재연삭하여 사용한다.
　④ 작은 물건이라도 반드시 바이스나 고정구로 고정한다.
　⑤ 얇은 물건을 드릴 작업할 때는 밑에 나무 등을 받치고 작업한다.
　⑥ 드릴 끝이 가공물의 맨 밑에 나올 때는 가공물이 회전하기 쉬우므로 이송을 늦춘다.
　⑦ 가공 중 드릴이 가공물에 박히면 기계를 정지시키고 안전장치를 한 후 손으로 드릴을 뽑아야 한다.
　⑧ 드릴이나 소켓 등을 뽑을 때는 드릴 뽑게를 사용하며, 해머 등으로 두들겨 뽑지 않도록 한다.
　⑨ 드릴 및 척을 교환할 때는 주축과 테이블의 간격을 좁히고 테이블 위에 나뭇조각을 놓고 작업한다.

8) 프레스(전단기) 작업
　① 기계의 사용방법을 완전히 익힐 때까지는 단독으로 기계를 작동시키지 않는다.
　② 작업 전에 운전하여 기계의 움직임 및 작업상태를 점검한다.

③ 형틀(Die)을 교정 또는 교환 후에는 시험 작업을 해 본다.
④ 안전장치의 작동상태를 점검한다.
⑤ 2명 이상이 작업할 때는 신호규정을 정하고 조작에 안전을 기한다.
⑥ 작업이 끝난 후에는 반드시 스위치를 내린다.
⑦ 손질, 수리, 조정 및 급유 시에는 반드시 전원 스위치를 내린 후 작업한다.
⑧ 이송이나 배출 시에는 손의 사용보다는 장치를 이용하도록 한다.

4. 동력전달장치의 안전

기계에 동력을 전달하는 원동기, 전동기, 축, 기어, 풀리, 벨트 등에는 항상 위험이 따르므로 적당한 안전장치를 해야 한다.

1) 벨트의 안전장치
① 벨트의 이음쇠는 되도록 돌기가 없는 구조로 한다.
② 벨트가 돌아가는 부분에는 커버 등을 한다.
③ 통행 중 접근할 염려가 있는 것은 둘러싸거나 안전 울타리를 한다.

2) 축(Shaft)의 안전장치
① 볼트, 키 등의 머리가 튀어 나온 부품은 컬러로 덮어준다.
② 돌출부가 없어도 지상 2m 이내에서는 의복, 머리카락 등이 감기지 않도록 장치를 한다.

3) 기어 맞물림부의 안전장치
① 기어는 가급적 전부 덮어야 한다.
② 맞물린 부분과 측면 부분은 특히 안전 커버를 한다.

3 안전 표지와 가스용기의 색채

1. 안전 표지와 색채 사용도

① 적색 : 방향 표시, 규제, 고도의 위험 등
② 오렌지색(주황색) : 기계·전기설비의 위험, 일반위험 등
③ 황색 : 주의 표시(충돌, 장애물 등)
④ 녹색 : 안전지도, 위생표시, 대피소, 구호소 위치, 진행, 안내 등
⑤ 청색 : 수리·조절 및 검사 중, 송전 중 표시
⑥ 진한 보라색 : 방사능 위험표시(자주색)
⑦ 백색 : 글씨 및 보조색, 통로, 정리정돈
⑧ 흑색 : 방향 표시, 글씨
⑨ 파랑색 : 출입금지, 지시

2. 가스용기의 색채

산소(녹색), 수소(주황색), 액화 이산화탄소(파란색), 액화 암모니아(흰색), 액화 염소(갈색), 아세틸렌(노란색), 기타(쥐색)

3. 화재의 종류

- A급 – 일반화재
- B급 – 유류
- C급 – 전기
- D급 – 금속분화제

EXERCISES 핵심문제

CHAPTER 01

G·U·I·D·E

01 작업장에서 전기, 유해 가스 및 위험한 물건이 있는 곳을 식별하기 위해서는 다음 중 어느 색으로 표시해야 하는가?
① 황색   ② 적색
③ 녹색   ④ 청색

02 기중기의 주요 부분이나 작업장의 위험 표시 혹은 위험이 게재된 기둥 지주·난간 및 계단을 표시하는 데 사용되는 색은?
① 황색과 보라색   ② 적색
③ 흑색과 백색   ④ 녹색

03 작업장의 벽에는 어느 색이 좋은가?
① 연초록색   ② 노란색
③ 파랑색   ④ 검은색

◉ 작업장의 색은 경우에 따라 다르나 다음 기준에 맞추는 것이 좋다.
• 벽 : 황색, 상아색, 연초록색
• 천정 : 흰색
• 기계 플레임에는 회색 또는 녹색, 중요한 부분에는 밝은 회색

04 작업장의 안전 표시 중 주의를 요할 때의 표시색은?
① 적색   ② 노랑
③ 주황   ④ 청색

05 다음 작업 중 보안경이 필요한 것은?
① 리베팅 작업   ② 선반작업
③ 줄 작업   ④ 황산 제조작업

◉ 밀링, 선반, 드릴 작업은 칩 비산에 의하여 눈에 상해를 입을 수 있으므로 보안경을 반드시 착용하여야 한다.

정답 01 ② 02 ① 03 ① 04 ② 05 ②

06 산업 공장에서 재해의 발생을 적게 하기 위한 방법 중 틀린 것은 어느 것인가?

① 칩은 정해진 용기에 넣는다.
② 공구는 소정의 장소에 보관한다.
③ 소화기 근처에 물건을 쌓아 놓는다.
④ 통로나 창문 등에 물건을 세워 놓지 않는다.

07 다음 중 작업장에서 착용해서는 안 되는 것은?

① 작업모   ② 안전모
③ 넥타이나 반지   ④ 작업화

08 퓨즈가 끊어져 다시 끼웠을 때 또 끊어졌다면 그 대책은?

① 다시 한 번 끼워본다.
② 좀 더 굵은 것으로 끼운다.
③ 굵은 동선으로 바꾸는 것이 좋다.
④ 기계의 합선 여부를 점검한다.

09 공장의 정리정돈 방법에 관한 설명으로 적당치 않은 것은?

① 폐품은 정해진 용기 속에 넣는다.
② 공구, 재료 등은 일정한 장소에 놓는다.
③ 사용이 끝난 공구는 즉시 뒷정리를 한다.
④ 통로를 넓히기 위해 통로 한쪽에 물건을 세워 놓는다.

10 전기 스위치는 오른손으로 개폐해야 한다. 이때, 왼손의 위치로 가장 좋은 것은?

① 주위의 물체를 잡는다.
② 주위의 기계를 잡는다.
③ 접지 부분을 잡는다.
④ 일체의 것을 잡지 않는다.

정답 06 ③ 07 ③ 08 ④ 09 ④ 10 ④

11 기계의 안전을 확보하기 위해서는 안전율을 감안하게 되는데 다음 중 적합하지 않은 것은?

① 탄성률, 충격률, 여유율의 곱으로 안전율을 계산하기도 한다.
② 재료의 균질성, 응력 계산의 정확성, 응력의 분포 등 각종 인자를 고려한 경험적 안전율도 쓴다.
③ 안전율 계산에 사용되는 여유율은 연성재에 비하여 취성재를 크게 잡는다.
④ 안전율은 클수록 안전하므로 안전율이 높은 기계는 우수한 기계라 할 수 있다.

12 공장의 출입문은 안전을 위하여 어느 것이 안전한가?

① 안 여닫이문　　② 밖 여닫이문
③ 셔터　　　　　④ 미닫이문

13 플레이너(Planer) 작업 시에 대한 설명 중 안전상 맞지 않는 것은?

① 비산하는 공구 파편으로부터 작업자를 지키기 위해 가드를 마련한다.
② 이동 테이블에 방호울을 설치한다.
③ 테이블과 고정벽이나 다른 기계와의 최소 거리가 7cm 이하일 때는 그 사이를 통행할 수 없게 한다.
④ 플레이너 프레임 중앙부에 있는 비트에 덮개를 씌운다.

▶ 플레이너의 프레임 중앙부 비트(bit)에는 덮개를 설치하고 공구류, 물건 등을 두지 않아야 하며 테이블과 고정벽 또는 다른 기계와의 최소 거리가 40cm 이하가 될 때는 기계의 양쪽 끝부분에 방책을 설치하여 근로자의 통행을 차단하여야 한다.

14 다음 중 방호울을 설치하여야 하는 공작 기계는?

① 선반　　　　　② 밀링
③ 드릴　　　　　④ 셰이퍼

▶ 셰이퍼의 안전장치에는 방호울, 칩받이, 칸막이 등이 있다.

15 작업 환경에 속하지 않는 것은?

① 공구　　　　　② 소음
③ 조명　　　　　④ 채광

정답　11 ④　12 ②　13 ③　14 ④　15 ①

16 압력 용기에 설치하는 압력 방출장치의 작동 설정점은?
① 상용압력 초과 시 ② 최고사용압력 이전
③ 최고사용압력 초과 시 ④ 최고사용압력의 110%

> 압력방출장치는 용기의 최고압력 이전에 방출하도록 되어야 한다.

17 다음 중 재해가 가장 많은 동력전달장치는?
① 기어 ② 커플링
③ 벨트 ④ 차축

18 사다리 작업 시 사다리의 경사 각도는?
① 0° ② 15°
③ 30° ④ 45°

19 기계와 기계의 간격은 최소한 얼마 이상으로 해야 하는가?
① 0.5m ② 0.8m
③ 1.2m ④ 1.4m

20 운전 중인 평삭기 테이블에 근로자가 탑승할 수 있는 경우는?
① 테이블의 행정 끝에 덮개 또는 울 등을 설치할 때
② 돌출하여 위험한 부위에 덮개 또는 울 등을 설치할 때
③ 탑승한 근로자 또는 배치된 근로자가 즉시 기계를 정지시킬 수 있을 때
④ 탑승석이 지정되어 재해 위험이 없을 때

21 기계 설비의 안전화를 위해서는 기계, 장비 및 배관 등에 안전 색채를 구별하여 칠해야 한다. 다음 중 알맞지 않은 것은?
① 시동 단추식 스위치 : 녹색
② 정지 단추식 스위치 : 적색
③ 가스 배관 : 황색
④ 물 배관 : 백색

> 안전 색채
> • 시동 단추식 스위치 : 녹색
> • 정지 단추식 스위치 : 적색
> • 가스 배관 : 황색
> • 대형 기계 : 밝은 연녹색
> • 고열을 내는 기계 : 청록색, 회청색
> • 중기 배관 : 암적색
> • 기름 배관 : 황암적색

정답 16 ② 17 ③ 18 ② 19 ② 20 ③ 21 ②

22 취급 운반의 5원칙과 관계가 먼 것은?

① 연속 운반으로 할 것
② 직선 운반으로 할 것
③ 운반 작업을 집중화할 것
④ 손이 닿는 운반 방식으로 할 것

> 1. 취급 운반의 5원칙
> • 연속 운반으로 할 것
> • 직선 운반으로 할 것
> • 운반 작업을 집중화할 것
> • 생산을 최대로 할 수 있는 운반일 것
> • 시간과 경비를 최대한 절약할 수 있는 운반 작업일 것
>
> 2. 취급 운반의 3조건
> • 운반 거리를 단축할 것
> • 가능한 한 운반 작업은 기계화할 것
> • 가능한 한 손이 닿지 않는 운반 방식을 택할 것

23 밀링 작업 시 주의할 점을 잘못 설명한 것은?

① 보호안경을 사용한다.
② 커터에 옷이 감기지 않도록 한다.
③ 절삭 중 측정기로 측정한다.
④ 일감은 기계가 정지한 상태에서 고정한다.

24 밀링 작업 시 안전에 대한 설명이다. 잘못 설명한 것은?

① 절삭 중 표면 거칠기를 손으로 검사한다.
② 측정은 기계를 정지시킨 후 한다.
③ 작업 중에는 장갑을 끼지 않도록 한다.
④ 칩은 솔로 제거한다.

25 밀링 작업에 대한 설명 중 틀린 것은?

① 일감의 고정과 제거는 기계 정지 후 실시한다.
② 측정은 기계 정지 후 실시한다.
③ 기계 사용 후 이송장치 핸들은 풀어 놓는다.
④ 절삭 중 칩 제거는 칩 브레이커로 한다.

> 선반 작업에서는 칩이 길게 연속적으로 나오기 때문에 칩 브레이커가 필요하나, 밀링 작업에서는 칩이 짧게 끊어져 나오기 때문에 칩 브레이커가 필요 없다.

정답 22 ④ 23 ③ 24 ① 25 ④

26 밀링 커터를 바꿀 때의 주의사항이다. 옳은 것은?
① 밑에 걸레를 깔고 바꾼다.
② 밑에 종이를 깔고 바꾼다.
③ 그냥 바꾼다.
④ 밑에 목재 받침을 깔고 바꾼다.

27 셰이퍼 작업 시 주의할 점 중 틀린 것은?
① 일감을 바이스에 확실히 고정하도록 한다.
② 절삭 중 일감에 손을 대지 않도록 한다.
③ 바이트를 손으로 누르면서 작업을 한다.
④ 램 조정 핸들은 조정 후 빼놓도록 한다.

28 셰이퍼 공구대가 셰이퍼의 컬럼에 부딪칠 위험성이 있는 작업은?
① 평면가공
② T홈가공
③ 더브테일 홈가공
④ 직각 홈 가공

◉ 더브테일 홈을 셰이퍼로 가공할 때 공구대를 홈의 각도만큼 경사시켜야 하므로 셰이퍼의 직주에 부딪칠 위험성이 커진다. 따라서 램이 귀환 행정 종료 시 컬럼의 앞쪽까지만 오도록 한다.

29 셰이퍼 작업 시 공구의 설치에 대한 설명 중 잘못 설명한 것은?
① 셰이퍼 공구대에 바이트 홀더를 확실히 고정한다.
② 바이트는 잘 갈아서 사용한다.
③ 클램프 블록이 잘 작동되도록 한다.
④ 기계가 정지하면 바이트는 절삭 상태 그대로 둔다.

30 사업장 내에서 통행 우선권이 가장 빠른 것은?
① 보행자
② 화물 실으러 가는 차량
③ 화물 싣고 가는 차량
④ 기중기

◉ ④ > ③ > ② > ①

정답 26 ④ 27 ③ 28 ③ 29 ③ 30 ④

31 세이퍼의 작업 규칙 중 틀린 것은?
① 공작물을 단단하게 고정할 것
② 바이트는 가급적이면 짧게 고정할 것
③ 운전 중 바이트가 이동하는 방향에 설 것
④ 보호 안경을 사용할 것

> 세이퍼는 작동될 때 램이 앞뒤로 움직이기 때문에 앞이나 뒤는 작업자에게 매우 위험하다.

32 와이어 로프로 중량물을 달아올릴 때 로프에 가장 힘이 적게 걸리는 각도는?
① 120° ② 60°
③ 30°   ④ 90°

33 세이퍼에서 공작물 고정 시 주의할 점 중 틀린 것은?
① 테이블을 깨끗이 한다.
② 테이블 위의 칩은 완전히 제거한다.
③ 테이블에 바이스를 고정할 때 와셔는 필요 없다.
④ 무거운 물건은 타인의 도움을 청한다.

34 세이퍼 바이스에 일감을 정확히 고정할 때 좋은 방법은?
① 핸들에 파이프를 넣어 고정한다.
② 바이스 핸들을 해머로 때린다.
③ 바이스 핸들에 충격을 가한다.
④ 바이스 핸들을 손으로 고정한다.

35 기계 설비에서 왕복 운동을 하는 운동부와 고정부 사이에 형성되는 기계의 위험점으로 적합한 것은?
① 끼임점   ② 절단점
③ 물림점   ④ 협착점

> 협착점이란 왕복 운동 부분과 고정 부분 사이에 형성된 위험점으로 프레스, 전단기에서 많이 볼 수 있다.

정답 31 ③ 32 ③ 33 ③ 34 ④ 35 ④

36 고압가스의 충전용기 보관 시 유의할 점 중 틀린 것은?
① 전도하지 않도록 한다.
② 전락하지 않도록 한다.
③ 충격을 방지하도록 한다.
④ 밀폐된 곳에 보관한다.

◉ 충전용기는 통풍이 잘 되는 곳에 보관한다.

37 고압가스 용기 운반 시 주의할 점 중 틀린 것은?
① 운반 전에 밸브를 닫는다.
② 용기의 온도는 35℃ 이하로 한다.
③ 종류가 다른 가스 용기도 함께 운반한다.
④ 적당한 운반차나 운반도구를 사용한다.

◉ 고압가스 용기 운반 시에는 같은 종류끼리 운반한다.

38 기계 설비의 안전 조건 중 외관의 안전화에 해당되는 조치는 어느 것인가?
① 고장 발생을 최소화하기 위해 정기 점검을 실시하였다.
② 강도의 열화를 위해 안전율을 최대로 고려하여 설계하였다.
③ 전압 강하, 정전 시의 오동작을 방지하기 위하여 자동제어 장치를 설치하였다.
④ 작업자가 접촉할 우려가 있는 기계의 회전부를 덮개로 씌우고 안전 색채를 사용하였다.

39 탁상 공구 연삭기 안전 커버의 최대 노출 각도는 얼마인가?
① 180°
② 90°
③ 120°
④ 60°

◉ 탁상용 연삭기의 덮개 노출 각도는 최대 노출 각도 90°, 수평면 위 65°, 수평면 이하 작업 시 125°까지 노출할 수 있다.

40 와이어 로프로 물품을 달아올릴 경우 두 로프가 나란할 때의 장력을 1로 하면, 로프의 간격이 120°가 되었을 때의 장력은 얼마인가?
① 1배
② 1.5배
③ 2.0배
④ 1.7배

◉ • 30° : 1.04배
• 60° : 1.1배
• 90° : 1.41배
• 120° : 2.0배
• 140° : 4.0배

정답 36 ④ 37 ③ 38 ④ 39 ② 40 ③

41 다음 중 작업 시 칩이 가장 가늘고 예리한 것은?
① 세이퍼 ② 선반
③ 밀링 ④ 플레이너

42 중량품을 운반할 때 주의할 점이다. 잘못 설명한 것은?
① 운반 기구를 사용한다.
② 다리와 허리에 힘을 주어 물체를 들어 움직인다.
③ 운반차를 이용한다.
④ 운반차는 바퀴가 3개 이상인 것이 안전하다.

◎ 중량물을 운반할 때는 반드시 운반 기구로 이동시킨다.

43 와이어 로프로 물건을 달아 올릴 때 힘이 가장 적게 걸리는 로프의 각도는?
① 30° ② 45°
③ 60° ④ 75°

44 기중기 운반 시 가장 필요 없는 것은?
① 행거 ② 로프
③ 운반 상자 ④ 포크 리프트

◎ 포크리프트는 지게차이다.

45 다음 중 안전한 해머는?
① 머리가 깨진 것
② 쐐기가 없는 것
③ 타격면이 평탄한 것
④ 타격면에 홈이 있는 것

46 앞치마를 사용하는 작업은?
① 밀링 작업 ② 용접 작업
③ 형삭 작업 ④ 목공 작업

정답 41 ③ 42 ② 43 ① 44 ④ 45 ③ 46 ②

47 드릴 머신에서 얇은 철판이나 동판에 구멍을 뚫을 때에는 다음 중 어떤 방법이 좋은가?

① 각목을 밑에 깔고 기구로 고정한다.
② 테이블에 고정한다.
③ 클램프로 고정한다.
④ 드릴 바이스에 고정한다.

◉ 드릴 작업 시 안전대책
• 드릴 작업 시 장갑을 끼고 작업하지 말 것
• 운전 중에는 칩을 제거하지 말 것
• 큰 구멍을 뚫을 때에는 먼저 작은 구멍을 뚫은 뒤에 뚫을 것
• 얇은 철판이나 동판에 구멍을 뚫을 때에는 각목을 밑에 깔고 기구로 고정할 것
• 자동 이송 작업 중에는 기계를 멈추지 않도록 할 것

48 계속 감아올라가 일어나는 사고를 방지하기 위한 안전장치는?

① 일렉트로닉 아이
② 라체트 휠
③ 전자 클러치
④ 리밋 스위치

◉ 리밋 스위치(Limit Switch)
과도하게 한계를 벗어나 계속적으로 감아올리거나 하는 일이 없도록 제한하는 기계 설비의 안전장치로서 권과 방지장치, 과부하 방지장치, 과전류 차단장치, 입력 제한장치 등이 있다.

49 안전장치의 기본 목적이 아닌 것은?

① 작업자의 보호
② 인적·물적 손실의 방지
③ 기계 기능의 향상
④ 기계 위험 부위의 접촉 방지

50 장갑을 끼고 하여도 좋은 작업은 어느 것인가?

① 드릴 작업
② 선반 작업
③ 용접 작업
④ 판금 작업

51 다음 중 정작업 시 틀린 것은?

① 정작업할 때 반드시 보안경을 착용한다.
② 정으로 담금질된 재료를 가공하지 말아야 한다.
③ 자르기를 시작할 때와 끝날 무렵에는 세게 친다.
④ 철강제를 정으로 절단할 때에는 철편이 날아 튀는 것에 주의한다.

◉ 정작업 시에 처음과 끝날 무렵에는 가볍게 친다.

52 다음은 드라이버 사용 시 주의할 점이다. 틀린 것은?

① 규격에 맞는 드라이버를 사용한다.
② 드라이버는 지렛대 대신으로 사용하지 않는다.
③ 클립(Clip)이 있는 드라이버는 옷에 걸고 다녀도 좋다.
④ 나사를 빼거나 박을 때 잘 풀리지 않으면 플라이어로 꽉 잡고 돌린다.

53 안전작업이 필요한 이유에 해당되지 않는 사항은?

① 생산성이 감소된다.
② 인명 피해를 예방할 수 있다.
③ 생산재의 손실을 감소시킬 수 있다.
④ 산업 설비의 손실을 감소시킬 수 있다.

54 다음 중 보호구를 사용하지 않아도 무방한 작업은 어느 것인가?

① 보일러를 수선하는 작업
② 유해물을 취급하는 작업
③ 유해 방사선에 쬐는 작업
④ 증기를 발산하는 장소에서 행하는 작업

55 작업장에서 작업복을 착용하는 이유는?

① 방한을 위해서
② 작업자의 복장 통일을 위해서
③ 작업 비용을 높이기 위해서
④ 작업 중 위험을 적게 하기 위해서

56 다음은 공작 기계 작업 시 안전사항이다. 잘못 설명한 것은?

① 바이트는 약간 길게 설치한다.
② 절삭 중에는 측정하지 않는다.
③ 공구는 확실히 고정한다.
④ 절삭 중 절삭면에 손을 대지 않는다.

정답 52 ④ 53 ① 54 ① 55 ④ 56 ①

57 다음 중 안전 커버를 사용하지 않는 곳은?
   ① 기어   ② 풀리
   ③ 체인   ④ 선반의 주축

58 취급 운반 재해의 안전사항 중 틀린 것은?
   ① 슈트를 설치하여 중력의 이용을 시도한다.
   ② 취급 운반작업을 단순화한다.
   ③ 작은 물건을 손으로 운반한다.
   ④ 작업장의 조명, 환기를 적절히 한다.

◎ 작은 물건은 상자나 용기 속에 넣어 운반한다.

59 선반 작업을 할 때 바지가 감기기 쉬운 부분은?
   ① 주축대   ② 텀블러 기어
   ③ 리드 스크류   ④ 바이트

60 프레스에서 클러치나 브레이크가 고장나면 슬라이드가 정지되는 구조의 안전장치는?
   ① 풀 프루프 방식   ② 인터로크 방식
   ③ 페일 세이프 방식 ④ 릴레이 방식

61 선반에서 주축 변속은 언제 하는 것이 좋은가?
   ① 절삭 중   ② 저속 회전 중
   ③ 정지 상태   ④ 어느 때든 상관없다.

62 산소, 아세틸렌 용접장치에 사용되는 ㉠ 산소 호스와 ㉡ 아세틸렌 호스의 색깔로 맞는 것은?
   ① ㉠ 적색 – ㉡ 흑색   ② ㉠ 적색 – ㉡ 녹색
   ③ ㉠ 흑색 – ㉡ 적색   ④ ㉠ 녹색 – ㉡ 흑색

◎ 산소 호스는 녹색 또는 흑색으로 한다.

정답 57 ④ 58 ③ 59 ③ 60 ③ 61 ③ 62 ③

63 드릴 머신에서 얇은 판에 구멍을 뚫을 때 가장 좋은 방법은?
① 손으로 잡는다.
② 바이스에 고정한다.
③ 판 밑에 나무를 놓는다.
④ 테이블 위에 직접 고정한다.

> 얇은 판에 구멍을 뚫을 때는 밑에 나무를 놓고 뚫으면 판이 갈라지거나 회전하는 일이 적다.

64 와이어 로프를 절단하여 고리걸이 용구를 제작할 때 절단방법 중 옳은 것은?
① 가스 용단
② 전기 용단
③ 기계적 절단
④ 부식

65 드릴 작업 중 사고가 날 우려가 있는 것은?
① 드릴 작업 중 바이스가 회전하지 않도록 힘을 주어 잡거나 볼트로 테이블에 고정한다.
② 드릴 작업 중 장갑을 끼지 않는다.
③ 드릴 작업 중 반드시 보호안경을 사용한다.
④ 얇은 판은 테이블에 힘을 주어 누르고 드릴 작업을 한다.

66 드릴 작업 시 올바른 보안경 착용방법은?
① 항상 착용한다.
② 필요할 때만 착용한다.
③ 저속할 때만 착용한다.
④ 고속할 때만 착용한다.

67 드릴 작업에서 간단히 구멍이 완전히 관통되었는지의 여부를 판정하는 방법 중 옳지 않은 것은?
① 막대기를 넣어 본다.
② 철사를 넣어 본다.
③ 손가락을 넣어 본다.
④ 빛에 비추어 본다.

68 선반 바이트에서 안전장치가 필요한 것은?
① 칩 브레이커
② 경사각
③ 여유각
④ 절삭각

> 초경합금으로 연강을 고속 절삭할 때는 연속형 칩이 발생하여 칩의 처리가 곤란하다. 그러므로 적당한 길이로 절단하기 위하여 바이트의 경사면에 칩 브레이커를 설치한다.

정답 63 ③ 64 ③ 65 ④ 66 ① 67 ③ 68 ①

69 드릴링머신 작업 시 안전수칙 중 틀린 것은?
① 공작물을 고정하지 않고 손으로 잡고 가공해서는 안 된다.
② 작업할 때 소매가 길거나 찢어진 옷을 입으면 안 된다.
③ 테이블 위에서는 공작물에 펀치질을 해서는 안 된다.
④ 정확하게 공작물을 고정하고 작업 중 칩을 솔로 닦아서 제거한다.

70 드릴 작업 시 칩의 제거 방법으로 가장 적당한 것은?
① 회전을 중지시킨 후 손으로 제거
② 회전시키면서 솔로 제거
③ 회전을 중지시킨 후 솔로 제거
④ 회전시키면서 막대로 제거

71 기계작업 중 정전되었을 때 책임자가 꼭 해야 할 일은?
① 작업의 능률을 향상시키기 위해 작업 중 공작물을 제거한다.
② 전원 스위치를 끈다.
③ 공작물의 치수, 공작의 진척 등을 살펴본다.
④ 기계 주위를 청소 및 정돈한다.

72 기계작업의 작업복으로서 적당치 않은 것은?
① 계측기 등을 넣기 위해 호주머니가 많을 것
② 소매를 손목까지 가릴 수 있을 것
③ 점퍼형으로서 상의 옷자락을 여밀 수 있을 것
④ 소매를 오무려 붙이도록 되어 있는 것

◎ 호주머니는 없거나 적은 것을 선택한다.

73 반복 응력을 받게 되는 기계 구조 부분의 설계에서 허용 응력을 결정하기 위한 기초 강도로 삼는 것은?
① 항복점   ② 극한 강도
③ 크리프 강도   ④ 피로 한도

정답 69 ④ 70 ③ 71 ② 72 ① 73 ④

74 드릴 작업에서 드릴링할 때 공작물과 드릴이 함께 회전하기 쉬운 경우는?

① 작업이 처음 시작될 때
② 구멍이 거의 뚫릴 무렵
③ 구멍을 중간쯤 뚫었을 때
④ 드릴 핸들에 약간의 힘을 주었을 때

◉ 드릴의 끝작업에서는 회전수를 감소시키거나 힘을 감소시킨다.

75 기계 가공 후 일감에 생기는 거스러미를 가장 안전하게 제거하는 것은?

① 정
② 바이트
③ 줄
④ 스크레이퍼

76 다음은 다듬질 작업 시 안전사항이다. 잘못 설명한 것은?

① 줄 자루가 빠지지 않도록 한다.
② 공작물은 바이스 조(Jaw)의 중심에 고정한다.
③ 손톱은 부러지지 않게 한다.
④ 절삭이 끝날 때 손톱을 힘껏 민다.

◉ 절삭이 끝날 무렵에 힘을 주면 톱날이 부러진다.

77 드릴 머신 주축에서 드릴 소켓을 뺄 때 가장 적당한 것은?

① 드릴 렌치
② 스패너
③ 파이프 렌치
④ 드릴 뽑기

78 다음 절삭 공구로 절삭깊이를 일정하게 절삭했을 때 칩이 가장 가늘고 예리한 것은?

① 앤드밀
② 플라이 커터
③ 플레인 커터
④ 메탈 소

79 다음 안전장치에 관한 설명 중 틀린 것은?

① 안전장치는 효과 있게 사용한다.
② 안전장치는 작업 형편상 부득이한 경우에는 일시 제거해도 좋다.
③ 안전장치는 반드시 작업 전에 점검한다.
④ 안전장치가 불량할 때는 즉시 수정한 다음 작업한다.

정답 74 ② 75 ③ 76 ④ 77 ④ 78 ③ 79 ②

80 다음은 작업 중 특히 주의해야 할 사항을 서로 짝지은 것이다. 잘못된 것은?

① 드릴 작업 – 작업복이나 긴 머리가 감기기 쉽다.
② 선반 작업 – 척 렌치는 반드시 기계에서 떼어 놓는다.
③ 밀링 작업 – 칩이나 절삭날에 의한 상처가 없도록 한다.
④ 플레이너 작업 – 커터의 회전에 의한 재해를 방지해야 한다.

81 스패너의 크기가 너트보다 클 때 끼움판을 사용하면?

① 좋다.
② 나쁘다.
③ 경우에 따라 좋다.
④ 스패너가 너트보다 커도 무방하다.

▶ 크기가 너트보다 클 때는 적당한 크기를 다시 선정한다.

82 다음 중 귀마개가 필요한 작업은?

① 전기 용접　　② 연삭
③ 리베팅　　　④ 가스용접

83 둥근 봉을 바이스에 고정할 때 필요한 공구는?

① V 블록　　　② 평형대
③ 받침대　　　④ 스퀘어 블록

84 정 작업 시 정을 잡는 방법 중 옳은 것은?

① 꼭 잡는다.
② 가볍게 잡는다.
③ 재질에 따라 다르다.
④ 두 손으로 잡는다.

▶ 정 작업 시 안전대책
• 작업의 처음과 끝에는 세게 치지 말 것
• 정의 재료는 담금질할 재료를 사용하지 말 것
• 철재를 절단 시에는 철편이 튀는 방향에 주의할 것
• 정의 머리는 항상 연마가 잘 되어 있을 것
• 정은 공작물의 재질에 따라 날끝의 각도가 60~70°일 것

85 정 작업을 하면 안 되는 재료는?

① 연강　　　　② 구리
③ 두랄루민　　④ 담금질된 강

▶ 담금질 강 중 가장 경도가 큰 것은 마텐자이트로서 깨질 위험이 크다.

정답 80 ④　81 ②　82 ③　83 ①　84 ②　85 ④

86 다음 사항 중 탭(Tap)이 부러지는 원인이 아닌 것은?

① 탭의 구멍이 일정하지 않을 때
② 소재보다 경도가 높을 때
③ 핸들에 과도한 힘을 주었을 때
④ 구멍 밑바닥에 탭이 부딪혔을 때

87 공작 기계에서 주축의 회전을 정지시키는 방법으로 옳은 것은?

① 스스로 멈추게 한다.
② 역회전시켜 멈추게 한다.
③ 손으로 잡아 정지시킨다.
④ 수공구를 사용하여 정지시킨다.

88 다음은 작업복이 갖추어야 할 조건이다. 틀린 것은?

① 바지는 반바지를 입도록 한다.
② 작업복의 단추는 잠그도록 한다.
③ 호주머니는 너무 많이 달지 않도록 한다.
④ 용해 작업 시에는 면으로 만든 작업복을 착용하도록 한다.

▶ 반바지는 재해의 원인이 될 수 있다.

89 숫돌 바퀴를 교환할 때는 나무 해머로 숫돌의 무엇을 검사하는가?

① 기공　　　② 크기
③ 균열　　　④ 입도

▶ 해머로 숫돌을 때렸을 시 탁한 소리가 나면 균열이 있는 것으로 교환할 수 없다.

90 연삭 숫돌 바퀴에 부시를 끼울 때 주의해야 할 점 중 틀린 것은?

① 부시의 구멍과 숫돌의 바깥 둘레는 동심원이어야 한다.
② 부시의 구멍은 축지름보다 1mm 크게 하여야 한다.
③ 부시의 측면과 숫돌의 측면은 일치하여야 한다.
④ 부시의 필릿 두께가 고른 것을 사용한다.

정답　86 ②　87 ①　88 ①　89 ③　90 ②

91 양 두 그라인더에서 숫돌과 받침대의 간격은 얼마로 하는 것이 좋은가?
① 3mm 이내
② 5mm 이내
③ 8mm 이내
④ 10mm 이내

92 숫돌 바퀴의 교환 적임자는?
① 관리자
② 숙련자
③ 기계 구조를 잘 아는 자
④ 지정된 자

93 숫돌은 연삭기에 장치한 후, 몇 분 동안 시운전을 해야 하는가?
① 1분
② 3분
③ 5분
④ 8분

94 양 두 그라인딩 작업 시 작업자로서 가장 위험한 곳은?
① 숫돌 바퀴의 왼쪽
② 숫돌 바퀴의 오른쪽
③ 숫돌의 회전 방향
④ 숫돌의 후면

95 바이트를 연삭할 때 숫돌의 어느 곳에서 갈아야 하는가?
① 우측면
② 좌측면
③ 원주면
④ 아무 곳이나

96 회전 중 연삭 숫돌의 파괴 위험에 대비한 장치는?
① 받침대
② 와셔
③ 플랜지
④ 커버

97 연삭 숫돌이 작업 중에 파손되는 원인은?
① 숫돌과 공작물의 재질이 맞지 않을 때
② 입도가 작을 때
③ 숫돌 커버가 없을 때
④ 숫돌 회전수가 규정 이상일 때

정답 91 ① 92 ② 93 ② 94 ③ 95 ③ 96 ③ 97 ④

98 새 연삭 숫돌을 취급하는 방법으로 적합하지 않은 것은?
① 숫돌 양면의 종이를 떼지 말고 고정한다.
② 고정하기 전에 가볍게 때려 음향 검사를 한다.
③ 숫돌의 원주면에 공작물을 연삭한다.
④ 숫돌이 빠지는 것을 방지하기 위해 강하게 죄어 고정한다.

99 연삭 숫돌 부시의 재질은 다음 중 어느 것이 좋은가?
① 연강   ② 탄소강
③ 납   ④ 인청동

100 연삭작업에서 주의해야 할 사항 중 틀린 것은?
① 작업 중 반드시 보호 안경을 사용한다.
② 숫돌의 측면을 사용하면 좋은 가공면을 얻을 수 있다.
③ 회전 속도는 규정 이상으로 내지 않도록 한다.
④ 작업 중 진동이 심하면 즉시 중지해야 한다.

▶ 숫돌의 원주면을 사용하여 연삭한다.

101 다음은 연삭 작업 시 주의할 점이다. 틀린 것은?
① 숫돌 커버를 반드시 장치한다.
② 숫돌을 해머로 가볍게 두드려서 소리를 들어 균열을 확인한다.
③ 양 숫돌 바퀴의 입도는 같게 하여야 한다.
④ 작업 전에 몇 분 동안 공회전시켜 이상 유무를 확인한다.

102 사용했던 숫돌을 재사용할 때 작업 개시 전 몇 분 정도 시운전을 해야 하는가?
① 1분   ② 2분
③ 3분   ④ 4분

▶ 시작 전 1분 이상이며, 숫돌 대체 시 3분 이상 시운전을 한다.

103 기계의 점검 중 운전 상태에서 할 수 없는 것은?
① 기어의 물림 상태   ② 급유 상태
③ 베어링부의 온도 상승   ④ 이상음의 유무

정답 98 ④ 99 ③ 100 ② 101 ③ 102 ① 103 ②

104 기계를 운전하기 전에 해야 할 일이 아닌 것은?
① 급유   ② 기계 점검
③ 공구준비   ④ 정밀도 검사

> 정밀도 검사는 제품가공 완료시 점검사항이다.

105 공구는 사용한 후 어느 곳에 보관하는 것이 좋은가?
① 공구 상자   ② 재료 위
③ 기계 위   ④ 관리실

106 앤빌의 운반작업 중 안전에 위배되는 행동은?
① 혼자서 든다.
② 타인의 협조를 얻는다.
③ 운반차를 이용한다.
④ 조용히 내려놓는다.

107 해머 작업 시 가장 안전한 장소는?
① 좁은 통로   ② 기계 바로 옆
③ 행동에 불편이 없는 곳   ④ 전동장치가 있는 곳

108 해머는 다음 중 어느 것을 사용해야 안전한가?
① 쐐기가 없는 것
② 타격면에 홈이 있는 것
③ 타격면이 평탄한 것
④ 머리가 깨진 것

> 타격면에 홈이 있는 해머가 미끄럼이 적다.

109 해머 작업 시 장갑을 끼면 안 되는 이유는?
① 미끄러지기 쉬우므로
② 주의력이 산만해지므로
③ 손에 상처를 적게 하기 위하여
④ 비산하는 파편에 상처를 입지 않기 위해서

정답 104 ④ 105 ① 106 ① 107 ③ 108 ② 109 ①

110 바이스 조에 주물과 같은 거친 일감을 고정시킬 때 그 사이에 두꺼운 종이를 놓는 이유는?

　① 공작물을 확실히 고정하기 위하여
　② 공작물의 진동을 방지하기 위하여
　③ 바이스의 조를 보호하기 위하여
　④ 가공할 면의 평면을 유지하기 위하여

111 스패너나 렌치 사용 시 주의사항으로 적합지 않은 것은?

　① 너트에 맞는 것을 사용할 것
　② 가동 조에 힘이 걸리게 할 것
　③ 해머 대용으로 사용치 말 것
　④ 공작물을 확실히 고정할 것

112 드라이버 사용 시 주의사항이다. 잘못 설명한 것은?

　① 홈의 폭과 같은 것을 사용할 것
　② 공작물을 고정할 것
　③ 자루에 대하여 축이 수직일 것
　④ 날끝이 둥근 것을 사용할 것

113 스패너 작업 시 주의사항으로 가장 옳은 것은?

　① 스패너 자루에 파이프 등을 끼워서 사용한다.
　② 가동 조에 가장 큰 힘이 걸리도록 한다.
　③ 고정 조에 큰 힘이 걸리도록 한다.
　④ 볼트 머리보다 약간 큰 스패너를 사용하도록 한다.

114 정의 머리에 거스러미가 생겼을 때의 상황으로 옳은 것은?

　① 해머가 미끄러져 손을 상하기 쉽다.
　② 해머로 타격할 때 정에 많은 힘이 작용한다.
　③ 타격면적이 커진다.
　④ 금긋기 선에 따라서 쉽게 정 작업을 할 수 있다.

정답 110 ①　111 ②　112 ④　113 ③　114 ①

115 안전·보건표지의 색채, 색도기준 및 용도에서 특정 행위의 지시 및 사실의 고지에 사용되는 색채는?
① 빨간색 ② 노란색
③ 녹색 ④ 파란색

안전 표지의 색채
• 적색 : 방화 금지, 고도의 위험
• 황적 : 위험, 항해, 항공의 보안 시설
• 노랑 : 충돌, 추락, 전도 등의 주의
• 녹색 : 안전 지도, 피난, 위생 및 구호 표시, 진행
• 청색 : 주의, 수리 중, 송전 중 표시 (특정 행위의 지식 및 사실의 고지)
• 진한 보라색 : 방사능 위험 표시
• 백색 : 통로, 정돈
• 검정 : 위험표지의 문자, 유도 표지의 화살표

116 안전·보건표지의 색채, 색도기준 및 용도에서 비상구 및 피난소, 사람 또는 차량의 통행표지에 사용되는 색채는?
① 빨간색 ② 노란색
③ 녹색 ④ 흰색

117 다음 중 응급처치의 구명 4단계에 속하지 않는 것은?
① 쇼크 방지 ② 지혈
③ 상처 보호 ④ 균형 유지

• 구명 1단계 : 지혈
• 구명 2단계 : 기도 유지
• 구명 3단계 : 상처 보호
• 구명 4단계 : 쇼크 방지 및 치료

118 다음 중 2도 화상에 관한 설명으로 가장 적절한 것은?
① 피부가 붉게 되고 따끔거리는 통증을 수반하는 화상으로 피부층 중의 가장 바깥층인 표피의 손상만 가져온 상태
② 표피와 진피 모두 영향을 미친 화상으로 피부가 빨갛게 되며 통증과 부어오름이 생기는 상태
③ 표피와 진피, 하피까지 영향을 미쳐서 검게 되거나 반투명 백색이 되고 피부 표면 아래 혈관을 응고시키는 상태
④ 표피와 진피 조직이 탄화되어 검게 변한 경우이며 피하의 근육, 힘줄, 신경 또는 골조직까지 손상을 받는 상태

• 1도 화상 : 표재성 화상이라 하여 표피층만 손상
• 2도 화상 : 부분층 화상이며, 표피 전층과 진피 상당 부분의 손상
• 3도 화상 : 전층 화상이며 진피 전층과 피하지방까지 손상

119 산업안전보건법상 화학물질 취급 장소에서의 유류·위험 경고를 알리고자 할 때 사용하는 안전·보건표지의 색채는?
① 빨간색 ② 녹색
③ 파란색 ④ 흰색

정답 115 ④ 116 ③ 117 ④ 118 ② 119 ①

120 안전모의 일반 구조에 대한 설명으로 틀린 것은?

① 안전모는 모체, 착장체 및 턱끈을 가질 것
② 착장체의 구조는 착용자의 머리 부위에 균등한 힘이 분배되도록 할 것
③ 안전모의 내부 수직 거리는 25mm 이상 50mm 미만일 것
④ 착장체의 머리 고정대는 착용자의 머리 부위에 고정되도록 조정할 수 없을 것

121 물체와의 가벼운 충돌 또는 부딪침으로 생기는 손상으로 충격을 받은 부위가 부어 오르고 통증이 발생되며 일반적으로 피부 표면에 창상이 없는 상처를 뜻하는 것은?

① 찰과상　　② 타박상
③ 화상　　　④ 출혈

122 다음 중 안전·보건표지의 색채에 따른 용도에 있어 지시를 나타내는 색채로 옳은 것은?

① 빨간색　　② 녹색
③ 노란색　　④ 파란색

123 다음 중 보안경을 필요로 하는 작업과 가장 거리가 먼 것은?

① 탁상, 그라인더 작업
② 디스크 그라인더 작업
③ 수동 가스절단 작업
④ 금긋기 작업

124 안전모의 내부 수직거리로 가장 적당한 것은?

① 20mm 이상 40mm 미만일 것
② 15mm 이상 40mm 미만일 것
③ 10mm 이상 30mm 미만일 것
④ 25mm 이상 50mm 미만일 것

> • 안전모는 모체, 착장체 및 턱끈을 가지고 있을 것
> • 안전모의 착용 높이는 85mm 이상이고 외부수직거리는 80mm 미만일 것
> • 안전모의 내부 수직거리는 25mm 이상 50mm 미만일 것
> • 안전모의 수평 간격은 5mm 이상일 것

정답 120 ④ 121 ② 122 ④ 123 ④ 124 ④

125 다음 중 발화성 물질이 아닌 것은?
① 카바이드   ② 금속 나트륨
③ 황린   ④ 질산 에테르

> 발화성 물질이란 스스로 발화하거나, 발화가 쉽거나 물과 접촉하여 발화하고 가연성 가스를 발생할 수 있는 물질이다.
> • 가연성 고체로서 황화린, 적린, 황, 철분, 금속분, 마그네슘, 카바이드 등이 있다.
> • 자연발화성 및 금수성 물질에는 칼륨, 나트륨, 황린, 알칼리 금속, 유기 금속 화합물 등이 있다.

126 금속나트륨, 마그네슘 등과 같은 가연성 금속의 화재는 몇 급 화재로 분류되는가?
① A급 화재   ② B급 화재
③ C급 화재   ④ D급 화재

정답 125 ④ 126 ④

CHAPTER 02 용접안전

1 가스용접의 안전

가스용접의 핵심위험요인은 폭발, 화재, 화상, 중독 등이다. 이들에 의한 재해를 방지하기 위한 주의사항은 다음과 같다.

1. 폭발
    ① 아세틸렌(C_2H_2) 가스는 공기 중의 산소와 결합하여 폭발성 혼합가스가 되므로 가스용기의 전도(넘어짐) 충격을 방지하도록 한다.
    ② 산소의 조정기에 기름이 묻지 않도록 한다.
    ③ 가스 호스가 꼬이거나 손상되지 않도록 하며, 용기에 감지 않는다.
    ④ 작업 전에 가스 누출 검사를 한다.

2. 화재
    ① 주변의 인화성·가연성 물질들을 멀리하여 불꽃이 튀지 않도록 한다.
    ② 소화기를 배치한다.
    ③ 가스 호스의 길이는 3m 이상이 되도록 한다.

3. 화상
    ① 용접작업 중 불꽃튀김 등으로 인하여 화상을 방지하기 위해 방화복, 앞치마, 가죽장갑 등의 보호구를 착용한다.
    ② 시력 보호를 위해 적절한 보안경을 선정한다.

4. 중독
    ① 용기는 위험한 장소나 통풍이 안 되는 장소에 보관하지 않으며 온도는 40℃ 이하로 유지시킨다.
    ② 작업을 하지 않을 시에는 호스를 해체하거나 환기가 충분한 장소로 이동시킨다.

5. 그 밖의 주의사항
    ① 호스와 취관은 손상을 통하여 누출될 우려가 없는 것을 사용한다.
    ② 도관에는 아세틸렌관과 산소관의 색을 달리하여 구분한다.
    ③ 가스집합장치는 화기를 사용하는 설비로부터 5m 떨어진 장소에 설치한다.

2 아크용접의 안전

아크용접의 핵심위험요인은 광선에 의한 재해, 전격에 의한 재해, 가스중독에 의한 재해이다.

1. 광선에 의한 재해
   ① 적절한 차광도의 보안면을 착용한다.
   ② 안염이나 피부 손상을 예방하기 위해 적당한 차광도의 보안면이나 용접용 재킷, 앞치마, 장갑 등을 착용한다.

2. 전격에 의한 재해
   ① 자동전격방지기가 잘 작동되는지 확인한다.
   ② 충전부위에 단자방호조치가 잘 되어 있는지 확인한다.
   ③ 용접기의 금속부분 중 전류가 흐르지 않는 부분은 접지한다.
   ④ 전선은 지지대 등을 이용하여 바닥에서부터 띄워둔다.
   ⑤ 홀더손잡이로부터 3m 이내에 이어진 부분이 있거나 수리된 용접코드선은 사용하지 않는다.
   ⑥ 휴식 시 용접봉을 홀더에서 탈착한다.

3. 가스중독에 의한 재해
   ① 용접 시 발생하는 위해가스의 방출을 위해 국소배기장치 또는 전체 환기장치를 설치한다.
   ② 퓸(Fume)용 방진마스크 도는 송기 마스크를 착용한다.
   ✱ 퓸 : 열에 의해 증발된 피복제 등의 물질이 냉각되어 생기는 미세한 소립자

4. 그 밖의 주의사항
   ① 작업복에 묻은 기름때를 제거한다.
   ② 작업장 주위에 소화기를 비치하며 인화성·발화성·가연성 물질을 제거한다.

EXERCISES 핵심문제

01 헬멧이나 핸드 실드의 차광유리 앞에 보호유리를 끼우는 가장 타당한 이유는?

① 시력을 보호하기 위하여
② 가시광선을 차단하기 위하여
③ 적외선을 차단하기 위하여
④ 차광유리를 보호하기 위하여

02 다음 중 용접방법과 시공방법을 개선하여 비용을 절감하는 방법에 대한 설명으로 틀린 것은?

① 적당한 아크 길이와 용접 전류를 유지한다.
② 피복 아크용접을 할 경우 가능한 한 용접봉이 긴 것을 사용한다.
③ 사용 가능한 용접방법 중 용착속도가 최대인 것을 사용한다.
④ 모든 용접에 안전을 고려하여 과도한 덧살 용접을 한다.

03 가스용접작업 시 주의사항으로 틀린 것은?

① 반드시 보호 안경을 착용한다.
② 산소 호스와 아세틸렌 호스는 색깔 구분 없이 사용한다.
③ 불필요한 호스를 사용하지 말아야 한다.
④ 용기 가까운 곳에서는 인화물질의 사용을 금한다.

> 산소 호스는 녹색(검정), 아세틸렌 호스는 적색을 사용한다.

04 다음 중 일반적으로 가스 폭발을 방지하기 위한 예방대책에서 가장 먼저 조치를 취하여야 할 사항은?

① 방화수 준비   ② 가스 누설의 방지
③ 착화의 원인 제거   ④ 배관의 강도 증가

정답 01 ④ 02 ④ 03 ② 04 ②

05 다음 중 용접기를 설치해도 되는 장소로 가장 적합한 것은?
① 옥외의 비바람이 치는 장소
② 진동이나 충격을 받는 장소
③ 유해한 부식성 가스가 존재하는 장소
④ 주위 온도가 10℃ 정도인 장소

06 다음 중 아크용접 작업 시 용접 작업자가 감전된 것을 발견했을 때의 조치방법으로 적절하지 않은 것은?
① 빠르게 전원 스위치를 차단한다.
② 전원 차단 전 우선 작업자를 손으로 이탈시킨다.
③ 즉시 의사에게 연락하여 치료를 받도록 한다.
④ 구조 후 필요에 따라서는 인공호흡 등 응급처치를 실시한다.

07 용접 작업과 관련한 화재예방대책으로 가장 적절하지 않은 것은?
① 용접작업 중에는 반드시 소화기를 비치한다.
② 용접작업은 가연성 물질이 있는 안전한 장소를 택한다.
③ 인화성 액체가 들어 있는 용기나 탱크는 내부를 완전히 세척 후 통풍 구멍을 개방하고 작업한다.
④ 가스용접장치는 화기로부터 5m 이상 떨어진 곳에 설치하여 작업한다.

08 좁은 탱크 안에서 작업할 때의 주의사항으로 옳지 않은 것은?
① 질소를 공급하여 환기시킨다.
② 환기 및 배기장치를 한다.
③ 가스 마스크를 착용한다.
④ 공기를 불어넣어 환기시킨다.

정답 05 ④ 06 ② 07 ② 08 ①

09 다음 중 용접작업 시 감전재해의 예방대책으로 틀린 것은?

① 용접작업 중 용접봉 끝부분이 충전부에 접촉되지 않도록 한다.
② 파손된 용접 홀더는 신품으로 교체하여 사용한다.
③ 피복이 손상된 용접 홀더 선은 절연 테이프로 수리한 후 사용한다.
④ 본체와 연결부는 비절연 테이프로 감아서 사용한다.

10 일반적으로 사람의 몸에 얼마 이상의 전류가 흐르면 순간적으로 사망할 위험이 있는가?

① 5[mA]   ② 15[mA]
③ 25[mA] ④ 50[mA]

> 인체에 50[mA] 이상의 전류가 흐르면 사망할 위험에 처하고, 100[mA] 이상이면 사망한다.

11 아크용접 작업 중 감전이 되었을 때 전류 몇 mA 이상이 인체에 흐르면 심장마비를 일으켜 순간적으로 사망할 위험이 있는가?

① 5   ② 10
③ 15   ④ 50

12 용접작업 중 지켜야 할 안전사항으로 틀린 것은?

① 보호장구를 반드시 착용하고 작업한다.
② 훼손된 케이블은 사용 후에 보수한다.
③ 도장된 탱크 안에서의 용접은 충분히 환기시킨 후 작업한다.
④ 전격 방지기가 설치된 용접기를 사용한다.

13 용접작업 시 주의사항을 설명한 것으로 틀린 것은?

① 화재를 진화하기 위하여 방화설비를 설치할 것
② 용접작업 부근에 점화원을 두지 않도록 할 것
③ 배관 및 기기에서 누출이 되지 않도록 할 것
④ 가연성 가스는 항상 옆으로 뉘어서 보관할 것

정답 09 ④ 10 ④ 11 ④ 12 ② 13 ④

14 용접작업 시 사용하는 보호기구의 종류로만 나열된 것은?

① 앞치마, 핸드실드, 차광유리, 팔 덮개
② 용접 헬멧, 핸드 그라인더, 용접 케이블, 앞치마
③ 치핑 해머, 용접 집게, 전류계, 앞치마
④ 용접기, 용접 케이블, 퓨즈, 팔 덮개

> 용접 보호구
> 앞치마, 핸드실드, 헬멧 실드, 차광유리, 팔 덮개, 각반, 모자, 장갑 등이 있다.

15 아크용접기의 사용률에서 아크 발생시간과 휴식시간을 합한 전체 시간은 몇 분을 기준으로 하는가?

① 60분 ② 30분
③ 10분 ④ 5분

> 아크용접에서 사용률은 전체 작업시간(휴식시간＋아크 발생시간)과 아크 발생 시간을 가지고 계산한다. 일반적으로 단위시간은 10분을 기준으로 계산한다.

16 아크 광선에 의한 전광성 안염이 발생하였을 때의 응급조치로 가장 올바른 것은?

① 안약을 넣고 수면을 취한다.
② 냉습포 찜질을 한 다음 치료를 받는다.
③ 소금물로 찜질을 한 다음 치료를 받는다.
④ 따뜻한 물로 찜질을 한 다음 치료한다.

17 아크용접의 재해라 볼 수 있는 것은?

① 아크 광선에 의한 전안염
② 스패터 비산으로 인한 화상
③ 역화로 인한 화재
④ 전격에 의한 감전

18 다음 중 용접 흄이나 가스의 중독을 방지하기 위한 방법과 가장 거리가 먼 것은?

① 작업 중 발생한 흄이나 가스는 흡입되지 않도록 방독 마스크나 방진 마스크를 착용한다.
② 밀폐된 곳에서의 용접 작업 시에는 강제순환기식 환기장치나 압축공기를 분출시키면서 작업한다.
③ 밀폐된 장소에서는 혼자서 작업하지 말고 반드시 관리자의 관리하에서 작업하여야 한다.
④ 작업 시 불편함을 느낄 경우 보호구는 착용하지 않아도 된다.

정답 14 ① 15 ③ 16 ② 17 ③ 18 ④

19 용접기에 전원 스위치를 넣기 전에 점검해야 할 사항 중 틀린 것은?

① 용접기가 전원에 잘 접속되어 있는가를 점검한다.
② 케이블이 손상된 곳은 없는지 점검한다.
③ 회전부나 마찰부에 윤활유가 알맞게 주유되어 있는지 점검한다.
④ 용접봉 홀더에 접지선이 이어져 있는지 점검한다.

> 홀더에는 전극케이블이 이어져 있어야 하며, 접지선은 모재나 작업대에 이어져 있어야 한다.

20 다음 중 아세틸렌 용기와 호스의 연결부에 불이 붙었을 때 가장 우선적으로 해야 할 조치는?

① 용기의 밸브를 잠근다.
② 용기를 옥외로 운반한다.
③ 용기와 연결된 호스를 분리한다.
④ 용기 내의 잔류가스를 신속하게 방출시킨다.

> 아세틸렌은 가연성 가스이므로 불이 붙을 수 있기 때문에 우선적으로 용기의 밸브를 잠근다.

21 다음 중 가스용접 작업을 할 때 주의하여야 할 안전사항으로 틀린 것은?

① 가스용접을 할 때는 면장갑을 낀다.
② 작업자의 눈을 보호하기 위하여 차광유리가 부착된 보안경을 착용한다.
③ 납이나 아연합금 또는 도금재료는 가스용접 시 중독될 우려가 있으므로 주의하여야 한다.
④ 가스용접 작업 시에는 가연성 물질이 없는 안전한 장소를 선택한다.

> 면장갑은 가연물이기 때문에 가스용접 작업을 할 때 착용하게 되면 화상의 우려가 있다.

22 다음 중 홈 가공에 관한 설명으로 옳지 않은 것은?

① 능률적인 면에서 용입이 허용되는 한 홈 각도는 작게 하고 용착 금속량도 적게 하는 것이 좋다.
② 용접 균열이라는 관점에서 루트 간격은 클수록 좋다.
③ 자동 용접의 홈 정도는 손 용접보다 정밀한 가공이 필요하다.
④ 홈 가공의 정밀도는 용접능률과 이음의 성능에 큰 영향을 끼친다.

> 용접 균열의 관점에서는 루트 간격은 작을수록 좋다.

정답 19 ④ 20 ① 21 ① 22 ②

23 자동 제어의 종류 중 미리 정해 놓은 순서에 따라 제어의 각 단계를 차례로 행하는 제어는?

① 시퀀스 제어   ② 피드백 제어
③ 동작 제어   ④ 인터록 제어

> 미리 정해진 순서에 따라 제어의 각 단계를 차례로 진행해 가는 제어는 시퀀스 제어이다.

24 산업용 로봇의 작업 안전수칙 중 사용상 안전지침에 대한 설명으로 틀린 것은?

① 일시적으로 로봇이 움직이지 않는다고 속단하지 않는다.
② 한 동작을 반복한다고 해서 그 동작만 반복한다고 가정하지 않는다.
③ 안전장치의 작동상태는 작업시간 전 1회만 점검한다.
④ 방호울 또는 방책 등을 개방 시 로봇의 정지상태를 확인하여야 한다.

> 안전장치의 작동상태는 작업 시작 전·중·후 항상 점검하여야 한다.

25 용접용 로봇 설치장소에 관한 설명으로 틀린 것은?

① 로봇 팔을 최소로 줄인 경로 장소를 선택한다.
② 로봇 움직임이 충분히 보이는 장소를 선택한다.
③ 로봇 케이블 등이 사람 발에 걸리지 않도록 설치한다.
④ 로봇 팔이 제어패널, 조작패널 등에 닿지 않는 장소를 선택한다.

26 산업용 용접 로봇의 작업기능으로 잘못된 것은?

① 동작 기능   ② 구속 기능
③ 이동 기능   ④ 교시 기능

정답 23 ① 24 ③ 25 ① 26 ④

PART 4

용접재료의 관리

CHAPTER 01　용접재료 및 각종 금속용접
CHAPTER 02　철과 강
CHAPTER 03　비철금속재료
CHAPTER 04　비금속재료

용접재료 및 각종 금속용접

1 재료의 분류 및 특성과 결정구조

1. 재료의 구분과 공통성질

기계 또는 구조물 또는 가공제품의 재료는 금속재료와 비금속재료로 구분된다. 재료의 일반적 분류는 아래의 도표와 같다.

1) 순금속(Pure Metal)

순수한 1원소의 금속. 실제로 100% 순금속의 제작은 불가능하며, 극소량의 불순물이 함유된다. 하지만 그 영향이 미치지 않을 때는 순금속으로 취급한다.

2) 합금(Alloy)

금속원소에 1종 이상의 금속원소 혹은 비금속원소를 첨가하여 금속적인 성질을 갖고 단상 혹은 2상 이상의 상으로 된 금속

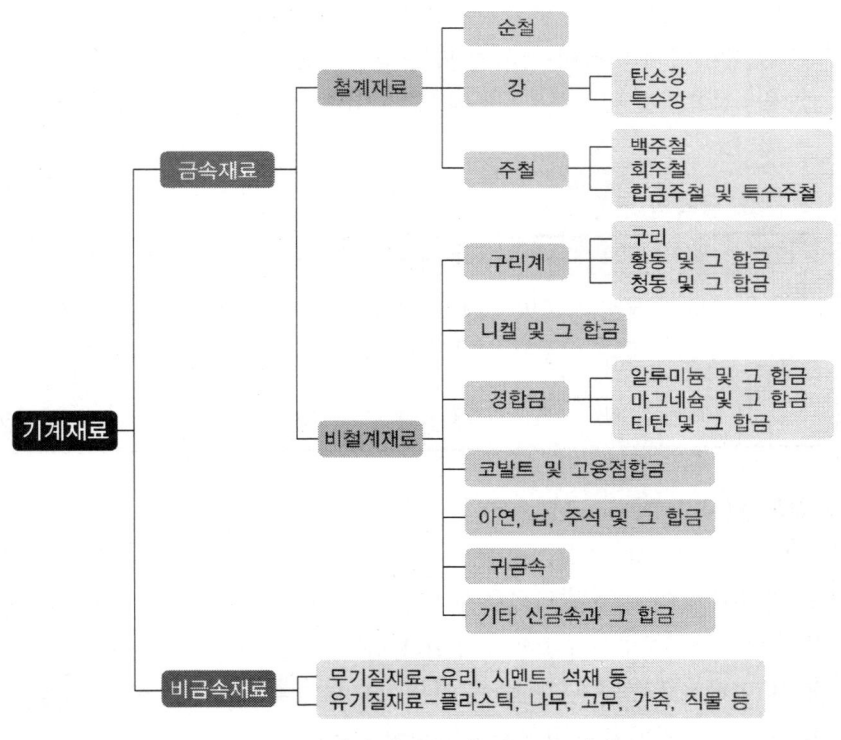

‖ 일반적인 금속재료의 분류 ‖

3) 준금속(아금속, Metalloid)

금속과 비금속을 구별하기 어려운 중간적인 금속으로, B, Si, Ge, As(비소, Arsenic), Te(텔루르, Tellurium), Po(폴로늄, Polonium) 등

4) 신금속

과학기술의 발전과 더불어 새로 개발된 금속과 이전부터 사용된 금속 중에서 특수목적용으로 개발된 전자공업용 재료, 우주항공용 재료, 초내식용 재료 등

5) 비중에 의한 구분

① 경금속(Light Metal) : 비중 4.5 이하. Al, Mg, Ti, Be 등
② 중금속(Heavy Metal) : 비중 4.5 이상. Fe, Ni, Cu, Cr 등

▼ 주요 금속의 비중

원소	Li	K	Na	Mg	Be	Al	Ti	V	Sb	Cr	Zn	Mn	Sn	Fe
비중(S)	0.53	0.86	0.97	1.74	1.85	2.7	4.6	5.6	6.67	7.0	7.1	7.3	7.3	7.8
원소	Cd	Cu	Ni	Co	Bi	Mo	Ag	Pb	Hg	W	Au	Pt	Ir	Os
비중(S)	8.64	8.93	8.8	8.9	9.8	10.2	10.5	11.34	13.6	19.1	19.3	21.4	22.42	22.57

6) 용융점

① 금속이 열에 의하여 액체가 되는 점을 말한다.
② 용융점이 가장 높은 것은 텅스텐(W : 3410℃)이고, 가장 낮은 것은 수은(Hg : -38.8℃)이다.

▼ 주요 금속의 용융점

원소	W	Os	Mo	Ir	Cr	Pt	Ti	Fe	Co	Ni	Be
용융점(℃)	3410	3045	2610	2410	1875	1769	1668	1539	1495	1453	1277
원소	Cu	Au	Ag	Al	Mg	Zn	Sn	Pb	Li	Na	Hg
용융점(℃)	1083	1063	961	660	650	420	232	327	181	97.5	-38.4

7) 전도율(傳導率, Conductivity)

전도율은 고유저항의 역수인데, 고유저항은 공업적으로는 길이 1m, 단면적 $1mm^2$의 선의 저항을 Ω(Ohm)으로 나타낸다. 고유저항은 재료 및 온도에 따라 다르며, 고유저항이 작을수록 전기전도율이 좋은 것이 된다. 금속은 모두 열과 전기를 잘 전달하는 성질이 있으며, 일반적으로 열전도율이 큰 것은 전도율도 크다. 전도율이 큰 금속은 전기의 도선 또는 기타의 전기기구·기계에 사용되며, 반대로 전도율이 작은 금속은 저항선으로 사용된다.

▼ 순금속의 열전도율

순금속 기호	20℃에서의 열전도율 (cal/cm²·sec·℃)	고유저항 (Ωmm²/m)	Ag을 100으로 했을 때의 전도율 비(%)
Ag	1.0	0.0165	100
Cu	0.94	0.0178	92.8
Au	0.71	0.023	71.8
Al	0.53	0.029	57
Zn	0.27	0.063	26.2
Ni	0.22	0.1±0.01	16.7
Fe	0.18	0.1	16.5
Pt	0.17	0.1	16.5
Sn	0.16	0.12	13.8
Pb	0.083	0.208	7.94
Hg	0.0201	0.958	1.74

8) 금속의 일반적인 특성

① 고체 상태에서 결정구조를 갖는다.
② 전기의 양도체이다.
③ 열의 양도체이다.
④ 전성(展性) 및 연성(延性)이 좋다.
⑤ 금속 광택을 갖는다.

9) 합금의 성질

① 강도와 경도가 좋다.
② 주조성이 우수하다.
③ 내산성·내열성이 높다.
④ 색이 아름답다.
⑤ 용융점, 전기 및 열전도율이 일반적으로 낮다.

10) 순금속의 응고

순금속을 용융온도보다 높은 온도에서 용융 후 서서히 냉각하여 응고점에 도달하면 일정한 온도에서 고체화한다. 이러한 현상은 뉴턴(Newton)의 냉각곡선으로 표시한다.
오른쪽 그림에서 (Ⅰ)은 구리의 냉각곡선이며, (Ⅱ)는 철강의 냉각곡선이다.

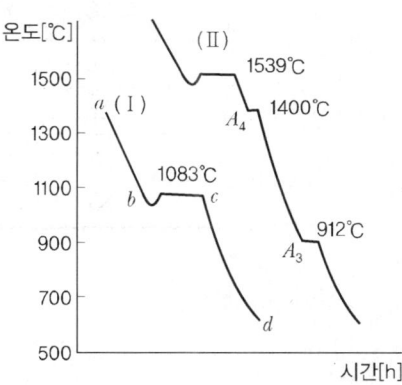

‖ 구리(Ⅰ) 및 철(Ⅱ)의 냉각곡선 ‖

(Ⅰ)에서 구리는 1083℃에서 냉각되나 조건에 따라서 더 낮은 온도에서도 냉각이 일어나 냉각온도를 예상하기에 어려움을 느끼게 된다. 그러므로 냉각온도에서 거의 균일하게 냉각을 하기 위해서는 진동 및 접종(Inoculation)을 해야 한다.

11) 금속의 가공

금속의 외력에 대한 변형의 구분으로 탄성영역과 소성영역, 그리고 파괴로 구분하나 가공 시에는 소성영역을 이용한다.

① 소성가공법

금속에 힘을 가하여 판재, 봉재, 관재 등에서 여러 가지 모양으로 가공할 수 있는데, 이와 같이 변형되는 성질을 소성이라 하고 이 성질을 이용한 가공법을 소성가공이라 한다.

② 종류

㉠ 냉간가공
- 재결정온도 이하에서 가공하는 방법
- 강도·경도 증가, 탄성한도 증가, 연신율 감소
- 정밀한 제품을 얻을 수 있다.

㉡ 열간가공
재결정온도 이상에서 가공하는 방법

㉢ 재결정온도
냉간가공한 재료를 풀림하면 연하게 되는 과정 중에 새로운 결정핵이 생기고, 조직 전체가 새로운 결정으로 변하는 것을 재결정이라 한다. 일반적으로 가공도가 컸던 금속이나 풀림(어닐링) 시간이 길수록 재결정온도가 낮아진다.
다음은 주요 금속의 일반적인 재결정온도이다.

▼ 주요 금속의 재결정온도

금속원소	재결정온도(℃)	금속원소	재결정온도(℃)
Au	200	Fe	350~450
Ag	200	Al	150~250
Cu	200~300	W	1000
Ni	530~600		

12) 원자의 결합

대부분의 물질은 고체상태에서 원자가 3차원적으로 규칙 정연하게 배열된 결정 구조 상태이나 결정을 구성하기 위해서는 원자는 서로 강한 힘으로 결합되어 있어야 한다. 원자와 원자의 결합은 보통 힘의 크기에 따라 그 결합 양식이 다르다. 큰 원자력에 의한 강한 결합에는 공유 결합, 이온 결합, 금속 결합이 있으며 약한 결합에는 반데르발스 결합이 있다.

① 공유 결합(公有結合, Covalent Bond)

공유 결합은 주기율표에서 서로 가까이 위치한 원소의 원자들 사이에서 일어나는 결합으로 등극결합(等極結合, Homopolar Bond)이라고도 한다.

공유 결합은 몇 개의 원자가 전자를 공유함으로써 얻어지는 결합이다.

| H_2, N_2, CH_4

② 이온 결합(Ionic Bond)

이온 결합은 큰 양전기를 띤 원자와 큰 음전기를 띤 원자(주기율표에서 서로 반대쪽에 있는 원소들) 사이에 일어나는 결합이다. 원자가 서로 전자를 주고받아 정(正)과 부(負)의 이온이 되었을 때 양 이온 간에 작용하는 정전기적(靜電氣的)인 힘에 의한 이온 결합으로 금속과 비금속 간에서 많이 볼 수 있다.

③ 금속 결합(Metallic Bond)

금속 결합은 고체 금속의 특유한 형식의 원자결합으로, 규칙적으로 배열된 결정을 형성하고 있다.

금속 결합은 가전자를 인접 원자와 공유한다는 점에서 공유 결합에 비유할 수 있다. 또 결합이 음전하인 전자와 양이온으로 이루어진다고 생각하면 금속 결합은 이온 결합에도 비유할 수 있다.

금속 안에서는 전자가 한정된 원자에 의해 공유되어 그 범위에 고정되는 것이 아니라 전체의 원자군을 공유하고 그 속에서 전자가 자유롭게 이동하게 된다. 이와 같은 전자를 자유 전자(Free Electron)라고 한다.

④ 반데르발스 결합(Van der Waales Bond)

가전자(價電子)가 없는 분자의 결합형식이 있는데 이를 반데르발스 결합 또는 분자 결합(分子結合)이라 한다.

기체는 작으나 점성이 있고 압축시키면 액화하며 더 진전되면 응결된다. 이것은 기체 분자 사이에 약간의 인력(引力)이 작용함을 나타내는데, 이와 같은 분자 간의 결합력을 반데르발스력(Van der Waales Force)이라 부른다.

반데르발스력에 의하여 결합된 물질은 결합력이 약하고 낮은 온도에서 용해되는 것이 많다. 예를 들면 산소나 수소 등의 비금속 무기화합물, 벤젠, 나프탈렌, 플라스틱 등이 탄소와 수소, 질소, 유황, 산소와 결합한 유기화합물의 상당수는 분자결합을 하고 있다.

2. 결정의 구조(構造)

규칙정연하게 배열한 원자의 집합체이며, 공간적인 원자배열로는 3차원의 좌표계를 생각할 수 있다.

1) 밀러지수

이 표시법은 결정면을 그 면에 의한 좌표축의 각 절편 길이의 역수의 최소정수비로 나타내며, 또 결정방향은 방향을 나타내는 직선이 원점을 지난다고 생각할 때 그 직선상의 임의의 한 점의 좌표의 최소정수비로 나타낸다. 그리고 이렇게 결정한 면의 지수가 h, k, l이고 방향의 지수가 u, v, w라고 하면, 면은 $(h\ k\ l)$, 방향은 $(u\ v\ w)$라고 쓴다. 또 지수가 음수일 경우에는 $(\bar{h}\ \bar{k}\ \bar{l})$, $(\bar{u}\ \bar{v}\ \bar{w})$와 같이 숫자 위에 − 부호를 붙인다.

▼ 결정계와 브라베이(Bravais) 격자

결정계(結晶系)	축장(軸長)	축각(軸角)	대칭성	브라베이 격자
입방정계 (Cubic System)	$a = b = c$	$\alpha = \beta = \gamma = 90°$	4회 대칭축 − 3	단순, 체심, 면심
정방정계 (Tetragonal System)	$a = b \neq c$	$\alpha = \beta = \gamma = 90°$	4회 대칭축 − 1	단순, 체심
사방정계 (Orthorhombic System)	$a \neq b \neq c$	$\alpha = \beta = \gamma = 90°$	2회 대칭축 − 3	단순, 체심, 저심, 면심
입방정계 (Cubic System)	$a = b = c$	$\alpha = \beta = \gamma = 90°$	4회 대칭축 − 3	단순, 체심, 면심
정방정계 (Tetragonal System)	$a = b \neq c$	$\alpha = \beta = \gamma = 90°$	4회 대칭축 − 1	단순, 체심
사방정계 (Orthorhombic System)	$a \neq b \neq c$	$\alpha = \beta = \gamma = 90°$	2회 대칭축 − 3	단순, 체심, 저심, 면심
삼방정계 (Trigonal System)	$a = b = c$	$\alpha = \beta = \gamma \neq 90°$	3회 대칭축 − 1	단순
육방정계 (Hexagonal System)	$a = b \neq c$	$\alpha = \beta = 90°$ $\gamma = 120°$	6회 대칭축 − 1	단순
단사정계 (Monoclinic System)	$a \neq b \neq c$	$\alpha = \beta = 90°$ $\gamma = 90°$	2회 대칭축 − 1	단순, 저심(低心)
삼사정계 (Triclinic System)	$a \neq b \neq c$	$\alpha \neq \beta \neq \gamma \neq 90°$	−	삼사

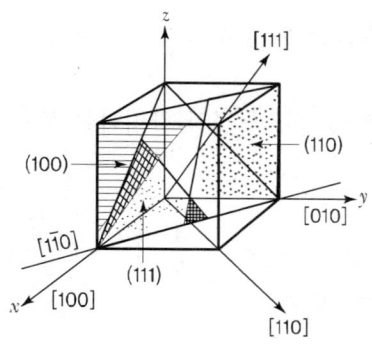

‖ 입방정계의 중요 밀러지수 ‖

> **예제 ①**
>
> **[문제]** 다음 도면의 밀러지수의 면을 결정하시오.
>
> **[풀이]**
>
>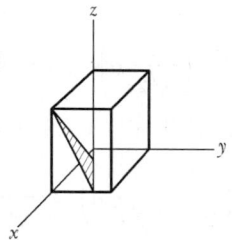
>
> $-1, \dfrac{1}{2}, 1 \rightarrow -1, 2, 1 \rightarrow (\overline{1}, 2, 1)$

2) 순금속(純金屬)의 결정(結晶)

금속결정의 단위격자는 다음과 같은 3종류에 모두 속한다.

① 체심입방격자(BCC)

아래 그림과 같이 각 모서리와 입방체 중심에 각 1개의 원자가 배열된 결정구조이다.

㉠ 근접원자 간 거리 : $\dfrac{\sqrt{3}}{2}a$, a : 격자상수

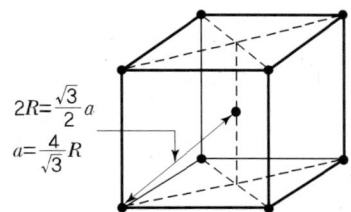 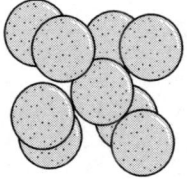

‖ 체심입방격자 ‖

ⓒ 단위격자에 속하는 원자 수 : $\frac{1}{8} \times 8 + 1 = 2$ (개)

ⓒ 단위격자 내에 속하는 원자가 차지하는 부피 : $\frac{4}{3}\pi \left(\frac{1}{2} \cdot \frac{\sqrt{3}}{2}a\right)^3 \times 2$

ⓔ 원자 충진율

$$\frac{\text{원자가 차지하는 부피}}{\text{단위격자의 부피}} = \frac{\frac{4}{3}\pi \left(\frac{1}{2} \cdot \frac{\sqrt{3}}{2}a\right)^3 \times 2}{a^3} = 0.6802$$

ⓜ 배위수 : 8

ⓗ 종류 : δ-Fe, α-Fe, Cr, Mo, V, K, Ba, W 등

② 면심입방격자(FCC)
아래 그림과 같이 입방체의 각 모서리와 각 면의 중심에 1개씩의 원자가 배열된 결정 구조이다.

ⓖ 근접원자 간의 거리 : $\left(\frac{1}{\sqrt{2}}a\right)$, a : 격자정수

ⓒ 단위 격자에 속하는 원자 수 : $1/8 \times 8 + 1/2 \times 6 = 4$(개)

ⓒ 원자 충진율 : $\frac{4}{3}\pi \left(\frac{1}{2} \cdot \frac{1}{\sqrt{2}}a\right)^3 \times \frac{4}{a^3} ≒ 0.7405$

ⓔ 배위수 : 12

ⓜ 종류 : γ-Fe, Ag, Al, Au, Cu, Pt, Ni 등

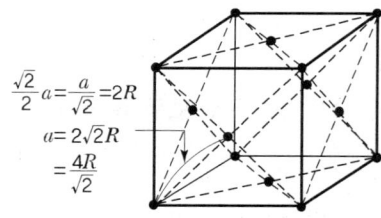

∥ 면심입방격자 ∥

> **예제 ❷**

문제 어떤 물질이 BCC에서 FCC로 변화 시 단위원자당 부피변화율은 몇 %인가?
(단, 원자의 지름은 일정, 원자는 구라고 가정)

풀이 $\dfrac{\text{단위격자의 부피}}{\text{단위격자 내의 원자 수}}$ → $V_{BCC} = \dfrac{\left(\dfrac{4R}{\sqrt{3}}\right)^3}{2}$, $V_{FCC} = \dfrac{\left(\dfrac{4R}{\sqrt{2}}\right)^3}{4}$

$\dfrac{\Delta V}{V} = \dfrac{V_{BCC} - V_{FCC}}{V_{BCC}} \times 100 = 8.1\%$

③ 조밀육방격자(HCP)

아래 그림과 같이 6각주 상·하면의 각 모서리와 그 중심에 1개씩의 원자가 있고, 또한 6각주를 구성하는 6개의 3각주 중 1개씩 띄어서 3각주의 중심에 1개씩의 원자가 배열된 결정구조이다.

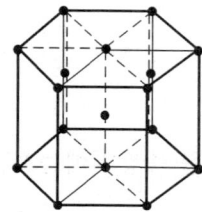 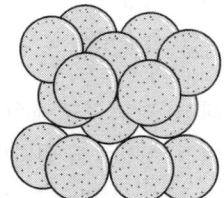

| 조밀육방격자 |

㉠ 근접원자 간 거리 : $\sqrt{a^2/3 + c^2/4}$

㉡ 원자 충진율 : $\dfrac{\dfrac{4}{3}\pi\left(\dfrac{a}{2}\right)^3 \times 2}{\sqrt{2}\, a^3} = \dfrac{\sqrt{2}}{6}\pi ≒ 0.7405$

㉢ 격자의 축비$(c/a) = \sqrt{\dfrac{8}{3}} ≒ 1.663$

㉣ 배위수 : 12

㉤ 종류 : Be, Zn, Mg, Co

㉥ 사각 기둥 내의 귀속원자 수 : $1/6 \times 6 + 1 = 2$(개)

3) 금속의 변태
  ① 동소변태
    결정구조가 외적 조건(압력, 온도)에 의해서 변하는 것을 변태 혹은 동소변태라 한다.
    • 동소체(Allotropy) : 같은 원소이지만 결정격자가 서로 다른 물질(예를 들어, 탄소에는 흑연과 다이아몬드의 2개의 동소체가 존재)

    ▼ 순철의 변태점 및 결정구조

종류	변태점	결정구조
α – Fe	910℃	BCC
γ – Fe	1400℃	FCC
δ – Fe		BCC

  ② 자기변태(동형변태)
    원자배열의 변화 없이 전자 스핀(Spin)의 방향성 변화에 의해서 강자성체로부터 상자성체로 변하는 것을 말하며, 일명 큐리점이라고 한다.

    | Fe : 768℃일 때 α – Fe에서 β – Fe로 변한다.
      Ni : 360℃
      Co : 1120℃

  ③ 변태점(결점구조해석) 측정법
    변태점 측정에서 원자배열의 변화를 측정 시에는 X선 회절법이 가장 좋으나 복잡하므로 다음의 방법을 사용한다.

    ㉠ 열분석법   ㉡ 시차열 분석법
    ㉢ 비열법   ㉣ 전기저항법
    ㉤ 열팽창법   ㉥ 자기분석법
    ㉦ X선 분석법

  ④ 격자결함
    ㉠ 점결함 : 공격자점, 격자 간 원자(0차원 결함)
    ㉡ 선결함 : 전위(1차원 결함)
    ㉢ 면결함 : 적층결함, 쌍정(2차원 결함)
    ㉣ 채적결함(3차원 결함)

4) 합금의 결정구조

고용체란 한 원자에 타 원자가 들어가서 본래 원자구조의 변화없이 성질만 바꾼 것을 말하며, 고용체와 금속 간 화합물로 구분된다. 고용체는 침입형 고용체, 치환형 고용체와 규칙격자형 고용체로 구분된다.

① 침입형 고용체

용질원자가 용매원자의 결정격자 사이의 공간에 들어간 것으로 원자반경이 작은 C, H, B, N, O 등에 한정되어 어느 것이나 반경이 1Å 이하이다.($1Å = 10^{-8}$ cm)

② 치환형 고용체

용매원자 결정의 격자점에 있는 원자가 용질원자에 의하여 치환된 것이다. 또 용매원자와 용질원자의 직경차는 5~15%까지가 적당하며, 5%가 가장 좋다.
(| Ag-Cu, Cu-Zn)

③ 규칙격자형 고용체

성분금속의 원자에 규칙적으로 치환된 배열을 가지는 고용체
(| Ni_3Fe, Cu_3Au, Fe_2Al)

④ 금속 간 화합물

2종 이상의 금속원소가 간단한 원자비로 결합되어 본래의 물질과는 전혀 별개의 물질이 형성되며, 원자도 규칙적으로 결정 격자점을 가지는 화합물로서 한 개의 독립된 원소와 같이 취급한다.
(| Fe_3C, Cu_4Sn, $CuAl_2$)

01 금속과 금속을 충분히 접근시키면 그들 사이에 원자 간의 인력이 작용하여 서로 결합한다. 다음 중 이러한 결합을 이루기 위해서는 원자들을 몇 cm 정도까지 접근시켜야 하는가?
① 10^{-6}
② 10^{-7}
③ 10^{-8}
④ 10^{-9}

02 SS400로 표시된 KS 재료 기호의 400은 어떤 의미인가?
① 재질 번호
② 재질 등급
③ 최저 인장강도
④ 탄소 함유량

03 다음 중 일반적으로 순금속이 합금에 비해 가지고 있는 우수한 성질로 가장 적절한 것은?
① 주조성이 우수하다.
② 전기 전도도가 우수하다.
③ 압축강도가 우수하다.
④ 경도 및 강도가 우수하다.

04 다음 중 어느 부분이나 균일하고 불연속적이며, 경계된 부분으로 되어 있는 분자와 원자의 집합 상태인 것을 무엇이라 하는가?
① 계(System)
② 상(Phase)
③ 상률(Phase Rule)
④ 농도(Concentration)

> 일반적으로 물질의 상태는 기체, 액체, 고체의 세 가지가 있는데, 금속은 온도에 따라 고체상태에서 결정 구조가 다른 상태로 존재한다. 이와 같은 각 물질의 상태를 상(Phase)이라 한다.

정답 01 ③ 02 ③ 03 ② 04 ②

05 금속의 변태에서 자기변태(Magnetic Transformation)에 대한 설명으로 틀린 것은?

① 철의 자기변태점은 910℃이다.
② 격자의 배열 변화는 없고 자성 변화만을 가져오는 변태이다.
③ 자기변태가 일어나는 온도를 자기변태점이라 하고 이 온도를 퀴리점이라 한다.
④ 강자성 금속을 가열하면 어느 온도에서 자성의 성질이 급감한다.

06 다음 중 순철의 동소체가 아닌 것은?

① α철　　　　② β철
③ γ철　　　　④ δ철

07 다음 중 열전도율이 가장 작은 것은?

① 알루미늄　　　② 은
③ 구리　　　　　④ 납

> • 순서 : Ag>Cu>Au>Al>Mg>Ni>Fe>Pb의 순이다.
> • 열 전도율도 전기 전도율과 순서가 비슷하다.
> • 금속 중에서 전기 전도율이 가장 좋은 것은 은이다.
> • 일반적으로 순금속에서 다른 금속 또는 비금속을 첨가하여 합금을 만들면 대개의 경우 전기 전도율은 저하된다.

08 일반적으로 성분 금속이 합금(Alloy)이 되면 나타나는 특징이 아닌 것은?

① 기계적 성질이 개선된다.
② 전기저항이 감소하고 열전도율이 높아진다.
③ 용융점이 낮아진다.
④ 내마멸성이 좋아진다.

09 금속의 공통적 특성에 대한 설명으로 틀린 것은?

① 소성 변형이 있어 가공이 쉽다.
② 일반적으로 비중이 적다.
③ 금속 특유의 광택을 갖는다.
④ 열과 전기의 양도체이다.

정답　05 ①　06 ②　07 ④　08 ②　09 ②

CHAPTER 02 철과 강

① 철강재료의 분류 및 제조

공업용 철강재료는 화학적으로 순수한 Fe가 아니고 Fe을 주성분으로 하여 각종 성분, 즉 C, Si, Mn, P, S 등을 품고 있으며 일반적으로 C의 함유량에 따라 다음과 같이 대별한다.

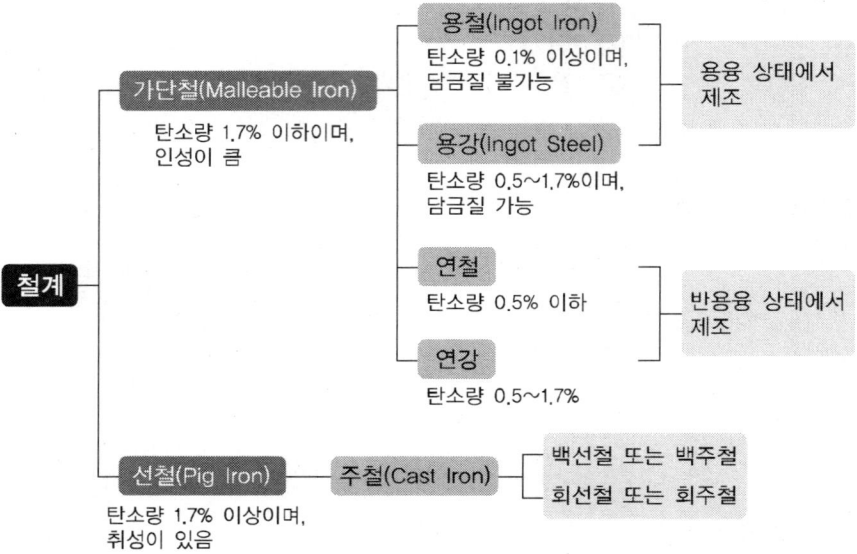

금속조직학상으로는 C 2.0% 이하를 강, C 2.0% 이상을 철로 규정하고 있다. 특수 성질을 얻기 위해서 특수 원소를 넣은 것을 특수강 또는 합금강이라 부르며, 이에 대해 보통의 강을 보통강이라 한다. 선철과 주철은 실질적으로 동일하나 주조 재료로서 쓰일 때 이것을 주철이라 하고, 철광석 제련의 산물, 제강, 그 밖의 원소로서 쓰일 때 선철이라 한다.

1. 선철의 제조법

선철은 전기로나 회전로 등의 특수 제선법에 의해서도 제조되나 현재 가장 널리 사용되고 있는 제선법은 코크스를 연료로 하는 용선로법이다.

철광석
괴 광 → 예비처리 설비 → 용광로 → 선철 { 제강용, 주물용 } → 제강로 → 강 → 강괴 → 압연 → 강재
정 광

파쇄   전기로   순산소전로
소결   기타 광재   전기로
단광   평로
조립   공기전로

‖ 철강제조 계통도 ‖

용광로 속에서 코크스가 타서 400℃ 정도의 고온이 되며, CO 가스가 생겨 노 내의 온도가 1600℃ 정도로 상승하는데, 이 CO 가스가 철광석을 환원한다.(간접 환원)

$$3Fe_2O_3 + CO \rightarrow 2Fe_3O_4 + CO_2$$
$$Fe_3O_4 + CO \rightarrow 3FeO + CO_2$$
$$FeO + CO \rightarrow Fe + CO_2$$

2. 강의 제조법

제선과정은 산화철을 환원시키는 환원제련이고, 제강과정은 선철 중의 불순물을 산화 제거하는 산화정련이다.

1) 전로법

베세머(Bessemer) 제강법과 토마스(Thomas) 제강법이 있다. 공기를 산화제로 써서 그 발생열로 제강하므로 연료를 불필요로 하기 때문에 값싸게 대량 생산이 가능하였으나, 강 중에는 N, P, O 등의 함량이 많아서 강질이 나쁘고 또 값싼 고철을 이용할 수 없는 결점이 있어 현재는 특수한 경우 이외는 이용되지 않는다. 베세머법을 산성 전로법이라 하고, 토마스법을 염기성 전로법이라 한다.

2) 평로 제강법

고철을 많이 사용하며, 양질의 강을 얻을 수 있고, 대량생산이 가능하다.

3) 전기로 제강법

고급강 및 특수강에 사용한다.

4) LD법(= BOF법)

　　수랭한 산소 취입관을 통하여 순수한 산소를 용선 위에 고속으로 취입하여 제강한다.

3. 강괴

정련이 끝난 용해된 강은 노 내 또는 쇳물받이 속에서 탈산제를 첨가하여 탈산 후에 주형(Mold)에 주입한다. 강괴는 탈산 정도에 따라 림드강, 킬드강, 세미킬드강이 있다.

1) 탈산제

> Fe-Si(= 규산철, 페로실리콘)
> Al(알루미늄)
> Fe-Mn(= 망간철, 페로망간)

2) 강괴의 종류

　① 킬드강(Killed Steel)
　　㉠ 탈산제로 충분히 탈산시킨 강
　　㉡ 성분이 균일하여 기계 구조용 강으로 널리 이용된다.
　　㉢ 기포나 편석은 없으나 H_2에 의해 헤어크랙이 발생하는 단점이 있다. 이러한 나쁜 부분을 제거하기 위해 강괴의 10~20%는 잘라 버린다.
　　㉣ 평로, 전기로 등에서 주로 만들어진다.

　② 림드강(Rimmed Steel)
　　㉠ 평로나 전기로 등에서 정련된 용강을 Fe-Mn으로 가볍게 탈산시킨 강
　　㉡ 내부에 기포가 남아 있다.
　　㉢ 표면 부근에 순도가 높다.
　　㉣ 봉, 관, 파이프 재료로 널리 사용된다.

　③ 세미 킬드강(Semi-Killed Steel)
　　림드강과 킬드강의 중간 성질을 가진 강(Steel)

　④ 캡트강(Capped Steel)
　　용강을 주입 후 뚜껑을 씌워 비등을 억제시켜 림드 부분을 얇게 하여 편석을 적게 한 강

2 순철 및 탄소강

1. 순철과 순철의 변태

일반적인 제련법은 Zone 용해법이다. 종류로는 전해철, 암코철, 카보닐철 등이 있다. 순철은 1539℃에서 응고하여 실온까지 냉각하는 동안 A_4, A_3, A_2라고 불리는 변태가 일어난다. A_4 변태는 1400℃에서 $\delta Fe \rightarrow \gamma Fe$, 즉 원자 배열이 B.C.C에서 F.C.C로 변화하는 변태이다. A_3 변태는 910℃에서 $\gamma Fe \rightarrow \alpha Fe$, 즉 원자 배열이 F.C.C에서 B.C.C로 변하는 변태이다. A_4와 A_3는 원자 배열의 변화를 수반하는 변태이므로 이러한 변태를 전술한 바와 같이 동소변태라고 한다. A_2 변태란 768℃에서 일어나는 변태이며, 이것은 원자 배열의 변화는 없고 다만 자기의 강도가 변화한다. 이러한 변태를 자기변태라고 부른다.

순철은 각 변태점에서 불연속적으로 변하며 F.C.C는 B.C.C보다 원자밀도가 크고 비체적이 적은 상태이다.

2. Fe-C계 상태도

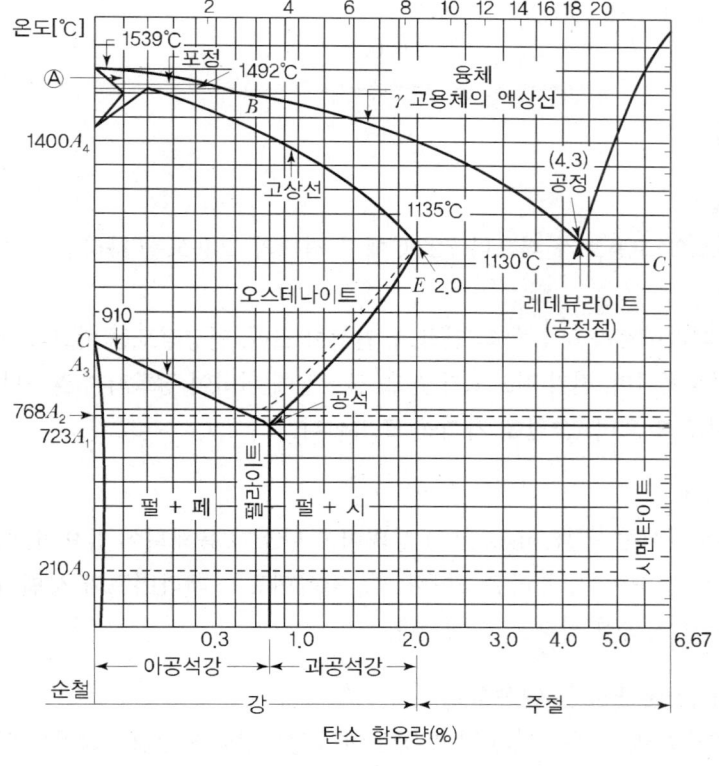

Fe_3C

$$\frac{12}{3 \times 56 + 12} \times 100 = 6.67\%$$

γ 고용체 : 오스테나이트(A)
α 고용체 : 페라이트(F)
α 고용체 + Fe_3C
    : 펄라이트(P)
γ 고용체 + Fe_3C
    : 레데부라이트(R)
Fe_3C : 시멘타이트(C)

Ⓐ 구역 자유도
$F = n + 1 - p$
   $= 2 + 1 - 2 = 1$
n(성분) : Fe, C
p(상수) : $\gamma - Fe$, L

‖ Fe-C 평형상태도 ‖

1) 탄소강의 변태

강이란 Fe과 C로 된 합금이며, 탄소(C) 0.025~2.0%를 포함한 가단성을 지닌 합금을 말한다. 탄소량에 의해서 공석강(0.77%C), 아공석강(0.77%C 이하), 과공석강(0.77%C 이상)으로 구분된다.

① 강의 A_1 변태

A_1 변태는 순철에서는 전혀 없으며 강의 특유한 변태이다. A_1점 이상의 온도에서 강은 γ상태이고, C가 용해되어 있으며, A_1점 이하의 온도에서는 강은 α 상태이고 C를 유리 상태로 보유한다. 즉, α와 Fe_3C는 혼합상태인 공석 또는 펄라이트(Pearlite)로 존재하게 된다.

>> 예제 ❶

【문제】 0.77%C_{Wt} 공석강에서 오스테나이트가 모두 페라이트와 시멘타이트로 변태 시 공석 페라이트의 상태량은 얼마인가?

【풀이】 페라이트 $= \dfrac{6.67 - 0.77}{6.67 - 0.02} \times 100 = 88.7\%$

2) 탄소강의 조직

① 페라이트(Ferrite)

α철과 β철은 탄소의 고용도가 적으나 723℃에서 최대의 고용도를 나타낸다.(C 0.03±0.02)

이러한 고용체를 페라이트라 하고 극히 연하고, 연성이 크며, 인장강도는 비교적 작고, 상온에서 강자성체이며, 전기 전도도가 높고, 담금질에 의하여 경화되지 않는다. 파면이 백색을 띠고 있으며, 순철에 가까운 조직이다.

② 펄라이트(Pearlite)

723℃ 이상의 온도에서는 γ철(Austenite) 상태이고 탄소가 용해되어 있으며, 이하의 온도에서는 α 상태이고, 유리탄소이다. 즉, 펄라이트는 페라이트와 시멘타이트(Cementite)가 혼합한 상태로 존재한다.

③ 시멘타이트(Cementite, Fe3C, 탄화철)

대단히 경하고, 취약하며, 연성은 거의 없고, 상온에서 강자성이며 담금질하여도 경화하지 않는다.

④ 오스테나이트(Austenite)

γ 고용체, 즉 강에서의 면심입방격자

⑤ 레데부라이트(Ledeburite)

γ 고용체 + Fe_3C의 조직으로서 탄소 함유량 4.3%의 철, 즉 공정철을 말한다.

3. 탄소강의 성질

1) 강의 물리적 성질

강 중의 탄소량에 의해서 물리적 성질은 직선적으로 변화한다. 탄소강의 비중, 팽창계수, 열전도는 C 양의 증가에 따라 감소하며, 비열, 전기적 저항은 증가한다.

2) 강의 기계적 성질

충격치는 200~300℃에서 가장 적다. 따라서 철강은 200~300℃에서 가장 취약한데, 이를 청열취성이라고 한다. 그 원인은 강의 시효 경화현상에 의한 것이라고 할 수 있다. C가 1%에 달할 때까지는 경도, 인장력은 직선적으로 증가하고, 연신율, 충격치는 반대로 감소한다. 1%가 초과되면 유리 Fe_3C가 석출하여 경도는 계속 증가하지만 인장력은 감소한다. 그러므로 공석강(0.77%C)에서 인장강도는 최대이다.

3) 탄소 이외의 원소와 기계적 성질

탄소강 중에 존재하는 원소 중에서 기계적 성질에 미치는 것은 Mn, Si, Cu, S, P 등이 있다.

① 망간(Mn)
  ㉠ 담금성을 현저하게 증가시킨다.
  ㉡ 강에 경도, 강도, 점성을 증가시킨다.
  ㉢ 탈산작용을 하여 강의 유동성을 좋게 한다.
  ㉣ 황(S)이 주는 해를 제거시키고 절삭성을 개선한다.
  ㉤ 고온에서 결정의 성장을 제거시켜 조직을 치밀하게 한다.
  ㉥ 1% 이상이면 주물에 수축이 생긴다.

② 규소(Si)
  ㉠ 강의 유동성을 개선한다.
  ㉡ 연신율과 충격치 등을 감소시킨다.
  ㉢ 단접 및 냉간 가공성을 저하시킨다.
  ㉣ 탄성 한도 강도, 경도 등을 증가시킨다.
  ㉤ 결정립의 크기를 증가시키고, 소성을 감소시킨다.

③ 인(P)
  ㉠ 결정입자를 거칠게 한다.
  ㉡ 기포가 없는 주물을 만들 수 있다.

ⓒ 경도와 인장강도를 증가시킨다.
　　ⓓ 연신율 및 충격치를 감소시킨다.
　　ⓔ 적당한 양은 용선의 유동성을 개선한다.
　　ⓕ 균열을 일으키며, 상온 취성의 원인이 된다.

④ 유황(S)
　　ⓐ 강의 유동성을 해치고, 기포가 발생한다.
　　ⓑ Mn과 화합하여 절삭성을 개선한다.(쾌삭강)
　　ⓒ 강도, 연신율, 충격치 등을 감소시킨다.(취성이 생긴다.)
　　ⓓ 단조, 압연 등의 작업에서 균열을 일으킨다.(고온 취성 발생)

⑤ 구리(Cu)
　　ⓐ 내식성이 증가한다.
　　ⓑ 인장강도, 탄성 한도가 증가한다.
　　ⓒ 고온취성의 원인이 된다.

⑥ 수소(H_2)
　　ⓐ 헤어크랙의 원인(내부균열)이 된다.
　　ⓑ 강에 좋은 영향을 주지 못한다.

4) 탄소강의 가공

철의 가공에는 열간가공과 냉간가공(상온가공)의 두 가지 방법이 있다.

① 열간가공

재결정온도 이상의 온도에서 단련, 압연하는 조작을 말하며, 재결정온도 이상이므로 연화나 성장도 속히 진행된다. 재결정온도 이상이라 함은 강에서는 γ-Fe(Austenite) 상태에서 행하는 것을 말한다. 탄소량에 의해 1050~1250℃ 정도에서 시작하며 850~900℃에서 완성시킨다. 이 완성시키는 온도를 마무리 온도라 한다.

② 냉간가공(상온가공)

강을 상온 또는 연화하는 온도 이하에서 가공하면 경도 항복점, 인장강도가 대단히 증가된다. 그리고 연신율은 감소된다. 강은 500℃ 부근에서부터 재결정이 시작되므로 상온가공(냉간 가공) 시 소둔할 때는 600℃ 이하의 온도이어야 한다.

• 심랭처리 : 잔류 오스테나이트를 마텐자이트화하기 위하여 담금질 직후 계속하여 M_f 온도 이하까지 냉각하는 처리이다.

EXERCISES 핵심문제

CHAPTER 02

G·U·I·D·E

01 연강용 가스용접봉은 인이나 황 등의 유해성분이 극히 적은 저탄소강이 사용되는데, 연강용 가스용접봉에 함유된 성분 중 규소(Si)가 미치는 영향은?

① 강의 강도를 증가시키나 연신율, 굽힘성 등이 감소된다.
② 기공은 막을 수 있으나 강도가 떨어진다.
③ 강에 취성을 주며 가연성을 잃게 한다.
④ 용접부의 저항력을 감소시키고 기공 발생의 원인이 된다.

○ 가스용접봉 중에 포함된 성분
• 탄소(C) : 강의 강도를 증가시키나 연신율, 연성 등을 저하시킨다.
• 규소(Si) : 강도를 저하시키나, 기공(Blow Hole)을 줄일 수 있다.
• 인(P) : 강에 취성을 주며 가연성을 떨어뜨린다.
• 황(S) : 용접부의 저항력을 감소시키며 기공이 발생할 우려가 있다.

02 일반 구조용 압연강재 SS400에서 400이 나타내는 것은?

① 최대압축강도   ② 최저압축강도
③ 최저인장강도   ④ 최대인장강도

03 강에 함유된 원소 중 인(P)이 미치는 영향을 올바르게 설명한 것은?

① 연신율과 충격치를 증가시킨다.
② 결정립을 미세화시킨다.
③ 실온에서 충격치를 높게 한다.
④ 강도와 경도를 증가시킨다.

○ 인의 영향
• 연신율 감소, 균열 발생, 충격값 저하
• 결정립을 거칠게 하며 냉간 가공성 저하
• 청열 취성의 원인
• 강도와 경도를 증가시켜 공구강 등에 사용

04 다음 중 강괴를 용강의 탈산 정도에 따라 분류할 때 해당되지 않는 것은?

① 킬드강   ② 석출강
③ 림드강   ④ 세미 킬드강

05 다음 중 정련된 용강을 노 내에서 Fe – Mn, Fe – Si, Al 등으로 완전 탈산시킨 강은?

① 킬드강   ② 세미킬드강
③ 림드강   ④ 캡드강

정답 01 ② 02 ③ 03 ④ 04 ② 05 ①

06 다음 중 페라이트계 스테인리스강에 관한 설명으로 틀린 것은?

① 유기산과 질산에는 침식하지 않는다.
② 염산, 황산 등에도 내식성을 잃지 않는다.
③ 오스테나이트계에 비하여 내산성이 낮다.
④ 표면이 잘 연마된 것은 공기나 물 중에 부식되지 않는다.

▶ 스테인리스강(STS000)

종류 (성분원소)	특징
페라이트계 (Cr 13%)	• 강인성 및 내식성이 있으나 염산 등에서는 부식된다. • 열처리에 의해 경화가 가능하다. • 용접이 가능하며, 자성체이다.
마텐 자이트계	• 13Cr을 담금질하여 얻는다. • 18Cr보다 강도가 좋다. • 자경성이 있으며 자성체이다. • 용접성이 불량하다.
오스테 나이트계 (Cr(18) -Ni(8))	• 내식, 내산성이 13Cr보다 우수하다. • 용접성이 STS 중 가장 우수하다. • 담금질로 경화되지 않으며, 비자성체이다.

07 다음 중 펄라이트 조직으로 1~2%의 Mn, 0.2~1%의 C로 인장강도가 440~863MPa이며, 연신율은 13~34%이고, 건축, 토목, 교량재 등 일반 구조용으로 쓰이는 망간(Mn)강은?

① 듀콜(Ducol)강
② 크로만실(Chromansil)
③ 크로마이징(Chromizing)
④ 하드필드(Hardfield)강

08 다음 중 일반적인 스테인리스강의 종류가 아닌 것은?

① 크롬 스테인리스강
② 크롬-인 스테인리스강
③ 크롬-망간 스테인리스강
④ 크롬-니켈 스테인리스강

09 탄소강에서 적열취성의 원인이 되는 원소는 어느 것인가?

① Mn   ② Si
③ S   ④ Al

▶ • 황 : 적열 취성
• 인 : 청열 취성

정답 06 ② 07 ① 08 ② 09 ③

10 기계 재료 표시 기호 중 칼줄, 벌줄 등에 쓰이는 탄소공구강 강재의 KS 재료기호는?

① HBsC1　　② SM20C
③ STC140　　④ GC200

• STC : 탄소공구강
• HBsC : 고강도 황동
• SM : 기계구조용 강재
• GC : 회주철

11 다음 중 강은 온도가 높아지면 전연성이 커지나 200~300℃ 부근에서는 메짐(취성)이 나타나는데 이를 무엇이라 하는가?

① 고온 메짐　　② 청열 메짐
③ 적열 메짐　　④ 뜨임 메짐

12 SCr이나 SNC 강은 용접열로 인하여 뜨임 취성이 발생되는데 다음 중 뜨임취성을 방지하기 위해 첨가하는 원소는?

① Mo　　② Ni
③ Cr　　④ Ti

13 다음 중 스테인리스강의 조직에 있어 비자성 조직에 해당하는 것은?

① 페라이트계　　② 마텐자이트계
③ 석출경화계　　④ 오스테나이트계

14 다음 중 피절삭성이 양호하여 고속절삭에 적합한 강으로 일반 탄소강보다 P, S의 함유량을 많게 하거나 Pb, Se, Zr 등을 첨가하여 제조한 강은?

① 쾌삭강　　② 레일강
③ 선재용 탄소강　　④ 스프링강

15 탄소강 주강품의 종류 중 "SC 360"이라는 기호에서 "360"이 나타내는 의미로 옳은 것은?

① 인장강도(N/mm^2)　　② 압축강도(N/mm^2)
③ 열팽창계수　　④ 탄소함유량(%)

정답　10 ③　11 ②　12 ①　13 ④　14 ①　15 ①

16 다음 중 강에 함유되어 있는 수소(H_2)가스의 영향에 대한 설명으로 옳은 것은?

① 강도를 증가시킨다.
② 경도를 증가시킨다.
③ 적열취성의 원인이 된다.
④ 헤어크랙(Hair Crack)의 원인이 된다.

17 다음 중 탄소강의 표준 조직이 아닌 것은?

① 페라이트
② 펄라이트
③ 시멘타이트
④ 마텐자이트

◉ 마텐자이트는 열처리 조직이다.

18 다음 중 스테인리스강의 종류에 속하지 않는 것은?

① 페라이트계 스테인리스강
② 마텐자이트계 스테인리스강
③ 석출 경화형 스테인리스강
④ 레데뷰라이트계 스테인리스강

19 탄소강의 담금질 효과는 냉각액과 밀접한 관계가 있는데 정지 상태의 물의 냉각속도를 1로 했을 때 다음 중 냉각속도가 가장 빠른 것은?

① 소금물
② 공기
③ 합성유
④ 광물유

◉ 담금질 액
• 소금물 : 냉각속도가 가장 빠르다.
• 물 : 처음은 경화능이 크나 온도가 올라갈수록 저하된다.
• 기름 : 처음은 경화능이 작으나 온도가 올라갈수록 커진다.
• 염화나트륨 10% 또는 수산화나트륨 10% 용액의 냉각 능력이 크다.

20 다음 중 주강에 관한 설명으로 틀린 것은?

① 주철로서는 강도가 부족한 부분에 사용된다.
② 철도 차량, 조선, 기계 및 광산 구조용 재료로 사용된다.
③ 주강 제품에는 기포나 기공이 적당히 있어야 한다.
④ 탄소함유량에 따라 저탄소 주강, 중탄소 주강, 고탄소 주강으로 구분한다.

정답 16 ④ 17 ④ 18 ④ 19 ① 20 ③

21 도면에 SS330으로 표시된 기계 재료의 의미로 가장 적합한 설명은?

① 합금 공구강으로 최저인장강도는 300N/mm²
② 일반 구조용 압연강재로 최저인장강도는 300N/mm²
③ 일반 압연 스테인리스 강관으로 탄소 함유량은 0.33%
④ 압력 배관용 탄소강재로 탄소 함유량은 0.33%

22 주강의 성능별 분류 중 내식용 강은 어떤 원소를 첨가한 것인가?
① Cr, Ni ② Mn, V
③ P, S   ④ W, Ti

내식성을 개선하는 원소는 크롬과 니켈이다.

23 합금강에 영향을 끼치는 주요 합금 원소가 아닌 것은?
① 흑연   ② 니켈
③ 크롬   ④ 망간

합금강
탄소강에 기계적 성질을 개선하기 위하여 합금 원소(니켈, 크롬, 망간, 텅스텐, 몰리브덴 등)를 첨가한 강

24 스테인리스강 중에서 내식성이 가장 높고 비자성인 것은?
① 페라이트계   ② 시멘타이트계
③ 마텐자이트계   ④ 오스테나이트계

25 18-8 스테인리스강의 결점은 600~800℃ 사이에서 단시간 내에 탄화물이 결정립계에 석출되기 때문에 입계 부근의 내식성이 저하되어 점진적으로 부식되는데 이것을 무엇이라 하는가?
① 결정 부식   ② 입계 부식
③ 탄화 부식   ④ 부근 부식

26 다음 중 림드강의 특징으로 옳지 않은 것은?
① 강괴 내부에 기포와 편석이 생긴다.
② 강의 재질이 균일하지 못하다.
③ 중앙부에 응고가 지연되며 먼저 응고한 바깥부터 주상정이 테두리에 생긴다.
④ 탈산재로 완전 탈산시킨 강이다.

정답 21 ② 22 ① 23 ① 24 ④ 25 ② 26 ④

27 탄소 공구강 및 일반 공구 재료의 구비 조건으로 틀린 것은?
① 상온 및 고온 경도가 클 것
② 내마모성이 클 것
③ 강인성 및 내충격성이 적을 것
④ 가공 및 열처리성이 양호할 것

> 공구강은 내마모성, 경도, 강인성, 내충격성이 커야 된다.

28 표준 고속도강(High Speed Steel)의 성분 조성은?
① W(18%) - Ni(4%) - Co(1%)
② W(18%) - Ni(6%) - Co(2%)
③ W(18%) - Cr(4%) - V(1%)
④ W(18%) - Cr(6%) - V(2%)

29 탄소강에서 탄소량의 증가에 따라 감소되는 것은?
① 열전도도
② 비열
③ 전기 저항
④ 항자력

30 다음 중 보통 주강에 3% 이하의 Cr을 첨가하여 강도와 내마멸성을 증가시켜 분쇄기계, 석유화학 공업용 기계부품 등에 사용되는 합금 주강은?
① Ni 주강
② Cr 주강
③ Mn 주강
④ Ni-Cr 주강

31 고탄소강의 탄소 함유량으로 가장 적당한 것은?
① 0.35~0.45%C
② 0.25~0.35%C
③ 0.77~1.7%C
④ 1.7~2.5%C

> 0.77~2.0%C의 강이 고탄소강이다.

정답 27 ③ 28 ③ 29 ① 30 ② 31 ③

32 온도의 상승에도 강도를 잃지 않는 재료로서 복잡한 모양의 성형가공도 용이하므로 항공기, 미사일 등의 기계부품으로 사용되는 PH형 스테인리스강은?

① 페라이트계 스테인리스강
② 마텐자이트계 스테인리스강
③ 오스테나이트계 스테인리스강
④ 석출 경화형 스테인리스강

33 실용되고 있는 탄소강은 0.05~1.7%C를 함유하면 각각 다른 용도를 갖고 있다. 탄소강에서 가공성과 강인성을 동시에 요구하는 경우에 탄소함유량이 어느 정도 함유되어 있는 것을 사용하는 것이 적당한가?

① 0.05~0.3%C
② 0.3~0.45%C
③ 0.45~0.85%C
④ 0.65~1.2%C

> 탄소량이 많아지면 인장강도와 경도가 높아져 가공성이 떨어진다. 따라서 가공성과 강인성을 동시에 요구할 경우에는 적절한 탄소함유량이 요구되는데 0.3~0.45%C가 적당하다.

34 오스테나이트계 스테인리스강의 입계부식 방지방법이 아닌 것은?

① 탄소량을 감소시켜 Ar_4C 탄화물의 발생을 저지시킨다.
② Ti, Nb 등의 안전화 원소를 첨가시킨다.
③ 고온으로 가열한 후 Cr 탄화물을 오스테나이트 조직 층에 용체화하여 급랭시킨다.
④ 풀림 처리와 같은 열처리를 한다.

> 오스테나이트계 스테인리스강(18-8 스테인리스강)은 탄화물이 석출하여 입계 부식을 일으켜 용접 쇠약을 일으키므로 냉각속도를 빠르게 하든지, 용접 후에 충분히 장시간 가열 후 급랭시키는 용체화 처리를 하는 것이 중요하다.

35 온도 변화에 따라 열팽창계수, 탄성계수 등이 변하지 않는 불변강의 종류가 아닌 것은?

① 인바(Invar)
② 텅갈로이(Tungalloy)
③ 엘린바(Elinvar)
④ 플라티나이트(Platinite)

36 탄소강의 용도에서 내마모성과 경도를 동시에 요구하는 경우에 적당한 탄소 함유량은?

① 0.05~0.3%C
② 0.3~0.45%C
③ 0.45~0.65%C
④ 0.65~1.2%C

정답 32 ④ 33 ② 34 ④ 35 ② 36 ④

37 면심입방격자에 속하는 금속이 아닌 것은?
① Cr
② Cu
③ Pb
④ Ni

38 합금강이 탄소강에 비하여 개선되는 성질이 아닌 것은?
① 전·자기적 성질
② 담금질성
③ 열전도율
④ 내식·내마멸성

○ 합금강의 정의
합금강은 탄소강에 다른 원소를 첨가하여 강의 기계적 성질을 개선한 강이며, 원소로는 Ni, Mn, W, Cr, Mo, V, Al 등이 있다.

합금강의 특징
• 기계적 성질이 개선된다.
• 내식성·내마멸성이 좋아진다.
• 고온에서 기계적 성질의 저하가 방지된다.
• 담금질성이 개선된다.
• 단접 및 용접성 등이 좋아진다.
• 전·자기적 성질이 개선된다.
• 결정 입자의 성장을 방지한다.

39 절삭 공구강의 일종으로 500~600℃까지 가열해도 뜨임 효과에 의해 연화되지 않고 고온에서도 경도의 감소가 적은 특징이 있는 강은?
① 다이스강
② 게이지용강
③ 고속도강
④ 스프링강

40 탄소 함유량이 0.20% 이하인 탄소강 주강품의 종류의 기호로 맞는 것은?
① SC 360
② SC 410
③ SC 450
④ SC 480

○ 탄소 주강품 1종(SC 360)은 탄소 함유량이 0.2% 이하로 전동기 부품용으로 사용된다. SC 410은 2종, SC 450은 3종, 480은 4종으로 일반구조용으로 사용된다.

41 탄소강에 적당한 원소를 첨가하면 본래의 성질을 현저하게 개선하거나 새로운 특성을 가지게 하는데 강인성, 내식성, 내산성, 저온 충격 저항성을 증가시키는 효과를 가지는 합금 원소로 가장 적당한 것은?
① 니켈(Ni)
② 코발트(Co)
③ 망간(Mn)
④ 몰리브덴(Mo)

○ 탄소강에 니켈을 섞으면 강인성과 내식성 및 내산성, 저온 충격 저항성이 증가한다.

정답 37 ① 38 ③ 39 ③ 40 ① 41 ①

42 스테인리스강에 관한 설명으로 옳은 것은?

① 18-8형 스테인리스강은 니켈 18%, 크롬 8%를 기준으로 한 것이다.
② 스테인리스강은 13형 니켈 스테인리스강과 18-8형 니켈 크롬강으로 대별한다.
③ 13형 크롬 스테인리스강을 페라이트계 스테인리스강이라고도 한다.
④ 스테인리스강의 종류에는 페라이트계, 펄라이트계, 오스테나이트계, 소르바이트계가 있다.

스테인리스강(STS000)

종류 (성분원소)	특징
페라이트계 (Cr 13%)	• 강인성 및 내식성이 있다. • 열처리에 의해 경화가 가능하다. • 용접은 가능하다. 자성체이다.
마텐자이트계	• 13Cr을 담금질하여 얻는다. • 18Cr보다 강도가 좋다. • 자경성이 있으며 자성체이다. • 용접성이 불량하다.
오스테나이트계 (Cr(18) -Ni(8))	• 내식, 내산성이 13Cr보다 우수하다. • 용접성이 SUS 중 가장 우수하다. • 담금질로 경화되지 않는다. 비자성체이다.

43 연강보다 열전도율은 작고 열팽창계수는 1.5배 정도이며 염산, 황산 등에 약하고 결정입계 부식이 발생하기 쉬운 스테인리스강은?

① 페라이트계
② 시멘타이트계
③ 오스테나이트계
④ 마텐자이트계

오스테나이트계 스테인리스강의 용접 특성
• 예열을 할 필요가 없다.
• 층간 온도가 320℃ 이상을 넘어서는 안 된다.
• 용접봉은 모재와 같은 재질을 사용하며, 가능하면 가는 것을 사용한다.
• 낮은 전류치로 용접하여 용접 입열을 억제한다.
• 아크 길이가 길면 카바이드가 석출되므로 아크 길이를 짧게 한다.
• 크레이터를 처리해야 한다.
• 입계부식을 방지하는 방법은 용접 후 1050~1100° 용체화 처리를 하고 공랭. 850° 이상으로 가열 급랭 담금질한다.

③ 열처리 및 표면경화법

1. 일반 열처리

1) 담금질(燒入, Quenching)

강재를 Ac_3 선 또는 Ac_1 온도 이상 20℃ 높은 온도로 가열한 후 물이나 기름 중에서 급랭(무확산 변태)하여 마텐자이트(Martensite) 조직을 얻음으로써 재질을 경화시키는 처리이다.

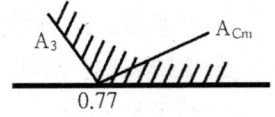

> 증기막 단계(서랭) - 비등(급랭) - 대류(서랭)

2) 뜨임(燒戾, Tempering)

담금질한 강재에 연성, 인성을 부여하고 내부 응력을 제거하기 위해서, 담금질 후 A_1 온도 이하의 적당한 범위에서 재가열하는 처리이다.

① 구조용 강

　고온뜨임 550~700℃, 구상 펄라이트(Pearlite) 조직, 연성·인성이 크다.

② 공구강

　저온뜨임 150~200℃, Tempered Martensite 조직, 내부응력 제거와 경도 증가

3) 풀림(燒鈍, Annealing)

내부응력의 제거, 재질의 연화, 결정립 크기의 조절, 펄라이트 구상화 등을 목적으로 그 목적에 알맞은 온도 범위로 가열한 후 서서히 냉각(주로 爐冷)하는 처리. 완전 풀림의 경우는 Ac_3 선 또는 Ac_1 온도 이상 30~50℃의 범위로 가열한다.

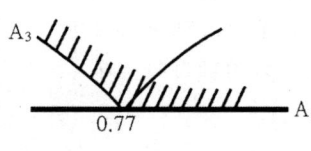

4) 불림(燒準, Normalizing)

재질의 균일화 조직의 표준화 펄라이트의 미세화 등을 목적으로 Ac_3 또는 Ac_m 선 이상, 50~80℃의 온도 범위까지 가열한 후 공기 중에서 냉각하는 처리이다. 강도, 경도, 인성 등의 기계적 성질이 향상된다.

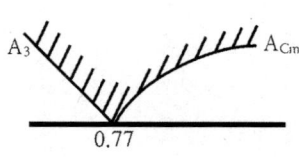

5) 조직 변화에 의한 용적 변화

① 오스테나이트 → 마텐자이트(팽창)

② 마텐자이트 → 펄라이트(수축)

③ 트루스타이트 → 소르바이트(수축)

6) 일반 열처리의 경도 및 조직 변화

① 경도 순서

마텐자이트＞트루스타이트＞소르바이트＞오스테나이트

② 조직의 변화 순서

오스테나이트＞마텐자이트＞트루스타이트＞소르바이트

③ 질량효과

강을 급랭시키면 냉각액이 접촉하는 면은 냉각속도가 커서 마텐자이트 조직이 되나 내부는 갈수록 냉각속도가 늦어져 트루스타이트 또는 소르바이트 조직이 된다. 이와 같이 냉각속도에 따라 경도의 차이가 생기는 현상을 질량효과라 한다.

질량효과와 경화능은 상반하는 성질로서 경화능은 급랭경화의 깊이로 나타낸다. 시험법에는 조미니 시험법(Jominy Test)이 있고 담금질 특성곡선의 상한과 하한을 정한 영역을 경화능대 혹은 하드밴드(H-band)라 한다.

④ 서브제로(Subzero) 처리

점성이 큰 잔류 오스테나이트를 제거하는 방법으로 심랭처리라고 하며 잔류 오스테나이트를 마텐자이트화하기 위하여 담금질 직후 계속하여 M_f 온도 이하까지 냉각하는 처리방법이다.

2. 항온 열처리

강을 냉각 도중 일정한 온도에서 중지되면 그 온도에서 변태를 한다. 이러한 변태는 항온 변태라 하고 또 이 변태를 이용한 열처리를 항온 열처리라 하는데, 베이나이트 조직이 얻어지며 마텐자이트와 트루스타이트의 중간 조직이다.

1) 특성

일반 열처리보다 균열 및 변형이 적고, 인성이 좋다. Ni, Cr 등의 특수강 열처리에 적합하다.

2) 항온 변태곡선(TTT곡선, S곡선, C곡선)

항온 변태곡선의 3대 요소는 시간, 온도, 변태이다.

① 오스템퍼링(Austempering)

㉠ 코(b-b′)와 M_s 사이에서 항온변태 후 열처리한다.

㉡ 점성이 큰 '베이나이트'를 얻을 수 있다.

㉢ 뜨임이 필요 없다.

㉣ 담금질 균열이나 변형이 발생하지 않는다.

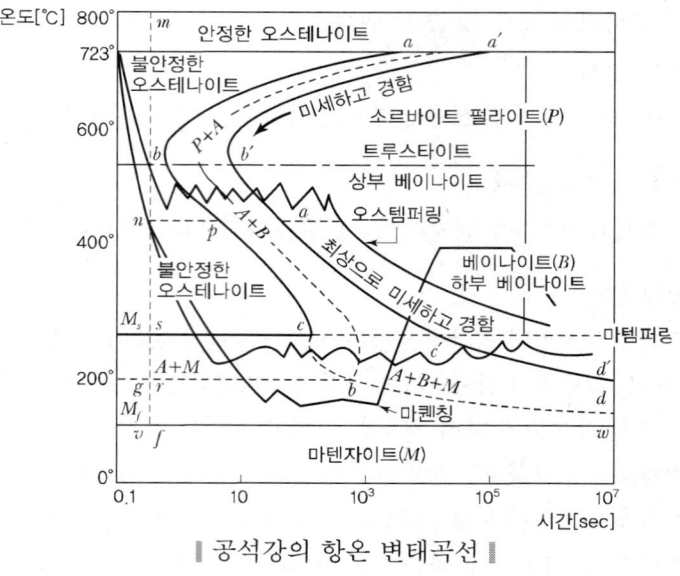

∥ 공석강의 항온 변태곡선 ∥

② 마템퍼링(Martempering)
  ㉠ M_s점과 M_f점 사이에서 항온 변태 후 열처리
  ㉡ 마텐자이트와 베이나이트의 혼합조직
  ㉢ 항온 유지시간이 너무 길어서 공업적으로 거의 사용하지 않음

③ 마퀜칭(Marquenching)
  ㉠ 코(b-b') 아래서 항온 열처리 후 뜨임
  ㉡ 담금 균열과 변형이 적어 복잡한 부품 담금질에 사용

3) 연속냉각 변태곡선(CCT)

강재를 오스테나이트 상태에서 급랭 또는 서랭할 때의 냉각곡선을 연속냉각 변태곡선(Continuos Cooling Transformation Curve)이라고 하며 일반 열처리라고 생각하면 편리하다.

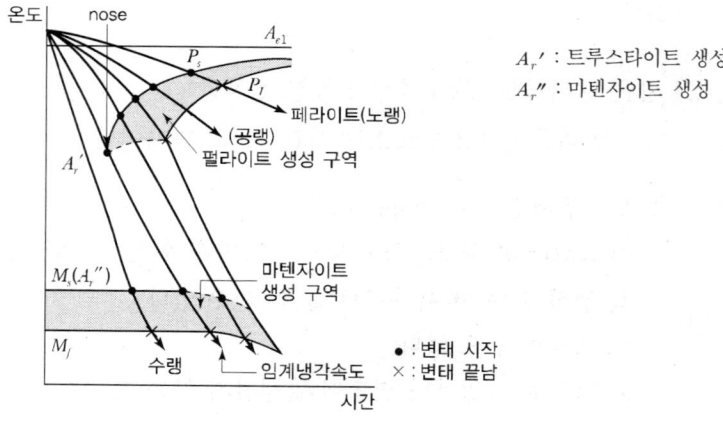

∥ 연속냉각 변태곡선 ∥

① 계단 담금질

강을 담금질할 때 250℃ 이하에서는 급격한 체적 팽창이 따르므로 이 온도 범위 이하에서 급랭하면 균열이 발생하기 쉽다.

그러므로 페라이트나 펄라이트는 Ms점보다 높은 온도에 있는 동안에 냉각제 속에서 끌어올려 대기 중에서 공랭하든가 또는 적절한 매체 내에서 냉각한다.

일반적으로 행해지는 계단 담금질은 수랭 – 끌어올림 – 공랭, 수랭 – 끌어올림 – 유랭 등이 대표적이다.

② 파텐팅

계단 담금질의 응용적 방법으로 경강선의 신선인발 작업의 전처리로 실시되는 열처리법이다.

일반적으로 펄라이트 조직은 소르바이트 조직에 비하여 강도가 낮고 불균일하며 거칠은 조직을 나타내므로 신선가공 시 가공이 균일하게 행해지지 않으며, 선의 인성이나 내구성이 현저하게 나빠진다.

따라서 신선가공의 전처리로 소르바이트 조직화할 필요가 있다.

파텐팅은 담금질 – 탬퍼링의 2단계 조작으로 소르바이트 조직으로 만드는 방법 대신 오스 탬퍼 처리의 1단계법을 채용하여 소르바이트상 펄라이트로 하고 높은 강도와 연성을 갖도록 하여 고도의 신선작업에 견디도록 하기 위한 것이다.

3. 표면경화법

기어나 크랭크축, 캠 등은 내마멸성과 강인성이 있어야 한다. 이때 강인성이 있는 재료의 표면을 열처리하여 경도를 크게 하는 것을 표면경화법이라 한다.

1) 침탄법

침탄제와 침탄촉진제를 침탄 상자 속에 넣고 침탄로에서 가열하면 0.5~2mm의 침탄층이 생겨 표면만 단단하게 되는데 이러한 표면경화법을 침탄법이라고 한다.

① 종류
  ㉠ 고체침탄법
    침탄촉진제(탄산바륨($BaCO_3$), 탄산소다(Na_2CO_3))
  ㉡ 액체침탄법
    ㉠ 침탄제(시안화나트륨, 시안화칼륨) : 시안청화법(침탄질화법)
    ㉡ 촉진제 : 탄산칼륨, 탄산나트륨(Na_2CO_3), 염화칼륨
  ㉢ 가스침탄법
    메탄가스, 프로판가스

② 특징
  ㉠ 침탄 후 열처리가 필요하다.
  ㉡ 침탄층이 질화법보다 깊다.
  ㉢ 침탄 후 수정이 가능하다.
  ㉣ 경도가 질화법보다 비교적 낮다.(고온에서)

2) 질화법
  ① NH_3 가스를 이용한 표면경화법
     NH_3 가스는 고온에서 분해하여 질소(N) 가스를 발생한다. 이 질소 가스가 철과 화합하여 굳은 질화층을 형성하는데, 이 질화층은 경도가 대단히 크고 내마멸성과 내식성이 크다.

  ② 특징
     ㉠ 경도가 침탄법보다 높다.
     ㉡ 질화 후 열처리가 필요 없다.
     ㉢ 질화층이 여리다.
     ㉣ 변형이 적다.
     ㉤ 질화 후 수정이 불가능하다.
     ㉥ 고온에서 경도가 유지된다.

3) 기타 표면경화법
  ① 화염경화법(Flame Hardening)
     쇼터라이징(Shoterizing)이라고도 하며 탄소강을 산소-아세틸렌화염으로 가열하여 물로 냉각하여 표면만 단단하게 열처리하는 방법(선반의 베드안내면)이다.

  ② 도금법(Plating)
     강에 내식성과 내마모성을 주기 위하여 Ni, Cr 등으로 도금하는 방법이다.

  ③ 금속침투법
     표면의 내식성과 내산성을 높이기 위하여 강재의 표면에 다른 금속을 침투 확산시키는 방법으로 종류는 다음과 같다.
     ㉠ 세라다이징(Sheradizing) : Zn 침투
     ㉡ 칼로라이징(Calorizing) : Al 침투(내열, 내식)
     ㉢ 크로마이징(Chromizing) : Cr 침투(염수 방식)
     ㉣ 실리콘나이징(Silliconizing) : Si 침투
     ㉤ 보로나이징(Boronizing) : B 침투

④ 고주파 경화법

고주파에 의한 열로 표면을 가열한 후 물에 급랭시켜 표면만을 경화시키는 방법으로 토코 방법(Tocco Process)이라 한다.

4 특수강

강의 기계적 성질과 물리적 성질을 개선하기 위하여 탄소강에 Ni, Cr, W 등의 금속원소를 합금시킨 강을 특수강(Special Steel) 또는 합금강(Alloy Steel)이라고 한다. 종류로는 구조용 특수강, 공구용 합금강, 특수용도용 특수강, 내열강, 전자기용 특수강, 불변강이 있다.

1. 특수강에 각 원소가 미치는 영향

1) Mn
   ① 내식성·내마멸성·강인성 부여
   ② 강괴에서 S에 대한 메짐성 방지
   ③ 강괴에서 탈산제로 사용
   ④ 쾌삭강에서 절삭성을 좋게 함
   ⑤ 주물에서 흑연화 억제

2) Ni
   ① 강인성·내식성 증가
   ② 주물에서 흑연화 촉진

3) Mo
   ① 텅스텐(W)과 흡사, 효과는 2배
   ② 담금성, 크리프 저항성 증가
   ③ 주물에서 흑연화 억제

4) Cr
   ① 내열성·내식성 증가
   ② 내열강의 주성분
   ③ 주물에서 흑연화 억제

5) Si
   ① 자기적 성질 증가
   ② 주물에서 흑연화 촉진
   ③ 스프링 강에 필히 첨가해야 할 원소
   ④ 변압기 철심 등에 이용

2. 구조용 특수강

1) 강인강

담금성·자경성을 좋게 하기 위하여 탄소강에 특수 원소를 첨가한 강이다.

① Ni강

조직이 균일하고 강도, 내식성, 내마모성이 우수하다. 인성이 높고 연성취성이 낮다. (저온용강 사용)

② Cr강

탄소강에 Cr를 첨가한 강으로서 담금성이 우수하다.(내열, 내식 우수)

③ Ni-Cr강

점성이 크며(취성이 있다.), 담금성이 극히 우수(SNC)

④ Cr-Mo강

경화에 대한 저항이 크며, 고온가공성, 용접성 양호(SCM)

⑤ Ni-Cr-Mo

Ni-Cr강에 Mo를 첨가하여 취성을 개선한 강(구조용강 중 가장 우수하다.)(SNCM)

⑥ Mn강

㉠ 저 Mn강(Ducole강)
- C 0.17~0.45%, Mn 1.2~1.7%의 펄라이트 조직
- 고장력강의 원재료
- 기계 구조용, 일반 구조용 선박, 교량, 레일 등에 사용

㉡ 고 Mn강(Hadfield강)
- C 1~1.2%, Mn 11~13%
- 1000~1050℃로 가열한 후 물이나 기름 중에 급랭(수인법)하면, 오스테나이트 조직화됨
- 강자성체로 대단히 우수한 내충격성
- 내마모재, 각종 산업기계용(기차레일의 교차점)을 사용
- 경화속도가 아주 빠름

2) 표면경화용 강

내부는 강하고 질기며 외부는 경도가 요구되는 재료에 사용된다.

① 침탄강(Cemented Steel) : Cr, Mo를 첨가하여 표면 침탄이 잘 되도록 한 강
② 질화강(Nitriging Steel) : Cr, Mo, Al 등을 첨가한 강
③ 자경성 : 공기 중에서 스스로 경화되는 성질

3. 공구용 합금강

공작기계에서 사용하는 바이트, 커터, 드릴 등의 절삭공구 및 다이(Die), 펀치와 같은 소성가공용 공구에 사용되는 강

1) 구비조건
   ① 상온 및 고온 경도가 클 것
   ② 강인성이 있을 것
   ③ 열처리 및 가공이 용이할 것
   ④ 가격이 저렴할 것
   ⑤ 내마멸성이 클 것

2) 종류
   ① 탄소공구강(STC)
   탄소 함유량 0.6~1.5%, 사용온도 200℃ 이상은 경도가 낮아지므로 고속절삭은 불가능하다.

   ② 합금공구강(STS)
   주성분 : W, Cr, V, Mo

   ③ 고속도강(SKH, HSS)
   ㉠ W계 1300℃ 부근, Mo계 1220℃ 부근에서 가열 후 급랭시킨 다음 550℃ 정도에서 뜨임
   ㉡ 주성분 : W, Cr, V(18-4-1)(Co, Mo도 함유)

   ④ 초경합금(소결합금)
   ㉠ W 분말과 C 분말을 혼합시켜 WC로 만든 다음 점결제인 Co로 1400~1500℃에서 소결시킨 강
   ㉡ 주성분 : W-C-Co
   ㉢ 고온 경도가 우수(위디아, 아리아, 카볼로이, 탕가로이)

   ⑤ 세라믹(소결합금)
   주성분 : Al_2O_3

   ⑥ 스텔라이트(주조합금)
   ㉠ 주조한 상태의 것을 연마하여 사용하는 공구이며, 열처리하지 않아도 충분한 경도를 가진다.
   ㉡ 주성분 : W, Co, Cr, Mo

⑦ 입방정 질화붕소(CBN ; Cubic Boron Nitride) 공구
입방정 질화붕소의 미세한 결정을 금속이나 특수한 세라믹스의 결합제를 사용하여 초경합금 기판에 밀착시킨 공구이며 경도는 다이아몬드 다음으로 단단하다.

4. 특수용도용 특수강

1) 스테인리스강(STS, SUS)

Ni, Cr을 다량 첨가하면 대기 중, 수중, 산 등에 잘 견디는 성질을 가지게 되는데, 이와 같이 Ni, Cr을 첨가하여 내식성을 좋게 한 강을 스테인리스강이라고 한다.

① Cr계 스테인리스강
  ㉠ 페라이트(Ferrite)계 : STS 430, 440, 405, 0.12% 이하 C, 13% Cr, 18% Cr 페라이트 조직, 열처리 강화 안 됨. 연성·소성·가공성 우수
  ㉡ 마텐자이트(Martensition) : 중·고탄소, 11.5~18% Cr 펄라이트 조직인 것을 담금질 및 뜨임하여 사용 강도 및 경도 큼. 각종 기계 부품, 공구류, 내열재 STS 410, 416, 403, 420

② Cr-Ni계 스테인리스강
  ㉠ 오스테나이트(Austenite계) : STS 302, 304, 저탄소, 18-8계가 대표적 → 17~25% Cr, 6~22% Ni 오스테나이트 조직, 변태점이 없으므로 열처리에 의한 기계적 성질 개선 불가능, 수인 처리로 입계부식 방지, 비자성체, 내열재 내식성 우수, 의료기구, 식품공업, 화학공업, 생체 재료, 내열재 장식품, 식기류에 사용(600~800℃에서 입계부식 발생)
  ㉡ 석출경화형 : 석출경화 초고장력강의 일종, STS 630(17-4PH), STS 631(17-7PH) 마텐자이트 또는 오스테나이트 조직 상태에서 석출경화 처리. 초고장력강의 일종

2) 초고장력강(超高張力鋼)

이 강은 로켓, 미사일 구조용재로서 개발된 것으로 150~200kg/mm²[1470~1960MPa]의 인장강도와 우수한 인성을 갖고 있다. 중탄소 저합금강의 마텐자이트(Martensite)강, 중탄소 중합금강, 극저탄소 고합금의 Maraging강 등이 있다. 또한 이 강은 Ausforming용 강으로도 적당하다. Maraging강은 석출경화를 이용한 것으로 극저탄소(약 0.01% C) 18% Ni-Co-Mo-Ti강이 중심이다.

3) 게이지강

① 주성분과 종류
Mn강, Cr강, Mn-Cr강, Ni강

② 구비조건
- ㉠ 내마모성이 클 것
- ㉡ 담금질 균열이 적을 것
- ㉢ 오랜 시간이 경과하여도 치수 변화가 적을 것
- ㉣ 내식성 및 경도가 좋을 것

4) 쾌삭강

C강에 절삭성을 향상시키기 위하여 S, P, Pb 등을 첨가한 강

5) 스프링강(SPS ; SPring Steel)
① 상온가공으로 경화시킨 경강선이나 피아노선 사용
② 일반 자동차용 : Si-Mn, Cr-Mn
③ 정밀한 고급 스프링 재료 : Cr-V
④ 내식·내열용 스프링 : 스테인리스강, 고 Cr강
⑤ 겹판스프링 : Si-Mn
⑥ 대형 겹판스프링 : Cr-Mo강

5. 내열강

1) 종류

Cr-Si, Cr-Ni

2) 내열강의 구비조건
① 고온에서 경도, 화학적으로 안정, 기계적 성질이 우수할 것
② 소성가공, 절삭가공, 용접이 쉬울 것
③ 내열성이 우수할 것

6. 전자기용 특수강

1) 규소강

저탄소강에 Si를 첨가한 강으로 발전기, 전동기, 변압기 등의 철심 재료에 적합하다.

① Si 1.0% 이내 : 연속적인 운전을 하지 않는 발전기
② Si 2.0% 이내 : 발전기나 유도전동기 모터
③ Si 3.0% 이내 : 전동기 및 발전기 철심
④ Si 4.0% 이내 : 변압기 철심, 전화기

2) 자석강

자석의 재료로 사용되며, 종류는 다음과 같다.

① KS 자석강 : Fe-Co-Cr-W 합금
② MK 자석강 : Fe-Ni-al-Cu-Ti 합금
③ 쾌스테 자석강 : Fe-Co-Mo 합금
④ 큐니프 : Fe-Ni-Co 합금
⑤ 알루니코 : Fe-Al-Co 합금
⑥ 비칼로이 : Fe-Co-C 합금

7. 불변강

Ni 36% 이상의 고니켈강으로 비자성체이며 강력한 내식성을 갖는 강으로, 종류는 다음과 같다.

① 인바(Invar)
㉠ 주성분 : Fe-Ni
㉡ 줄자, 표준자 등의 재료에 사용
㉢ 내식성이 대단히 우수

② 엘린바(Elinvar)
㉠ 주성분 : Fe, Ni, Cr
㉡ 정밀저울, 고급시계 스프링용으로 사용

③ 코엘린바(Co-elinvar)
주성분 : Fe-Ni-Cr-Co

④ 퍼멀로이(Permalloy)
주성분 : Ni-Co

⑤ 플래티나이트(Platinite)
㉠ 주성분 : Fe-Ni
㉡ 유리와 금속의 봉착용 합금(전구의 도입선)

EXERCISES 핵심문제

CHAPTER 02

01 다음 중 급열, 급랭에 의한 열응력이나 변형, 균열을 방지하기 위해 용접 전에 실시하는 작업은?
① 예열　　　　② 청소
③ 가공　　　　④ 후열

> **G·U·I·D·E**
>
> 예열의 목적
> • 용접부와 인접된 모재의 수축응력을 감소하여 균열 발생 억제
> • 냉각속도를 느리게 하여 모재의 취성 방지
> • 용착금속의 수소 성분이 방출되는 시간적 여유를 주어 비드 밑의 균열 방지

02 다음 중 표면경화법의 종류에 속하지 않는 것은?
① 고주파 담금질　　② 침탄법
③ 질화법　　　　　④ 풀림법

03 다음 중 담금질과 가장 관계가 깊은 것은?
① 변태점　　　　② 금속 간 화합물
③ 열전대　　　　④ 고용체

04 금속 침투법 중 표면에 아연을 침투시키는 방법으로 표면에 경화층을 얻어 내식성을 좋게 하는 것은?
① 세라다이징(Sheradizing)
② 크로마이징(Chromizing)
③ 칼로라이징(Calorizing)
④ 실리코나이징(Siliconizing)

> 금속 침탄법
> 내식, 내산, 내마멸을 목적으로 금속을 침투시키는 열처리
> • 세라다이징 : Zn
> • 크로마이징 : Cr
> • 칼로라이징 : Al
> • 실리코나이징 : Si

05 다음 중 용접부품에서 일어나기 쉬운 잔류응력을 감소시키기 위한 열처리법은?
① 완전풀림(Full Annealing)
② 연화풀림(Softening Annealing)
③ 확산풀림(Diffusion Annealing)
④ 응력 제거 풀림(Stress Relief Annealing)

> 응력 제거 풀림
> 주조, 단조, 압연, 용접 및 열처리에 의해 생긴 열응력과 기계가공에 의해 생긴 내부 응력을 제거할 목적으로 150~600℃ 정도의 비교적 낮은 온도에서 실시하는 풀림 열처리

정답 01 ① 02 ④ 03 ① 04 ① 05 ④

06 다음 중 침탄법이 질화법보다 좋은 점을 설명한 것으로 옳은 것은?
① 경화에 의한 변형이 없다.
② 경화 후 수정이 가능하다.
③ 후처리로 열처리가 필요 없다.
④ 매우 높은 경도를 가질 수 있다.

07 탄소강의 Fe-C계 평형 상태도에서 탄소량이 0.86% 정도이며, γ고용체에서 α고용체와 Fe_3C을 동시에 석출하여 펄라이트를 생성하는 점은?
① 공정점
② 자기 변태점
③ 포정점
④ 공석점

08 금속 표면에 알루미늄을 침투시켜 내식성을 증가시키는 것은?
① 칼로라이징
② 크로마이징
③ 세라다이징
④ 실리코라이징

09 열처리 방법 중 강을 오스테나이트 조직의 영역으로 가열한 후 급랭하는 것은?
① 풀림(Annealing)
② 담금질(Quenching)
③ 불림(Normalizing)
④ 뜨임(Tempering)

10 다음 중 재료의 내·외부에 열처리 효과의 차이가 생기는 현상으로 강의 담금질성에 의해 영향을 받는 것은?
① 심랭 처리
② 질량효과
③ 금속 간 화합물
④ 소성변형

11 강의 담금질 조직을 냉각속도에 따라 구분할 때 속하지 않는 것은?
① 시멘타이트
② 마텐자이트
③ 트루스타이트
④ 오스테나이트

정답 06 ② 07 ④ 08 ① 09 ② 10 ② 11 ①

12 가스 질화법에서 직접 질화층을 형성하지는 않으나 질화 효과를 크게 하는 원소는?

① Cu ② Al
③ W ④ Ni

◉ 질화법
암모니아(NH_3) 가스를 이용하여 520℃에서 50~100시간 가열하면 Al, Cr, Mo 등이 함유된 금속이 질화를 촉진하며 질화는 되나 경화가 안 되는 원소는 Ni, Sn이다.

13 내식성 알루미늄 합금의 종류에 속하지 않는 것은?

① 알민(Almin) ② 하이드로날륨(Hidronalium)
③ 코비탈륨(Cobitalum) ④ 알드레이(Aldrey)

◉ 코피탈륨은 피스톤 주조용 Al합금으로 Y합금보다 우수한 성질을 갖는다.

14 다음 중 7 : 3 황동에 2%의 Fe과 소량의 주석, 알루미늄을 넣은 것을 무엇이라 하는가?

① 듀라나 메탈(Durana Metal)
② 델타 메탈(Delta Metal)
③ 알브랙(Albrac)
④ 라우탈(Lautal)

◉ 듀라나 메탈
7 : 3 황동+Fe+Sn+Al의 조성으로 내해수성 및 강도가 증대된다.

15 연강재 표면에 스텔라이트(Stellite)나 경합금을 용착시켜 표면경화시키는 방법은?

① 브레이징(Brazing) ② 숏 피닝(Shot Peenign)
③ 하드 페이싱(Hard Facing) ④ 질화법(Nitriding)

◉ 표면 경화 열처리
• 하드 페이싱 : 소재의 표면에 스텔라이트(Co-Cr-W)나 경합금 등을 용접 또는 압접으로 용착시키는 표면 경화법
• 화염 경화법 : 산소-아세틸렌 화염으로 표면만 가열하여 냉각시켜 경화

16 오스테나이트계 스테인리스강에 대한 설명 중 틀린 것은?

① 내식성이 높고 비자성이다.
② Cr 18% - Ni 8% 스테인리스강이 대표적이다.
③ 용접이 비교적 잘되며 가공성도 좋다.
④ 염산, 황산에 강하다.

17 합금강에 첨가하는 원소 중 고온 강도 개선, 인성 향상과 저온 취성을 방지해 주는 원소는?

① Mo ② Al
③ Cu ④ Ti

◉ 몰리브덴
텅스텐과 거의 흡사하나, 그 효과는 텅스텐의 약 2배이다. 담금질 깊이가 커지고, 크리프 저항과 내식성이 커진다. 뜨임 취성을 방지한다.

정답 12 ② 13 ③ 14 ① 15 ③ 16 ④ 17 ①

18 탄소강에 니켈이나 크롬 등을 첨가하여 대기 중이나 수중 또는 산에 잘 견디는 내식성을 부여한 합금강으로 불수강이라고도 하는 것은?

① 고속도강 ② 주강
③ 스테인리스강 ④ 탄소 공구강

19 구조용 부분품이나 제지용 롤러 등에 이용되며 열처리에 의하여 니켈-크롬 주강에 비교될 수 있을 정도의 기계적 성질을 가지고 있는 저망간 주강의 조직은?

① 마텐자이트 ② 펄라이트
③ 페라이트 ④ 시멘타이트

20 오스테나이트계 스테인리스강을 용접하여 사용 중에 용접부에서 녹이 발생하였다. 이를 방지하기 위한 방법이 아닌 것은?

① Ti, V, Nb 등이 첨가된 재료를 사용한다.
② 저탄소의 재료를 선택한다.
③ 용체화 처리 후 사용한다.
④ 크롬 탄화물을 형성토록 시효 처리를 한다.

21 금속 침투법 중 세라다이징은 어떤 금속을 침투시킨 것을 말하는가?

① Zn ② Cr
③ Al ④ B

22 다음 중 구조용 합금강에 대하여 풀림 처리를 하는 이유와 가장 거리가 먼 것은?

① 가공 후의 잔류응력 제거
② 재질의 경화를 목적으로 할 때
③ 합금 원소 및 불순 원소의 확산에 의한 조직의 균일화
④ 압연, 단조에 의한 가공 경화로 냉간 소성 가공이 곤란한 경우

정답 18 ③ 19 ② 20 ④ 21 ① 22 ②

23 스프링강을 830~860℃에서 담금질하고 450~570℃에서 뜨임처리 하였다. 이때 얻어지는 조직은?
① 마텐자이트 ② 트루스타이트
③ 소르바이트 ④ 시멘타이트

24 금속 침투법의 종류에 속하지 않는 것은?
① 설퍼라이징 ② 세라다이징
③ 크로마이징 ④ 칼로라이징

25 다음의 담금질 조직 중 경도가 가장 높은 것은?
① 마텐자이트 ② 오스테나이트
③ 트루스타이트 ④ 솔바이트

> 경도순서
> 마텐자이트 > 트루스타이트 > 솔바이트 > 오스테나이트

26 용접이나 단조 후 편석 및 잔유응력을 제거하여 균일화시키거나 연화를 목적으로 하는 열처리 방법은?
① 담금질 ② 뜨임
③ 풀림 ④ 불림

27 고주파 경화법의 특징에 대한 설명으로 틀린 것은?
① 급열이나 급랭으로 인하여 재료가 변형되는 경우가 많다.
② 마텐자이트 생성에 의한 체적 변화 때문에 내부응력이 발생한다.
③ 가열시간이 짧으므로 산화 및 탈탄의 염려가 많다.
④ 경화층이 이탈되거나 담금질 균열이 생기기 쉽다.

28 담금질한 철강을 A_1 변태점 이하의 일정한 온도로 가열하여 인성을 증가시킬 목적으로 조작하는 열처리법은?
① 뜨임 ② 불림
③ 풀림 ④ 담금질

정답 23 ③ 24 ① 25 ① 26 ③ 27 ③ 28 ①

29 철강에 주로 사용되는 부식액이 아닌 것은?
① 염산 1 : 물 1의 액
② 염산 3.8 : 황린 1.2 : 물 5.0의 액
③ 수소 1 : 물 1.5의 액
④ 초산 1 : 물 3의 액

> 부식액으로는 철강용은 피크로산 알코올 용액, 초산 알코올 용액을 사용하며, 스테인리스강은 왕수알코올 용액을 구리, 구리합금용은 염화철액, 염화암모늄액, 과황산 암모늄 액을 사용한다. 알루미늄 및 그 합금은 플로오르화 수소액, 수산화나트륨이 쓰인다.

30 철강의 열처리에서 열처리 방식에 따른 종류가 아닌 것은?
① 계단 열처리
② 항온 열처리
③ 표면경화 열처리
④ 내부경화 열처리

31 다음 중 화학적인 표면 경화법이 아닌 것은?
① 침탄법
② 화염경화법
③ 금속침투법
④ 질화법

> 화염 경화법
> 산소-아세틸렌 화염으로 표면만 가열한 후 급랭시켜 표면을 경화시키는 방법

32 강의 표면에 질소를 침투시켜 경화시키는 표면 경화법은?
① 침탄법
② 질화법
③ 고주파 담금질
④ 방전 경화법

정답 29 ③ 30 ④ 31 ② 32 ②

5 주철

1. 선철 및 주철의 조직

1) 선철(Pig Iron)

철광석을 용광로에서 용해하여 얻은 철을 선철이라 하는데, 선철은 탄소를 1.7~4.5% 함유한다. 이것은 일반적으로 질이 여리고 단조할 수 없지만 다른 철합금보다 용융점이 낮고 유동성이 좋기 때문에 주물을 만들기에 적합하다.

이 선철 중 파단면이 회색인 것을 회선철(Gray Pigiron)이라 하며 입자가 거칠고 질이 연약하지만 주조에는 가장 적합하다. 또 백색인 것을 백선철(White Pigiron)이라 하며 입자가 가늘고, 아주 여물어 유동성이 나쁘므로 주조는 곤란하다.

2) 주철(Cast Iron)

선철에 파쇠 외에 여러 가지 원소를 가해서 용융한 것을 주철이라 하고 일반적으로 2.5~4.5% C, 0.5~30% Si, 0.5~1.5% Mn, 0.05~1.0% P, 0.05~0.15% S를 함유하고 있다. 주철은 가단성, 강도, 인성 및 전성이 나쁜 반면에 유동성이 좋고 압축강도와 감쇄능이 커서 여러 가지 모양으로 주조할 수 있으며 또 철강보다 값이 싸다.

3) 주철의 종류

- 보통 주철
  - 회주철 : 파단면이 회색이며 시멘타이트+펄라이트(인장강도 20kg/mm^2)
  - 백주철 : 펄라이트+페라이트+흑연
- 가단 주철
  - 흑심 가단 주철(인장강도 35kg/mm^2)
  - 백심 가단 주철(인장강도 36kg/mm^2)
- 특수 주철
  - 니켈 주철
  - 크롬 주철
  - 몰리브덴 주철
  - 칠드 주철
- 미하나이트 주철

① 가단 주철

㉠ 흑심 가단 주철(BMC)

백선주물 안의 화합탄소를 풀림에 의해서 흑연화시킨 것으로, 파단의 심부는 흑연으로 주변만 풀림이 되어서 백색이다.(인장강도 35kg/mm^2)

㉡ 백심 가단 주철(WMC)

백선주물을 산화철로 싸고 900℃ 정도의 고온에서 탈산시킨 것으로 파단면은 백색이다.(인장강도 36kg/mm^2)

ⓒ 펄라이트 가단 주철
흑연화를 목적으로 하나 일부의 탄소를 Fe_3C로 잔류시킨 주철이다.

② 특수 주철
㉠ 니켈 주철
Ni을 2% 이하와 10% 이상을 함유한 것으로, 10%의 것은 비산성으로 내열성이 크다.

㉡ 크롬 주철
보통 크롬은 5% 이하에서 경도와 강도가 증가하지만 1% 이상 가한 것은 마모와 열, 부식에 대한 저항이 크다.

㉢ 니켈-크롬 주철
니켈-크롬의 비를 2.5 : 1 정도로 하면 인장강도와 내마모성이 큰 주물이 된다.

㉣ 몰리브덴 주철
질이 치밀하고 인장강도가 크며 마모와 부식에 대한 저항이 크다.

㉤ 바나듐 주철
바나듐을 0.1~0.5% 첨가하여 인장강도와 내마모성을 증가시킨 주물

㉥ 알루미늄 주철
산과 열에 대한 저항이 크지만 여리고 또 주조성이 나쁘다.

㉦ 구상 흑연 주철(GCD)
주철에 세륨(Ce) 0.02%를 가하면 흑연이 구상화한 강인한 주물이 된다. 세륨 대신에 마그네슘(Mg) 또는 칼슘(Ca)을 가해도 같은 결과가 된다. 인장강도 55~80kg/mm², 연신율 2~6%, 브리넬 경도 H_B = 280~320(연성 주철, 노듈러 주철이라고도 함)

㉧ 칠드 주철(Chilled Cast Iron)
주조할 때 주물사 내에 냉각쇠를 넣어 백선화(Chill)시켜서 경도를 높이고 내마모성·내압성을 크게 한 주철로, 백선화한 부분은 취성이 있으나 경도가 커서 내마모성이 있고 내부는 강하고 인성이 있는 회주철이므로 전체로서는 취약하지 않다.

③ 미하나이트 주철
㉠ Ca-Si을 접종시켜 미세한 흑연을 균일하게 분포시킨 펄라이트 주철로서 조직이 균일하다.
㉡ 용도 : 브레이크 드럼, 기어, 크랭크축
㉢ 인장강도 : 35~45kg/mm²

④ 고급 주철 제조법

란츠법, 에멜법, 코오살리법, 피보와르스키법, 미히한법

⑤ 마우러(Maurer) 조직도

마우러는 지름 75mm의 원봉을 1250℃의 건조형틀에 주입, 냉각속도 일정 시의 탄소와 규소의 조직도를 발표하였다.

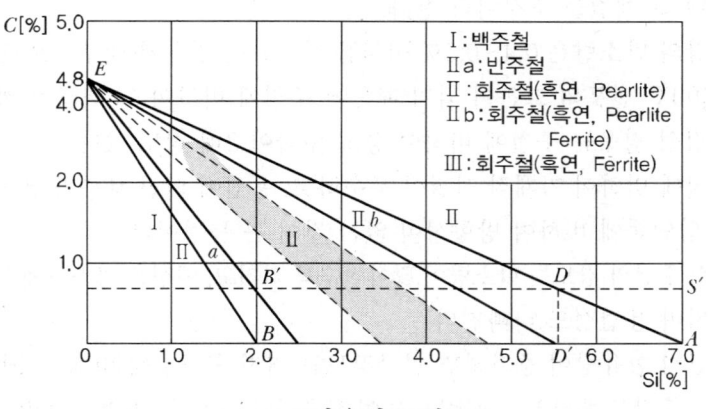

‖ 마우러 조직도 ‖

⑥ 주철의 성장

주철은 600℃ 이상의 온도로 가열, 냉각을 반복하면 그 체적이 점차 증가하여 나중에는 균열이 생기거나 강도가 저하되는데, 이를 주철의 성장이라 한다. 주철의 성장 원인은 다음과 같다.

㉠ Fe_3C의 흑연화에 의한 팽창

㉡ 고용 원소인 Si의 산화에 의한 팽창

㉢ 불균일한 가열에 의해 생기는 파열 팽창

㉣ A_1 변태에서 체적 변화에 의한 팽창

㉤ 흡수한 가스에 의한 팽창

이와 같은 성장을 방지하는 방법은 다음과 같다.

• 조직을 치밀하게 할 것
• Cr, W, Mo 등의 시멘타이트 분해 방지 원소를 첨가할 것
• 산화원소인 Si를 적게 하거나 내산화성 원소인 Ni로 치환할 것

4) 주강(Cast Steel)

인장강도는 47~61kg/mm²으로 주철에 비해 용해나 주입온도가 높으므로 응고 시 수축이 크고 가스방출이 많다.

주강의 특징은 다음과 같다.

① 용융한 탄소강 또는 합금강을 주조방법에 의해 만든 제품을 주강품 또는 강주물이라 하며 그 재질을 주강이라 한다.
② 주강의 탄소량은 0.4~0.5% 이하를 함유하는 경우가 대부분으로 그 용융 온도가 1600℃ 전후의 고온이 되기 때문에 주철에 비하여 그 취급이 까다롭다.
③ 주강의 경우는 주철에 비하여 응고·수축이 2배 정도 크다.
④ 주철에 비하여 기계적 성질이 우수하고, 용접에 의한 보수가 용이하며, 단조품이나 압연품에 비하여 방향성이 없는 것이 큰 특징이다.
⑤ 탄소 주강의 강도는 탄소량이 많아질수록 커지고, 연성은 감소하게 되며, 충격값은 떨어지며 용접성도 나빠진다.
⑥ 망간의 함유량이 증가하면 인장강도는 커지나 탄소에 비해 그 영향은 크지 않다.
⑦ 탄소 주강은 풀림 또는 불림을 하여 사용한다. 불림을 한 것은 풀림을 한 것보다 결정립이 미세해져 인장 강도가 높아지고, 연신율도 향상된다.
⑧ 주철에 비하여 기계적 성질이 우수하고, 용접에 의한 보수가 용이하며, 단조품이나 압연품에 비하여 방향성이 없는 것이 큰 특징이다.
⑨ 주강의 현미경 조직은 C가 0.77% 이하인 경우에는 페라이트와 펄라이트가 존재하고, 펄라이트는 C 함유량이 많을수록 많아진다. C가 0.77% 이상에서는 펄라이트와 유리 시멘타이트로 되는데 C 양이 많아질수록 시멘타이트의 양도 많아진다.
⑩ 저망간 주강의 조직은 펄라이트로 롤러 등에 사용한다.

EXERCISES 핵심문제

CHAPTER 02

01 다음 중 용융상태의 주철에 마그네슘, 세륨, 칼슘 등을 첨가한 것은?
① 칠드 주철
② 가단 주철
③ 구상흑연 주철
④ 고크롬 주철

02 다음 중 주철의 종류가 아닌 것은?
① 보통 주철
② 고급 주철
③ 합금 주철
④ 진백 주철

> 보통 주철인 회주철(GC), 고급 주철인 펄라이트 주철, 미하나이트 주철, 구상 흑연 주철 등과 같은 합금 주철이 있다.

03 다음 중 주철의 용접성에 관한 설명으로 틀린 것은?
① 주철은 연강에 비하여 여리며 급랭에 의하나 백선화로 기계가공이 어렵다.
② 주철은 용접 시 수축이 많아 균열이 발생할 우려가 많다.
③ 일산화탄소 가스가 발생하여 용착 금속에 기공이 생기지 않는다.
④ 장시간 가열로 측연이 조대화된 경우 용착이 불량하거나 모재와의 친화력이 나쁘다.

> 주철은 용접 시 탄소가 많으므로 기포 발생에 주의하여야 하며, 예열 및 후열 등의 용접 조건을 충분하게 지켜 시멘타이트층이 생기지 않도록 하여야 한다. 또한 용접 시 수축이 많아 균열이 생기기 쉽고 용접 후 잔류 응력 발생에 주의하여야 한다.

04 구상흑연 주철의 조직에 따른 분류가 아닌 것은?
① 페라이트형
② 펄라이트형
③ 시멘타이트형
④ 트루스타이트형

정답 01 ③ 02 ④ 03 ③ 04 ④

05 가단주철(Malleable Cast Iron)의 종류가 아닌 것은?

① 백심가단 주철
② 흑심가단 주철
③ 리데뷰라이트 가단 주철
④ 펄라이트 가단 주철

> 1. 백심가단 주철(WMC) : 탈탄이 주목적이며 산화철을 가하여 950℃에서 70~100시간 가열
> 2. 흑심가단 주철(BMC) : Fe_3C (시멘타이트)의 흑연화가 목적
>   - 1단계(850~950℃ 풀림) : 유리 시멘타이트의 흑연화단계
>   - 2단계(680~730℃ 풀림) : Pearlite 중 시멘타이트의 흑연화 단계
> 3. 고력 펄라이트 가단 주철(PMC) : 흑심 가단 주철에서 2단계를 생략한 주철

06 보통 주철은 650~950℃ 사이에서 가열과 냉각을 반복하면 부피가 크게 되어 변형이나 균열이 발생하고 강도와 수명이 단축된다. 이런 현상을 무엇이라 하는가?

① 주철의 성장
② 주철의 부식
③ 주철의 취성
④ 주철의 퇴보

07 다음 중 주강에 대한 일반적인 설명으로 틀린 것은?

① 주철에 비하면 용융점이 800℃ 전후의 저온이다.
② 주철에 비하여 기계적 성질이 우수하다.
③ 주조 상태로는 조직이 거칠고 취성이 있다.
④ 주강 제품에는 기포가 생기기 쉬우므로 제강작업에는 다량의 탈산제를 사용함에 따라 Mn이나 Ni의 함유량이 많아진다.

08 고급 주철의 바탕 조직으로 맞는 것은?

① 페라이트 조작
② 펄라이트 조직
③ 오스테나이트 조직
④ 공정 조직

> 고급 주철
> - 펄라이트 주철을 말한다.
> - 인장강도 $25kg/mm^2$ 이상(245MPa)
> - 고강도를 위하여 C, Si 양을 적게 한다.
> - 조직은 펄라이트+흑연으로 주로 강도를 요하는 기계 부품에 사용된다.
> - 종류로는 란츠, 에멜, 코살리, 파워스키, 미하나이트 주철이 있다.

09 주조 시 주형에 냉금을 삽입하여 주물 표면을 급랭시킴으로써 백선화하고 경도를 증가시킨 내마모성 주철은?

① 가단 주철
② 칠드 주철
③ 고급 주철
④ 미하나이트 주철

> 칠드 주철
> - 용융 상태에서 금형에 주입하여 접촉면을 급랭시켜 백주철로 만든 주철
> - 롤러 및 기차 바퀴 제작에 사용된다.

정답 05 ③ 06 ① 07 ① 08 ② 09 ②

10 주철 중에 유황이 함유되어 있을 때 미치는 영향 중 틀린 것은?
① 유동성을 해치므로 주조를 곤란하게 하고 정밀한 주물을 만들기 어렵게 한다.
② 주조 시 수축률을 크게 하므로 기공을 만들기 쉽다.
③ 흑연의 생성을 방해하며, 고온 취성을 일으킨다.
④ 주조 응력을 작게 하고, 균열 발생을 저지한다.

11 순철에 대한 설명 중 틀린 것은?
① 유동성이 나쁘다.
② 전기재료에 많이 쓰인다.
③ 기계구조용으로 많이 사용된다.
④ 산업용으로 많이 사용되지 않는다.

○ 순철은 전기재료로 많이 사용되며 기계구조용으로는 사용할 수가 없다.

12 선철을 만드는 데 철분과 불순물을 분리하는 것은?
① 코크스   ② 석회석
③ 망간   ④ 내화물

13 철을 제련할 때 직접 환원은 무엇에 의한 환원인가?
① Si에 의한 환원   ② 가스에 의한 환원
③ C 가스에 의한 환원 ④ CO 가스에 의한 환원

○ 용광로 내에서의 간접 환원반응은 CO에 의해 이루어지며, 직접 환원은 C에 의해 이루어진다.

14 다음 중 철강재료의 5대 원소(성분)를 나열한 것으로 옳은 것은?
① C, P, Mn, Cu, S   ② C, Si, P, Mn, O
③ C, Si, Mn, P, S   ④ C, N, Mn, Si, P

○ 철강재료의 5대 원소는 C, Si, Mn, P, S이다.

15 킬드강(Killed steel)이란?
① 탈산하지 않은 강   ② 완전 탈산한 강
③ Cap를 씌워 만든 강 ④ 미완전 탈산 강

○ 완전 탈산한 강을 킬드강이라 하며 탈산제로는 Fe-Si, Al이 있다.

16 강철을 만드는 법 중 지멘스 마틴(Siemens – Martin)법은 다음 중 어떤 노를 사용하는가?
① 전로　　　　② 평로
③ 용광로　　　④ 전기로

• 전로 : 베세메법
• 전기로 : 헤롤트식

17 림드강(Rimmed Steel)의 설명으로 옳지 않은 것은?
① 기공이 많음
② 가스의 방출이 없음
③ 탄소 0.3% 이하의 극연강
④ 탈산이 불충분한 강

림드강은 탈산이 불충분하게 된 강으로 편석현상이 있으며 기공이 있다. 주입 후에도 계속하여 다량의 가스가 발생하여 용강은 계속해서 비등작용을 하게 된다.

18 순철의 자기변태 온도는?
① 560℃　　　② 768℃
③ 910℃　　　④ 1400℃

A_2 변태점으로 동형 변태이다.

19 순철에는 몇 개의 변태점이 있는가?
① 1개　　　　② 2개
③ 3개　　　　④ 4개

A_2, A_3, A_4 변태가 있다.

20 순철이란 무엇인가?
① 0.033%C 이하의 철을 말한다.
② 0.025%C 이하의 철을 말한다.
③ 0.18%C 이하의 철을 말한다.
④ 0.015%C 이하의 철을 말한다.

순철은 응고점 1539℃이며, 탄소 함유량은 0.025% 이하의 철이다. 암코철의 탄소 함유량은 0.015%이다.

21 α -Fe에서 γ -Fe로 변할 때 격자 상수는?
① 길어진다.　　② 짧아진다.
③ 변화가 없다.　④ 때에 따라 다르다.

α -Fe은 체심입방격자로서 2.86이고 γ -Fe는 면심입방격자로서 3.63이다.

정답 16 ②　17 ②　18 ②　19 ③　20 ②　21 ①

22 철에는 몇 개의 동소체가 있는가?
① 3개
② 4개
③ 5개
④ 한 개도 없음

> 철의 동소체로는 $\delta-Fe$, $\gamma-Fe$, $\alpha-Fe$이 있다.

23 오스테나이트(Austenite)의 구조는?
① 체심 입방정
② 면심 입방정
③ 육방정
④ 정방전

24 용융 상태나 응고 상태의 두 금속이 융합되어 기계적 방법으로 구분이 불가능한 것은?
① 고정체
② 포정체
③ 고용체
④ 금속 간 화합물

> 고용체에는 전율 가용고용체와 한율 가용고용체가 있으며 기계적 방법으로는 구분이 불가능하다.

25 다음은 강의 탄소 함유량에 따라 기계적 성질을 설명한 것이다. 관계가 없는 것은?
① 연율은 탄소 함유량 증가에 따라 감소한다.
② 탄소 함유량의 증가에 따라 경도도 증가한다.
③ 탄소 함유량의 증가에 따라 인장강도도 증가한다.
④ 페라이트(Ferrite)의 양은 증가하고, 펄라이트(Pearlite)의 양은 감소한다.

26 탄소강 중에서 망간을 합금시킬 때의 영향으로 틀린 것은?
① 점성은 증가한다.
② 경화능이 향상된다.
③ 고온 가공성을 높여 준다.
④ 연성은 감소되고 강도는 증가된다.

> 망간(Mn)을 탄소강에 첨가 시 강도, 경도, 인성이 증가하며 탈산제로 사용된다.

27 강을 A_3 또는 A_1 변태점에서 20~30℃ 가열한 후 급랭처리하여 경도를 증가시키는 작업은?
① 노멀라이징
② 퀜칭
③ 어닐링
④ 템퍼링

정답 22 ① 23 ② 24 ③ 25 ④ 26 ③ 27 ②

28 경도가 큰 가공 재료에 인성을 부여할 목적으로 A_1 변태점 이하에서 적당히 가열하는 것은?
① 불림　　　　② 담금
③ 풀림　　　　④ 뜨임

29 퀜칭(Quenching)한 다음에 A_1 온도 이하로 가열하여 조직에 인성을 부여하는 열처리 작업은?
① 불림　　　　② 풀림
③ 뜨임　　　　④ 담금

30 담금 조직에 있어서 마텐자이트(Martensite)의 조직은?
① 그물 모양으로 펼쳐진 모양
② 삼잎 모양을 한 조직
③ Wire-rope 모양을 한 조직
④ 만곡상의 흑연조직

31 소성가공인 압연작업을 할 수 없는 조직은?
① 시멘타이트　　　② 펄라이트
③ 페라이트　　　　④ 오스테나이트

> 시멘타이트는 주철로서 경도가 커서 압연이 불가능하다.

32 0.01%C 탄소강의 700℃에서의 조직은?
① 페라이트　　　② 오스테나이트
③ 시멘타이트　　④ 펄라이트

33 1.2%C 강을 불림 열처리한 후의 현미경 조직은?
① 펄라이트 + 페라이트
② 펄라이트 + 시멘타이트
③ 펄라이트 + 오스테나이트
④ 오스테나이트 + 시멘타이트

정답　28 ④　29 ③　30 ③　31 ①　32 ①　33 ②

34 펄라이트(Pearite)에 대한 설명으로 틀린 것은?

① 자성을 갖고 있지 않다.
② 경도는 낮고 강도는 크지 않다.
③ 강의 조직 중 가장 안정된 조직을 가지고 있다.
④ 비중은 오스테나이트와 마텐자이트의 중간 정도이다.

35 강의 담금 조직 중 경도가 가장 큰 것은?

① 시멘타이트
② 오스테나이트
③ 마텐자이트
④ 소르바이트

> 경도는 마텐자이트 > 트루스타이트 > 소르바이트 > 펄라이트 > 페라이트 순으로 크다.
> 시멘타이트가 마텐자이트보다 강하나 담금 조직이 아니다.

36 다음 중 구상 펄라이트(Pearlite)와 관계있는 것은?

① 마멸성의 증가
② 페라이트의 구상화
③ 시멘타이트의 구상화
④ 입상 펄라이트

> 시멘타이트가 구상화한 펄라이트를 구상 펄라이트라고 하며 고탄소강을 담금질하기 전에 반드시 시멘타이트를 구상화하여야 한다.

37 액체침탄법(Cyaniding)의 특징과 관계가 없는 것은?

① 침탄층의 깊이가 깊다.
② 산화가 방지되며 시간이 절약된다.
③ 온도 조절이 쉽고, 일정한 시간 동안 지속할 수 있다.
④ 균일한 가열이 가능하고, 제품 변형을 방지할 수 있다.

> 액체침탄법은 침탄질화법 또는 시안 청화법이라고 한다. 장점은 가열이 균일하고 제품의 변형 방지, 온도 조절이 용이하며 산화가 방지되므로 가공시간이 절약된다는 것이다. 단점은 침탄제의 값이 비싸며 침탄층이 얇고 발생가스가 유독하다.

38 강의 표면이 고온 산화에 견디게 하기 위하여 하는 방법은?

① 크로마이징
② 실리코나이징
③ 캘러라이징
④ 보로나이징

정답 34 ① 35 ③ 36 ③ 37 ① 38 ③

39 5m의 철사를 50cm씩 자르려고 손으로 여러 번 구부렸다 폈다 할 때 구부러진 부분에 점점 더 많은 힘이 필요한 이유는?

① 금속의 입자들이 움직여서 성장하기 때문에
② 구부렸다 폈다 하는 것은 일종의 담금질 현상이기 때문에
③ 일종의 가공현상으로 그 부분이 가공 경화되었기 때문에
④ 철사는 미끄럼 변형과 쌍점 변형을 동시에 일으키는 재료이기 때문에

> 철사줄을 구부렸다 폈다 하면 인장과 압축이 반복된다. 인장곡선과 압축곡선의 변형률 차이를 바우싱거 변형이라 하며 일종의 가공경화 현상이 일어나서 힘이 많이 들고 경화 후 절단이 일어난다.

40 합금에 대한 설명으로 틀린 것은?

① 압축 소결에 의하여 만들어진다.
② 침탄 처리에 의해서 만들어진 것은 합금이라 볼 수 있다.
③ 금속과 금속 또는 비금속 용융상태에서 융합시켜서 만든다.
④ 유용한 성질을 부여하기 위해 다른 원소를 인공적으로 첨가한 금속적인 물질이다.

41 강을 열처리하지 않고 강의 표면을 다른 금속으로 피복함으로써 표면의 강도를 높이고 광택을 증가시키며, 내식성을 부여하는 표면처리법을 무엇이라 하는가?

① 전해연마   ② 화학연마
③ 도금   ④ 질화

> 도금
강의 표면에 다른 금속을 피복하는 것

42 다음은 침탄과 질화의 차이점이다. 맞는 것은?

① 침탄은 C가 Fe와 Fe_3C를 만들고, 질화는 FeN을 만들어 경화층을 이룬다.
② 침탄은 합금 상태에서도 할 수 있으나 질화는 되지 않는다.
③ 침탄과 질화는 고탄소 강에서만 적용될 수 있다.
④ 질화는 Fe_2N, FeN_4의 질화물을 만드나 주철, 탄소강 및 Ni, C_0 등을 함유하는 강철은 질화되어도 경화되지 않는다.

> • 질화법 : 암모니아 가스 중에 N의 반응으로 질화층을 만든다.
> • 고주파경화법 : 고주파전압의 전류를 이용 극히 짧은 시간 가열하여 표면을 경화시키는 방법
> • 침탄법 : 저탄소강의 표면에 탄소를 침입시켜 경화시키는 것
> • 청화법 : Nacl, KCl, Na_2CO_3을 강의 표면에 침투

43 마텐자이트를 400℃ 이하로 뜨임하면?

① 펄라이트가 된다.   ② 트루스타이트가 된다.
③ 오스테나이트가 된다.   ④ 소르바이트가 된다.

정답 39 ③ 40 ② 41 ③ 42 ④ 43 ②

44 마텐자이트화에 대하여 옳은 설명은?

① 시간에 관계가 있다. ② 확산에 의한다.
③ 온도에 관계한다. ④ 온도와 시간에 관계한다.

45 강(Steel)에 가장 유해한 불순물은?

① Mn ② S
③ Si ④ Cu

46 불꽃시험(Spark Test)이란 무엇을 이용한 검사법인가?

① Spark 수에 의한 검사
② Spark의 탄소에 의한 검사
③ Spark의 형에 의한 검사
④ Spark의 색깔에 의한 검사

▶ 불꽃시험법은 시료와 유선각도 유선으로 구분하여 판단하며 유선은 약 0.5m의 길이가 되는 것이 좋고 불꽃의 형태로 강과 주철인가를 구분한다.

47 항온 변태와 관계가 있는 것은?

① 베이나이트 구조 ② 펄라이트 구조
③ 트루스타이트 구조 ④ 소르바이트 구조

▶ 항온 변태란 강을 $\gamma - Fe$ 상태에서 A_1 변태 이하의 항온 중에 담금한 그대로 유지 시에 발생하는 변태로서 베이나이트 조직을 얻기 위함이다.

48 열처리란?

① 금속을 급랭하는 작업
② 금속을 급열하는 작업
③ 금속의 조절을 목적으로 한 가열, 냉각작업
④ 금속의 경도를 증가시키는 작업

49 침탄강에서 가장 중요한 것은?

① 고탄소강이어야 한다.
② 고온에도 결정립이 성장해서는 안 된다.
③ 저탄소강이어야 한다.
④ 강재가 결함이 없어야 한다.

▶ 저탄소강이어야 침탄이 잘 된다.

정답 44 ③ 45 ② 46 ③ 47 ① 48 ③ 49 ③

50 열간가공에서 가장 중요한 것은?
① 가공온도를 높게 해야 한다.
② 가공온도를 낮게 해야 한다.
③ 마지막 온도를 적당하게 해야 한다.
④ 마지막 온도를 높게 해야 한다.

> 열간가공은 동력이 적게 소요되므로 경제적이고 대량생산과 대형제품 생산에 유리하다.

51 고체침탄법에서 중요한 촉진제와 침탄제는 무엇인가?
① 30% $NaCO_3$, 목탄
② 30% $BaCO_3$, 목탄
③ 30% K_2CO_3, 목탄
④ 30% $LiCO_3$, 목탄

> 고체침탄법의 침탄제로는 목탄, 골탄, 코크스가 있으며, 촉진제로는 탄산바륨, 탄산소다, 염화나트륨 등이 있다.

52 냉간가공(Cold Working)의 이점은 무엇인가?
① 대단히 경제적이다.
② 작업능률이 양호하다.
③ 제품이 아름답다.
④ 단시에 완성할 수 있다.

53 TTT Curve와 관계가 깊은 것은?
① Bain
② Osmend
③ Sorby
④ Tamman

54 침탄 후 열처리 시 제1차 퀜칭의 목적은?
① 중심부의 미세화
② 표면의 강화
③ 표면의 연화
④ 표면의 미세화

> 침탄은 900~1000℃의 고온에서 오랜 시간 가열하는 처리로서 처리 후 중심부의 조직이 대단히 거칠어진다. 이러한 조직을 미세화하기 위해 가열 후 기름 중에 1차 담금질을 한다.

55 열간가공(Hot Working)의 결점은?
① 작업능률이 불량하다.
② 크기가 부정확하다.
③ 변형이 생긴다.
④ 비경제적이다.

정답 50 ③ 51 ② 52 ③ 53 ① 54 ① 55 ②

56 항온 변태에서 코(Nose)가 생기는 이유는?
① 원자의 이동이 빠르기 때문이다.
② 불안정한 상태가 온도의 강하에 의하여 존재되기 때문이다.
③ Bay가 있기 때문이다.
④ 안전한 상태가 이동하기 때문이다.

57 침탄 후 열처리 시 제2차 **퀜칭**의 목적은?
① 중심부의 미세화 ② 표면의 경화
③ 표면의 미세화 ④ 중심부의 경화

○ 침탄 후 1차 담금질하고 표면의 침탄부를 경화하기 위해 2차 담금질을 한다.

58 강의 가장 간단한 검사법은?
① SUMP법 ② 화학 분석법
③ 마이크로 시험법 ④ 불꽃 시험법

59 펄라이트(Pearlite)는 입계에서부터 발생하는데 무엇이 가장 먼저 발생하는가?
① α – Fe ② Fe_3C
③ γ – Fe ④ δ – Fe

60 강(Steel)에서 경도에 가장 큰 영향을 주는 것은?
① Cr ② W
③ Si ④ C

○ 강에서의 각종 성질은 탄소의 함유량에 의해 결정되며 탄소 이외에 Mn, Si, P, S, Cu 등 및 각종 가스와 비금속 물질들도 적지 않은 영향을 미친다.

61 다음 중 보통 강에 해당되는 것은?
① 특수강 ② 탄소강
③ 니켈강 ④ 크롬강

정답 56 ② 57 ② 58 ④ 59 ② 60 ④ 61 ②

62 담금질 직경 효과에 대해 맞는 것은?

① 강편의 지름이 클수록 인장강도, 경도는 감소한다.
② 강편의 지름이 작을수록 인장강도, 경도는 증가한다.
③ 강편의 지름에 관계없이 온도만 다를 뿐이다.
④ 질량이 무거운 재료가 담금질이 쉽게 된다는 것이다.

> 내외부의 온도차에 의해 외부는 경화되어도 내부는 경화되지 않는 현상으로서 담금질성이라고도 하며 보통 크로스맨 시험, 조미니 시험이 사용된다.

63 0.85%의 탄소를 함유한 펄라이트(Pearlite) 조직으로 된 강은?

① 과공석강　　② 공석강
③ 아공석강　　④ 만강강

64 담금질 조직에서 경도만 요구되는 경우 약 150℃ 부근으로 뜨임하는 조작은?

① 고온뜨임　　② 저온뜨임
③ 상온뜨임　　④ 열간뜨임

> 100~200℃에서의 뜨임을 저온 뜨임이라 하며 담금질 조직인 α-마텐자이트가 분해되어 β-마텐자이트, 즉 페라이트 중에 과포화되어 있던 탄소나 탄화물이 석출된다.

65 질량의 대소에 의하여 담금질 효과가 다른 현상은?

① 풀림 효과
② 담금질 질량 효과
③ 뜨임 질량 효과
④ 서브제로 처리

66 공구강에 고탄소의 강철이 쓰이는 이유로 맞는 것은?

① 탄화물이 많아 높은 경도를 주고, 고용이 많이 되어 뜨임에 대한 경화능을 주기 때문에
② 탄소는 미립 흑연 상태로 철 중에 존재해 절삭능을 향상시키기 때문에
③ C는 공구강의 표면에서 침탄작용을 일으켜 경도를 높이기 때문에
④ 저탄소강은 공구강이 될 수 없기 때문에

정답 62 ① 63 ② 64 ② 65 ② 66 ①

67 공구강에 고탄소강이 주로 쓰이는 이유는?

① 경도를 필요로 하기 때문에
② 충격에 견디어야 하기 때문에
③ 인성을 필요로 하기 때문에
④ 표면 경화할 목적으로

> 공구강의 구비조건
> • 고온에서 경도와 강도 유지
> • 내마모성과 점성이 클 것
> • 열처리 용이
> • 가공이 용이하며 저렴할 것

68 탄소강을 담금질 처리하기 전에 꼭 해야 할 처리는?

① 풀림 처리
② 소둔 처리
③ 구상화 처리
④ 서브제로 처리

69 탄소강을 소입하면 나타나는 물리적 성질이 아닌 것은?

① 비중은 약간 감소한다.
② 비열은 다소 증가한다.
③ 전기저항은 뚜렷이 커진다.
④ 항자력은 현저히 감소한다.

70 CCT Curve란?

① TTT Curve와 동일하다.
② 연속냉각 변태곡선이다.
③ TTT Curve와 유사한 Curve다.
④ 마텐자이트 생성기만 관계된 곡선이다.

> CCT Curve는 연속냉각 변태곡선이다.

71 강 포정점의 탄소량은?

① 0.1%
② 0.18%
③ 0.3%
④ 0.5%

72 펄라이트란?

① 고용체이다.
② 혼합물이다.
③ 금속 간 화합물이다.
④ 순금속이다.

> 펄라이트는 페라이트와 시멘타이트의 혼합물이다.
> FeC는 한율 가용 고용체의 침입형이며, Fe_3C는 금속 간 화합물이다.

정답 67 ① 68 ③ 69 ④ 70 ② 71 ② 72 ②

73 탄소강에서 고용체는?
① 치환형이다.
② 침입형이다.
③ 치환형일 때도 있고 침입형일 때도 있다.
④ 금속 간 화합물이다.

◎ 침입형 고용체로서 C·H·B·N·O 등이 사용된다.

74 크랭크축, 롤러, 차축 등을 만드는 것은?
① 연강　　　　② 경강
③ 주강　　　　④ 단강

◎ 단강은 Forgings이다.

75 열처리의 가열에서 가장 중요한 것은?
① 균일하게 가열하는 것
② 느리게 가열하는 것
③ 빠른 가열 후 일정 상태에서 장시간 가열하는 것
④ 느린 가열 후 일정 상태에서 급히 가열하는 것

76 탄소강에서 담금하면 나타나는 현상은?
① 경화된다.
② 연화된다.
③ 인성이 증가한다.
④ 결함수가 증가한다.

77 탄소강 중 가장 많이 팽창된 것은 무엇인가?
① 펄라이트　　　② 소르바이트
③ 마텐자이트　　④ 오스테나이트

78 질화법에 사용되는 질화제는 어떤 것인가?
① 탄산소다　　　② 암모니아가스
③ 연화칼륨　　　④ 소금

◎ 질화법은 암모니아(NH_3) 가스 분위기에서 가열하여 표면을 경화시키는 방법이다.

정답　73 ②　74 ④　75 ①　76 ①　77 ③　78 ②

79 소르바이트를 약간 뜨임하면 무엇이 되는가?
① 트루스타이트   ② 마텐자이트
③ 오스테나이트   ④ 펄라이트

정답 79 ④

03 비철금속재료

1 동 및 그 합금

- 동광석의 종류
  - 황화광 : 황동광($CuFeS_2$), 휘동광(Cu_2S)
  - 산화강 : 적동광(Cu_2O)
  - 자연동 : Cu 2~4%

- 동의 특징
  - 전기, 열의 양도체이다.
  - 유연하고 전연성이 좋으므로 가공이 용이하다.
  - 화학적으로 내식성이 크다.
  - Zn, Sn, Ni, Au, Ag 등과 용이하게 합금을 만든다.

- 동의 성질
  - 물리적 성질 : 비중 8.93, 용융점 1083℃, 비등점 2600℃, 비열 0.092(20℃), 선팽창계수 16.5×10^{-6}, 열전도율 0.94(20℃), 주조수축률 1.42%, 원자량 63.57, 풀림온도 400~600℃(30분~1시간)
  - 화학적 성질 : 순동이 CO_2, SO_2, 습기 등과 접촉하여 염기성 탄산동[$CuCO_3 \cdot Cu(OH)_2$], 염기성 황산동[$CuSO_4 \cdot Cu(OH)_2$]의 녹을 발생하며 보호피막을 형성한다.

1. 황동(Cu+Zn) (Brass) YB_sC1(구기호) CAC201(신기호)

1) 물리적·기계적 성질

   ① 저온소둔경화 : α-황동 냉간가공재를 풀림할 때 재결정온도 이하에서 경화하는 현상
   ② 경년변화(Secular Change) : 시간의 경과에 따라 경도 등 제 성질이 악화되는 현상

2) 화학적 성질

   ① 탈아연부식(Dezincification) : 불순물이나 부식성 물질, 소금물 등에서 용존하는 수용액의 작용에 의해 황동의 표면 또는 내부까지 탈아연되는 현상
   ② 자연균열(Season Cracking) : 암모니아(NH_3) 가스 중 황동 가공제에서 잔류응력에 의해 발생하는 균열
   ③ 고온 탈아연(Dezincing) : 고온에서 증발에 의해 황동 표면으로부터 탈아연되는 현상

3) 실용합금

① 톰백(Tombac) : 8~20% Zn을 함유한 α 황동으로 빛깔이 금에 가깝고 연성이 크므로 금박, 금분, 불상, 화폐제조 등에 사용
② 7/3 황동(Cartridge Brass) : 63~72% Cu에 25~35% Zn을 함유한 α 황동. 부드럽고 연성이 풍부, 압연압출이 용이
③ 6/4 황동(Muntz Brass) : 58~62% Cu에 35~45% Zn을 함유한 $\alpha + \beta$ 황동. 내식성이 좋고 가격이 싸며, 강도가 요구되는 부분에 사용
④ YBsC : 황동주물
⑤ HBsC : 고강도 황동주물 [CAC301C]

4) 특수 황동

① 주석 황동(Tinned Brass) : 황동(Tinned Brass)+Sn으로 탈아연부식이 억제되어 내해수성이 요구되는 부품용으로 사용
  ㉠ 애드미럴티(Admiralty) 강 : 7/3 황동+1% Sn
  ㉡ 네이벌(Naval) 황동 : 6/4 황동+1% Sn
② 납 황동(Leaded Brass) : 황동+Pb, 피절삭성이 좋으므로 쾌삭 황동(Hard Brass)이라 한다.
③ 알루미늄 황동 : 7/3 황동에 2%까지의 Al 외에 As, Si를 소량 첨가한 것으로 강도, 경도, 내해수성이 증가(알브랙)
④ 규소 황동(Silzin Bronze) : 10~16% Zn 황동에 4~5% Si를 첨가해 내해수성이고, 염가이므로 선박부품에 사용
⑤ 고강도 황동(High Tension Brass) : 6/4 황동에 1~3% Mn의 합금이나 Fe, Mn, Ni, Al 등을 첨가하여 높은 강도와 내식성을 갖는 황동으로 터빈 날개, 선박용 프로펠러 등 기계·기구에 사용
⑥ 니켈 황동(양은, German Silver) : Cu-Zn-Ni계 합금으로 7/3 황동에 7~30% Ni를 첨가한 것으로, 냉간가공에 의해 내력, 전연성, 내피로성, 내식성 등이 우수하다. (은그릇 대용)
⑦ 황동납(Brass Solder) : 42~54% Cu와 나머지는 Zn인 합금
⑧ 델타 메탈(Delta Metal) : 54~58% Cu+40~43% Zn, 1% 내의 Fe을 첨가한 것으로 P 또는 Mn으로 탈산하고 Ni, Pb 등을 첨가, 압연단조성이 좋다.

2. 청동(Bronze) [DC1C(구기호), [CAC401C(신기호)]

1) 주석 청동의 성질
① 내식성이 크다.
② 인장강도와 연신율이 크다.
③ 내해수성이 좋다.
④ 황동보다 주조하기 쉽다.

2) 실용주석 청동
① 1~2% 주석 청동 : 송전선에 사용
② 3~8% Sn+1% Zn : 화폐, 메달에 사용
③ 8~12% Sn+1~2% Zn : 포금(Gun Metal)

3) 알루미늄 청동 [CAC701C]
약 12%의 Al을 함유, 강도·경도·내식성·내마모성이 우수, 공업기기·항공기·선박·자동차 부품에 사용(Arms Bronze, Dynamo Bronze)

3. 기타 동 합금

① 규소청동 : 약 0.1~3% Si를 함유, 내식성과 강도가 크므로 화학공업용 재료에 사용
② 베릴륨동 : 2~3% Be를 함유하고, 석출경화성이 있으며, 동합금 중에서 최고의 경도를 갖는다.
③ 망간동 : Mn 탈산제를 첨가, 저항은 높으나 온도계수가 작으므로 전기 계측기 부품에 사용
  ㉠ 망가닌(Manganin) : 80~88% Cu, 10~15% Mn, 1~5% Ni로서 온도계수는 거의 0이다.
  ㉡ 헤즐러(Heusler) : 61% Cu, 26% Mn, 13% Al이며 강자성을 띠는 합금
④ 동-니켈-규소합금 : 4~8% Ni에 1% Si 정도의 합금. 도전재료에 사용
⑤ 크롬동 : 0.5~0.8% Cr을 첨가하여, 내열성·도전성이 양호. 용접용 전극재료(석출경화성 합금)
⑥ 티탄동 : 고강도합금, 내열성은 좋으나 도전율이 낮다.
⑦ 지르코늄동 : 고강도, 고도전성 재료
⑧ 백동(Cupro Nikel) : 15~25% Ni을 첨가. 압연성이 풍부. 상온가공이 계속 가능
⑨ Monel Metal : 60% Ni을 함유하는 합금. 내식성이 좋고 고온에서 강도가 저하하지 않는 공업용 펄프, 증기밸브, 프로펠러에 사용
⑩ 켈밋(Kelmet) : 30~40% Pb의 합금이며 내압하중을 받는 베어링용이다.
⑪ 인청동 : 1% 이하의 인(P)을 첨가한 합금이며 내마멸성과 탄성이 개선되어 큰 하중을 받는 베어링의 부시나 웜 치차의 웜의 재질로 사용되는 합금이다.

2 알루미늄과 그 합금

1. 알루미늄의 성질

비중 2.7, 전기 및 열전도, 내식성이 우수하며 원료는 광석 보크사이트(Bauxite, 주성분 : $Al_2O_3 \cdot 2H_2O$)

1) 물리적 성질

결정은 면심입방격자(f.c.c), 용융점 660℃, 비등점 2494℃, 원자량 26.97
① 열전도가 커서 단시간에 용접 온도를 높이는데 높은 온도의 열원이 필요하다.
② 팽창계수가 매우 커서 용접 후 변형이 크며, 균열이 생기기 쉽다.

2) 기계적 성질

인장강도는 고순도인 경우 4~5kg/mm², 가공재인 경우 10kg/mm²이고, 표면에 Al_2O_3의 산화피막을 형성하여 내식성이 우수

2. 알루미늄 및 그 합금

1) 일반용 Al 주물합금

① Al-Si계 합금(실루민)
  ㉠ 계는 단일공정계 상태도, 공정온도 577℃, 공정은 Si의 약 11.6%
  ㉡ 개량 처리(Modification) : 실루민 합금을 서랭하면 공정조직이 거칠게 발달하여 기계적 성질이 저하되므로 용체에 미량의 Na, NaF, Sr(스트론튬)을 첨가하여 조직을 미세화시켜주는 처리
  ㉢ γ-Silumin, Alpax(10~14%)

② Al-Mg계 합금
  ㉠ 내해수성·내식성이크므로 선박용, 화학공업 부품용으로 사용
  ㉡ 실용합금 : Magnalium(Al+약 10% Mg) 또는 하이드로날륨(Hydronalium)

③ 주조용 Al-Cu-Si계 합금
  ㉠ 시효경화성 합금
  ㉡ Lautal 합금(3.5~7.0% Cu+2.5~8.5% Si+Al)

2) 내열용 Al 합금

① Y 합금(Al+4% Cu+2% Ni+1.5% Mg) : 피스톤, 실린더용
② Lo-Ex 합금(Low Expansion : 12% Si+1% Cu+2% Ni+1% Mg+Al)
③ 코비탈리움(Cobitalium) : Y 합금+Ti+Cu

3) 탄력용 강력 Al 합금
    ① 두랄루민(Duralumin)
        ㉠ Al+4% Cu+(0.5~1.0%) Mn+0.5% Mg
        ㉡ 700~800℃의 주조에서 생긴 조직을 고온 가공으로 430~470℃에서 단련하여 주조조직을 없앤 후 500~510℃에 담금질하고 시효경화시킨다.
        ㉢ 실용합금, Alcoa 175
    ② 초두랄루민(Super Duralumin) : 인장강도 50kg/mm² 이상, 실용합금, Alcoa 25S
    ③ 초초두랄루민(Extra Duralumin) : 인장강도 54kg/mm² 이상, 실용합금, Alcoa 75S
    ④ 단련용 라우탈(Lautal) : (6% Cu+2~4% Si+Al) 실용합금 Alcoa 25S
    ⑤ 피스톤용 합금 : Y 합금은 Al-Cu-Ni계의 내열합금, Alcoa 18S, 32S, RR 합금 (개량 Y 합금, Ti의 첨가 결정을 미세화)

4) 내식용 단련용 Al 합금
    ① 하이드로날륨(Hydronalium) : Al-Mg계 합금, Al+약 10% Mg, 내해수성이 좋다.
    ② 알민(Almin) : Al-Mn계 합금, A3S로 내식성이 양호
    ③ 알드레이(Aldrey) : Al-Mg-Si계 합금, A51S와 53S로서 강도가 우수, 내식성이 좋다.
    ④ 알클래드(Alclad) : 강력 Al 합금 표면에 순 Al 또는 내식성 Al 합금을 피복 또는 접착시킨 합판재

5) Al 분말 소결체(SAP ; Sintered Aluminum Powder)
    고도로 질화된 Al 분말을 가압성형 소결 후 압출, APM 제품(Hydonium 100)

6) Al 합금의 종류 및 열처리 기호
    알루미늄 합금의 구분은 다음과 같으며 알루미늄 합금에서는 합금규격의 뒤에 열처리기호를 붙여 구분한다.
    ① 일반용 주조 Al 합금
        ㉠ Al-Cu   ㉡ Al-Si
        ㉢ Al-Zn
    ② 내열용 주조 Al 합금
        ㉠ Al-Cu-Ni   ㉡ Al-Si-Ni

③ 내식용 주조 Al 합금
  ㉠ Al-Mg-Si

순수 알루미늄	1000	Alcoa(2S)	100%
	1050		99.5%
Al-Cu	2000		
Al-Mn	3000		

> **참고정리**
>
> ✔ 열처리기호
>   F : 제품 그대로(즉, 압연, 압출, 주조한 그대로)
>   O : 풀림한 재질(압연한 것에만 사용)
>   H : 가공경화한 재질(여기서는 다음과 같은 보조 기호를 쓴다.)
> H_{1n} : 가공경화를 받은 그대로
> H_{2n} : 가공경화 후 적당한 풀림 처리를 받은 재질
> H_{3n} : 가공경화 후 안정화 처리를 받은 재질
>   n에는 다음과 같은 숫자를 기입한다.
>   n = 2($\frac{1}{4}$경질), 4($\frac{1}{2}$경질), 6($\frac{3}{4}$경질), 8(경질), 9(초경질)
>   W : 담금질 처리 후 시효경화가 진행 중인 재료
>   T : F, O, H 이외의 열처리를 받은 재질
> T_2 : 풀림한 재질(주물에만 사용)
> T_3 : 담금질 처리 후 상온가공경화를 받은 재질
> T_4 : 담금질 처리 후 상온시효가 완료된 재질
> T_5 : 담금질 처리를 생략하고 뜨임 처리만을 받은 재질
> T_6 : 담금질 처리 후 뜨임된 재질

③ 마그네슘, 티타늄 및 니켈

1. 마그네슘(Mg)

1) 성질

① 비중 1.74, 조밀육방격자, 용융점 650℃, 원료는 돌로마이트($MgCO_3 \cdot CaCO_3$), 마그네사이트($MgCO_3$), 해수 중의 간수($MgCl_2$)가 있다.

② 전기·화학적으로 전위가 낮아서 내식성이 나쁘다. 알칼리 수용액에 대해서는 비교적 침식되지 않지만 산, 염류의 수용액에는 현저하게 침식된다. 부식을 방지하기 위하여 양극 산화 처리, 도금 및 도장한다.

③ 마그네슘은 가공 경화율이 크기 때문에 실용적으로 10~20% 정도의 냉간 가공성을 갖는다. 그러나 절삭 가공성은 대단히 좋으므로 고속 절삭이 가능하고 마무리면도 우수하다.

2) 용도 및 합금

Ti, Zr, 우라늄 제련의 환원제, 자동차, 항공기, 전기기기, 광학기기 등의 재료로 이용되며, 구상 흑연 주철 첨가제이고, 일렉트론(Electron), 도우 메탈(Dow Metal) 합금이다.

2. 티타늄(Ti)

1) 성질

비중 4.6, 조밀육방격자 883℃에서 $\alpha-Ti(HCP)$이 $\beta-Ti(BCC)$으로 변환된다. 용융점이 높고 내식성 및 강도가 크다. 화학공업용 재료, 항공기, 로켓재료로 이용하며, 원료는 금홍석(TiO_2), 티타늄 철광($TiO_2 \cdot FeO$)이다.

2) 합금

① Ti-Mn 합금 : 공석, 시효경화형
② Ti-Al- 합금 : Al 첨가로 변태점, 내열성 증가
③ Ti-Al-V, Ti-Al-Sn 합금 : 고정안전내열합금

3. 니켈(Ni)

1) 성질

① 은백색의 면심입방격자이다.
② 비중 8.9, 용융점 1455℃, 자기변태점 853℃, 재결정 온도 약 600℃이다.
③ 상온에서는 강자성체이지만 358℃ 부근에 자기 변태하여 그 이상에서는 강자성이 없어진다. 특히 V, Cr, Si, Al, Ti 등은 니켈의 자기 변태점의 온도를 저하시키고, Cu, Fe은 이 온도를 상승시킨다.
④ Cr 함유량이 증가하면 비저항이 증가하여 약 40%에서 최대가 된다.
⑤ 황산, 염산에는 부식되지만 유기 화합물이나 알칼리에는 잘 견딘다.
⑤ 대기 중 500℃ 이하에서는 거의 산화하지 않으나, 500℃ 이상에서 오랫동안 가열하면 취약해지고, 750℃ 이상에서는 산화속도가 빨라진다. 특히 화학 약품에 대해서는 다른 금속보다 내식성이 커서 화학, 식품, 화폐, 도금 등에 사용된다.
⑦ 전연성이 크고 상온에서도 소성 가공이 용이하며, 열간 가공은 1000~1200℃, 풀림 열처리는 800℃ 정도에서 한다.

2) 합금

① Ni-Cu계 합금
   ㉠ 15% Ni(Beudict Metal) : 총탄의 피복, 급수가열기에 이용
   ㉡ 20% Ni(백동, Cuprous Nickel) : 화폐, 열교환기에 이용

ⓒ 40~50% Ni(Constantan, Eureka Advance) : 열전대, 정밀 교류측정기에 이용
ⓓ 60~70% Ni : Monel Metal 경도, 강도가 크고 내식성이 우수. 내열용 합금. 증기밸브, 펌프, 디젤 엔진에 이용

② Ni-Fe계 합금
34% 이상 Ni 함유금속 : Invar(36% Ni+0.2% C+0.4% Mn), Platinite(36% Ni+12% Cr+52% Fe), Permalloy(70~90% Ni+(10~30% Fe), Perminvar(20~75% Ni+5~40% Co+Fe) 등

③ 자성 재료용 Ni 합금
ⓐ 고투자율합금(High Permeability Alloy) : Hiperinick, Copernick, Nicalloy(=Nickalloy)
ⓑ 정투자율합금(Constant Permeability Alloy) : Perminvar
ⓒ 정자합금(Shunt Alloy) : Shunt Steel

④ Ni-Cr계 합금
ⓐ 전기저항, 내열성, 내식성이 크다.
ⓑ 니크롬(Nichrume) : 50~90% Ni+11~33% Cr+0~25% Fe, Bimetal
ⓒ 열전대용(고온 측정용) : 열전대에는 Ni-Cr, Ni-Cu계 합금을 사용하며 800℃ 이하에는 Fe-constantan[J(IC)] 또는 Cu-constantan[T(CC)]이고 1000~1200℃까지는 크로멜-알루멜[K(CA)], 1600℃에는 백금(Pt)-백금(Pt)-로듐(Rh)[R(PR)]이 사용된다.

⑤ 내식성 Ni 합금
ⓐ Ni-Mo 합금 : Hastaloy 58% Ni+20% Mo+2% Mn
ⓑ Ni-Cr 합금 : Inconel 78~80% Ni+12~14% Cr+4~6% Fe+0.75~1.0% Mo+0.15~0.35% C

⑥ Ni-Cu-Mn계 합금
망가닌(Manganin) : 50~60% Cu+2~16% Ni+12~30% Mn 정밀계기용

4 아연, 납, 주석 및 베어링 합금

1. 아연(Zn)

1) 성질 및 용도
① 비중 7.1, 용융점 420℃, 비등점 913℃, 원자량 65.4, 조밀육방격자의 백색 금속함석, 건전지 재료, 도금용, 알칼리에 침식
② 철강 재료의 부식 방지의 피복용으로서 가장 많이 사용된다.
③ 주조성이 좋아 다이 캐스팅용 합금으로서 광범위하게 사용된다.

④ 조밀 육방 격자이지만 가공성이 비교적 좋아 실온에서의 냉간 가공도 가능하다. 아연판으로 건전지 재료나 인쇄용 등에 사용된다.

⑤ 수분이나 이산화탄소의 분위기에서는 표면에 염기성 탄산아연의 피막이 발생되어 부식이 내부로 진행되지 않으므로 철판에 아연 도금을 하여 사용한다.

⑥ 건조한 공기 중에서는 거의 산화되지 않지만 산, 알칼리에 약하며 Cu, Fe, Sb 등의 불순물은 아연의 부식을 촉진시키고, Hg은 부식을 억제한다.

⑦ 주조한 상태의 아연은 결정립경이 커서 인장강도나 연신율이 낮고 취약하므로 상온 가공을 할 수가 없다. 그러나 열간 가공하여 결정립을 미세화하면 상온에서도 쉽게 가공할 수가 있다.

⑧ 순수한 아연은 가공 후 연화가 일어나지만 불순물이 많으면 석출 경화가 일어난다.

2) 합금

Zn-Al, Zn-Al-Cu계 합금(Zamac)

2. 납(Pb)

① 면심입방격자, 비중 11.35, 용융점 327℃, 비등점 1725℃, 무겁고 연하며 염가
② 불용해성 피복이 표면에 형성되기 때문에 대기 중에서도 뛰어난 내식성을 가지고 있으므로 광범위하게 사용된다.
③ 납은 자연수와 바닷물에는 거의 부식되지 않으며, 황산에는 내식성이 좋으나 순수한 물에 산소가 용해되어 있는 경우에는 심하게 부식되며, 질산이나 염산에도 부식된다.
④ 알칼리 수용액에 대해서는 철보다 빨리 부식된다.
⑤ 열팽창계수가 높으며, 방사선의 투과도가 낮다.
⑥ 축전지의 전극, 케이블 피복, 활자 합금, 베어링 합금, 건축용 자재, 땜납, 황산용 용기 등에 사용되며, X선이나 라듐 등의 방사선 물질의 보호재로도 사용된다.

3. 주석(Sn)

원자량 118.7℃, 비중 1℃에서 α-Sn은 5.8, 15℃에서 β-Sn은 7.3, 용융점 232℃, 변태점 13.2℃, 18℃ 이상에서 안정한 β-Sn을 White Tin, 18℃ 이하에서의 α-Sn을 Gray Tin이라 하며 다이아몬드 격자로서 회색 분말구리, 철의 부식 방지 합금용으로 사용한다.

4. 베어링 합금

1) 종류

① 화이트 메탈(White Metal)

Sn-Sb-Pb-Cu계 합금으로 백색이며, 용융점이 낮고 강도가 약하다. 베어링용, 다이케스팅용 재료로 사용된다.

② 배빗 메탈(Babit Metal)

Sn-Sb-Cu의 합금으로, 내식성이 있으며, 고속 베어링용으로 사용된다.

③ 켈밋(Kelmet)

20~40% Pb+Cu의 합금으로, 마찰계수가 작고 열전도율이 우수하며, 발전기 모터, 철도차량용, 베어링용으로 사용된다.

> **참고정리**
>
> ✔ 베어링의 구비조건
> - 하중에 대한 내구력이 있는 경도 및 내압력이 있어야 한다.
> - 축에 적응이 되도록 충분한 점성과 인성이 있어야 한다.
> - 주조성·피가공성이 좋으며 열전도성이 커야 한다.
> - 마찰계수가 적고 저항력이 커야 한다.
> - 내식성이 좋아야 한다.

EXERCISES 핵심문제

CHAPTER 03

01 주석 청동 중에 Pb을 3~28% 정도를 첨가한 것으로 그 조직 중에 Pb이 거의 고용되지 않고 입계에 점재하여 윤활성이 좋으므로 베어링, 패킹 등에 사용되는 재료는?

① 압연용 청동 ② 연 청동
③ 미술용 청동 ④ 베어링용 청동

02 알루미늄 합금의 종류 중 Y합금의 주요 성분으로 옳은 것은?

① Al – Si
② Al – Mg
③ Al – Cu – Ni – Mg
④ Zn – Si – Ni – Cu – Mg

03 다음 중 용해 시 흡수한 산소를 인(P)으로 탈산하여 산소를 0.01% 이하로 한 동(Copper)은?

① 전기동 ② 정련동
③ 탈산동 ④ 무산소동

04 다음 중 비철 금속에서 나타나는 시효경화(석출경화) 현상에 관한 설명으로 옳은 것은?

① 담금질된 재료를 160℃ 정도로 가열하여 시효경화를 촉진시키는 것을 자연시효라 한다.
② 공랭 실린더 헤드 및 피스톤 등에 사용되는 Y합금은 시효경화성이 없는 합금이다.
③ 시효경화의 원인은 고용체의 용해도가 온도의 변화에 따라 심하게 변화하는 것에 기인한다.
④ 석출경화가 일어나지 않는 합금의 대표적인 것은 구리 – 알루미늄계의 두랄루민이다.

G·U·I·D·E

석출경화
적당한 온도에서 급랭한 합금이 포화 상태 이상으로 고용하고 있는 합금원소를 시간의 경과나 온도의 영향으로 서서히 석출해 단단하게 되는 현상을 말한다. 알루미늄의 열처리법 등으로 급랭으로 얻은 과포화 고용체에서 과포화된 용해물을 석출시켜 안정화시키며, 석출 후 시간의 경과에 따라 시효 경화된다.

정답 01 ② 02 ③ 03 ③ 04 ③

05 Cu 합금 중 7 : 3 황동의 주요 성분 비율을 올바르게 나타낸 것은?

① Cu : 30%, Al : 70%
② Cu : 30%, Zn : 70%
③ Cu : 70%, Al : 30%
④ Cu : 70%, Zn : 30%

06 다음 중 황동의 자연균열(Season Cracking) 방지책과 가장 거리가 먼 것은?

① Zn 도금을 한다.
② 표면에 도료를 칠한다.
③ 암모니아, 탄산가스 분위기에 보관한다.
④ 180~260℃에서 응력 제거 풀림을 한다.

07 다음 중 Al의 성질에 관한 설명으로 틀린 것은?

① 가볍고 전연성이 우수하다.
② 전기 전도도는 구리보다 낮다.
③ 전기, 열의 양도체이며 내식성이 좋다.
④ 기계적 성질은 순도가 높을수록 강하다.

08 구리에 3~4%의 Ni, 약 1%의 Si가 함유된 합금으로 인장 강도의 도전율이 높아 통신선, 전화선으로 사용되는 구리-니켈-규소 합금은?

① 코르손(Corson) 합금   ② 켈밋(Kelmit) 합금
③ 포금(Gunmetal)   ④ CTG 합금

09 열전도율이 가장 큰 것부터 작은 것의 순으로 옳게 나열한 것은?

① Cu → Al → Ag → Au
② Ag → Cu → Au → Al
③ Cu → Ag → Al → Au
④ Au → Cu → Al → Au

열전도율은 Ag>Cu>Au>Al>Mg>Ni>Fe>Pb의 순으로 높다.

정답 05 ④ 06 ③ 07 ④ 08 ① 09 ②

10 황동의 고온 탈아연(Dezincing) 현상에 대한 설명 중 틀린 것은?

① 고온에서 증발에 의하여 황동 표면으로부터 아연이 탈출되는 현상이다.
② 탈아연을 방지하려면 표면에 산화물 피막을 형성시키면 효과가 있다.
③ 아연 산화물은 증발을 촉진시키는 효과가 있으며, 알루미늄 산화물은 더욱 비효과적이다.
④ 고온일수록 표면에 산화물 등이 없어 깨끗할수록 탈아연이 심해진다.

11 아연과 그 합금에 대한 설명으로 틀린 것은?

① 조밀 육방 격자형이며 청백색으로 연한 금속이다.
② 아연 합금에는 Zn – Al계, Zn – Al – Cu계 및 Zn – Cu계 등이 있다.
③ 주조성이 나쁘므로 다이캐스팅용으로는 사용되지 않는다.
④ 주조한 상태의 아연의 인장 강도나 연신율이 낮다.

12 아연을 약 40% 첨가한 황동으로 고온가공하여 상온에서 완성하며, 열교환기, 열간 단조품, 탄피 등에 사용되고 탈아연 부식을 일으키기 쉬운 것은?

① 알브락　　　　　② 니켈황동
③ 문쯔메탈　　　　④ 애드미럴티황동

13 알루미늄이나 그 합금은 대체로 용접성이 불량하다. 그 이유가 아닌 것은?

① 산화알루미늄의 용융온도가 알루미늄의 용융온도보다 매우 높기 때문에 용접성이 나쁘다.
② 용융점이 660℃로서 낮은 편이고 색체에 따라 가열온도의 판정이 곤란하여 지나치게 용융이 되기 쉽다.
③ 용접 후의 변형이 적고 균열이 생기지 않는다.
④ 용융응고 시에 수소 가스를 흡수하여 기공이 발생되기 쉽다.

정답　10 ③　11 ③　12 ③　13 ③

14 다음 중 8~12% Sn에 1~2% Zn을 함유한 구리합금을 무엇이라 하는가?

① 포금(Gun Metal)
② 톰백(Tombac)
③ 켈밋 합금(Kelmet Alloy)
④ 델타 메탈(Delta Metal)

15 켈밋에 대한 설명으로 적당하지 않은 것은?

① 구리와 납의 합금이다.
② 축에 대한 적응성이 우수하다.
③ 화이트메탈보다 내 하중성이 크다.
④ 저속, 저하중용 베어링에 많이 사용한다.

16 열팽창계수가 높으며 케이블의 피복, 활자 합금용, 방사선 물질의 보호재로 사용되는 것은?

① 금   ② 크롬
③ 구리   ④ 납

17 황동 가공재를 상온에서 방치하거나 또는 저온풀림 경화된 스프링재는 사용 중 시간의 경과에 따라 경도 등 여러 성질이 나빠진다. 이러한 현상을 무엇이라고 하는가?

① 경년 변화   ② 탈아연 부식
③ 잔연 균열   ④ 저온 풀림 경화

18 Al−Mg 합금으로 내해수성, 내식성, 연신율이 우수하여 선박용 부품, 조리용 기구, 화학용 부품에 사용되는 Al 합금은?

① Y합금   ② 두랄루민
③ 라우탈   ④ 하이드로날륨

• Y합금 : Al−Cu−Ni−Mg
• 두랄루민 : Al−Cu−Mg−Mn
• 실루민 : Al−Si
• 라우탈 : Al−Si−Cu
• 하이드로날륨 : Al−Mg

정답 14 ① 15 ④ 16 ④ 17 ① 18 ④

19 전연성이 매우 커서 10^{-6}cm 두께의 박판으로 가공할 수 있으며 왕수(王水) 이외에는 침식, 산화되지 않는 금속은?

① 구리(Cu)　　② 알루미늄(Al)
③ 금(Au)　　　④ 코발트(Co)

20 주조용 알루미늄 합금 중 유동성이 좋아 복잡한 형상의 주조에 사용되는 것은?

① 알루미늄 – 주철계 합금
② 알루미늄 – 규소계 합금
③ 알루미늄 – 니켈계 합금
④ 알루미늄 – 아연계 합금

21 색깔이 아름답고 연성이 크며, 금색에 가까워서 장식 등에 많이 사용하는 황동은?

① 톰백　　　② 문쯔메탈
③ 포금　　　④ 청동

22 알루미늄에 대한 설명을 틀린 것은?

① 내식성과 가공성이 우수하다.
② 전기와 열의 전도도가 낮다.
③ 비중이 작아 가볍다.
④ 주조가 용이하다.

23 Cu – Ni – Si 합금으로 강도와 전기 전도율이 좋아 주로 통신선, 전화선 등에 쓰이는 것은?

① 코르손(Corson) 합금
② 알드레이(Aldrey) 합금
③ 네이벌(Naval) 합금
④ 두랄루민(Duralumin)

정답　19 ③　20 ②　21 ①　22 ②　23 ①

24 마그네슘 합금이 구조 재료로서 갖는 특성에 해당하지 않는 것은?
① 비강도(강도/중량)가 작아서 항공 우주용 재료로서 매우 유리하다.
② 기계가공성이 좋고 아름다운 절삭면이 얻어진다.
③ 소성 가공성이 낮아서 상온 변형은 곤란하다.
④ 주조 시의 생산성이 좋다.

25 다음 중 강도가 높고 피로한도, 내열성, 내식성이 우수하여 베어링, 고급 스프링의 재료로 이용되는 것은?
① 쿠니얼 브론즈
② 코르손 합금
③ 베릴륨 청동
④ 인청동

26 구리의 성질을 설명한 것으로 틀린 것은?
① 비중이 8.9이다.
② 석출 경화로 강도를 안다.
③ 전성·연성이 풍부하고 유연하다.
④ 전기와 열의 양도체이고 비자성체이다.

27 구리의 기계적 성질에서 인장강도는 얼마인가?
① 22~25kg/mm^2
② 32~35kg/mm^2
③ 42~45kg/mm^2
④ 52~55kg/mm^2

28 20℃에서 구리의 비중은 얼마인가?
① 7
② 9
③ 11
④ 13

29 구리의 전도도를 해치는 불순물은 무엇인가?
① S
② Bi
③ As
④ Pb

- 비소(As) : 전기전도 감소
- 안티몬(Sb) : 소성을 해치며, 전기전도도 감소
- 비스무트(Bi), 납(Pb) : 고온 풀림을 일으켜 고온가공 곤란
- 유황(S) : 냉간가공이 곤란

정답 24 ① 25 ③ 26 ② 27 ① 28 ② 29 ③

30 다음 설명 중 틀린 것은?
① 청동은 해수에 대한 저항력이 크다.
② 양은의 주성분은 구리·주석니켈이다.
③ 구리의 제법에는 건식법과 습식법이 있다.
④ 황동에 Al을 첨가하면 결정립이 미세하고 내식성이 커진다.

> 양은은 양백 또는 니켈실버라고도 하며 황동에 니켈을 첨가하여 은그릇 대용으로 사용한다.

31 구리의 고온 가공도는 대략 얼마인가?
① 300℃
② 500℃
③ 800℃
④ 1000℃

> 구리의 열간가공은 750~850℃에서 행하며 완전한 풀림은 600~650℃에서 이루어진다.

32 순동과 납을 주입한 베어링 합금은?
① 켈밋(Kelmet)
② 코르손
③ 암스 브론즈
④ 네이벌 브라스

> 납계 베어링은 켈밋이다.

33 연동 어닐링 온도를 표시한 것이다. 옳은 것은?
① 400℃
② 600℃
③ 800℃
④ 200~300℃

> 어닐링은 풀림열처리로서 600~650℃에서 완전풀림이 된다.

34 청동의 주요 성분은?
① Cu-Sn
② Cu-Zn
③ Cu-Pb
④ Cu-Ni

35 화이트 메탈의 주요 성분은?
① Sn, Pb, Cu, Sb
② Sn, Zn, Pb
③ Sn, Pb, Zn, Sb, Cu
④ Sn, Al, Pb, Cu, Sb

> 화이트 메탈은 Sn-Sb-Pb-Cu계 합금이다.

36 황동의 인장강도와 연신율은 각각 아연(Zn) 몇 % 정도에서 최대가 되는가?
① 20%, 10%
② 30%, 20%
③ 40%, 30%
④ 50%, 40%

> 인장강도는 아연(Zn) 40%일 때 최대가 되며, 연신율은 30%일 때 최댓값을 갖는다.

정답 30 ② 31 ③ 32 ① 33 ② 34 ① 35 ① 36 ③

37 자연 황동으로, 빛깔이 금에 가까우며 금박 및 금분의 대용품으로 사용되는 것은?

① 톰백
② 고강도 황동
③ 문쯔 메탈
④ 델타메탈

▶ 톰백
아연(Zn) 8~20%을 첨가한 합금으로 금박, 금모조품 등에 사용한다.

38 청동을 풀림(Annealing)했을 때의 기계적 성질은?

① 전성은 Sn의 증가에 따라 증가한다.
② 인성은 Sn의 증가에 따라 증가한다.
③ 인장강도는 Sn의 첨가량이 많을수록 증가한다.
④ 인장강도는 α-고용체의 농도에 따라 증가하며, 최대치는 Sn 19%가 있다.

▶ Sn 19% 정도에서 인장강도가 최대인데, 이는 α-고용체가 공석조직을 포위하여 서로 보강하기 때문이다.

39 황동의 부식제는 어느 것인가?

① 피크린산
② 질산
③ 염화제2철
④ 알코올

40 인청동의 특징이 아닌 것은 어느 것인가?

① 탄성이 크다.
② 내산성이 크다.
③ 내식성이 크다.
④ 내마멸성이 크다.

▶ 인청동은 인으로 탈산한 청동으로 탄성 내마모성·내식성이 뛰어나며 유동성이 좋다. 얇은 주물에 적용된다.

41 다음 중 델타 메탈(Delta Metal)에 해당되는 것은?

① 7 : 3 황동에서 Sn 첨가
② 7 : 3 황동에서 Al 첨가
③ 6 : 4 황동에서 Fe 첨가
④ 6 : 4 황동에서 Mn 첨가

42 포금이란 무엇인가?

① Cu에 8~12% Sn과 소량의 Pb을 넣은 것
② Cu에 8~12% Zn과 소량의 Sn을 넣은 것
③ Cu에 Zn과 1% Al을 넣은 것
④ Cu에 8~12% Sn과 1~2% Zn을 넣은 것

정답 37 ① 38 ④ 39 ③ 40 ② 41 ③ 42 ④

43 인청동이란 무엇인가?

① 포금의 다른 말이다.
② 주석청동에 용해 주조 시의 탈산제로 사용하는 인의 첨가를 많이 하여 합금 중에 0.05~0.15% 정도 남게 한 것이다.
③ 주석청동 등보다 경도, 강도, 내마모성, 탄성이 개선된 것이다.
④ 선박 부품, 기어 등에 사용된다.

44 다이캐스팅용 Al 합금이 아닌 것은?

① Y 합금
② 라우탈(Lautal)
③ 알코아(Alcoa) No12
④ 베네딕트 메탈(Benedict Metal)

▶ 다이캐스팅용 Al 합금에는 알코아 No12, 라우탈, 실루민, Y 합금이 있으며, 베네딕트 메탈은 Ni-Cu 합금이다.

45 Y 합금에 대한 설명에 해당하지 않는 것은?

① $Al_5Cu_2Mg_2$의 금속 간 화합물이 석출할 때 경도가 향상된다.
② 고온강도가 크므로 내연기관의 피스톤, 실린더 헤드에 사용된다.
③ 주조할 때 사형에 주조하는 것이 좋고 기공이 발생하지 않는다.
④ Al에 Cu 4%, Ni 2%, Mg 1.5%의 조성으로 내열성이 좋고 시효 경화성 합금이다.

▶ Y 합금은 3원 석출물이 열처리에서 경화되며 100~150℃에서 인공시효 처리하여 주조 시 기공이 발생하기 쉽다.

46 활자합금(Type Alloy)의 조성을 표시하는 것은?

① Pb - Sb - Sn
② Pb - Sn
③ Pb - Cu
④ Pb - Al

▶ 활자합금은 Pb-Sb-Sn계 합금이며, 용융온도가 낮고 응고 종료 시 수축이 적어야 한다.

47 Mg 합금에 첨가되는 원소가 아닌 것은?

① Al
② Mn
③ Zn
④ Ni

▶ 마그네슘은 비중이 1.74로서 알루미늄보다 가벼우나 소성 가공성이 좋지 않다. 합금으로는 Al, Pb, Mn, Zn 등을 첨가한다.

정답 43 ② 44 ④ 45 ③ 46 ① 47 ④

48 다음 설명 중 옳은 것은?

① Cu는 체심입방결정을 하고 있다.
② 양은은 청동에 Ni을 첨가한 것이다.
③ 알루미늄은 석출 경화성을 가지고 있다.
④ Ni은 360℃에서 동소변태를 일으킨다.

① 구리는 면심입방격자이다.
② 양은은 니켈을 황동에 첨가한 금속이다.
④ 니켈은 동소변태는 없고 353℃에서 자기변태점(동형변태)이다.

49 내식성 Al 합금으로 대표적인 것은?

① 하이드로날륨   ② 알코아
③ 실루민   ④ Y 합금

내식성 Al 합금에는 알민, 하이드로날륨, 알드레이 등이 있다.

50 연납과 경납의 구분 온도는?

① 400℃   ② 450℃
③ 500℃   ④ 550℃

연납과 경납의 구분온도는 450℃이다.

51 알루미늄의 특징이 아닌 것은?

① Al은 변태점이 있다.
② Al의 담금질 효과는 시효 경화로 얻어진다.
③ Al의 기계적 성질의 개선은 석출 경화로 얻어진다.
④ 순금속 상태에서는 강도가 적고, Cu, Si와 합금하면 증가한다.

알루미늄에는 변태점이 없다.

52 개량한 Al-Cu-Si계의 합금으로서, 규소 함유량이 높으므로 주조성이 좋은 열처리에 의하여 기계적 성질이 향상되는 주조용 알루미늄 합금은?

① 라우탈   ② 실루민
③ 로우엑스   ④ 하이드로날륨

53 구리, 주석, 흑연 분말을 가압 성형해서 700~1450℃의 수소 기류 중에서 소결해서 만든 합금은?

① 오일리스 베어링   ② 실루민
③ 고속도강   ④ 초경질 합금

정답 48 ③ 49 ① 50 ② 51 ① 52 ① 53 ①

54 Al의 함유 원소로서 Mg을 넣으면 무엇이 향상되는가?
　① 내식성　　　　　② 내마모성
　③ 인성　　　　　　④ 내열성

55 배빗 메탈(Babbit Metal)에 대한 설명 중 틀린 것은?
　① Sn 85%, Sb 10%, Cu 5%의 합금이며 결정은 Sn, Sb를 주체로 하는 고용체이고, 흰 바늘(침상)과 같은 결정은 Cu, Sn이며, 베이스는 공정이다.
　② 경도가 Pb을 주로 하는 합금보다 크며 큰 하중에 견디는 동시에 인성이 있어서 축(Shaft)과 잘 어울리고 충격과 진동에 잘 견딘다.
　③ 판베어링재에 비해서 축에 늘어붙는 성질이 없고, 비열이 작으며 열전도도가 크므로 고속도의 큰 하중기계에 사용하기 적합하다.
　④ 유동성과 주조성이 나쁘다.

⊙ 배빗 메탈은 높은 온도에서 성능이 나쁘지 않으며, 유동성과 주조성이 좋아 큰 베어링으로 만들기 쉽다.

56 다음은 Zn의 성질에 대한 설명이다. 틀린 것은?
　① Zn은 철강에 비하여 전기적 퍼텐셜(Potenitial)이 높다.
　② Zn은 Fe, Cu와 같은 전기적 음성 금속과 접촉하여 부식을 방지하는 힘이 있다.
　③ Zn은 그 재질이 연하여 주물과 압연한 것과의 성질의 차가 적다.
　④ Zn의 용해온도는 419℃이다.

⊙ Zn은 주조상태에서 조대결정이므로 인장강도나 연신율이 낮고 취성이 커서 상온가공이 어려우므로 열간가공한다.(조밀육방격자)

57 내식용 단련 알루미늄 합금을 나열한 것이다. 틀린 것은?
　① 하이드로날륨　　② 알크레드
　③ 알민　　　　　　④ 다우 메탈

⊙ 다우 메탈은 Mg-Al 합금이다.

58 니켈에 대한 다음 설명 중 옳은 것은?
　① 대기 중에서 쉽게 부식된다.
　② 원자량은 65.8이다.
　③ 면심입방격자이다.
　④ 열간가공은 용이하나 냉간가공은 어렵다.

⊙ Ni은 대기 중에서는 부식되지 않으나 아황산가스를 품은 공기에는 심하게 부식되며, 원자량은 58.71이다.

정답 54 ① 55 ④ 56 ③ 57 ④ 58 ③

59 모넬 메탈(Monel Metal)의 주성분은?
① Al – Cu
② Si – Mo
③ Ni – Cu
④ Mo – Cu

> 모넬 메탈은 60~70%의 니켈과 구리의 합금이다.

60 다음 황동의 합금명 중 6 : 4 황동을 의미하는 것은?
① 도우 메탈
② 톰백
③ 적황동
④ 문쯔 메탈

61 네이벌 황동의 주성분은?
① 7 : 3 황동 + 규소
② 7 : 3 황동 + 납
③ 6 : 4 황동 + 아연
④ 6 : 4 황동 + 주석

> 어드미럴티 메탈은 7 : 3 황동에 Sn을 넣은 것이며 네이벌 황동은 6 : 4 황동에 Sn을 넣은 것이다.

62 델타 메탈(Delta Metal)에 관한 설명으로 옳은 것은?
① 델타 메탈은 Cu 54~58%, Zn 40~43%, Fe 1% 내외의 합금이다.
② 델타 메탈의 연신율은 9~30%이다.
③ 델타 메탈의 인장강도는 23~27kg/mm²이다.
④ 델타 메탈은 주물 및 단조재료로 부적당하다.

> 델타 메탈은 연신율을 감소시키지 않고 강도를 증가시킨다.

63 우리가 보통 양은이라 부르는 것은 무엇과 무엇의 합금인가?
① Cu + Sn + Zn
② Cu + Zn
③ Cu + Zn + Ni
④ Cu + Ni

64 시계용 스프링을 만드는 재질은?
① Y 합금
② 미하나이트
③ 인청동
④ 엘린바

65 일렉트론(Electron)의 성분은?
① Al + Mg + Ni
② Mo + Mg + Sn
③ Al + Mg + Si
④ Mg + Al + Zn

> 일렉트론은 Mg – Al 합금에 Zn이나 Mn을 첨가한 금속이다.

정답 59 ③ 60 ④ 61 ④ 62 ① 63 ③ 64 ④ 65 ④

66 듀랄루민은 담금질한 후 오래 방치하거나 적당히 뜨임하면 경도가 증가한다. 이런 현상을 무엇이라 하는가?
① 시효경화 ② 시즈닝
③ 질량 효과 ④ 담금질 효과

67 내식성 알루미늄 합금으로 대표적인 것은?
① 알드레이 ② 바이메탈
③ 하이드로날륨 ④ 실루민

68 Y 합금이 개발되어 주로 쓰이는 곳은?
① 도금용 ② 공구
③ 내연기관 ④ 펌프

▶ Y 합금
고온강도가 크므로 내열기관의 실린더, 피스톤, 실린더 헤드에 사용된다.

69 다음 중 Ni 합금을 나타내는 것은?
① 취성 ② 알코아
③ 모넬 메탈 ④ 문쯔 메탈

70 알루미늄(Al) 합금 중 510~530℃에서 더운물로 냉각한 후 4일간 상온시효시키거나, 100~150℃에서 인공시효시켜 내연기관이 실린더 피스톤, 실린더 헤드로 사용되는 재료는?
① 실루민 ② 라우탈
③ 하이드로날륨 ④ Y 합금

71 Cu에 Pb을 30~40% 정도 첨가한 합금으로 고속, 고하중용 베어링용 합금은?
① 톰백 ② 켈밋
③ 델타 메탈 ④ 코르손합금

정답 66 ① 67 ③ 68 ③ 69 ③ 70 ④ 71 ②

72 베어링용 합금이 아닌 것은?

① 화이트 메탈　　② 배빗 메탈
③ 문쯔 메탈　　　④ 켈밋

▶ 베어링 메탈에는 화이트 메탈과 배빗 메탈, 켈밋이 있다.

73 구리의 일반적인 성질을 설명한 것 중 잘못된 사항은?

① 전연성이 양호하다.
② 전기 전도도가 Ag 다음으로 양호하다.
③ 열전도율이 양호하다.
④ 해수에 대한 저항이 강하며, 황산, 염산에 용해가 안 된다.

▶ 구리(Cu)
- 다른 금속과 합금하여 귀금속인 성질을 얻을 수 있다.
- 비중 8.96%, 용융점 1083℃, 비자성체이며 전기, 열의 양도체이고, 변태점이 있다.
- 아름다운 색깔을 가지고 있다. 유연하고 전연성이 좋으므로 가공이 쉽다.
- 표면에 녹색의 염기성, 탄산구리의 녹이 생겨 보호 피막의 역할을 하므로 내식성이 크다.
- 강 중에서 0.3% 함유되며, 인장강도, 경도 등을 증가시키고 부식저항을 높인다.
- 압연 균열의 원인이 된다.

74 황금색으로 모양이 곱고 연성이 커서 장식용에 많이 쓰이는 아연이 8~20% 포함된 합금은 어느 것인가?

① 문쯔 메탈　　② 델타 메탈
③ 톰백　　　　　④ 도금

▶ ① 문쯔 메탈 : 6 : 4 황동으로 강도가 크다.
② 델타 메탈 : 황동+1% 내외의 Fe 첨가되며, 압연단 조성이 좋다.
③ 톰백 : Zn이 8~20% 함유되고, 연성이 커서 장식용으로 쓰이며, 모조금 대용으로 쓰이기도 한다.

75 황동의 합금 성분은?

① Cu + Zn　　② Cu + Al
③ Cu + Pb　　④ Cu + Mn

76 7 : 3 황동에 주석을 1% 정도 첨가한 동합금은?

① 망간 황동　　　② 쾌삭 황동
③ 에드미럴티 황동　④ 네이벌 황동

정답　72 ③　73 ④　74 ③　75 ①　76 ③

77 다음 중 델타 메탈(Delta Metal)의 성분을 옳게 적은 것은?

① 6 : 4 황동에 철을 1~2% 첨가
② 7 : 3 황동에 주석을 3% 내외 첨가
③ 6 : 4 황동에 망간을 1~2% 첨가
④ 7 : 3 황동에 니켈을 9% 내외 첨가

78 황동가공재를 상온에 방치하거나 또는 저온풀림 경화된 스프링재를 사용하는 도중 시간의 경과에 의해 경도 등 여러 가지 성질이 나빠지는 현상은 무엇인가?

① 시효변형
② 경년 변화
③ 탈아연 부식
④ 자연 균열

- 자연 균열(Season Crack) : 냉간 가공한 황동이 저장 중에 자연히 균열이 일어나는 현상으로 도금을 해서 표면을 보호하거나, 저온 풀림을 하면 방지된다.
- 탈아연 현상 : 황이 바닷물에서 아연만 용해 부식되어 침식되는 현상으로 연관을 도선으로 연결해 놓거나 전류에 의해 방지한다.

79 6 : 4 황동에 주석을 1% 정도 첨가하여 스프링용 및 선박 기계용으로 많이 사용하는 것은?

① 에드미럴티 황동
② 네이벌 황동
③ 델타 메탈
④ 코르손합금

80 다음 알루미늄(Al) 합금 중 그 성분을 잘못 나타낸 것은?

① 실루민(Silumin) : Al – Si계
② 라우탈(Lautal) : Al – Mg – Si계
③ 하이드로날륨(Hydronalium) : Al – Mg계
④ Y 합금(Y – alloy) : Al – Cu – Ni – Mg계

라우탈은 Al – Cu – Si계 합금으로 압출재, 단조재, 주조용으로 사용된다.

81 고온 강도가 크므로 내연기관의 실린더, 피스톤, 실린더 헤드 등에 사용되며, 표준 성분은 구리 4%, 니켈 2%, 마그네슘 1.5%와 알루미늄 92.5%로 이루어진 합금은?

① Y 합금(Y-alloy)
② 알민(Almin)
③ 알드레이(Aldrey)
④ 듀랄루민(Duralumin)

정답 77 ① 78 ② 79 ② 80 ② 81 ①

82 듀랄루민의 함유원소 중 시효 경화에 필요한 성분에 해당되지 않는 것은?
① Cu
② Co
③ Mg
④ Si

83 다음 재료 중 주성분이 알루미늄이 아닌 합금은?
① 듀랄루민(Duralumin)
② 양은(German Silver)
③ Y 합금
④ 라우탈(Lautal)

84 내식용 알루미늄에서 알루미늄-마그네슘계의 대표적인 것은?
① 하이드로날륨
② 알민
③ 알드레이
④ 실루민

85 양은(German Silver)에 대한 설명 중 잘못된 것은?
① Ni 15~20%, Zn 20~30%, 나머지는 구리를 함유하는 구리합금이다.
② 백동이라고도 한다.
③ 전류조정용 저항, 식기, 장식품 등에 사용된다.
④ 황동에 Ni 30%가 함유된 것이다.

86 알루미늄 표면에 산화물계 피막을 만들어 부식을 방지하는 알루미늄 방식법에 속하지 않는 것은?
① 염산법
② 수산법
③ 황산법
④ 크롬산법

> 알루미늄 인공 내식 처리법
- 알루마이트법(수산법) : 수산 용액에 넣고 전류를 통과시켜 알루미늄 표면에 황금색 경질 피막을 형성하는 방법
- 황산법 : 황산액을 사용하며, 농도가 낮은 것을 사용할수록 피막이 단단하게 형성된다. 값이 저렴하여 널리 사용되고 있다.
- 크롬산법 : 산화크롬 수용액을 사용, 전압을 가감하면서 통전시간을 조정한다. 피막은 내마멸성은 적으나 내식성은 대단히 크다.

정답 82 ② 83 ② 84 ① 85 ② 86 ①

CHAPTER 04 비금속재료

기계를 구성하는 재료는 금속재료가 주종을 이루고 있으나, 금속재료가 모든 필요성을 만족시킬 수는 없으므로 비금속재료의 특수한 성질을 이용한다.

여기서는 비금속재료 중의 합성수지만을 취급한다. 합성수지는 경화현상으로 분류되며 열경화성 수지와 열가소성 수지로 나눌 수 있다.

- 열경화성 수지 : 한 번 가열하여 녹여서 성형하며 성형 후 다시 가열하여도 연해지거나 용융되지 않고 오히려 분해되어 기체를 발생시키는 합성수지로서 무정형 망상 고분자이다.
- 열가소성 수지 : 성형 후 가열하면 연해지고 냉각하면 다시 본래 상태로 굳어지는 성질을 가진 비결정성 합성수지이며 무정형 선상 고분자이다.

1. 합성수지의 공통 성질

① 가볍고 튼튼하다.(비중 1~1.5)
② 가공성이 크고 성형이 간단하다.
③ 전기절연성이 좋다.
④ 산, 알칼리, 유류 약품 등에 강하다.
⑤ 착색이 자유롭다.
⑥ 유리와 같이 빛을 투과시킬 수 있다.
⑦ 비강도가 비교적 높다.

2. 합성수지의 분류

구분	종류	용도
열가소성 플라스틱	폴리염화비닐 수지	가죽 대용품, 상·하수도관, 호스, 전선 피복, 화학약품 저장 탱크 등
	폴리스티렌 수지	단열재, 광학 제품, 1회용 용기, 자동차의 내부 장식, 냉장고 부품 등
	폴리에틸렌 수지	주방 용기, 전기 절연 재료, 장난감, 원예용 필름 등
	폴리프로필렌 수지	카드 파일, 수화물 상자, 주방 용기, 포장 재료, 화장품 용기, 자동차 가속 페달 등
	아크릴 수지	광고 표지판, 광학 렌즈, 콘택트 렌즈 등
	나일론	섬유, 플라스틱 베어링, 기어, 제도용 자 등
열경화성 플라스틱	페놀 수지	접착제, 전기 배전판, 회로 기판, 공구함, 전화기, 자동차 브레이크 등
	아미노 수지	식기류, 전기 스위치 덮개, 단추 등
	에폭시 수지	금속·유리 접착제, 건물 방수 재료, 도료 등

3. 합성수지의 첨가제

① 가소제 : 합성수지를 부드럽고 유연하게 해준다.

② 활제 : 수지의 흐름을 좋게 한다.

③ 착색제 : 색깔을 아름답게 해준다.

④ 보강제 : 강도를 높여준다.

4. 합성수지의 성형

합성수지의 성형방법에는 압축성형, 사출성형, 압출성형, 공기취입성형의 방법이 있다.

① 압축성형

형틀에 성형재료를 넣고 가열한 다음 높은 압력으로 눌러 성형하는 방법이다.

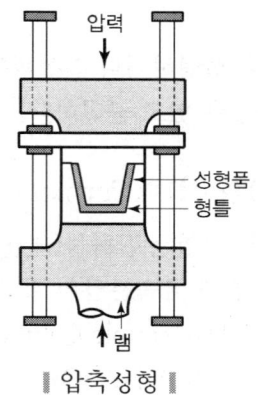

‖ 압축성형 ‖

② 사출성형

용융된 원료를 노즐을 통해 형틀에 부어 성형한다.

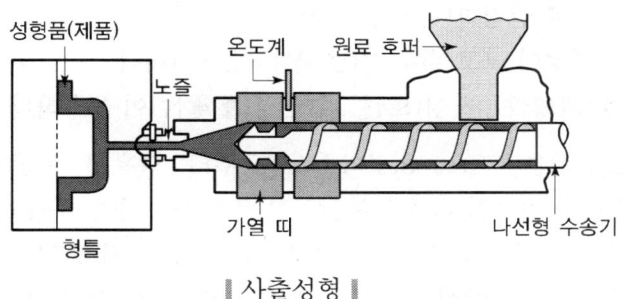

‖ 사출성형 ‖

③ 공기취입성형

용융 직전의 부드러운 플라스틱관(플라스틱 패리슨)을 놓고 공기를 불어 모양을 만든 후 냉각시키는 성형방법으로 제조속도가 대단히 빠르다.

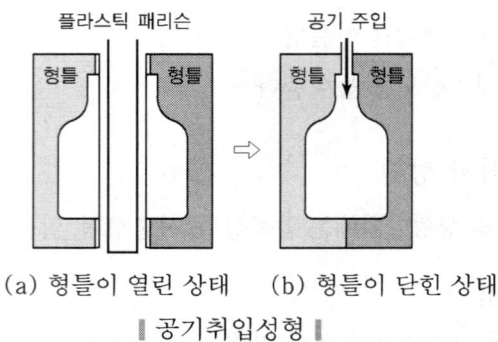

(a) 형틀이 열린 상태   (b) 형틀이 닫힌 상태

‖ 공기취입성형 ‖

④ 압출성형

일정한 모양의 제품을 성형하거나 전선피복, 플라스틱관 등을 만드는 방법으로 제품을 연속적으로 만들 수 있고 균일하다.

5. 세라믹스(Ceramics)와 서멧(Cermet) 세라믹 코팅(Ceramic Coating)

3000℃ 정도의 융점을 갖고 있는 탄화물(炭化物), 질화물, 산화물 등의 비금속 재료인 세라믹스와 세라믹스 분말과 금속분말의 결합체인 서멧(Cermet)과 금속의 표면에 내열 피복을 하는 세라믹 코팅(Ceramic Coating) 등은 고온강도 특성이 우수하다.

세라믹스는 성분에 따라 산화물계(Al_2O_3, MgO, TiO_3), 탄화물계($SiCO_3$, TiC)와 질화물계(Si_3N_4, BN)로 분류하며 다음과 같은 특징이 있다.

① 용융점이 높다(이온결합 + 공유결합).
② 내열·내산화성이 좋고, 고온강도가 크다.
③ 화학적으로 안정하나, 열전도율이 낮다.
④ 전기절연성이 크고, 투과성(透過性)이 우수하다.
⑤ 유전성(遺傳性), 자성(磁性), 압전성(壓電性)이 우수하다.

서멧(Cermet)은 "Ceramics + Metal"로부터 연유된 복합어로 금속 조직(Metal Matrix) 내에 세라믹 입자를 분산시킨 복합 재료이며, 세라믹스(Ceramics)와 금속의 특성을 겸하고 있는 초고온 내열 재료이다. 제트기, 가스터빈의 날개 등에 사용되며, 특히 900℃ 이상 고온에서 사용하는 경우 그 우수성이 탁월하다. 세라믹스는 고융점에서 산화에 대한 저항성이 있고, 금속은 강인성과 열전도성이 좋다. 그러므로 금속과 세라믹스의 복합 재료인 서멧은 고온에서 안정되며 강도가 높고 열충격에 강하다.

세라믹 코팅은 고온, 급열, 고속의 가스유동 등에 의한 침식 및 산화 방지에 응용되며 물리적·화학적 성질 및 밀착성이 좋아야 한다.

6. FRP(유기질, 섬유강화 플라스틱)

강화성 섬유와 모재용 합성수지의 결합으로 모재와 혼합된 섬유에 하중을 부담시키고 모재의 변형을 경감시키는 특징이 있다.

$$비탄성률 = \frac{탄성계수}{비중}$$

1) 성질
   ① 장점
      ㉠ 성형이 용이하다.   ㉡ 진동에 강하다.
      ㉢ 내식성이 크다.   ㉣ 열, 전기 부도체이다.
      ㉤ 전파 투과성이 크다.(비파괴 검사 기능)

   ② 단점
      ㉠ 내열, 내구성이 작다.
      ㉡ 크리프 발생이 크다.
      ㉢ 경화 시 수축이 크다.

2) 용도
   항공, 자동차 선박에 이용한다.

3) 합성FRM
   ① FRM : 섬유강화금속(금속기 복합재료)
   ② PRM : 입자강화금속
   ③ FRC : 섬유강화세라믹

7. 형상기억합금

Ni – Ti(센서와 액추에이터)
Cu – Zn – Al ⎤
Cu – Al – Ni ⎦ 반복사용하지 않는 이음쇠

8. KS에 의한 기계재료 표시방법

1) 구성
   ① 제1부분 기호 : 재질 표시(영문 또는 원소기호)
   ② 제2부분 기호 : 규격 또는 제품명(모양 및 용도)
   ③ 제3부분 기호 : 재료의 종류(인장강도, 탄소 함유량)
   ④ 제4·5부분 기호 : 열처리 상태, 모양, 제조방법

▼ 처음 부분의 기호

기호	재질	비고	기호	재질	비고
Al	알루미늄	Aluminum	F	철	Ferrm
AlBr	알루미늄 청동	Aluminum Bronze	MS	연강	Mild Steel
Bc	청동	Bronze	NiCu	니켈 구리 합금	Nickel-Copper Alloy
Bs	황동	Brass	PB	인 청동	Phosphor Bronze
Cu	구리 구리합금	Copper	S	강	Steel
HBs	고강도 합금	Highstrenth Brass	SM	기계 구조용 강	Machine Structure Steel
HMn	고망간	High	WM	화이트 메탈	White Metal

▼ 중간 부분의 기호

기호	제품명 또는 규격명	기호	제품명 또는 규격명
B	봉(Bar)	MC	가단 철주품(Malleable Iron Casting)
BC	청동 주물	NC	니켈 크롬강(Nickel Chromium)
BsC	황동 주물	NCM	니켈 크롬 몰리브덴강
C	주조품(Casting)	P	판(Plate)
CD	구상 흑연 주철	FS	일반 구조용강
CP	냉간 압연 연간판	PW	피아노선(Piano Wire)
Cr	크롬강(Chromium)	S	일반 구조용 압연재
CS	냉간 압연 강대	SW	강선(Steel Wire)
DC	다이캐스팅(Die Casting)	T	관(Tube)
F	단조품(Forging)	TB	고탄소 크롬 베어링관
G	고압 가스 용기	TC	탄소 공구강
HP	열간 압연 연강판	TKM	기계 구조용 탄소 강관
HR	열간 압연	THG	고압가스 용기에 이음매 없는 강관
HS	열간 압연 강대	W	선(Wire)
K	공구강	WR	선재(Wire Rod)
KH	고속도 공구강	WS	용접 구조용 압연강

▼ 끝 부분의 기호

기호	기호의 의미	보기	기호	기호의 의미	보기
1	1종	SHP 1	5A 34 C	5종 A 최저 인장강도 또는 항복점 탄소 함량 (0.10~0.15%)	SPS 5A
2	2종	SHP 2			WMC 34
A	A종	SWS 41A			SG 26
B	B종	SWS 41B			SM 12C

EXERCISES 핵심문제

CHAPTER 04

01 열가소성 플라스틱의 특성을 나타낸 것은?

① 열을 계속해서 가하면 분해된다.
② 열을 가할 때마다 녹거나 유연하게 된다.
③ 단단하고 강인한 기계적 성질을 갖고 있다.
④ 한 번 굳으면 녹거나 부드러워지지 않는다.

02 빛을 통과하는 성질이 우수하고 기후 변화에 대한 저항성이 좋으며, 착색이 잘 되어 광고 표지판, 광학 렌즈 등에 이용되는 플라스틱은?

① 페놀 수지   ② 아크릴 수지
③ 멜라민 수지   ④ 폴리아미드 수지

03 플라스틱의 일반적인 성질이라고 볼 수 없는 것은?

① 열과 전기를 잘 전달한다.
② 금속이나 유리에 비해 가볍다.
③ 빛을 잘 통과시키는 플라스틱도 있다.
④ 외부의 힘이나 충격을 흡수하는 성질이 있다.

04 플라스틱의 일반적인 특성을 다음에서 고르면?

㉠ 비중이 크고 경도가 높다.
㉡ 열을 차단하는 성질이 우수하다.
㉢ 연성과 전성이 좋아 가공하기 쉽다.
㉣ 유리와 같이 빛을 투과시킬 수 있다.
㉤ 재질이 고르지 못하여 부분에 따라 강도의 차이가 있다.

① ㉠, ㉢   ② ㉡, ㉢
③ ㉡, ㉣   ④ ㉢, ㉣

GUIDE

◉ 일반적으로 플라스틱은 합성수지라 하며 공통된 성질은 가볍고 튼튼하며 가공성이 크고, 전기 절연성이 좋다. 투명한 것이 많고 단단하나 열에 약하고, 내열성은 금속에 비해 못하다.
• FRP : 섬유강화 플라스틱
• 내열성 플라스틱 : 300℃의 고온 이상에서 견디는 플라스틱

정답 01 ② 02 ② 03 ① 04 ④

05 다음과 같은 특성을 가진 플라스틱만으로 짝지어진 것은?

> 열에 의하여 수지의 분자가 화학반응을 일으켜서 모든 방향으로 연결되어 사다리 모양이나 수세미 모양을 갖는다.

① 페놀 수지, 아크릴 수지
② 페놀 수지, 멜라민 수지
③ 아크릴 수지, 아미노 수지
④ 폴리에틸렌 수지, 폴리스틸렌 수지

06 투명성과 성형성이 우수하며, 이것을 발포 제품으로 만들어 단열재로 널리 사용하는 플라스틱은?

① 페놀 수지
② 아크릴 수지
③ 폴리에틸렌 수지
④ 폴리스틸렌 수지

07 플라스틱이 전선 피복, 회로 기판 등에 쓰이는 것은 플라스틱의 어떤 성질 때문인가?

① 단단하고 질기다.
② 전기 절연성이 좋다.
③ 빛의 투과성이 좋다.
④ 외부의 힘이나 충격의 흡수성이 크다.

08 순도가 높은 미세한 분말 형태의 알루미나, 탄화규소 등을 가압 소결한 재료로 반도체 집적회로, 내열재, 절삭공구 등 산업용 소재로 사용되는 신소재는?

① 섬유 강화 복합 재료
② 형상 기억 합금
③ 초전도 합금
④ 파인 세라믹

정답 05 ② 06 ④ 07 ② 08 ④

PART 5

기계제도

CHAPTER 01 　제도의 기본
CHAPTER 02 　기초제도
CHAPTER 03 　기계제도의 실제
CHAPTER 04 　끼워맞춤 공차
CHAPTER 05 　기계 요소 제도

01 제도의 기본

1 개요

1. 정의
기계 또는 구조물의 모양 그리고 크기를 일정한 규격에 따라 점, 선, 문자, 숫자, 기호 등을 사용하여 도면으로 작성하는 과정

2. 목적
설계자의 의도를 사용자에게 모양, 치수, 재료, 표면 정도로 정확하게 표시하여 전달하는 데 있다.

3. 규격
① 국제표준화 규격 : ISO(International Organization for Standardization)
② KS의 분류

  A : 기본(통칙)   B : 기계
  C : 전기   D : 금속
  E : 광산   F : 토건
  G : 일용품   H : 식료품
  K : 섬유   L : 요업
  M : 화학   P : 의료
  R : 수송기계   V : 조선
  W : 항공

2 도면의 분류

1. 도면의 종류
① 원도(Original Drawing) : 최초의 도면
② 트레이스도(Traced Drawing) : 원도를 원본으로 하여 그린 도면
③ 복사도(Copy Drawing) : 트레이스도를 원본으로 복사한 도면
　　　　　　　　　(청사진, 백사진, 전자복사 도면)

2. 사용 목적에 따른 분류

　① 계획도 : 설계자가 제작하고자 하는 물품의 계획을 나타내는 도면
　② 제작도 : 제작에 필요한 모든 정보를 전달하기 위한 도면(공정도, 시공도, 상세도)
　③ 주문도 : 주문자의 요구에 맞는 정보를 제시한 도면
　④ 견적도 : 주문자에게 제품의 내용, 가격 등을 제시한 도면
　⑤ 승인도 : 주문자 또는 기타 관계자의 승인을 얻는 도면
　⑥ 설명도 : 사용자에게 제품의 구조, 기능, 작동원리, 취급방법 등을 설명하기 위한 도면 (카탈로그)

3. 내용에 따른 분류

　① 조립도 : 2개 이상의 부품을 조립한 상태로 나타내는 도면으로 물품의 구조를 알 수 있도록 그린 도면(전체 조립도, 부분 조립도)
　② 부품도 : 개별적인 부품을 상세하게 그린 도면
　③ 기초도 : 기계 또는 구조물을 설치하기 위한 기초도면
　④ 배치도 : 기계 또는 구조물을 설치하기 위한 위치도면
　⑤ 장치도 : 구조물의 장치, 배치, 제조공정 등의 관계를 나타내는 도면
　⑥ 스케치도 : 도면 자체를 프리핸드(Free Hand)로 그린 도면

4. 표현 형식에 따른 분류

　① 외형도 : 구조물의 외형만을 나타내는 도면
　② 전개도 : 대상을 구성하는 면을 평면으로 전개한 도면
　③ 곡면선도 : 곡면을 이루는 구조물의 곡선으로 나타내는 도면
　④ 계통도 : 배관, 전기장치의 결선 등 계통을 나타내는 도면 (전기 접속도, 배선도, 배관도)
　⑤ 구조선도 : 구조물의 골조를 나타내는 도면
　⑥ 입체도 : 투상법을 입체적으로 표현한 도면

3 도면의 크기

1. 도면의 크기

제도 용지의 세로와 가로의 비는 $1:\sqrt{2}$ 이고, A열 A0의 넓이는 $1m^2$이다. 큰 도면을 접을 때에는 A4의 크기로 접는 것을 원칙으로 한다.

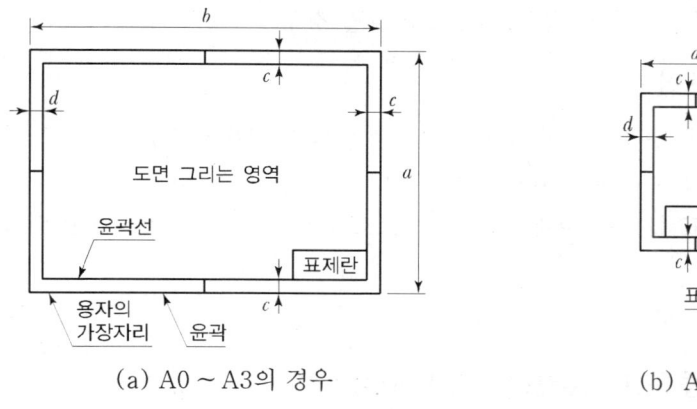

(a) A0 ~ A3의 경우   (b) A4의 경우

‖ 도면의 크기 ‖

▼ 도면의 윤곽 치수

크기의 호칭		A0	A1	A2	A3	A4
도면의 윤곽	a×b	841×1189	594×841	420×594	297×420	210×297
	c(최소)	20	20	10	10	10
	d (최소) 철하지 않을 때	20	20	10	10	10
	d (최소) 철할 때	25	25	25	25	25

※ 비고 : d 부분은 도면을 철하기 위하여 접었을 때로, 표제란의 왼쪽이 되는 곳에 마련한다.

2. 도면에 기입하는 내용

① 윤곽선 : 테두리선

② 표제란 : 도면 관리에 필요한 사항을 기입하는 것으로 도면의 우측 하단에 기입

③ 부품란 : 각 부품의 특징을 기입하는 사항으로 표제란과 연결(상단)하여 기입

‖ 기사/산업기사 자격증 시험 시 적용되는 도면 양식 ‖

4 척도

1. 종류

   ① 현척 : 도형을 실물과 같은 크기(1 : 1)로 그릴 경우
   ② 축척 : 도형을 실물보다 작게 그릴 경우
   ③ 배척 : 도형을 실물보다 크게 그릴 경우

2. 표시방법

   ① A : B (A : 도면에서의 치수, B : 실물의 실제 치수)
   ② NS(No Scale) : 비례척이 아님

   ※ 척도 표시는 표제란에 기입을 원칙으로 하고 특별한 경우 부품도에 기입하는 경우도 있다.

5 문자와 선

1. 선의 종류(KSA0109, KSB0001)

   1) 모양에 따른 선의 종류

      ① 실선(Continuous Line) : 연속적으로 이어진 선(─────)
      ② 파선(Dashed Line) : 짧은 선을 일정한 간격으로 나열한 선(············)
      ③ 1점 쇄선(Chain Line) : 길고 짧은 2종류의 선을 번갈아 나열한 선 (─·─·─·─)
      ④ 2점 쇄선(Chain Double-dashed Line) : 긴 선과 2개의 짧은 선을 번갈아 나열한 선 (─··─··─)

   2) 굵기에 의한 분류

      ① 굵은 선 : 굵기는 0.4~0.8mm로서 주로 물체의 외형선에 사용된다.
      ② 중간 굵기 선 : 같은 도면에서 사용되는 굵은 선과 가는 선의 중간 굵기의 선으로 은선에 사용된다.
      ③ 가는 선 : 굵기는 0.2~0.3mm 이하로서 물체의 실형이 아닌 부분을 나타낼 때 사용된다.

   3) 용도에 의한 선의 분류

용도에 따른 명칭	선의 종류	용도
외형선	굵은 실선	물체의 보이는 부분의 형상을 나타내는 선
은선	중간 굵기의 파선	물체의 보이지 않는 부분의 형상을 표시하는 선
중심선	가는 1점 쇄선 또는 가는 실선	도형의 중심을 표시하는 선
치수보조선	가는 실선	치수를 기입하기 위하여 쓰는 선
치수선	가는 실선	치수를 기입하기 위하여 쓰는 선

용도에 따른 명칭	선의 종류	용도
지시선	가는 실선	지시하기 위하여 쓰는 선
절단선	가는 1점 쇄선으로 하고 그 양끝 및 굴곡에는 굵은 선으로 한다.	단면을 그리는 경우, 그 절단 위치를 표시하는 선
파단선	가는 실선	물품 일부의 파단한 곳을 표시하는 선 또는 끊어낸 부분을 표시하는 선
가상선	가는 2점 쇄선	• 도시된 물체의 앞면을 표시하는 선 • 인접부분을 참고로 표시하는 선 • 가공 전이나 후의 모양을 표시하는 선 • 이동하는 부분의 이동위치를 표시하는 선 • 공구, 지그 등의 위치를 참고로 표시하는 선 • 반복을 표시하는 선 • 도면 내에 그 부분의 단면형을 회전하여 나타내는 선
중심선 기준선 피치선	가는 1점 쇄선	• 도형의 중심을 표시하는 선 • 기준이 되는 선 • 기어나 스프로킷 등의 이 부분에 기입하는 피치원의 피치선
해칭선	가는 실선	절단면 등을 명시하기 위하여 쓰는 선
특수한 용도의 선	가는 실선	• 외형선과 은선의 연장선 • 평면이라는 것을 표시하는 선
	굵은 1점 쇄선	• 특수한 가공을 실시하는 부분을 표시하는 선 • 기준선 중 특히 강조하는 부분의 선

2. 겹치는 선의 우선 순위

외형선 → 숨은 선 → 절단선 → 중심선 → 무게중심선 → 치수보조선 → 해칭선
(굵은 선)　(파선)

6 도면 작성 시 주의사항

1. 일반 부품도

   ① 척도는 가능한 한 현척을 사용한다.
   ② 치수는 알기 쉽고 완전하게 기입한다.
   ③ 부품은 동일한 척도로 그린다.
   ④ 부품도는 조립순서대로 배치한다.
   ⑤ 관련부품은 같은 용지에 그린다.
   ⑥ 작은 부품은 그룹별로 정리한다.
   ⑦ 표준품(규격품)은 부품 명세서에 기입한다.(키, 핀, 볼트, 너트)

2. 부품번호 기입방법

   ① 조립순서대로 기입
   ② 부품의 중요도에 따라 기입
   ③ 기타 크기에 따라 기입

7 스케치 방법

1. 프린트법

   평면 형상의 복잡한 윤곽을 갖는 부품의 실제 모양을 뜨는 방법

2. 판(모양)뜨기 법

   불규칙한 형상을 한 부품을 스케치할 경우

3. 프리 핸드법

   자 또는 컴퍼스를 사용하지 않고 척도에 관계없이 프리핸드로 스케치하는 방법

4. 사진법

   복잡한 구조의 조립 상태를 여러 각도에서 촬영하여 제작도 작성 및 부품을 조립할 때 사용하는 방법

EXERCISES 핵심문제

CHAPTER 01

01 도면의 척도가 1 : 2 로 주어졌다. 도면의 투상도를 재어보니 50mm일 때, 실제 대상물의 길이는 몇 mm인가?
① 10 ② 20
③ 50 ④ 100

02 다음 중 가는 파선 또는 굵은 파선의 용도에 대한 설명으로 맞는 것은?
① 치수를 기입하는 데 사용된다.
② 도형의 중심을 표시하는 데 사용된다.
③ 대상물의 일부를 파단한 경계 또는 떼어낸 경계를 표시한다.
④ 대상물의 보이지 않는 부분의 모양을 표시한다.

03 한국산업규격(KS)에 제도규격으로 제도통칙이 제정되어 있으며 이 규격은 공업의 각 분야에서 사용하는 도면을 작성할 때 요구되는 사항을 규정하고 있는데 다음 내용 중 규정되어 있지 않은 것은?
① 제도에 있어서 치수의 허용한계 기입방법
② 회전축의 높이
③ 도면의 크기와 양식
④ 제도에 사용하는 척도

04 가는 1점 쇄선으로 표시하지 않는 선은?
① 가상선   ② 중심선
③ 기준선   ④ 피치선

> 가상선은 가는 2점 쇄선이다.

05 기계제도에서 가공 전이나 후의 형상을 표시할 경우 사용되는 선의 종류는?
① 굵은 실선   ② 가는 실선
③ 가는 1점 쇄선   ④ 가는 2점 쇄선

정답 01 ④ 02 ④ 03 ② 04 ① 05 ④

06 선에 대한 설명 중 틀린 것은?

① 지시선은 가는 실선으로 기술, 기호 등을 표시하기 위하여 끌어내는 데 쓰인다.
② 수준면선은 수면, 유면의 위치를 표시하는 데 쓰인다.
③ 기준선은 특히 위치결정의 근거가 된다는 것을 명시할 때 쓰인다.
④ 아주 굵은 실선은 특수한 가공을 하는 부분에 쓰인다.

▶ 굵은 실선은 외형선으로 대상물의 보이는 부분을 나타내는 선이다.

07 기계제도에 사용되는 선 중에서 선의 종류가 다른 것은?

① 지시선　　　　② 회전 단면선
③ 치수 보조선　　④ 피치선

▶ 피치선은 가는 1점 쇄선이다.

08 도면에 사용하는 가는 1점 쇄선의 용도에 의한 명칭에 해당되지 않는 것은?

① 중심선　　　　② 기준선
③ 피치선　　　　④ 파단선

▶ 파단선은 파형의 가는 실선이나 지그재그선이다.

09 다음 중 실선으로 표시하지 않는 것은?

① 물체의 보이는 윤곽　② 치수
③ 해칭　　　　　　　④ 표면 처리부분

▶ 표면처리부분은 굵은 1점 쇄선이다.

10 도면의 A1 크기에서 철하지 않을 때 d의 치수는 최소 몇 mm인가?

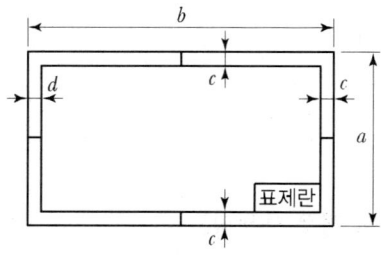

① 5　　　　② 10
③ 20　　　④ 25

정답　06 ④　07 ④　08 ④　09 ④　10 ③

11 가는 2점 쇄선의 용도 중 틀린 것은?
　① 되풀이하는 것을 나타내는 데 사용한다.
　② 중심이 이동한 중심 궤적을 표시하는 데 쓰인다.
　③ 인접부분을 참고로 표시하는 데 사용한다.
　④ 가공 전 또는 가공 후의 모양을 표시하는 데 사용한다.

> 중심이 이동한 중심궤적은 중심선으로서 가는 1점 쇄선이다.

12 물체의 일부분에 특수한 가공을 하는 경우 가공범위를 나타내는 표시방법은?
　① 외형선에 가공방법을 명시한다.
　② 외형선과 평행하게 그은 굵은 1점 쇄선으로 표시한다.
　③ 가공하는 부분의 단면과 수직하게 2점 쇄선으로 표시한다.
　④ 지시선을 표시하여 가공방법을 표시하고 굵은 실선으로 나타낸다.

13 리브(Rib), 암(Arm) 등의 회전도시 단면을 도형 내에 나타낼 때 사용하는 선은?
　① 굵은 실선　　　　② 굵은 1점 쇄선
　③ 가는 파선　　　　④ 가는 실선

> 회전도시단면은 가는 실선으로 나타낸다.

14 무게중심을 표시하는 데 사용되는 선은?
　① 굵은 실선　　　　② 가는 1점 쇄선
　③ 가는 2점 쇄선　　④ 가는 파선

15 가공 전·후의 모양을 표시하거나 인접부분을 참고로 표시하는 데 사용하는 선의 종류는?
　① 굵은 실선　　　　② 가는 실선
　③ 가는 1점 쇄선　　④ 가는 2점 쇄선

16 도면에서 부품란의 품번 순서는?(단, 부품란은 도면의 우측 아래에 있다.)
　① 위에서 아래로　　② 아래에서 위로
　③ 좌에서 우로　　　④ 우에서 좌로

정답 11 ② 12 ② 13 ④ 14 ③ 15 ④ 16 ②

CHAPTER 02 기초제도

1 투상법

공간에 있는 입체물의 위치, 크기, 모양 등을 평면 위에 나타내는 것을 투상법이라고 하고, 투상된 면에서 투상된 물체의 모양을 투상도(Projection)라고 한다.

1. 정투상법

대상물의 주요 면을 투상면에 평행한 상태로 놓고 투상하므로 투상선은 서로 나란하게, 투상면에 수직으로 닿게 한 것을 말한다. 다시 말해, 정투상법에 의하여 물체의 형상 및 특징이 가장 잘 나타나는 부분을 정면도로 선정하고 정면도를 기준으로 위에는 평면도, 우측에는 우측면도를 그린다. 이러한 3개의 그림을 조합하면 입체적인 물체의 형태를 완전히 평면적인 도면으로 나타낼 수 있다. 이것을 정투상도라 한다.

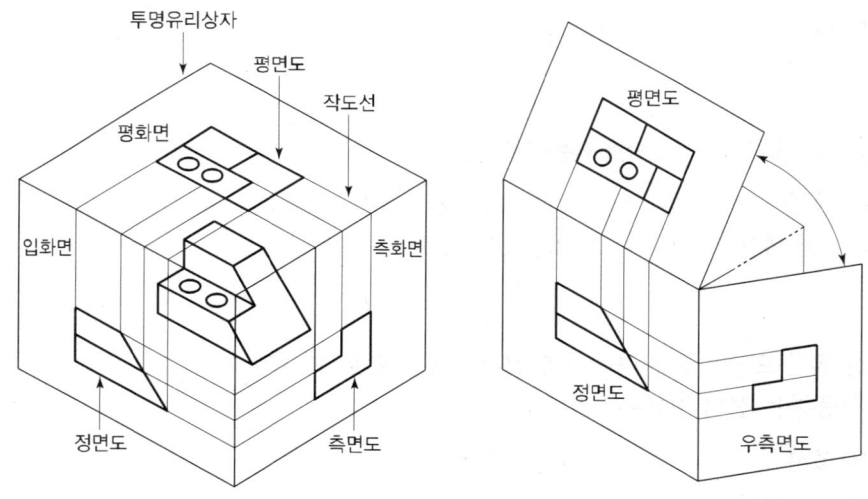

∥ 정투상도 ∥

2. 투상법

다음 그림은 투상도의 명칭을 말한다.

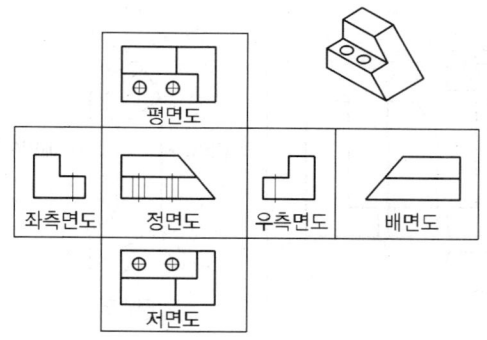

‖ 투상도의 명칭 ‖

1) 제1각법과 제3각법

다음과 같이 수직, 수평의 두 개의 평면이 직교할 때 한 공간을 4개로 구분한다.

오른쪽 수평한 면의 위쪽의 공간을 1상한이라 한다. 1상한을 기준으로 반시계방향으로 2상한, 3상한, 4상한이 된다. 이때 수직한 면과 수평한 면이 이루는 각을 투상각이라 한다. 1상한, 즉 대상물을 투상면의 앞쪽에 놓고 투상한 도면을 3각법이라 하고(눈 → 투상면 → 물체), 대상물을 투상면 뒤쪽에 놓고 투상한 도면을 1각법(눈 → 물체 → 투상면)이라 한다.

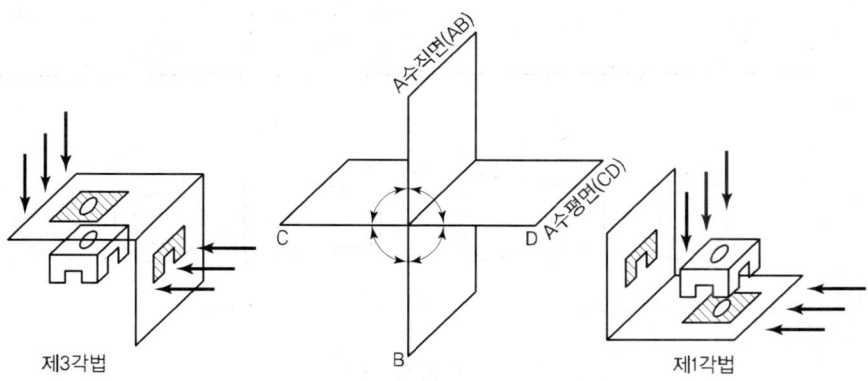

‖ 제1각법과 제3각법 ‖

다음 그림은 이러한 방법들을 투상면에 정투상하여 그리는 방법을 말한다.

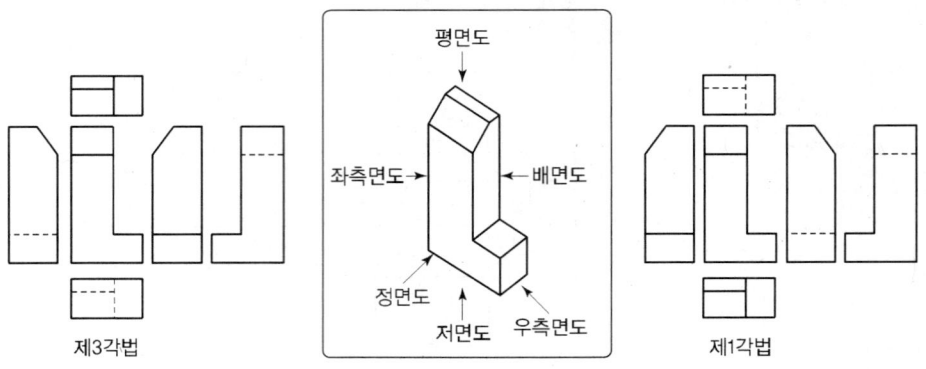

∥ 투상면에 정투상하여 그리는 방법 ∥

다음 표와 그림은 제도에 사용되는 투상법과 투상법의 기호이다.

투상법의 종류	사용하는 그림의 종류	특성	용도
정투상	정투상도	도형의 모양을 엄밀하고, 정확히 표현할 수 있다.(일반도면)	일반 도면
등각투상	등각도	세 면을 주된 면으로 선정해 그려진 도면의 세 면의 정도가 같다.	설명용 도면
사투상	캐비닛도	하나의 면을 중점적으로 선정해 엄밀하고, 정확히 표현할 수 있다.	

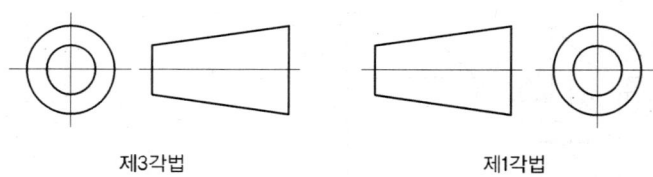

∥ 투상법의 기호 ∥

3. 축측 투상도

정투상도로 나타낼 경우 물체의 선이 겹쳐서 이해하기 곤란할 경우 입체형상, 즉 한 투상도(입체도)를 한 개의 투상면에 그리는 것으로 설명이 필요한 도면을 그릴 때 사용하며, 등각 투상, 이등각 투상, 부등각 투상이 있다.

4. 사투상법

정투상법에서 정면도의 크기와 모양은 그대로 사용하고 평면도와 우측면도를 경사시켜 그리는 투상법으로 3면 중 1개의 면을 중점적으로 정확하게 표현할 경우에 사용된다.

1) 캐비닛도(Cabinet Projection Drawing)

투상선이 투상면에 대하여 60°의 경사를 갖는 사투상도로 Y, Z축은 실제 길이로, X축은 실제 길이의 1/2로 나타낸다.

2) 카발리에도(Cavalier Projection Drawing)

투상선이 투상면에 대하여 45°의 경사를 갖는 사투상도로 3축 모두 실제 길이로 나타낸다.

5. 투시도법

시점과 물체의 각 점을 연결하는 방사선에 의하여 그리는 것으로 원근감이 있어 건축 조감도 등에 사용된다.

2 도형의 표시방법

1. 투상도의 표시방법

외형선, 숨은선, 중심선의 3개의 선을 사용함을 원칙으로 한다.

① 3면도 : 3개의 투상도로 완전하게 표시할 수 있는 것으로 정면도, 평면도, 측면도로 도시할 수 있을 때 사용
② 2면도 : 원통형, 평면형인 간단한 물체는 정면도와 평면도, 정면도와 측면도로 도시할 수 있을 때 사용
③ 1면도 : 원통, 각주, 평판처럼 단면형이 똑같은 형의 물체는 기호를 기입하여 정면도 1면으로 충분히 도시할 수 있을 때 사용

2. 투상도 그리는 방법

① 주투상도(정면도)는 대상물의 모양, 기능을 가장 명확하게 표시하는 면을 선택하여 그린다.
② 조립도와 같이 기능을 표시하는 물체는 물체가 움직임을 확실하게 알 수 있는 상태를 선택하여 그린다.
③ 가공하기 위한 부품도에서는 가장 많이 이용하는 공정을 대상으로 선택한다.
④ 특별한 이유가 없는 한 대상물을 가로길이로 놓은 상태를 선택한다.

3. 선과 면의 투상법칙

1) 직선

① 투상면에 평행한 직선은 진정한 길이로 나타낸다.
② 투상면에 수직인 직선은 점(點)이 된다.
③ 투상면에 경사진 직선은 진정한 길이보다 짧게 나타낸다.

2) 평면

① 투상면에 평행한 평면은 진정한 형태를 나타낸다.
② 투상면에 수직인 평면은 직선이 된다.
③ 투상면에 경사진 평면은 단축되어 나타낸다.

4. 특수 투상법

도면을 알기 쉽게 하고 제도능률을 높이기 위해 간략한 약도로 그리거나 불필요한 선 또는 정규 투상법에 의하지 아니하고 특수하게 도시하여 도면을 쉽게 이해할 수 있도록 그리는 투상방법

1) 보조 투상도

물체의 평면이 투상면에 평행할 경우 길이가 실제길이로 나타나고 면의 형상은 실제형상으로 나타나지만 사면(斜面)일 경우에는 면이 단축되거나 변형되어 나타나므로 도면을 이해하기 곤란하여 사면에 수직으로 필요한 부분만을 투상하여 실제 형상과 실제 길이로 나타내는 투상도

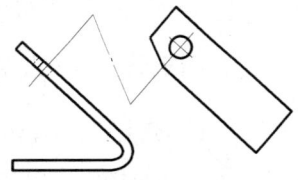

∥보조 투상도∥

2) 부분 투상도

그림의 일부 중 필요 부분만을 투상도로 표시하는 것으로 국부 투상도, 부분 확대도, 상세도 등이 있다.

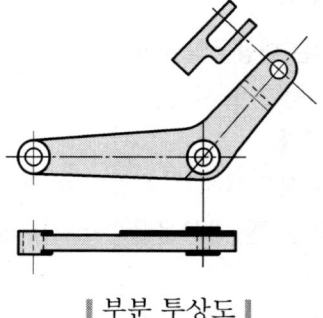

∥부분 투상도∥

3) 회전 투상도

일정한 각도를 가지고 있는 물체의 실제 형태를 표시하지 못할 때 물체의 일부를 회전시켜 투상하는 방법(작도선을 남긴다.)

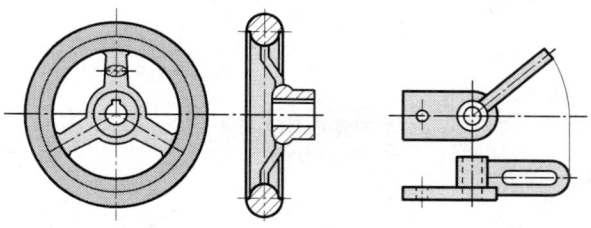

‖ 회전 투상도 ‖

4) 전개 투상도

구부러진 판재의 실물을 정면도에 그리고 평면도에 펼쳐놓은(전개도) 투상도

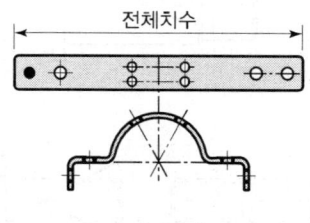

‖ 전개 투상도 ‖

5) 가상 투상도

도시된 물체의 인접부, 연결부, 운동범위, 가공변화 등을 도면에 가상선을 사용하여 그리는 투상도

6) 국부 투상도

대상물의 구멍, 홈 등 한 부분만의 모양을 도시하는 것으로 충분한 경우에는 그 필요 부분만을 그리는 투상도

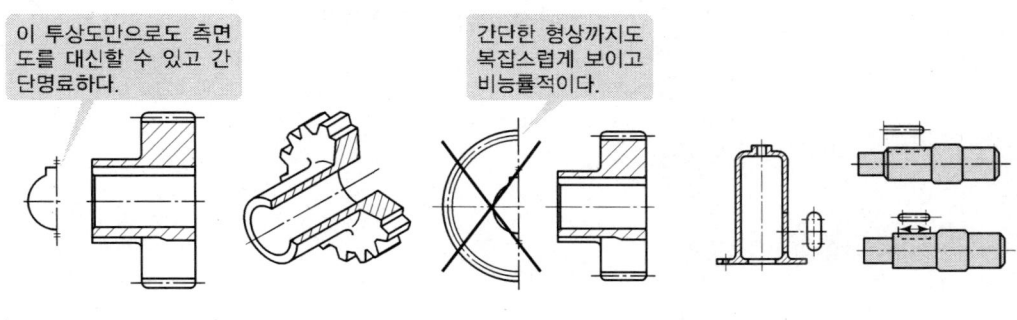

‖ 국부 투상도 ‖

7) 부분 확대도

특정 부분의 도형이 작아서 그 부분의 상세한 도시나 치수 기입을 할 수 없을 때에는 그 부분을 다른 장소에 확대하여 그리고, 표시하는 글자 및 척도를 기입한다.

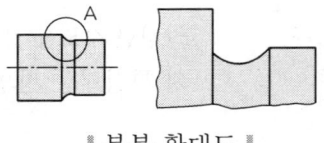

∥ 부분 확대도 ∥

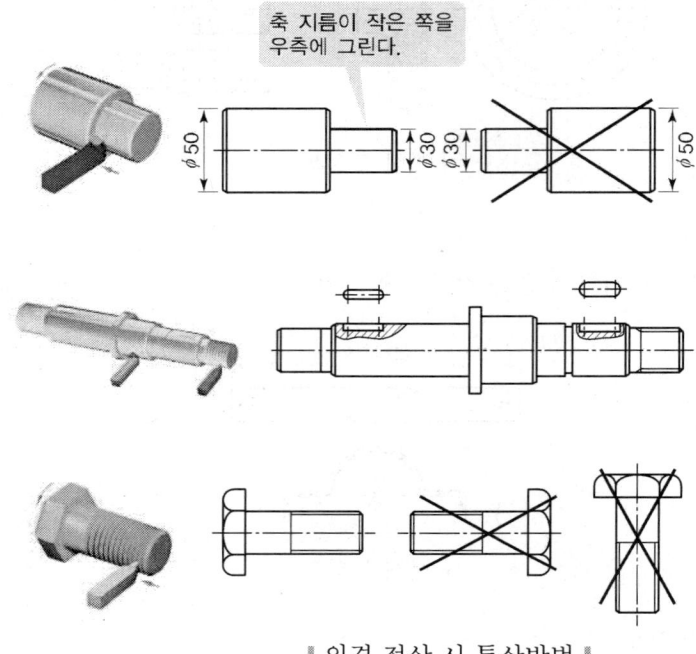

∥ 외경 절삭 시 투상방법 ∥

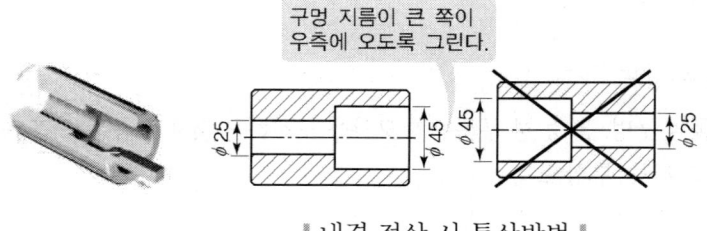

∥ 내경 절삭 시 투상방법 ∥

3 단면도의 표시방법

단면도란 물체 내부가 보이도록 물체를 절단하여 그린 도면을 말한다.

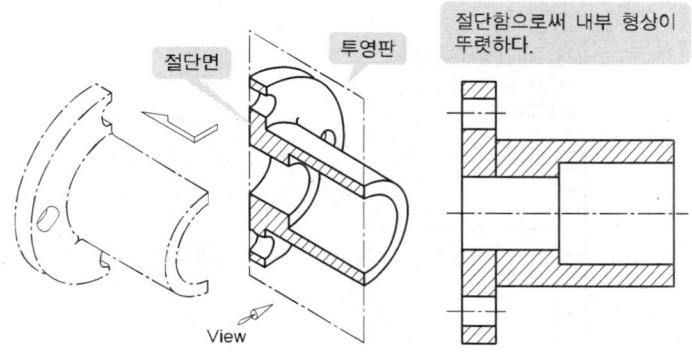

- 목적
  - 외관도보다 명확히 알기 쉽게 할 것
  - 도형을 간단히 하여 그릴 것

- 단면 표시 법칙
  - 절단면 상에 나타난 외형선, 중심선을 그린다.
  - 필요할 경우 보이지 않는 부분의 숨은선을 그린다.
  - 절단면 부분은 해칭(Hatching, 45° 방향) 또는 스머징(Smudging)을 한다.
  - 관계도에 절단선을 표시하고 단면보는 방향표시(화살표)와 기호를 기입한다.

- 단면도의 종류
  - 온 단면도(전 단면도)

    물체를 기본 중심선에서 전부 절단하여 도시하는 방법과 기본 중심이 아닌 곳에서 물체를 절단하여 필요부분을 단면으로 도시하는 방법이 있다.

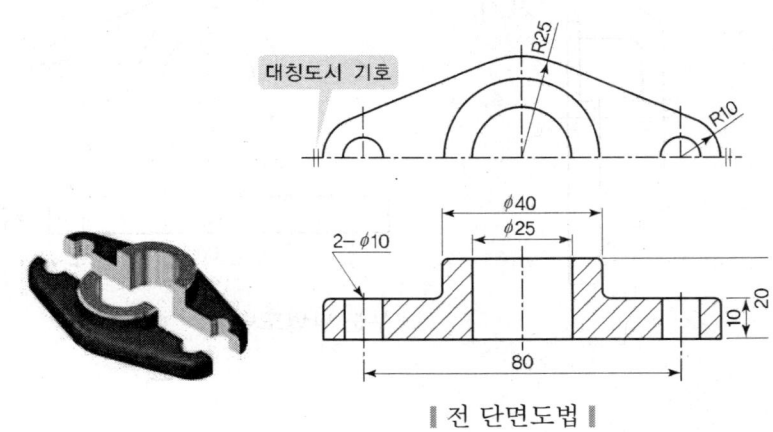

|| 전 단면도법 ||

- 한쪽 단면도(반 단면도)

  기본 중심선에서 대칭인 물체의 1/4만 잘라내어 절반은 단면도, 절반은 외형도로 나타내는 방법

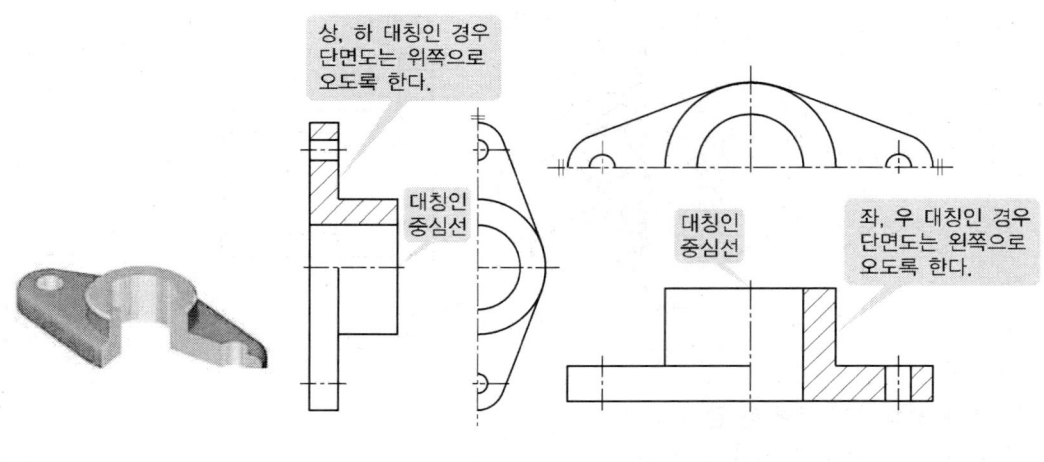

‖ 반 단면도법 ‖

- 부분 단면도

  필요로 하는 요소의 일부만을 단면도로 나타내는 방법(파단선으로 경계선을 표시한다.)

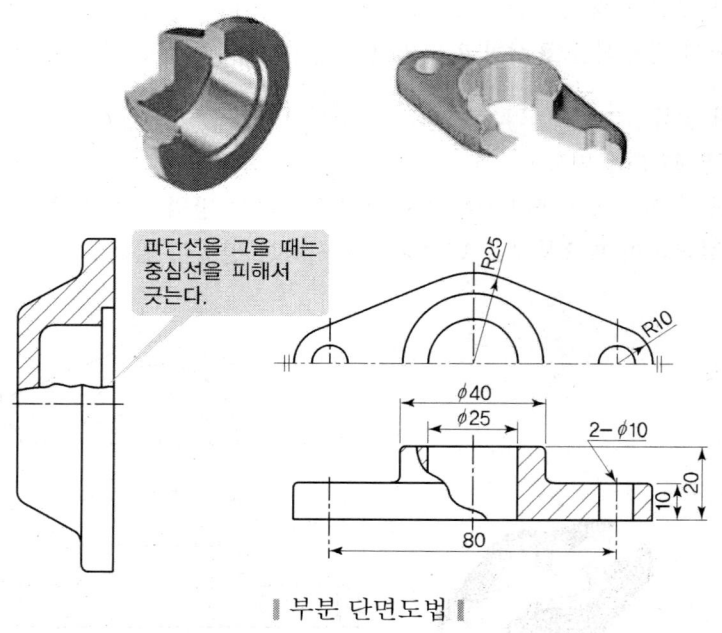

‖ 부분 단면도법 ‖

- 회전 단면도
  물체를 수직한 단면으로 절단하여 90° 회전하여 나타내는 방법(핸들, 바퀴, 암, 리브, 축 등에 적용)

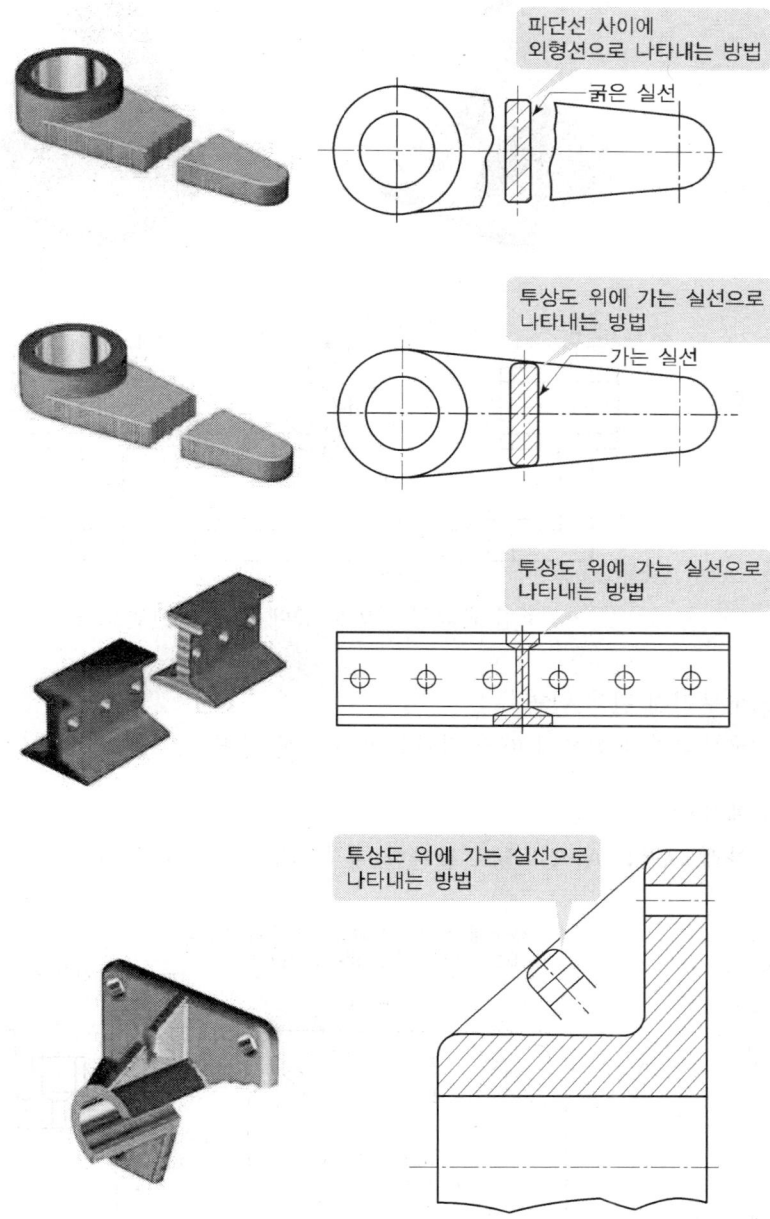

- 계단 단면도

    2개 이상의 평면계단 모양으로 절단한 단면

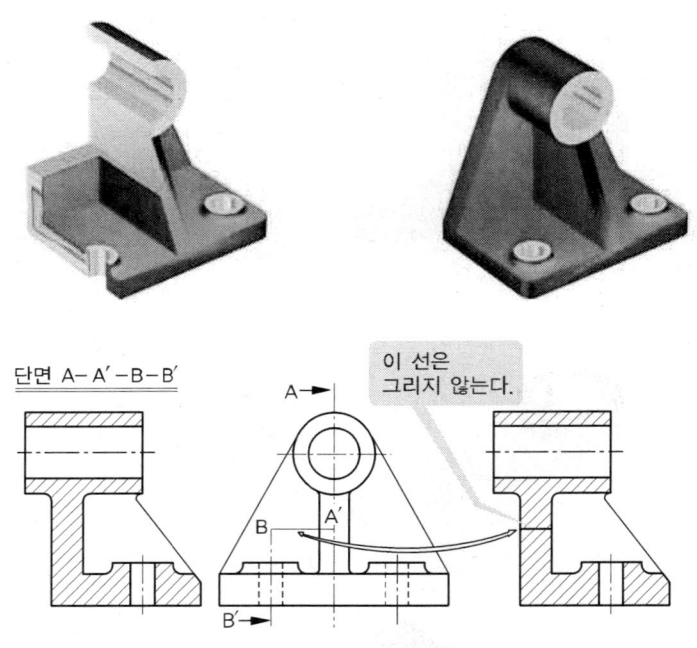

∥ 조합에 의한 단면도 중에서 계단 단면도의 예 ∥

- 구부러진 관의 단면

    구부러진 중심선에 따라 절단하여 투상한 단면

- 예각 및 직각 단면도

    아래 그림은 A-O-B로 절단한 예각 단면도를 보여준다.

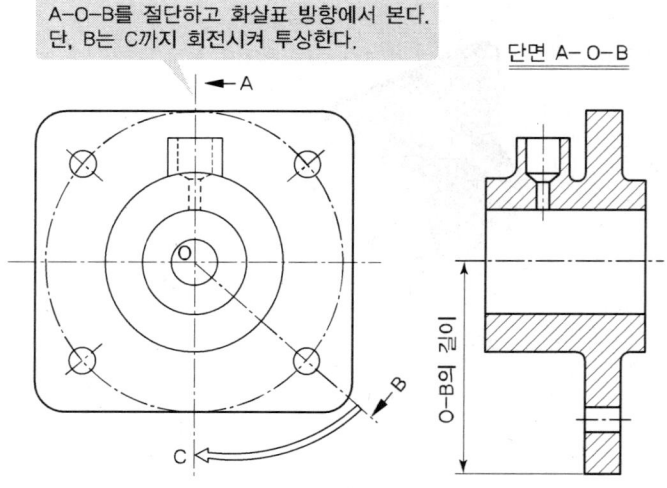

∥ 조합에 의한 단면도 중에서 예각 단면도의 예 ∥

- 다수의 단면도
    1개의 물체에 여러 부분을 동시에 절단하여 단면 표시하는 방법

- 단면 처리를 하지 않는 부품
    축, 핀, 나사. 리벳, 키, 베어링의 볼, 리브, 기어, 벨트 풀리의 암

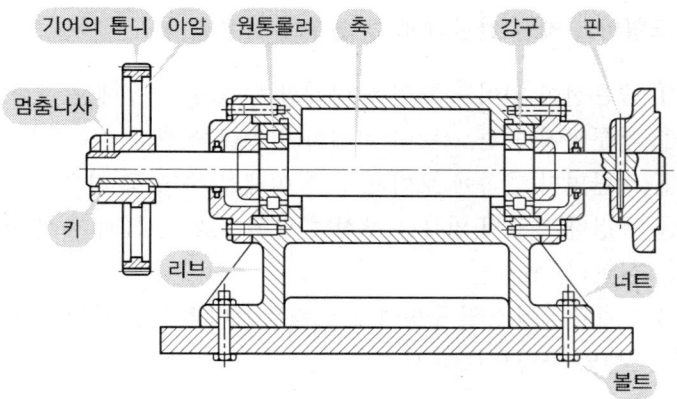

‖ 단면 처리를 하지 않는 기계요소 ‖

1. 도형의 생략

    도형의 일부를 생략하여도 도면을 이해할 수 있을 때 그리는 투상법

    1) 대칭도형의 생략
        ① 대칭 중심선의 한쪽 도형만을 그리고 대칭 중심선의 양 끝부분에 짧은 2개의 대칭기호로 표시한다.
        ② 대칭 중심선을 조금 넘게 그릴 경우에는 대칭도시 기호를 생략한다.

    2) 반복도형의 생략
        같은 종류, 같은 크기의 모양이 다수 있을 경우 그 일부를 생략하여 주 요소만을 표시하고 다른 것은 중심선 또는 중심선의 교차점에 표시한다.

    3) 도형의 중간부분 생략
        ① 지면을 여유있게 활용하기 위하여 중간 부분을 절단하여 도시한다.(치수는 실제 크기로 기입)
        ② 동일 단면형 : 축, 파이프, 형강
        ③ 같은 모양이 규칙적으로 된 제품 : 랙기어, 공작기계 어미 나사, 교량의 난간
        ④ 테이퍼가 있는 제품 : 테이퍼 축

2. 특별한 도시방법

1) 전개도
판을 구부려서 만든 제품을 전개하여 그릴 필요가 있을 때 '전개도'라고 기입하여 표시한다.

2) 간략한 도시
도형의 실제를 간단하게 할 경우에 사용한다.

① 숨은선이 없어도 도형을 이해할 수 있을 경우에는 생략
② 정투상에 의한 그림이 이해하기 곤란할 경우에는 부분 투상도로 표시
③ 절단면의 앞쪽에 보이는 선을 이해할 수 있을 경우에는 생략
④ 특정한 모양의 일부는 투상면 위쪽으로 표시(키 홈이 있는 보스 구멍, 홈이 있는 실린더, 쪼개진 링)
⑤ 피치원 상에 동일 구멍이 있을 경우 측면 투상도(단면도 포함)에 피치원을 표시한 후 1개의 구멍으로 표시

3) 2개 면의 교차 부분 표시
① 2개 면의 교차 부분에 일정한 R 및 구부러짐이 있을 경우 평면도에 교차 부분을 굵은 실선으로 표시한다.
② 리브와 같이 끝나는 선의 끝 부분은 직선 또는 R(안쪽, 바깥쪽)로 표시한다.
③ 원주와 각주가 교차하는 부분은 직선 또는 정투상에 의한 원호로 표시한다.

4) 평면의 표시
도형 내의 특정한 부분이 평면일 경우(내·외부)에는 가는 실선으로 표시한다.

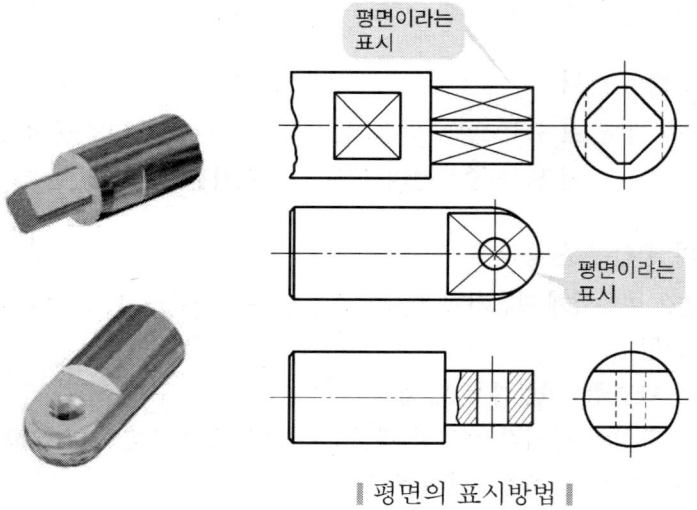

∥평면의 표시방법∥

5) 가상선을 이용한 도시

　도형의 내용을 확실하게 표시할 경우 가는 2점 쇄선으로 표시한다.
　① 가공 전·후 모양의 도시를 할 경우
　② 절단면의 앞쪽에 있는 부분을 도시할 경우(가상투상도방법 이용)
　③ 가공에 사용하는 공구, 지그의 표시를 할 경우
　④ 인접 부분을 참고로 표시할 경우

6) 특수한 가공물의 표시

　① 대상물의 일부에 특수한 가공을 표시할 경우 외형선과 평행하게 굵은 1점 쇄선으로 표시한다.
　② 특정 범위를 지시할 경우 그 범위를 굵은 1점 쇄선으로 둘러싼다.

7) 조립도에서 용접된 상태 표시

　① 용접의 비드 크기만을 표시할 경우(a)
　② 용접의 종류와 크기를 표시할 경우(b)
　③ 겹침의 관계를 표시할 경우(c)
　④ 겹침 및 비드 관계를 표시하지 않을 경우(d)

8) 제품의 특징 표시

　제품의 특징을 외형의 일부분에 표시하여 도시한다.

4 치수 기입방법

도면에 기입된 대상물의 크기, 자세, 위치 등을 정확하게 지시하기 위한 방법

1. 치수 기입 보조기호

구분	기호	사용법
지름	ϕ	치수의 수치 앞에 붙인다.
반지름	R	
구의 지름	$S\phi$	
구의 반지름	SR	
정사각형	□	
판의 두께	t	
45°의 모떼기	C	
원호의 길이	⌒15	치수의 수치 위에 붙인다.
정확한 치수	15	수치를 박스로 둘러싼다.
참고치수	(15)	수치를 괄호로 한다.
비례척이 아님	15	수치 밑에 밑줄을 긋는다.

- 치수 기입의 원칙
  ① 관련되는 치수는 가능한 한 주 투상도에 기입한다.
  ② 같은 조건을 만족하는 투상도에서는 중복치수를 피한다.
  ③ 치수는 계산하여 구할 필요가 없도록 기입한다.
  ④ 물체의 기준(점, 선, 면)을 정하여 순차적으로 치수를 기입한다.
  ⑤ 치수는 공정순서에 의하여 기입한다.

2. 치수 기입방법

   1) 치수선과 치수 보조선
      ① 치수는 치수선, 치수 보조선, 치수 보조기호 등을 사용하여 나타낸다.
      ② 치수선은 길이, 각도의 방향으로 평행하게 나타낸다.
      ③ 치수선 양 끝에는 끝부분을 표시하는 화살표, 사선 또는 점을 사용한다.
      ④ 기점을 중심으로 누진치수(계속되는 치수)를 기입할 때는 기점 기호를 표시한다.

   2) 치수 기입 위치 및 방향
      ① 지시하는 모든 치수는 치수선 위쪽에 대상물 수직으로 기입한다.
      ② 지시하는 모든 치수는 수평 치수선일 때는 위쪽에, 수직치수선일 때는 중앙에 수직으로 기입한다.

   3) 좁은 곳의 치수 기입
      ① 지시선을 대상물의 경사방향으로 끌어내어 기입한다.
      ② 치수 보조선 간격이 좁을 때는 확대도로 별도 표시하거나 끝 기호를 검은점 또는 경사선으로 표시한다.

   4) 치수 배치
      ① 직렬치수기입법 : 치수의 공차가 누적되어도 관계가 없을 때 사용한다.
      ② 병렬치수기입법 : 다른 치수의 공차에 영향을 주지 않을 때 사용한다.
      ③ 누진치수기입법 : 한 개의 연속된 치수로 간편하게 표시할 때 사용하며, 반드시 기점 표시를 하여야 한다.
      ④ 좌표치수기입법 : 기준기점을 좌표점으로 하여 치수를 기입하는 방법

3. 요소 치수 기입방법

1) 지름의 표시방법
치수 수치 앞에 φ를 기입하여 표시한다.

2) 반지름 표시방법
치수 수치 앞에 R을 기입하여 표시하고 화살표는 원호에만 표시

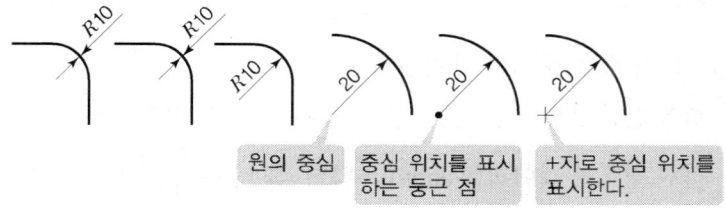

∥반지름 치수 기입방법∥

3) 구의 지름 또는 구의 반지름 표시방법
치수 수치 앞에 구의 지름 Sφ, 구의 반지름 SR을 기입하여 표시한다.

4) 정사각형 변의 표시방법
치수 수치 앞에 □를 기입하고 사각형이 되는 면에 가는 실선으로 대각선을 표시한다.

5) 두께의 표시방법
1면도로서 투상을 나타내는 경우 판의 두께 치수는 주 투상도 안에 두께기호 t를 표시하고 치수를 기입한다.

6) 현·원호의 길이 표시방법
① 현의 길이 표시는 현에 직각으로 치수보조선을 긋고 표시한다.
② 원호의 길이 표시는 원호와 동심의 치수선을 긋고 치수 수치 위에 기호를 표시한다.

7) 곡선의 표시방법
반지름 표시방법 참고

8) 모떼기 표시방법
① 45°일 경우 : 모떼기각 45°를 표시하거나 치수 수치 앞에 C를 표시한다.
② 45°가 아닌 경우 : 모떼기 각을 표시한다.

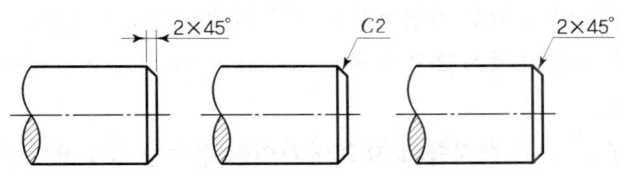

∥45° 모떼기 치수 기입방법∥

9) 가공구멍 표시방법

치수 수치 앞에 보조기호를 표시하고 치수를 기입한 후 가공방법을 표시한다.(예 : $\phi 28$ 드릴)

10) 키 홈의 표시방법

키 홈의 표시는 키 홈의 너비×깊이×길이로 표시하고 주 투상도에는 키 홈이 위쪽을 향하게 그린다.

11) 테이퍼, 기울기의 표시방법

한쪽 면만 경사진 경우를 기울기(Slope)라 하고 양쪽 면이 중심선에 대하여 대칭으로 경사진 경우를 테이퍼(Taper)라 하며, 둘 다 $\dfrac{(a-b)}{l}$ 로서 그 비율을 나타낸다. 치수는 원칙적으로, 기울기는 변에 따라 기입하고 테이퍼는 중심선에 따라 기입한다.

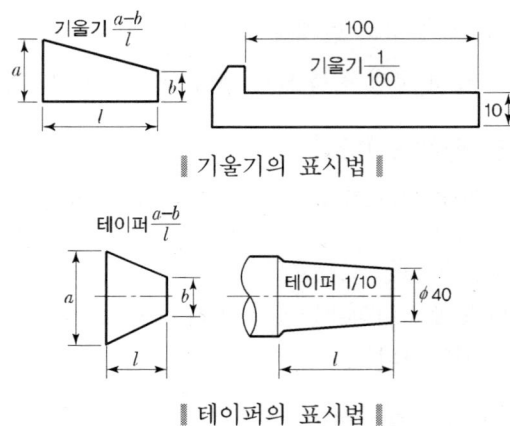

‖ 기울기의 표시법 ‖

‖ 테이퍼의 표시법 ‖

4. 치수 기입 시 주의사항

① 외형선과 겹쳐서 기입하면 안 된다.
② 치수선과 교차되는 장소에 기입하면 안 된다.
③ 치수 수치가 인접해서 연속되는 경우에는 병렬 또는 직렬 치수기입법을 택하여 기입한다.
④ 지름의 치수가 대칭 중심선의 방향에 여러 개 있을 경우 같은 간격으로 작은 치수는 안쪽에, 큰 치수는 바깥쪽으로 기입한다.
⑤ 대칭도형의 치수 기입에서는 한쪽에만 화살표를 붙이고 치수를 기입한다.
⑥ 치수 기입이 복잡할 경우에는 수치 대신 기호(글자)로 표시하고 수치를 별도로 표시한다.
⑦ 키 홈과 같은 반지름의 치수가 자연이 결정될 경우 반지름 기호 R만 표시하고 수치는 기입하지 않는다.

⑧ 기준으로 하여 가공 또는 조립할 경우 치수 기입은 기준점을 준하여 기입한다.
⑨ 공정을 달리하는 부분의 치수는 배열을 나누어서 기입한다.
⑩ 일부 도형이 치수 수치에 비례하지 않을 경우 수치 밑에 굵은 실선(─)을 긋는다.

5 KS에 의한 기계재료 표시방법

1. 구성

① 제1부분 기호 : 재질 표시(영문 또는 원소기호)
② 제2부분 기호 : 규격 또는 제품명(모양 및 용도)
③ 제3부분 기호 : 재료의 종류(인장강도, 탄소 함유량)
④ 제4·5부분 기호 : 열처리 상태, 모양, 제조방법

▼ 제1부분의 기호

기호	재질	비고	기호	재질	비고
Al	알루미늄	Aluminium	F	철	Ferrum
AlBr	알루미늄 청동	Aluminium Bronze	MS	연강	Mild Steel
Br	청동	Bronze	NiCu	니켈 구리 합금	Nickel-Copper Alloy
Bs	황동	Bross	PB	인 청동	Phosphor Bronze
Cu	구리 구리합금	Copper	S	강	Steel
HBs	고강도 황동	Highstrenth Brass	SM	기계 구조 용강	Machine Structure Steel
HMn	고망간	High Manganese	WM	화이트 메탈	White Metal

▼ 제2부분의 기호

기호	제품명 또는 규격명	기호	제품명 또는 규격명
B	봉(Bar)	MC	가단 철주품(Malleable Ironcasting)
BC	청동 주물	NC	니켈 크롬강(Nickel Chromium)
BsC	황동 주물	NCM	니켈 크롬 몰리브덴강
C	주조품(Casting)	P	판(Plate)
CD	구상 흑연 주철	FS	일반 구조용강
CP	냉간 압연 연간판	PW	피아노선(Piano Wire)
Cr	크롬강(Chromium)	S	일반 구조용 압연재
CS	냉간 압연 강대	SW	강선(Steel Wire)
DC	다이캐스팅(Die Casting)	T	관(Tube)
F	단조품(Forging)	TB	고탄소 크롬 베어링관
G	고압 가스 용기	TC	탄소 공구강
HP	열간 압연 연강판	TKM	기계 구조용 탄소 강관
HR	열간 압연	THG	고압가스 용기에 이음매 없는 강관
HS	열간 압연 강대	W	선(Wire)
K	공구강	WR	선재(Wire Rod)
KH	고속도 공구강	WS	용접 구조용 압연강

▼ 제3부분의 기호

기호	기호의 의미	보기	기호	기호의 의미	보기
1	1종	SHP 1	5A	5종 A	SPS 5A
2	2종	SHP 2	34	최저 인장강도 또는 항복점	WMC 34
A	A종	SWS 41 A			SG 26
B	B종	SWS 41 B	C	탄소 함량(0.10~0.15%)	SM 12C

| S F 34(탄소강 단강품)

→ S : 강(steel), F : 단조품(forging), 34 : 최저 인장강도(kg/mm²)

S M 20 C(기계구조용 탄소강재)

→ S M : 기계구조용 탄소강(Steel for Machine),
   20C : 탄소 함유량(0.15~0.25C의 중간 값)

P W 1(피아노선)

→ P W : 피아노 선(piano wire), 1 : 1종

> **참고정리**
>
> - 냉간 압연 강판 : SCP
> - 고속도 공구강 : SKH
> - 스프링 강 : SPS
> - 기계 구조용 탄소강 : SM
> - 합금 공구강 : STS
> - 용접 구조용 압연강 : SWS
> - 피아노 선 : PW
> - 탄소 공구강 : STC
> - 탄소 주강품 : SC
> - 다이스 강 : STD

EXERCISES 핵심문제

01 기계제도에서 주로 사용되는 투상법은?
① 투시도　　　　② 사투상도
③ 정투상도　　　④ 등각투상도

02 그림과 같이 두 부품이 교차하는 부분을 표시한 것 중 옳은 것은?

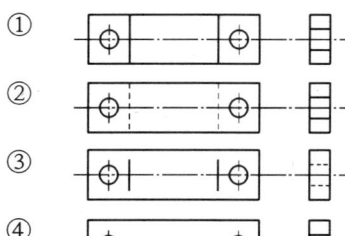 

03 가상선의 용도로 맞지 않는 것은?
① 인접부분을 참고로 표시하는 데 사용
② 도형의 중심을 표시하는 데 사용
③ 가공 전·후의 모양을 표시하는 데 사용
④ 도시된 단면의 앞쪽에 있는 부분을 표시하는 데 사용

04 다음 그림에 해당되는 좌표계는?

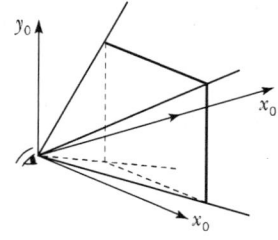

① 시점(視点) 좌표계　　② 정규 투시 좌표계
③ 3차원 스크린 좌표계　④ 상대 좌표계

정답　01 ③　02 ③　03 ②　04 ①

05 다음 투상의 평면도에 해당하는 것은?

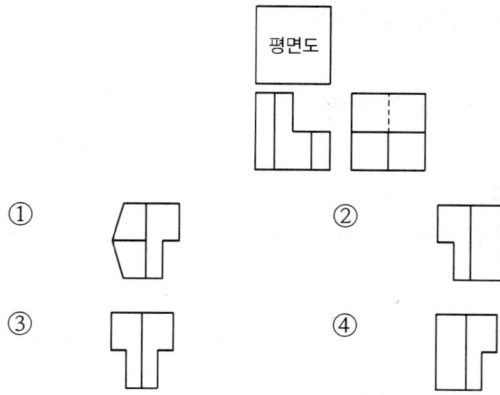

06 주어진 평면도와 우측면도를 보고 정면도를 고르면?

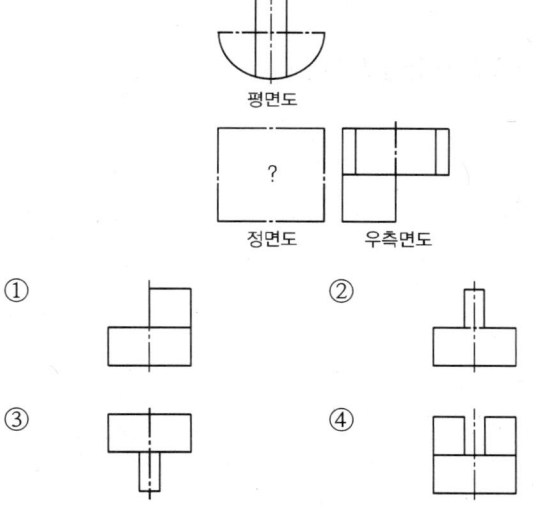

07 투상도에 대한 설명으로 틀린 것은?
① 주 투상도에는 대상물의 모양, 기능을 가장 명확하게 표현하는 면을 그린다.
② 주 투상도를 보충하는 다른 투상도는 되도록 적게 하고 주 투상도만으로 표시할 수 있는 것에 대하여는 다른 투상도는 그리지 않는다.
③ 주 투상도는 어떻게 놓더라도 괜찮다.
④ 서로 관련되는 그림의 배치에는 되도록 숨은선을 쓰지 않도록 한다.

정답 05 ③ 06 ② 07 ③

08 단면을 해칭하는 방법과 가장 관계없는 사항은?
① 동일한 부품의 단면은 떨어져 있어도 해칭의 각도와 간격은 일정하게 그린다.
② 두께가 얇은 부분의 단면도는 실제 치수와 관계없이 한 개의 굵은 실선으로 도시할 수 있다.
③ 필요에 따라 해칭하지 않고 스머징할 수 있다.
④ 해칭한 곳에는 해칭선을 중단하고 글자, 기호 등을 기입할 수 없다.

09 다음 요소 중 길이방향으로 단면하여 도시할 수 있는 것은?
① 풀리 ② 작은 나사
③ 볼트 ④ 리벳

10 투상법상 도형에 나타나지 않으나 편의상 필요한 모양을 표시하는 데 쓰이는 선은?
① 숨은선 ② 가상선
③ 수준면선 ④ 특수 지정선

11 다음 투상의 우측면도에 해당하는 것은?

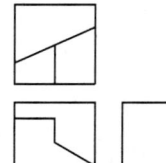

①   ②

③ 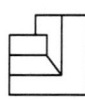   ④

12 그림은 어떤 형체를 정면도와 우측면도로 표현한 것이다. 평면도의 투상으로 옳지 않은 것은?

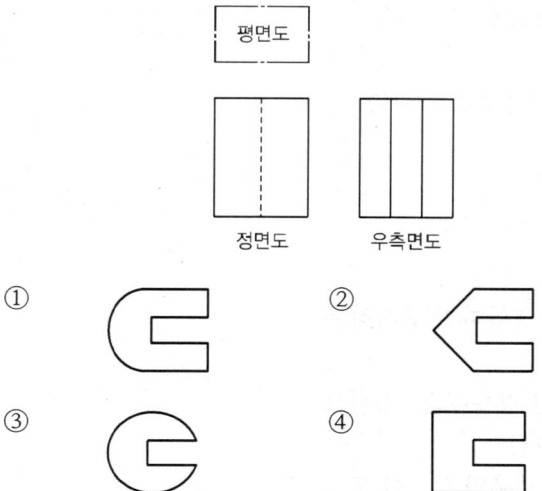

13 정면도의 정의로 옳은 것은?

① 물체의 각 면 중 가장 그리기 쉬운 면을 그린 그림
② 물체의 뒷면을 그린 그림
③ 물체를 위에서 보고 그린 그림
④ 물체 형태의 특징을 가장 뚜렷하게 나타낸 그림

14 다음 그림에서 ⓐ와 같은 투상도를 무엇이라고 부르는가?

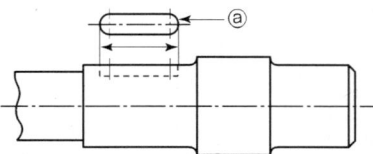

① 부분 확대도   ② 국부 투상도
③ 보조 투상도   ④ 부분 투상도

15 도면의 크기와 대상물의 크기 사이에는 정확한 비례 관계를 가져야 하나 예외로 할 수 있는 도면은?

① 부품도   ② 제작도
③ 설명도   ④ 확대도

16 다음 회전도시 단면도에 대한 설명 중 틀린 것은?

① 핸들, 림, 리브 등의 절단면은 45° 회전하여 표시한다.
② 절단한 곳의 전후를 끊어서 그 사이에 그릴 수 있다.
③ 절단선의 연장선 위에 그린다.
④ 도형 내의 절단한 곳에 겹쳐서 가는 실선으로 그린다.

17 도형의 표시방법에 대한 설명 중 틀린 것은?

① 둥근 막대 모양은 세워서 나타낸다.
② 정면도는 대상물의 모양·기능을 가장 명확하게 표시하는 면을 그린다.
③ 그림의 일부를 도시하는 것으로 충분한 경우에는, 그 필요한 부분만을 부분 투상도로서 표시한다.
④ 특정 부분의 도형이 작은 까닭으로 그 부분의 상세한 도시나 치수 기입을 할 수 없을 때는 그 부분을 가는 실선으로 에워싸고, 영자의 대문자로 표시함과 동시에 그 해당 부분을 다른 장소에 확대하여 그린다.

18 부품도를 제도할 때 물체의 일부분만을 도시하여도 충분한 경우 그 필요한 부분만을 나타내는 투상도는?

① 국부 투상도   ② 부분 투상도
③ 보조 투상도   ④ 회전 투상도

19 다음 그림은 어느 단면도에 해당하는가?

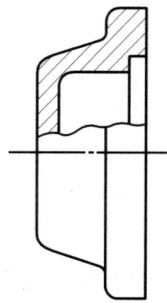

① 온 단면도   ② 한쪽 단면도
③ 회전 단면도   ④ 부분 단면도

정답 16 ① 17 ① 18 ② 19 ④

20 그림과 같은 투상도의 명칭은?

① 부분 투상도
② 보조 투상도
③ 국부 투상도
④ 회전 투상도

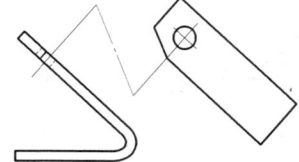

21 다음 투상도법에 대한 설명 중 옳은 것은?

① 제1각법은 물체와 눈 사이에 투상면이 있는 것이다.
② 제3각법은 평면도 아래에 정면도를 둔다.
③ 제1각법은 한국공업규격에서 채택하고 있는 투상법이다.
④ 제1각법은 정면도 아래에 저면도를 둔다.

22 도형의 표시방법 중 맞지 않는 것은?

① 가능한 한 자연, 안정, 사용의 상태로 표시한다.
② 물품의 주요 면이 가능한 한 투상면에 수직 또는 평행하게 한다.
③ 물품의 형상이나 기능을 가장 명료하게 나타내는 면을 평면도로 선정한다.
④ 서로 관련되는 도면의 배열에는 가능한 한 은선을 사용하지 않도록 한다.

23 아래의 입체도를 화살표 방향에서 본 정면도로 가장 적합한 것은?

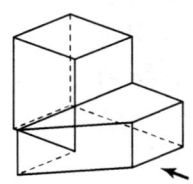

① 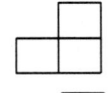   ②
③ 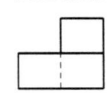   ④

정답 20 ② 21 ② 22 ③ 23 ①

24 다음 도면에서 S가 나타내는 의미는?

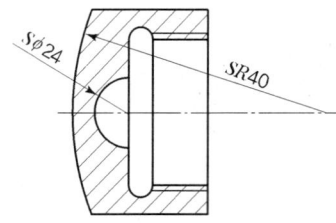

① 구 ② 반지름
③ 면 ④ 모서리면

25 가공 전·후의 모양을 표시하거나 인접부분을 참고로 표시하는 데 사용하는 선의 종류는?

① 굵은 실선 ② 가는 실선
③ 가는 1점 쇄선 ④ 가는 2점 쇄선

26 다음과 같은 그림 기호에 대한 설명으로 틀린 것은?

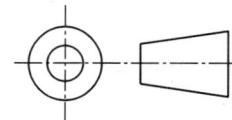

① 제3각법을 나타낸 것이다.
② 투상이 되는 원리는 눈 → 물체 → 투상면 순서대로 위치시켜 보는 눈을 기준으로 물체의 뒷면이 투상면에 비춰지는 모습을 정면도로 하여 나타낸다.
③ KS에서는 이 각법에 따라 도면을 작성하는 것을 원칙으로 한다.
④ 정면도를 기준으로 평면도는 위에, 우측면도는 오른쪽, 좌측면도는 왼쪽에 위치한다.

▶ 제3각법으로서 눈 → 투상면 → 물체 순이다.

27 핸들이나 바퀴 암 및 리브, 훅, 축 등의 단면을 나타내는 도시법으로 가장 적합한 것은?

① 회전 도시 단면도
② 계단 단면도
③ 부분 단면도
④ 한쪽 단면도

정답 24 ① 25 ④ 26 ② 27 ①

28 다음 설명 중 옳지 않은 것은?

① 부품의 모서리 부분을 각이 지도록 깎아내는 것을 모따기(Chamfering)라고 한다.
② 치수 기입 시 원호가 180°가 못 되는 것은 반지름으로 표시한다.
③ 호의 길이를 표시하는 치수선은 그 호와 같은 중심의 원호로 표시한다.
④ 치수 기입할 때 기록해야 하는 숫자가 많은 경우 3자리마다 콤마(,)를 찍어야 한다.

29 도면에 치수 기입 시 유의사항을 설명한 것 중 틀린 것은?

① 서로 관련이 되는 치수는 알아보기 쉽게 분산하여 기입한다.
② 참고 치수에 대하여는 괄호를 붙인다.
③ 각 투상도 간 비교, 대조가 용이하게 기입한다.
④ 치수는 되도록 주 투상도에 기입한다.

30 다음 중 1각법과 3각법을 비교 설명한 것으로 틀린 것은?

① 1각법은 평면도를 정면도의 바로 아래에 나타낸다.
② 3각법에서 측면도는 오른쪽에서 본 것을 정면도의 바로 오른쪽에 나타낸다.
③ 1각법에서는 정면도 아래에서 본 저면도를 정면도 아래에 나타낸다.
④ 3각법에서는 저면도는 정면도의 아래에 나타낸다.

31 도면에서 2종류 이상의 선이 같은 곳에 겹치는 경우 다음 선 중에서 우선 순위가 가장 높은 것은?

① 중심선
② 무게 중심선
③ 숨은선
④ 치수 보조선

◎ 겹치는 선의 우선순위
외형선 → 숨은선 → 절단선 → 중심선 → 무게중심선 → 치수보조선 → 해칭선

정답 28 ④ 29 ① 30 ③ 31 ③

32 다음 중 평면도에 해당하는 것은?

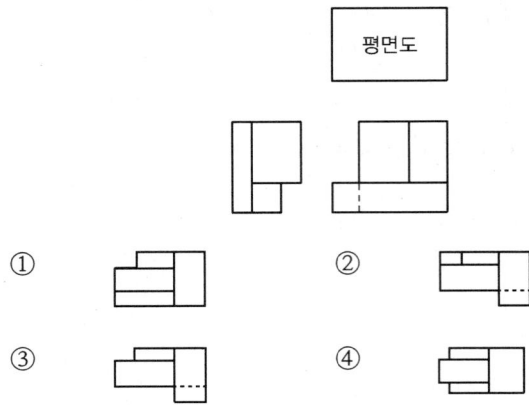

33 다음 중 단면도의 절단된 부분을 나타내는 해칭선은?
① 가는 2점 쇄선   ② 가는 실선
③ 숨은선   ④ 가는 1점 쇄선

34 축의 도시방법을 바르게 설명한 것은?
① 긴 축의 중간을 파단하여 짧게 그리되 치수는 실제의 길이를 기입한다.
② 축 끝의 모따기는 각도와 폭을 기입하되 60° 모따기인 경우에 한하여 치수 앞에 "C"를 기입한다.
③ 둥근 축이나 구멍 등의 일부 면이 평면임을 나타낼 경우에는 굵은 실선의 대각선을 그어 표시한다.
④ 축에 있는 널링(Knurling)의 도시는 빗줄인 경우 축선에 대하여 45°로 엇갈리게 그린다.

35 치수 기입의 원칙을 설명한 것이다. 바르지 못한 것은?
① 특별히 명시하지 않는 한 도시한 대상물의 마무리 치수를 기입
② 서로 관련되는 치수는 되도록이면 분산하여 기입
③ 기능상 필요한 경우 치수의 허용한계를 기입
④ 참고치수에 대해서는 수치에 괄호를 붙여 기입

정답 32 ③ 33 ② 34 ① 35 ②

36 치수 배치방법이 아닌 것은?

① 직렬 치수 기입법　② 병렬 치수 기입법
③ 누진 치수 기입법　④ 공간 치수 기입법

37 얇은 물체의 단면을 표시하는 방법 중 틀린 것은?

① 얇은 물체는 단면을 표시할 수 없다.
② 개스킷, 박판, 형강 등의 절단면이 얇은 경우에 널리 쓰인다.
③ 아주 굵은 실선 1개로 표시할 수 있다.
④ 두 개의 얇은 물체가 인접되어 있을 때는 0.7mm 이상의 간격을 두고 그어서 구별한다.

38 다음 중 호의 길이치수 기입은 어느 것인가?

② 호의 각도
④ 현의 길이

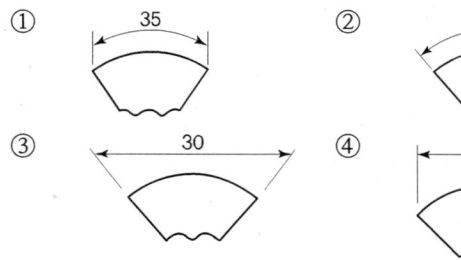

39 다음 그림의 정면도에 해당하는 것은?

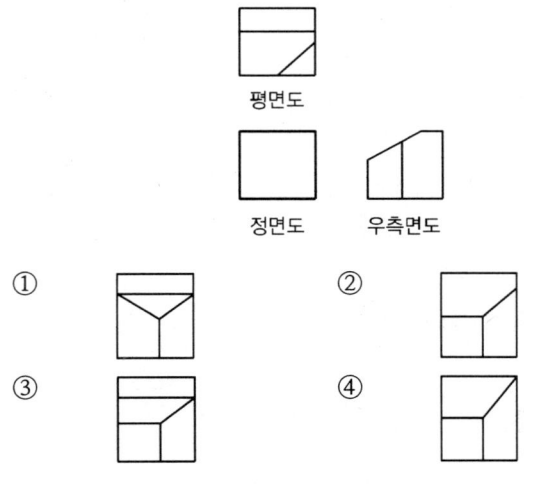

정답　36 ④　37 ①　38 ①　39 ②

40 작도의 시간과 지면의 공간을 절약한다는 관점에서 중심선의 한쪽 도형만 그리고 중심선의 양 끝에 짧은 2개의 평행한 가는 선의 도시기호를 그려 넣는 경우는?

① 반복 도형의 생략
② 대칭 도형의 생략
③ 중간 부분 도형의 단축
④ 2개 면의 교차부분이 둥글 때 도시

41 출도 후 도면 내용을 정정했을 때 틀린 것은?

① 변경한 곳에 적당한 기호( )를 부기한다.
② 변경 전의 도형, 치수는 지운다.
③ 변경 연월일, 이유 등을 명기한다.
④ 변경 전 치수는 한 줄로 긋고 그대로 둔다.

42 치수를 나타내는 수치에 부가하여 그 치수의 의미를 명확히 나타내기 위하여 사용하는 치수 보조기호의 설명이 잘못된 것은?

① ϕ : 지름
② $S\phi$: 작은 지름
③ ⌒ : 호의 길이
④ R : 반지름

43 철강 재료 기호의 첫째 자리 부분이 나타내는 것은?

① 제품의 형상   ② 재질
③ 경도   ④ 인장강도

44 SM10C로 표시된 재료기호의 10C는 무엇을 나타내는가?

① 재질번호   ② 재질등급
③ 최저 인장강도   ④ 탄소 함유량

정답 40 ② 41 ② 42 ② 43 ② 44 ④

03 기계제도의 실제

1 표면 거칠기

일정한 거리에서 나타난 공작물의 표면에 발생된 요철(凹凸)면을 표면 거칠기라고 한다.

구분	기호	특기사항
최대높이	R_{max}	• 측정 구간(기준길이) 내의 모든 표면 요소를 포함하는, 측정 구간 평균선에 평행한 두 직선의 간격을 마이크로(micro) 단위로 표시 • 표면의 흠이라고 볼 수 있는 너무 높은 산이나 깊은 골은 제외
10점 평균	R_z	측정 구간(기준길이) 내의 모든 표면 요소 중, 측정 구간 평균선을 기준으로 가장 높은 산부터 순서대로 5개, 가장 깊은 골부터 순서대로 5개씩을 찾아, 각각의 5개 점의 평균선으로부터의 거리값 평균을 구하고 그 차이값을 마이크로(micro) 단위로 표시
중심선 평균 (가장 정밀)	R_a	• 측정 구간(기준길이)의 중심선에서 위쪽과 아래쪽 전체 면적의 합을 구하고, 그 값을 측정 구간의 길이로 나눈 값으로 표시 • 손으로 면적을 계산하기 어려우므로, 중심선 평균 거칠기 측정기로 측정기에서 계산한 결과치를 사용

1. 최대높이(R_{max}, R_s)

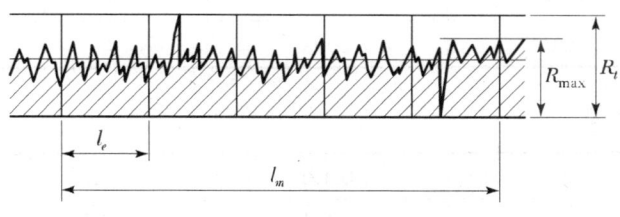

| 최대 거칠기(R_{max}) |

- 기준길이 : 0.08, 0.25, 0.8, 2.5, 8, 25mm의 6종류
- 표준수열 : 허용할 수 있는 가장 큰 높이

0.05S	0.1S	0.2S	0.4S
0.8S	1.6S	3.2S	6.3S
12.5S	25S	50S	100S
200S	400S		

- R_{max}가 7μm일 때의 표시방법은 6.3S와 12.5S 사이에 있으므로 상한값 12.5S로 표시한다.

2. 10점 평균 거칠기(R_z)

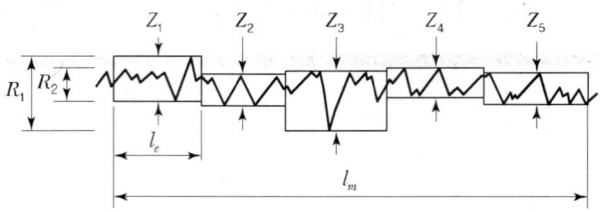

||10점 평균 거칠기(R_z)||

- 기준길이 : 0.08, 0.25, 0.8, 2.5, 8, 25mm의 6종류
- 표준수열 : 허용할 수 있는 가장 큰 높이

3. 중심선 평균 거칠기(R_a)

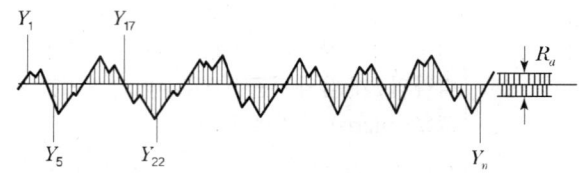

||중심선 평균값(R_a)||

- 컷 오프(Cut off) 값 : 0.08, 0.25, 0.8, 5.3, 8, 25mm의 6종류에서 표준값 0.8mm로 한다.

0.013a	0.025a	0.05a	0.1a
0.2a	0.4a	0.8a	1.6a
3.2a	6.3a	12.5a	25a
50a	100a		

- 표준수열

0.05Z	0.1Z	0.2Z	0.4Z
0.8Z	1.6Z	3.2Z	6.3Z
12.5Z	25Z	50Z	100Z
200Z	400Z		

2. 표면 거칠기 표시방법

표면 거칠기 표시는 중심선 평균 거칠기(R_a)로 나타내는 것이 가장 정밀하다.

1) 표면 거칠기 기호의 구성

다듬질 기호 (종래의 기호)	표면거칠기 기호 (새로운 심벌)	가공방법 및 적용 부분
∼	∇	• 절삭가공 및 기타 제거가공을 하지 않는 부분에 기입한다. • 주물의 표면부가 대표적이다.
▽	^{W}∇	• 밀링, 선반, 드릴 등 기타 여러 가지 공작기계로 일반 절삭가공만 하고, 끼워 맞춤은 없는 표면에 기입한다. • 드릴구멍, 흑피 등을 제거하는 황삭 가공부분이 대표적이다.
▽▽	^{X}∇	• 가공된 부분이 끼워 맞춤만 있고 마찰운동은 하지 않는 표면에 기입한다. • 커버와 몸체의 접촉부, 키홈 등
▽▽▽	^{y}∇	• 끼워 맞춤과 마찰이 있고 회전운동이나 직선왕복운동 등을 하는 표면에 표시한다. • 베어링과 조립부 및 연삭부위
▽▽▽▽	^{Z}∇	• 정밀가공이 요구되는 가공 표면으로, 높은 정밀도를 요구하는 곳에 기입한다. • 오일실 접촉부, 피스톤, 실린더, 게이지류 등의 정밀입자 가공에 기입한다.

2) 면의 지시기호

면의 지시기호를 표면거칠기에 기호로 나타낸다.

표면의 결표시에서 면의 지시기호에 대한 사항은 아래 그림 (a)에 표시하는 위치에 배치하여 표시하며, 도면에 지시하는 경우에는 그림 (b)에 따른다.

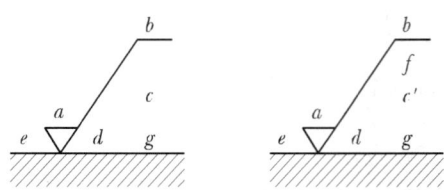

여기서, a : 중심선 평균거칠기의 값
b : 가공방법
c : 컷 오프 값
c' : 기준길이
d : 줄무늬 방향의 기호
e : 다듬질 여유
f : 중심선 평균거칠기 이외의 표면 거칠기의 값
g : 표면 파상도[KS B 0610(표면 파상도)에 따른다.]

‖ (a) 면의 지시기호의 위치 ‖

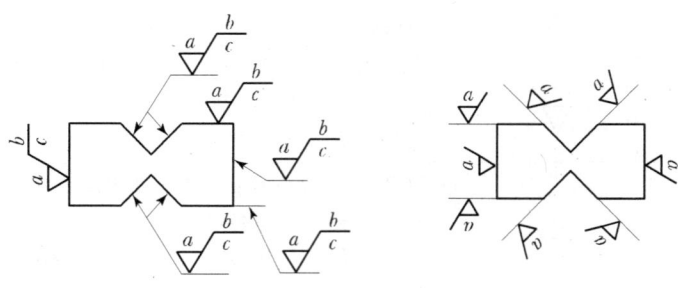

‖ (b) 면의 결도시 ‖

▼ 줄무늬 방향의 기호

기호	=	⊥	X	M	C	R	p
설명도	▽=	▽⊥	▽X	▽M	▽C	▽R	▽P
의미	가공으로 생긴 줄무늬 방향이 기호를 기입한 그림의 투상면에 평행	가공으로 생긴 줄무늬 방향이 기호를 기입한 그림의 투상면에 직각	가공으로 생긴 선이 2방향으로 교차	가공으로 생긴 선이 여러방면으로 교차 또는 방향이 없음	가공으로 생긴 선이 거의 동심원	가공으로 생긴 선이 거의 방사선	미립자 모양이 나무방향 또는 돌기 모양
보기	셰이핑면	셰이핑면(옆으로 보는 상태) 선삭·원통 연삭면	호닝 다듬질면	래핑 다듬질면 슈퍼 피니싱 가로이송을 준 정면밀링 또는 엔드밀 절삭면	끝면 절삭면 선반	밀링	

340 • PART 05. 기계제도

▼ 가공방법의 기호

가공방법	약호 I	약호 II	가공방법	약호 I	약호 II
선반 가공	L	선반	벨트 연마	SPBL	벨트샌드
드릴 가공	D	드릴	호닝 다듬질	GH	호닝
보링 가공	B	보링	액체호닝 다듬질	SPLH	액체호닝
밀링 가공	M	밀링	배럴 연마	SPBR	배럴
평삭반 가공	P	평삭	버프 다듬질	SPBF	버프
형삭반 가공	SH	형삭	블라스트 다듬질	SB	블라스트
브로치 가공	BR	브로치	랩 다듬질	FL	래프
리머 가공	FR	리머	줄 다듬질	FF	줄
연삭 가공	G	연삭	스크레이퍼 다듬질	FS	스크레이퍼
페이퍼 다듬질	FCA	페이퍼	주조	C	주조

예제 ❶

문제 표면 거칠기 기입방법이 잘못 설명된 것은?

① 부품 전체가 같은 다듬질 기호일 때는 부품번호 옆에 기입한다.
② 기어에 기입할 때는 피치선에 기입할 수도 있다.
③ 기어에 기입할 때는 측면도의 잇봉우리에 따라서 기입한다.
④ 부품 전체가 같은 다듬질 기호일 때는 표제란 곁에 기입한다.

풀이 ③

예제 ❷

문제 표면거칠기 기호의 기입을 그림과 같이 하였을 때 a 부분에 들어가야 하는 것으로 적당한 것은?

① X
② F
③ G
④ S

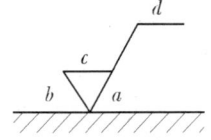

풀이 ①

4) 대상면 및 제거가공의 지시방법

표면의 결을 도시할 때에 대상면을 지시하는 면의 지시기호는 60°로 벌린 길이가 다른 절선으로 표시하며, 대상면을 나타내는 선에 바깥쪽에서 붙여서 쓴다.[그림 (a)~(c)]

또한, 특별히 가공방법 등을 지시할 필요가 있을 때에는 면의 지시기호의 긴 쪽 다리에 가로선을 부가한다.[그림 (d)]

‖(a) 제거가공을 문제 삼지 않을 경우‖   ‖(b) 제거가공이 필요한 경우‖

‖(c) 제거가공을 허용하지 않는 경우‖   ‖(d) 특별히 가공방법을 지시할 필요가 있을 경우‖

CHAPTER 04 끼워맞춤 공차

1 끼워맞춤 공차

1. 공차(Tolerance)
제품을 가공하는 데 있어서 허용할 수 있는 오차의 범위

2. 기본공차
ISO에서 정한 IT00 – IT18급까지 20등급으로 규정

※ IT00 – IT01급은 사용 빈도수가 적어 사용치 않음

용도	게이지 제작	끼워맞춤	기타
구멍	IT01 – IT5급	IT6 – IT10급	IT11 – IT18급
축	IT01 – IT4급	IT5 – IT9급	IT10 – IT18급

3. 끼워맞춤
구멍과 축을 조립하기 위한 치수의 차이에서 생기는 관계

- 틈새(Clearance) : 구멍의 지름이 축의 지름보다 큰 경우 두 지름의 차
- 죔새(Interference) : 축의 지름이 구멍의 지름보다 큰 경우 두 지름의 차
- 최소틈새 : 구멍 최소허용치수 – 축 최대허용치수
- 최대틈새 : 구멍 최대허용치수 – 축 최소허용치수
- 최소죔새 : 축 최소허용치수 – 구멍 최대허용치수
- 최대죔새 : 축 최대허용치수 – 구멍 최소허용치수

1) 종류
 ① 구멍 기준식 : 아래 치수 허용차가 0인 H를 기준구멍으로 하여 축을 선정, 필요한 죔새나 틈새를 얻는 끼워맞춤(H6 – H10을 기준구멍으로 사용)
 ② 축 기준식 : 위 치수 허용차가 0인 h를 기준축으로 하여 구멍을 선정, 필요한 죔새나 틈새를 얻는 끼워맞춤(h5 – h9를 기준축으로 사용)

2) 끼워맞춤 상태에서의 분류
   ① 헐거운 끼워맞춤 : 구멍의 최소치수가 축의 최대치수보다 큰 경우
   ② 억지 끼워맞춤 : 구멍의 최대치수가 축의 최소치수보다 작은 경우
   ③ 중간 끼워맞춤 : 축 또는 구멍의 치수에 따라서 틈새 또는 죔새가 생기는 끼워맞춤

▼ 구멍 기준 끼워맞춤

기준 구멍	축의 공차역 클래스													
	헐거운 맞춤						중간 맞춤			억지 맞춤				
H6					g5	h5	js5	k5	m5					
				f6	g6	h6	js6	k6	m6	n6*	p6*			
H7				f6	g6	h6	js6	k6	m6	n6	p6*	r6*	s6	t6	u6	x6
			e7	f7		h7	js7							
H8				f7		h7								
			e8	f8		h8								
		d9	e9											
H9		d8	e8			h8								
	c9	d9	e9			h9								
H10	b9	c9	d9											

*는 치수의 구분에 따라 예외가 있다.

▼ 축 기준 끼워맞춤

기준축	구멍의 공차역 클래스													
	헐거운 맞춤						중간 맞춤				억지 맞춤				
h5						H6	JS6	K6	M6	N6*	P6				
h6				F6	G6	H6	JS6	K6	M6	N6	P6*				
h6				F7	G7	H7	JS7	K7	M7	N7	P7*	R7	S7	T7	U7	X7
h7			E7	F7		H7									
				F8		H8									
h8		D8	E8	F8		H8									
		D9	E9			H9									
h9		D8	E8			H8									
	C9	D9	E9												
	B10	C10	D10												

4. 허용한계 치수 기입방법

1) 길이치수 허용한계 기입방법

① 외측, 내측 형체에 관계없이 위 치수 허용차는 위쪽에, 아래 치수 허용차는 아래쪽에 기입한다.
② 위, 아래 어느 한쪽의 허용차가 0인 경우 +, -의 기호를 붙이지 않는다.
③ 위, 아래 허용차가 같을 때는 ±의 기호를 붙인다.
④ 최대, 최소 허용차가 기준치수보다 클 때는 +, 작을 때는 -의 부호를 붙인다.
⑤ 허용한계 치수에 의해 표시할 경우 외측, 내측 형체에 관계없이 최대는 위쪽에 최소는 아래쪽에 기입한다.
⑥ 최대, 최소 중 어느 한쪽만 지정할 경우 치수 앞에 최대, 최소 또는 max, min을 기입한다.
⑦ 허용한계 기호에 의해 지시할 경우 공차기호를 기준치수 뒤에 붙인다.
  32H7, ϕ80js6, 100g6
  52H7/g6, 52H7 - g6,
  30f7   30f7
⑧ 통신을 이용할 경우에는 기준치수 앞에 H, h(Hole), S(Shaft)를 붙인다.
  H50H5, S50h5

2) 끼워맞춤 상태에서의 기입방법
① 공차값에 의한 방법
② 공차기호에 의한 방법

3) 끼워맞춤

기계도면에서 50H7또는 50h7의 기호에서 50은 기준치수이고, 알파벳 대문자 H는 구멍, 소문자 h는 축을 뜻하는 구멍과 축의 치수공차 기호이다.

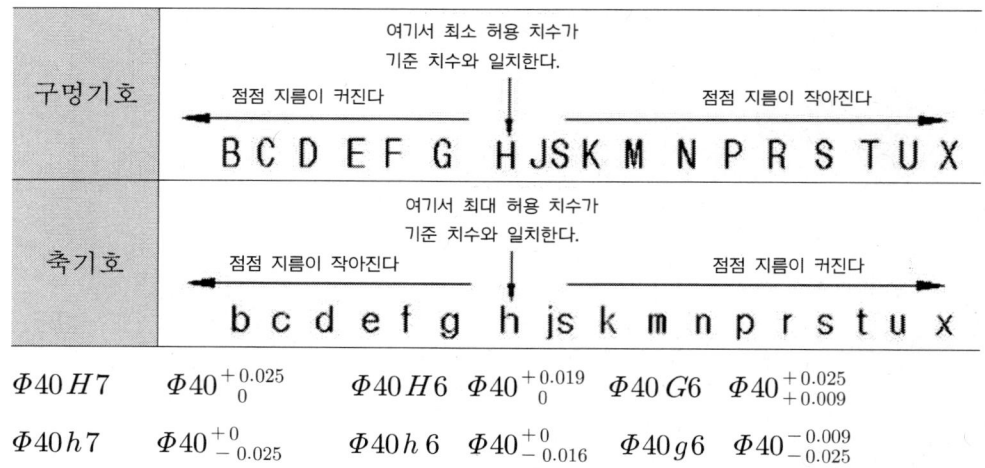

2 기하공차(형상공차 또는 자세공차)

1. 특징

제품의 모양 및 위치에 따라 진직, 평면, 진원, 원통, 윤곽, 평행, 직각, 경사, 위치, 동축(동심), 대칭, 흔들림 등을 가하학적인 방법으로 정밀도를 부여하는 방법을 기하공차(GT ; Geometrical Tolerance)라고 한다.

① 장점
- 효율적 생산성 증가
- 생산 원가 절감
- 부품 상호 간 호환성 증대
- 정밀도 증가
- 효율적 검사 및 측정 용이
- 설계의 획일화

② 치수공차로 규제된 도면 분석
- 원통 중심의 어긋남
- 대칭 중심의 어긋남
- 치수공차로 규제된 끼워맞춤의 불확실
- 치수공차로 규제된 구멍과 핀

2. 기하공차의 표시(용어의 뜻)

① 데이텀(Datum) : 기하학적 기준이 되는 면 또는 선
② 데이텀 형체 : 데이텀을 설정하기 위하여 사용하는 대상물 실제의 형체
③ 실용 데이텀 형체 : 데이텀을 설정할 경우에 사용하는 실제의 표면(정반, 맨드릴 등)
④ 데이텀 표적 : 데이텀을 설정하기 위한 가공, 측정, 검사기구 등에 접촉시키는 대상물의 점 또는 선의 영역

3. 기하공차의 종류의 기호

적용하는 형체 공차의 종류 기호 뜻

적용하는 형체	공차의 종류		기호	뜻
단독 형체	모양 공차	진직도(Straightness)	―	직선부분이 기하학적 이상직선으로부터 어긋남의 크기
		평면도 (Flatness)	▱	평면부분이 기하학적 이상평면으로부터 어긋남의 크기
		진원도 (Circularity, Roundness)	○	원형부분이 기하학적 이상원으로 어긋남의 크기
		원통 (Cylindricity)	⌭	원통부분이 기하학적 이상원통으로부터 어긋남의 크기
단독 형체 또는 관련 형체		선의 윤곽도 (Profile of a Line)	⌒	이론적으로 정확한 치수에 의하여 정해진 기하학적 윤곽으로부터 선의 윤곽이 어긋나는 크기
		면의 윤곽도 (Profile of a Surface)	⌓	이론적으로 정확한 치수에 의하여 정해진 기하학적 윤곽으로부터 면의 윤곽이 어긋나는 크기
관련 형체	자세 공차	평행도 (Parallelism)	∥	평행을 이루고 있는 직선부분과 직선부분, 직선부분과 평면부분, 평면부분과 평면부분의 조합에 있어서 그 가운데 하나를 기하학적 이상직선 또는 평면으로 생각하고 이를 기준으로 다른 직선 또는 평면이 어긋나는 크기
		직각도 (Squareness)	⊥	직각을 이루고 있는 직선부분과 직선부분, 직선부분과 평면부분, 평면부분과 평면부분의 조합에 있어서 그 가운데 하나를 기하학적 이상직선 또는 평면으로 생각하고 이를 기준으로 다른 직선 또는 평면이 어긋나는 크기
		경사도 (Angularity)	∠	이론적으로 정확한 각도를 이루고 있어야 할 직선부분, 직선부분과 평면부분, 평면부분과 평면부분이 짝지어 있을 때 그 가운데 하나를 기준으로 하고 이 기준직선 또는 기준평면에 대하여 이론적으로 정확한 각도를 이루고 있는 기하학적 직선 또는 기하학적 평면으로부터 다른 한쪽의 직선부분 또는 기하학적 평면부분이 벗어나는 어긋남의 크기
	위치 공차	위치도 (Position)	⊕	점, 선, 직선 또는 평면부분 중 기준이 되는 부분 또는 다른 부분과 관련이 되어 이론적으로 정확한 위치로부터 어긋나는 크기
		동심도 (Concentricity), 동축도 (Coaxiality)	◎	기분축선과 동일직선상에 있어야 할 축선의 기준축선으로부터 어긋남의 크기
		대칭도 (Symmetry)	⩵	기준축선 또는 기준평면에 대하여 서로 대칭이 있어야 할 부분의 대칭위로부터 어긋남의 크기
	흔들림 공차	원둘레, 흔들림	↗	기준축선 또는 기준평면에 대하여 서로 대칭이 있어야 할 부분의 대칭위치로부터 어긋남의 크기
		온 흔들림	↗↗	기준축선 또는 둘레로 기계부품을 회전시켰을 때 고정점에 대하여 그 표면이 지정된 방향으로 변화되는 크기

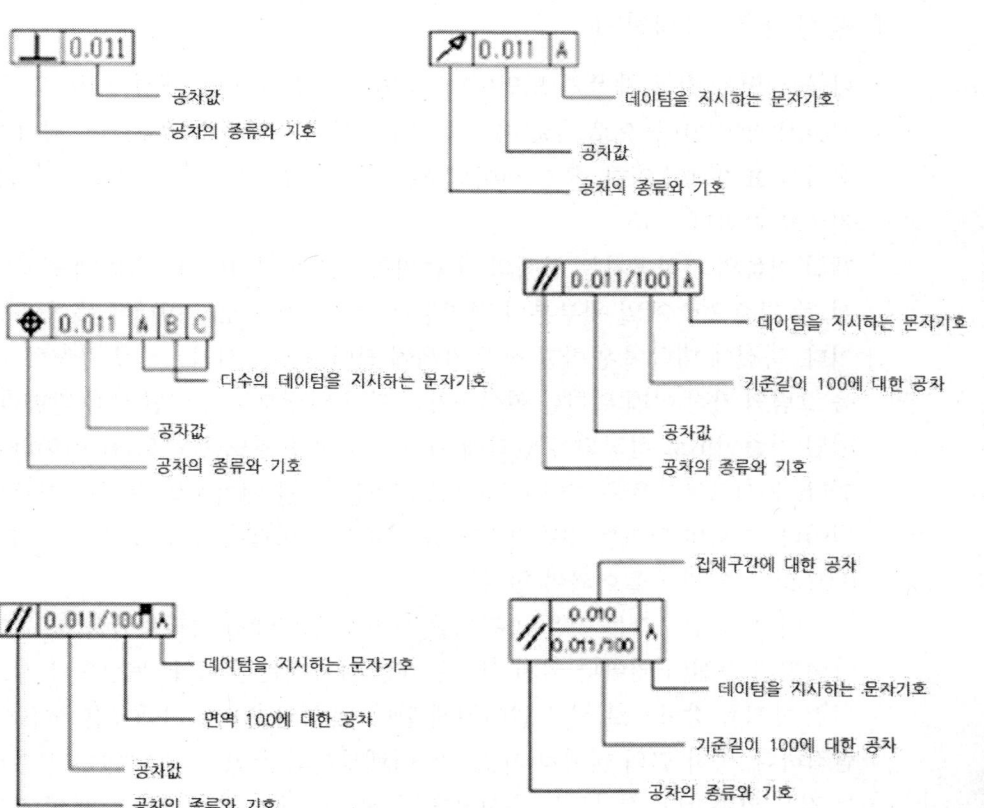

4. 형상 공차 이해하기

다음 도면은 가공 제품의 도면이다. 도면에는 전장(410), 내경(Φ70), 단차(60), 단차(30), 내경(Φ80) 등으로 기준 치수에 치수공차가 부여되어 있고 치수 공차 이외의 기하공차가 표기되어 있다. 우선 데이텀 A는 직경이 Φ70이고 깊이 60인 원기둥의 축선을 기준으로 한다.

제일 처음의 기하공차는 형체의 가장 위쪽부분의 평면이다. 첫 번째 공차기호는 A(축선)를 기준으로 제일 윗부분의 평면부가 직각도 0.02mm 이내에 들어야 한다는 의미이다. 축선에 대하여 완벽한 직각 자세에 얼마나 접근시키는가를 규정하는 것이다. 다음 그림의 가장 아래 위치한 형상공차는 가장 아랫분분의 평면 부를 말한다. 하자만 데이텀 기준이 B로 설정되어 있기에 형상공차 중 동심도(동축도)를 이해하고 기입해야 한다. 동심도부분은 직경이 Φ80이고 깊이는 30인 원기둥의 축선을 기준으로 한다는 것이다. 기호의 의미는 윗면의 축선을 기준으로 아래쪽 부분의 축선에 대해 동축도가 0.012mm 이내에 들어와야 한다는

의미이며, 동심도라는 것은 평면도를 그리듯 윗면에서 바라보았을 때 윗면의 축선과 아랫면의 축선이 얼마나 일치 하였는가를 나타내는 것이다. 동심도가 서로 어긋나게 되면 반지름 방향으로 서로 멀어지게 된다. 축심의 변화이기에 Φ를 사용하는 것이 바람직하다. 공차 밑의 데이텀 기준 B는 아랫부분의 축선을 기준(데이텀)으로 지정한다는 것을 의미한다. 직각도는 축선 B를 기준(데이텀)으로 아래쪽 부분의 평면부분이 직각도 0.02mm 이내에 들어와야 한다는 의미이다.

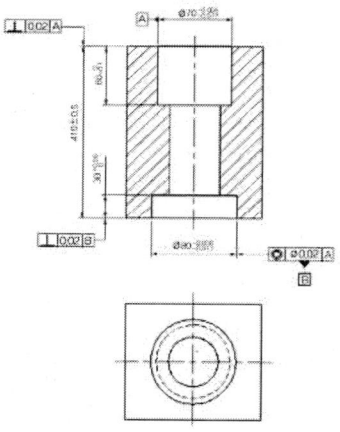

- 공차값의 비교

  치수공차 > 형상공차 > 표면거칠기

EXERCISES 핵심문제

CHAPTER 04

01 억지 끼워 맞춤 시 축의 최소 허용치수에서 구멍의 최대허용 치수를 뺀 값은?

① 최소 죔새 ② 최대 죔새
③ 최소 틈새 ④ 최대 틈새

02 기준치수가 30, 최대 허용치수가 29.96, 최소 허용치수가 29.94일 때 아래 치수 허용차는?

① −0.06 ② +0.06
③ −0.04 ④ +0.04

GUIDE

○ 29.94−30=−0.06

03 다음 끼워맞춤의 표시방법을 설명한 것 중 틀린 것은?

① ϕ20H7 : 직경이 20인 구멍으로 7등급의 IT 공차를 가짐
② ϕ20h6 : 직경이 20인 축으로 6등급의 IT 공차를 가짐
③ ϕ20H7/g6 : 직경이 20인 구멍으로 H7구멍과 g6급 축이 헐겁게 결합되어 있음
④ ϕ20H7/f6 : 직경이 20인 구멍으로 H7구멍과 f6급 축이 억지로 결합되어 있음

○ H구멍과 ±축은 헐거운 끼워맞춤

04 40H7은 $40^{+0.025}_{0}$, 40G6은 $40^{+0.025}_{+0.009}$라고 할 때 40G7의 공차 범위는 얼마인가?

① $^{+0.009}_{0}$ ② $^{-0.009}_{-0.034}$
③ $^{+0.034}_{0}$ ④ $^{+0.034}_{+0.009}$

05 "구멍의 최대 허용치수−축의 최소 허용치수"가 나타내는 것은?

① 최소 틈새 ② 최대 틈새
③ 최소 죔새 ④ 최대 죔새

정답 01 ① 02 ① 03 ④ 04 ④ 05 ②

06 구멍 $50^{+0.025}_{0}$, 축 $50^{+0.050}_{+0.034}$로 기입된 끼워맞춤에서 최소 죔새는 얼마인가?

① 0.009　　　　② 0.025
③ 0.034　　　　④ 0.050

> $0.034 - 0.025 = 0.009$

07 최대허용치수가 100.004mm, 최소허용치수가 99.995mm이면 치수공차는 얼마인가?

① 0.001　　　　② 0.004
③ 0.005　　　　④ 0.009

> $100.004 - 99.995 = 0.009$

08 축의 지름이 $30^{+0.021}_{+0.012}$ 일 때 이 축의 치수공차는 얼마인가?

① 0.033　　　　② 0.021
③ 0.012　　　　④ 0.009

> $0.021 - 0.012 = 0.009$

09 구멍의 치수가 $\phi 30^{+0.025}_{-0}$, 축의 치수가 $\phi 30^{+0.020}_{-0.005}$일 때 최대 죔새는 얼마인가?

① 0.030　　　　② 0.025
③ 0.020　　　　④ 0.005

> $0.02 - 0 = 0.02$

10 기하공차의 종류 중 모양 공차에 해당하지 않는 것은?

① 진직도 공차　　　　② 평면도 공차
③ 평행도 공차　　　　④ 원통도 공차

> 자세공차 : 직각도, 평행도, 경사도

11 다음 기하공차의 부가기호 중 돌출 공차역을 나타내는 것은?

① Ⓟ　　　　② Ⓜ
③ Ⓢ　　　　④ Ⓝ

정답　06 ①　07 ④　08 ④　09 ③　10 ③　11 ①

12 다음 그림의 기하공차의 기호가 나타내는 것은?

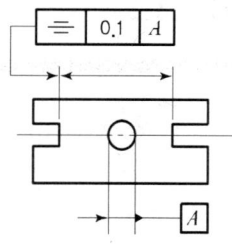

① 진직도 ② 원통도
③ 동심도 ④ 대칭도

13 기준직선 A에 평행하고 지정길이 100mm에 대하여 0.01mm의 공차값을 지정할 경우 표시방법으로 옳은 것은?

① | A | 0.01 / 100 | // |
② | // | 100/ 0.01 | A |
③ | A | // | 100/ 0.01 |
④ | // | 0.01/ 100 | A |

14 기하공차의 기호 중 원통도를 나타내는 기호는?

①
②
③ ○
④ ◎

② 위치도
③ 진원도
④ 동심도(동축도)

15 기하공차의 종류 중 모양 공차에 속하지 않는 기호는?

①
② ○
③ ∠
④ ⌒

① 평면도
② 진원도
③ 경사도(자세공차)
④ 선의 윤곽도

정답 12 ④ 13 ③ 14 ① 15 ③

CHAPTER 05 기계 요소 제도

1 나사(Screw)

1. 규격

① 수나사(Bolt) : 외경
② 암나사(Nut) : 수나사의 외경

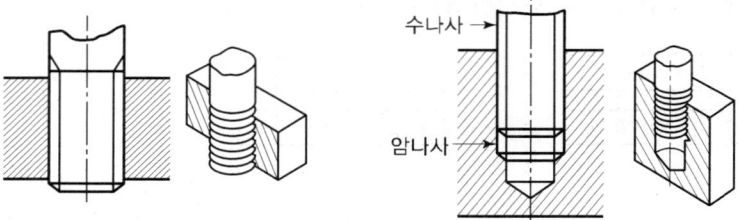

▌수나사와 암나사의 조립도▐

2. 나사 각부의 명칭

① 피치(Pitch) : 나사산과 산의 거리
② 리드(Lead) : 나사가 1회전할 때 나사산의 1점이 축방향으로 진행하는 거리

$$L : nP$$

여기서, n : 줄의 수
P : 피치

③ 유효경 : 나사산과 골의 폭이 같아지는 가상원의 직경

3. 나사의 종류

① 미터 나사 : 직경과 피치를 mm로 표시, 산의 각도는 60°, 크기는 피치로 나타낸다.
② 유니파이 나사 : 나사의 직경을 inch로 표시, 산의 각도는 60°, 크기는 1inch 사이에 들어 있는 산의 수로 나타낸다.
③ 미니어처 나사 : 정밀기계, 광학기계, 계측기, 시계, 전기기기 등에 사용되는 0.3~1.4mm 직경의 작은 나사로, 미터 나사에 따른다.

④ 관용 나사 : 배관용 강관 나사로 1/16의 테이퍼로 되어 있고 산의 각도는 55°이다.
⑤ 사다리꼴 나사 : 선반의 리드스크류 등 동력 전달용으로 사용된다.(30° : 미터 나사, 29° : inch 나사)
⑥ 둥근 나사 : 먼지, 모래 등이 들어가기 쉬운 접촉구에 사용된다.
⑦ 볼 나사 : 축과 구멍에 볼을 넣어 마찰을 적게 한 나사로 수치 제어기계, 자동차에 사용된다.
⑧ 사각 나사 : 프레스와 같은 큰 힘을 전달할 때 사용된다.
⑨ 톱니 나사 : 바이스와 같이 축방향으로 힘을 전달할 경우에 사용된다.

구 분		나사의 종류		표시방법	나사의 호칭에 대한 표시방법의 보기
일반용	ISO 규격에 있는 것	미터 보통 나사		M	M8
		미터 가는 나사			M8 × 1
		미니어처 나사		S	S 05
		유니파이 보통 나사		UNC	3/8 - 16UNC
		유니파이 가는 나사		UNF	No. 8 - 36UNF
		미터 사다리꼴 나사		Tr	Tr10 × 2
		관용 테이퍼 나사	테이퍼 수나사	R	R3/4
			테이퍼 암나사	Rc	Rc3/4
			평행 암나사	Rp	Rp3/4
		관용 평행 나사		G	G1/2
	ISO 규격에 없는 것	30° 사다리꼴 나사		TM	TM18
		29° 사다리꼴 나사		TW	TW20
		관용 테이퍼 나사	테이퍼 나사	PT	PT7
			평행 암나사	PS	PS7
		관용 평행 나사		PF	PF7
특수 나사		후강 전선관 나사		CTG	CTG16
		박강 전선관 나사		CTC	CTC19
		자전거 나사	일반용	BC	BC3/4
			스포크용		BC2.6
		미싱 나사		SM	SM1/4산 40
		전구 나사		E	E10
		자동차용 타이어 밸브 나사		TV	TV8
		자동차용 타이어 밸브 나사		CTV	CTV8tks 30

4. 나사의 호칭

　① 미터나사 : 나사의 종류×수나사의 직경×피치
　　| M 10×1.5

　② 유나파이 나사 : 수나사의 직경×산의 수×나사의 종류
　　| 1/2 – 16 UNC

5. 나사의 표시방법

　① 나사산의 감긴 방향 : 왼나사만 "왼, 좌, L"로 표시
　② 나사산의 줄 수 : 2줄 또는 3줄로 표시
　③ 나사의 길이
　　㉠ 일반나사 : 머리부분을 제외한 길이
　　㉡ 접시머리 나사 : 머리부분을 포함한 전체 길이
　④ 나사의 표면 정도 표시 및 리드 표시
　⑤ 유효 나사부 길이 및 드릴직경, 깊이표시
　⑥ 나사의 제도
　　㉠ 수나사의 외경, 암나사의 내경은 굵은 실선으로 그린다.
　　㉡ 수나사암나사의 골지름은 가는 실선, 불완전 나사부의 경계선은 굵은 실선으로 그린다.
　　㉢ 암나사의 드릴구멍 끝부분은 120°가 되도록 굵은 실선으로 그린다.
　　㉣ 수나사와 암나사가 결합된 상태일 경우에는 수나사를 기준으로 그린다.
　　㉤ 단면으로 표시하고자 할 경우 수나사는 산 끝까지, 암나사는 나사의 내경까지 해칭한다.
　　㉥ 나사의 측면을 도시하고자 할 경우 골지름은 가는 실선으로 3/4의 원을 그린다.

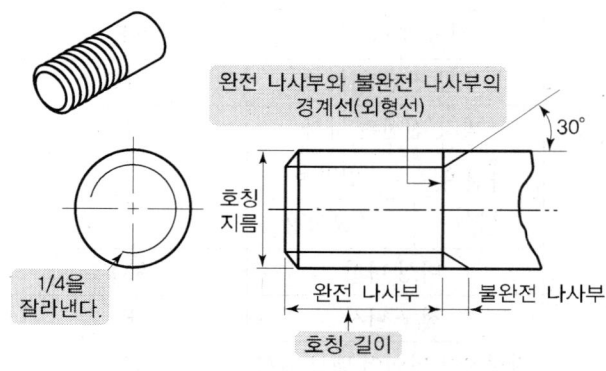

∥ 수나사의 제도 방법 ∥

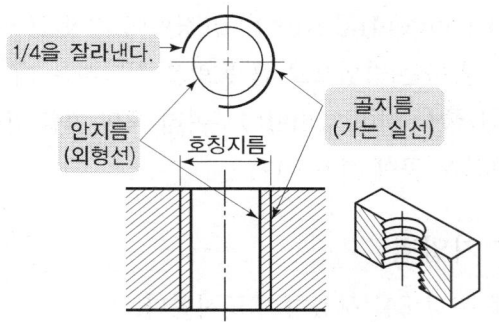

┃ 암나사가 관통했을 때의 제도 ┃

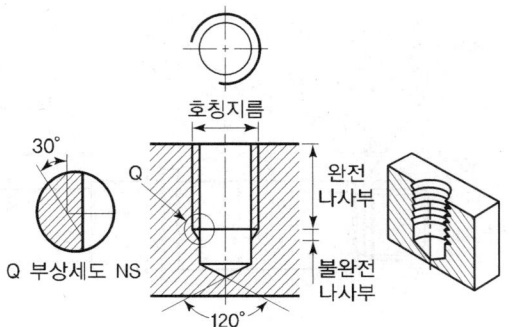

┃ 암나사가 관통되지 않았을 때의 제도 ┃

② 키(Key)

동력을 전달하는 축에 벨트풀리, 기어 등을 결합하여 회전운동시키는 요소로, 1/100의 구배를 준다.

1. 키의 종류

① 묻힘 키(Sunk Key) : 축과 보스 양쪽에 홈을 파고 고정하는 키로 평행키, 경사키, 머리붙이 경사키가 있다.

② 반달 키(Woodruff Key) : 반원 모양으로 축과 보스를 결합할 때 자동적으로 위치를 조정하는 키로 홈가공이 용이하고 작은 직경의 축과 경하중축에 사용된다.

③ 새들 키(Saddle Key) : 보스에만 키 홈을 파서 장소에 구애없이 마찰력으로 고정하는 키

④ 플랫 키(Flat Key) : 보스에 키 홈을 파고 축에는 키의 폭만큼 평편하게 깎아 고정하는 것으로 경하중 및 축직경이 작을 때 사용된다.

⑤ 페더키(Feather Key) : 기어 또는 벨트차가 축 방향으로 이동 가능할 때 사용하는 키로, 축에 작은 나사로 키를 고정한다.

⑥ 접선 키(Tangential Key) : 고정력이 가장 큰 키로 구배가 있는 2개의 키를 양쪽에서 고정 하는 방법으로 큰 동력을 전달하는 데 사용된다.

⑦ 스플라인 축(Spline Shaft) : 여러 개의 키를 만들어 붙인 형상의 축으로 큰 하중이 작용하는 곳에 사용된다.

2. 키 홈 치수 기입법

키 홈은 국부 투상도를 사용하여 도시한다.

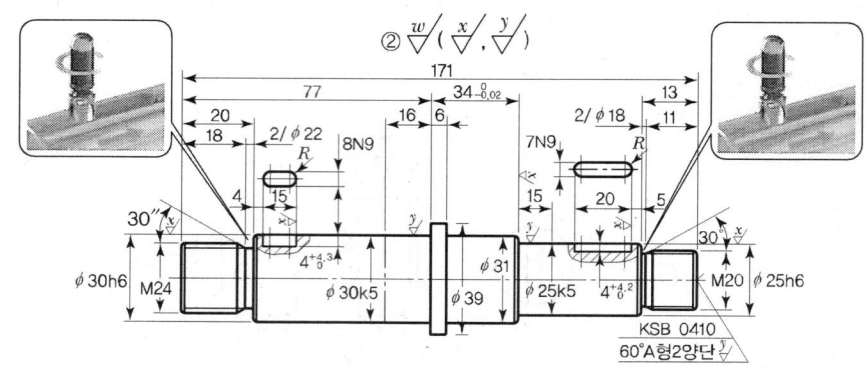

‖ 엔드밀과 커터 공구를 사용한 묻힘키의 가공방법 ‖

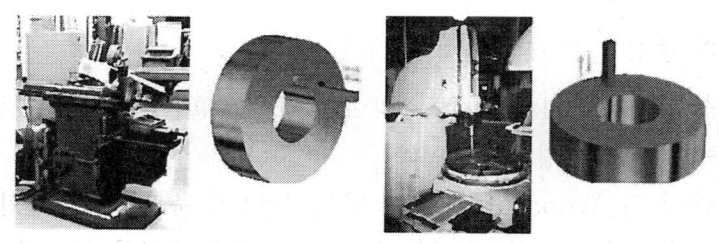

(a) 세이퍼 기계　　　(b) 슬로터 기계

3. 키의 호칭법

종류, 폭×높이×길이, 재질
| 평행키 25×14×80 SM20C

③ 핀(Pin)

핸들을 축에 고정하거나 치공구에서 부품의 결합 또는 너트의 풀림을 방지할 때 사용

1. 종류

① 평행핀 : 직경이 일정한 핀
② 테이퍼 핀 : 1/50의 테이퍼를 준다.
③ 분할핀 : 너트의 풀림 방지용으로 사용한다.

2. 핀의 호칭법

종류, 직경×길이(분할핀은 핀 구멍의 직경으로 표시)
| 평행핀 $\phi 10m6 \times 25$ SM40C

① 평행핀의 호칭법

| 규격번호 또는 명칭 | 종류(끼워맞춤 기호) | 형 식 | 호칭지름 × 길이 | 재 료 |

| 평행핀 h 7 B 8 × 50 STS 303 B

▶ 형식은 끝면의 모양이 납작한 것은 A, 둥근 것은 B로 한다.

② 테이퍼핀의 호칭법

| 규격번호 또는 명칭 | 등 급 | 호칭지름 × 길이 | 재 료 |

| KS B 1322 2 × 20 SM 25C - Q

③ 분할핀의 호칭법

| 규격번호 또는 명칭 | 호칭지름 × 길이 | 재 료 | 지정사항 |

④ 베어링(Bearing)

1. 베어링의 사용목적과 종류

회전하는 축의 마찰운동을 원활하게 하기 위하여 사용한다.

‖ 베어링의 종류 ‖

▼ 베어링의 종류별 기호

니들 롤러 베어링		앵귤러 롤러 베어링	자동 조심 롤러 베어링	평면자리형 스러스트 볼 베어링		스러스트 자동 조심 롤러베어링
NA	RNA			NA	RNA	

구름 베어링	깊은 홈 볼 베어링	앵귤러 볼 베어링	자동 조심 볼 베어링	원통 롤러 베어링				
				NJ	NU	NF	N	NN

2. 베어링 호칭번호의 구성 및 배열

  ① 베어링 계열기호 : 베어링 형식 및 치수계열

  ② 안지름 번호 : 안지름 번호가 04 이상인 것은 5배를 하여 안지름을 구한다.

  ③ 접촉각 기호 : 베어링 내·외륜의 접촉점을 연결하는 직선이 반지름 방향과 이루는 각도

  ④ 보조기호 : 형식 및 주요 치수 이외의 베어링 규격

    | 6205 ZZ

      62 : 단열 볼 베어링

      05 : 베어링 안지름 25mm(5×5=25mm)

      ZZ : 보조기호로 양쪽 실드형

5 스프링(Spring)

1. 종류

  ① 코일 스프링 : 인장, 압축

  ② 겹판 스프링

  ③ 원뿔 스프링

  ④ 볼류트 스프링

2. 스프링 제도

  ① 일반적인 스프링 제도는 하중이 가해지지 않은 상태에서 그리며, 겹판 스프링은 스프링 판이 수평한 상태에서 그리는 것을 원칙으로 한다. 하중이 가해진 상태에서 그려서 치수를 기입할 때는 하중을 명기한다.

② 하중과 높이(혹은 길이) 또는 휨과의 관계를 표시할 필요가 있을 때에는 선도 또는 표로 나타낸다. 이 선도는 사용상 지장이 없는 한 직선으로 표시한다. 선도로 표시할 경우 하중과 높이(혹은 길이) 또는 휨을 나타내는 좌표축과 그 관계를 표시하는 선은 스프링을 표시하는 선과 같은 굵기의 선으로 그린다.
③ 도면에서 특별히 지시가 없는 스프링은 모두 오른쪽으로 감긴 것으로 표시하며, 왼쪽으로 감긴 경우에는 "감긴 방향 왼쪽"이라고 기입한다.
④ 도면에 기입하기 복잡한 것은 일괄하여 요목표에 기입한다.
⑤ 양 끝을 제외한 동일 모양 부분을 일부 생략하는 경우에는 생략한 부분을 가는 1점 쇄선으로 표시한다. 그러나 가는 2점 쇄선으로 표시하여도 좋다.
⑥ 스프링의 종류, 모양만을 도시할 경우에는 스프링 재료의 중심선을 굵은 실선으로 그린다. 단, 겹판 스프링에서는 스프링의 외형을 실선으로 그린다. 또 조립도, 설명도 등에서는 코일 스프링을 그 단면만 표시해도 좋다.

3. 스프링 제도의 간략도

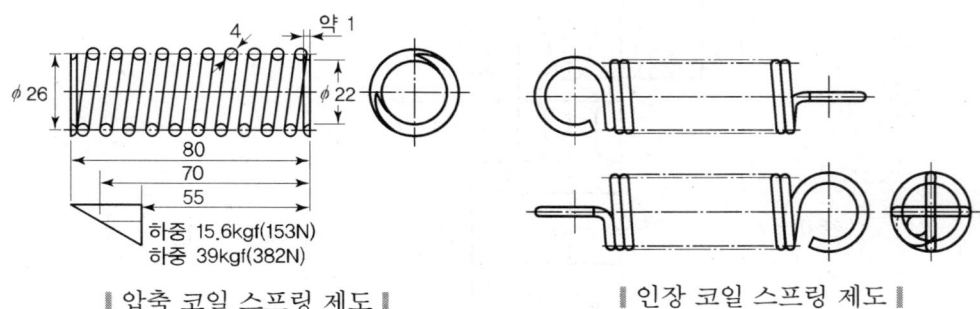

‖ 압축 코일 스프링 제도 ‖   ‖ 인장 코일 스프링 제도 ‖

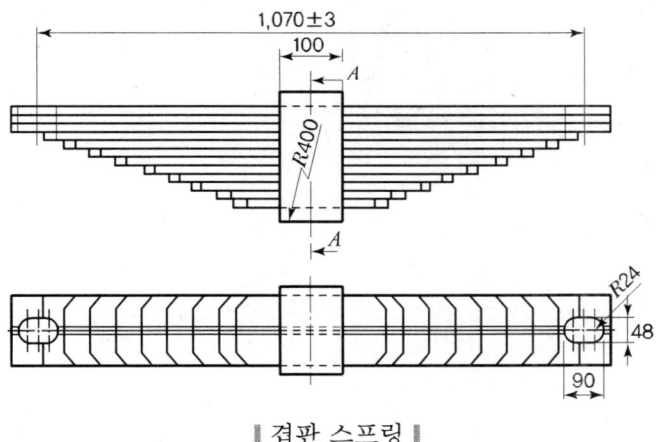

‖ 겹판 스프링 ‖

6 벨트와 체인

축 간 거리가 먼 두 개의 축에 동력을 전달할 때는 벨트와 체인 및 로프를 사용한다.

1. 벨트(Belt)

축 간 거리가 먼 두 개의 축에 동력을 전달하고자 할 때 사용되며, 평 벨트와 V형 벨트가 있으며 평 벨트는 단면이 직사각형 형태(b×h)로 되어 있고 V형 벨트는 단면이 사다리 꼴의 형태로 각도는 40°±10′로, 일체형으로 되어 있다.

※ M형은 풀리의 홈이 1개일 때 사용

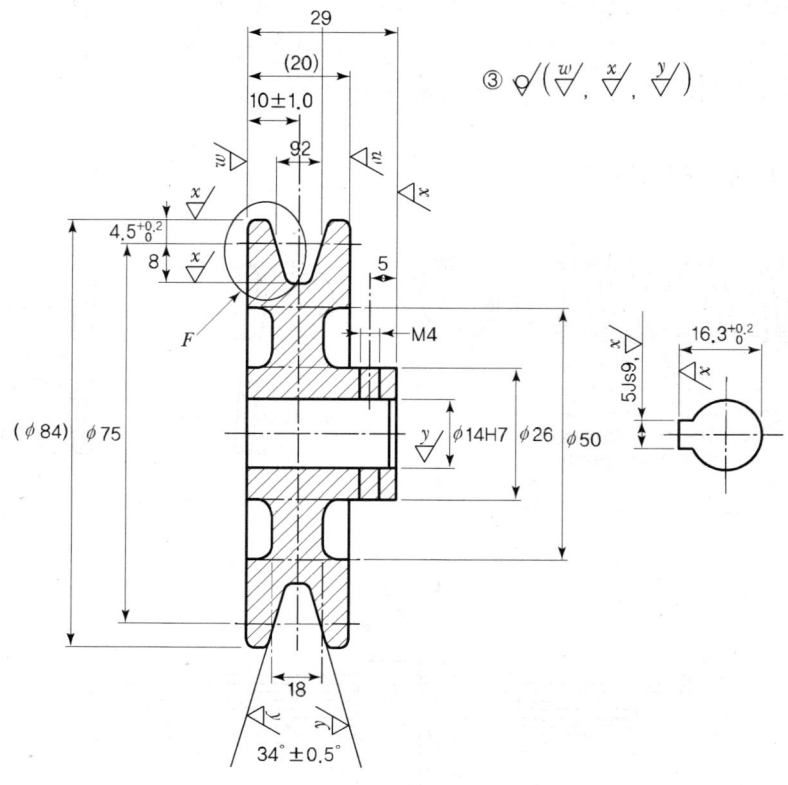

‖ V형 벨트 ‖

2. 체인

체인동력전달 장치는 벨트에 비해 미끄럼이 적은 기기에 사용한다.

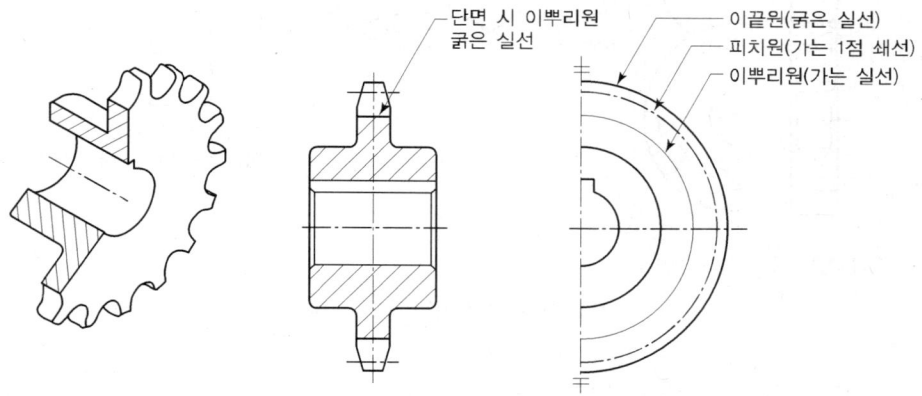

∥ 스프로킷 휠 각부 명칭 ∥

7 기어(Gear)

1. 평행축 기어

두 축이 평행할 때 사용하는 기어

1) 종류
   ① 평치차(Super Gear)
   ② 헬리컬 기어(Healical Gear)
   ③ 내접치차(Internal Gear)
   ④ 랙 기어(Rack Gear)

2) 기어 각부의 명칭

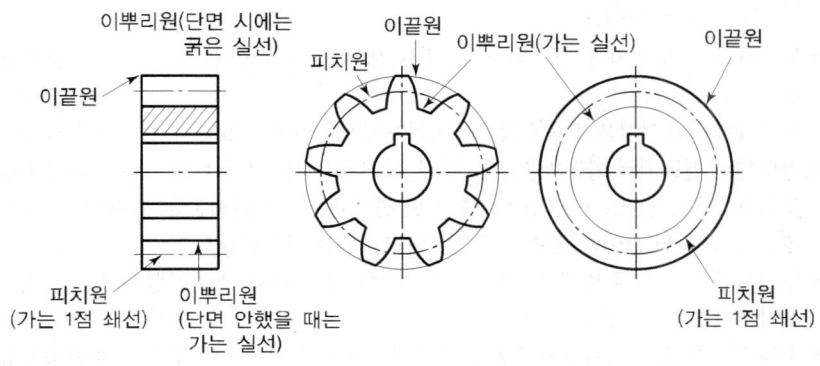

(a) 정면도   (b) 측면도

∥ 평치차 각부 명칭 ∥

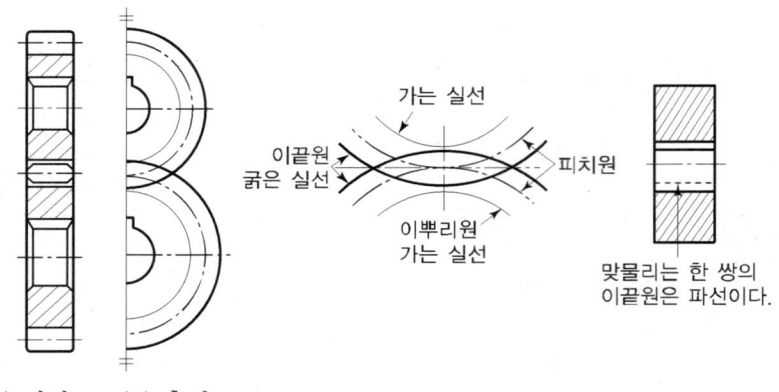

(a) 정면도 (b) 측면도

‖ 결합된 평치차 각 부 명칭 ‖

① 피치원 : 축에 수직인 평면과 피치면이 교차하는 면
② 원주피치 : 피치원 상에서 하나의 치형면에 대응하는 상대 치형 간 원호의 길이
③ 이두께 : 피치원 상의 치형의 폭
④ 이끝원 : 이의 끝을 통과하는 원(기어의 외경)
⑤ 이뿌리원 : 이뿌리를 통과하는 원
⑥ 이끝높이 : 피치원에서 이끝까지의 수직거리
⑦ 이뿌리 높이 : 피치원에서 이뿌리원까지의 수직거리
⑧ 유효높이 : 한 쌍의 기어에서 물리고 있는 이높이 부분의 길이
⑨ 총 이높이 : 이의 전체 높이
⑩ 클리어런스 : 이뿌리원에서 상대기어의 이끝원까지의 거리
⑪ 뒤 틈 : 한 쌍의 기어가 물렸을 때 치형면 간의 간격
⑫ 이 폭 : 이의 축 단면의 길이

참고정리

✔ 기어 제도 시 주의사항
- 요목표에는 기어 치형, 공구의 치형, 모듈, 압력각, 기어 잇수, 피치원 지름 등을 반드시 기입한다.
- 열처리에 관한 사항은 필요에 따라서 요목표의 비고란 또는 도면 속에 적당히 기입한다.
- 기어의 측면도에서 이끝원은 굵은 실선, 피치원은 가는 1점 쇄선, 이뿌리원은 가는 실선으로 그린다. 다만, 정면도를 단면으로 표시할 경우에는 이뿌리원은 굵은 실선으로 그린다. 특히, 베벨기어 및 웜 기어의 측면도에서는 이뿌리원은 생략한다.
- 헬리컬 치차의 잇줄 방향은 3개의 가는 실선으로 그리되, 스파이럴 베벨기어 및 하이포이드 기어에서는 1개의 굵은 실선으로 그린다.
- 맞물리는 한 쌍의 기어에서 측면도의 이끝원은 굵은 실선으로 그리고, 정면도를 단면했을 때는 한 쪽 기어의 이끝원을 파선(숨은선)으로 그린다.

3) 기어의 크기

① 원주피치($C \cdot P$) : $C \cdot P = \dfrac{\pi \times \text{피치원 직경}}{\text{잇수}} = \dfrac{\pi d}{z}$

② 모듈(m) : $m = \dfrac{\text{피치원직경}}{\text{잇수}} = \dfrac{d}{z}$

③ 피치원 직경($D \cdot P$) : $D \cdot P = \dfrac{\text{잇수}}{\text{피치원직경}} = \dfrac{z}{d('')} = \dfrac{25.4z}{d(\text{mm})}$

※ 모듈과 원주피치 및 피치원 직경과의 관계

$m = \dfrac{C \cdot P}{\pi}$, $D \cdot P = \dfrac{25.4}{m}$

4) 치형

치형의 종류에는 인볼류트 치형과 사이크로이드 치형이 있으나 인볼류트 치형을 가장 많이 사용한다.

※ 표준치형의 압력각 : 14.5°, 15°, 20°

5) 평 치차(Super Gear)

평행한 두 축 사이에 회전운동을 전달할 때 사용되며 이끝은 직선이다.

① 외접기어 : 원통의 바깥쪽에 이를 만든 것으로 두 축의 회전방향이 서로 반대이다.
② 내접기어 : 원통의 안쪽에 이를 만든 것으로 두 축의 회전방향이 서로 같다.
③ 래크기어 : 피치원이 무한대로 된 직선형 이의 기어로 회전운동을 직선운동으로 변환시키는 데 사용
④ 피니언 기어 : 한 쌍의 기어에서 잇수가 적은 기어

6) 표준기어

피치원상의 이의 두께가 원주피치의 1/2이 되는 기어

7) 스퍼 기어의 제도

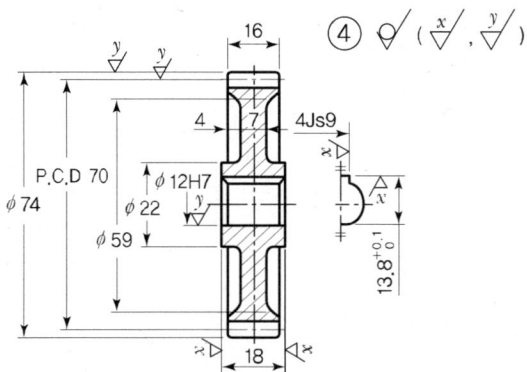

스퍼 기어 요목표	
품번	4
기어치형	표준
치형	보통이
모듈	2
입력각	20°
잇수	35
피치원지름	$\phi 70$
전체 이높이	4.5
다듬질방법	호브절삭
정밀도	KS B 1405.5급

치수 및 요목표 기입 내용
㉠ 기어치형 : 기어의 모양을 기입(표준기어 등)
㉡ 공구 : 치형, 모듈, 압력각을 기입
㉢ 잇수
㉣ 기준피치원 지름
㉤ 이 두께

8) 헬리컬 기어

기어의 이를 나선형으로 만들어 고속 중하중의 전동용으로 큰 감속을 얻을 때 사용한다.

① 치형의 크기
㉠ 축직각 방식 : 축의 직각방향에서 측정한 이의 크기로, 축직각 원주피치와 축직각 모듈로 이의 크기를 표시한다.
㉡ 치직각 방식 : 이의 직각 방향에서 측정한 이의 크기로, 치직각 원주피치와 축직각 모듈로 이의 크기를 표시한다.

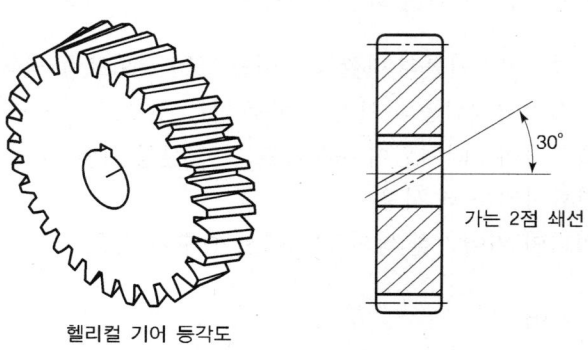

헬리컬 기어 등각도

2. 베벨기어(Bevel Gear)

서로 교차하는 두 축 사이의 동력을 전달하고자 할 때 사용되며 일반적으로 90°가 많이 사용된다.

베벨기어 각부의 명칭
① 피치원 직경, 피치, 이높이 등 이부의 치수는 외단에서 측정한 최대치로 표시한다.
② 피치 원추각 : 피치 원추의 모선과 축이 이루는 각
③ 이끝 원추각 : 이끝 원추의 모선과 축이 이루는 각
④ 이뿌리 원추각 : 이끝 원추의 모선과 축이 이루는 각
⑤ 이끝각 : 이끝 원추의 모선과 피치 원추의 모선이 이루는 각
⑥ 이 뿌리각 : 이뿌리 원추의 모선과 피치 원추의 모선이 이루는 각
⑦ 원추거리 : 피치 원추의 모선을 따라 꼭지각까지의 거리

3. 두 축이 평행하지도 교차하지도 않는 경우의 기어

1) 하이포이드 기어
스파이럴 베벨기어와 유사한 기어로서 자동차에 많이 사용된다.

2) 나사기어
이를 나선형으로 만든 기어

3) 웜(Worm) 기어
나사 형상을 한 기어에 물리는 상대기어 웜 휠(Worm Wheel)의 조합으로 운전이 원활하고 감속비가 커서 감속 장치에 사용된다.

- 웜 기어의 제도
요목표에 치직각식과 축직각식을 구별하여 기입하고 웜 및 웜 휠의 줄 수 및 방향을 기입한다.

8 리벳

1. 리벳의 호칭방법

리벳의 호칭은 |리벳의 종류| |지름| × |길이| |재료| 로 나타낸다.
| 열간 둥근 머리 리벳 25×36 SBV34
   보일러용 둥근 머리 리벳 20×40 SBV 41 B

2. 리벳 이음의 제도

① 리벳을 나타낼 때에는 기호로 표시한다.

▼ 리벳의 기호

구분		둥근 머리 리벳	접시머리 리벳					납작머리 리벳				둥근 접시머리 리벳		
종별		↓	↓	↓	↓	↓	↓	↓	↓	↓	↓	↓	↓	↓
기호 화살표 방향에서 봄	공장 리벳	○	◎	◎	⊘	◎	⊘	⊘	⊘	⊘	⊗	⊚	⊗
	현장 리벳	●	◉	◉	◉	◉	◉	◉	◉	◉	◉	◉	◉

② 같은 피치로 연속되는 같은 크기의 리벳구멍 표시는 구멍 개수, 구멍 크기, 피치, 처음 구멍과 마지막 구멍 사이의 총 길이를 기입한다. 처음 구멍과 마지막 구멍 간의 거리치수는 피치의 수×피치 = 전체 치수로 기입한다.

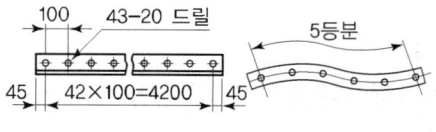

‖ 같은 간격의 구멍 배치 ‖

③ 리벳의 위치만을 표시할 때에는 중심선만을 그으면 된다.

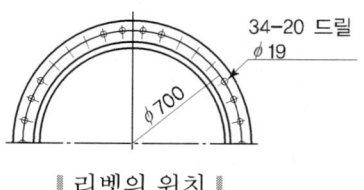

‖ 리벳의 위치 ‖

④ 리벳은 절단하여 표시하지 않는다.

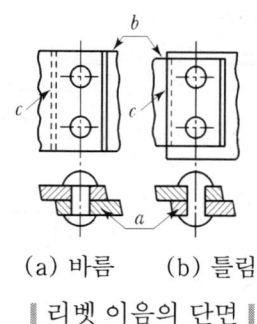

∥리벳 이음의 단면∥

9 용접

1. 용접의 장단점

리벳 이음과 비교했을 때 용접 이음의 장단점은 다음과 같다.

① 설계가 자유롭고, 무게를 가볍게 할 수 있다.
② 작업공정 수를 줄일 수 있다.
③ 작업이 능률적이어서 제작속도가 빠르다.
④ 이음효율이 높다.
⑤ 잔류응력이나 수축 변형을 수반한다.
⑥ 고도의 기술력을 필요로 한다.

2. 용접 기호

1) 모재 이음의 형식에 따른 종류

용접할 재료의 이음 형식에 따라 I형, V형, U형, J형, K형, V형 등과 같은 여러 종류가 있다.

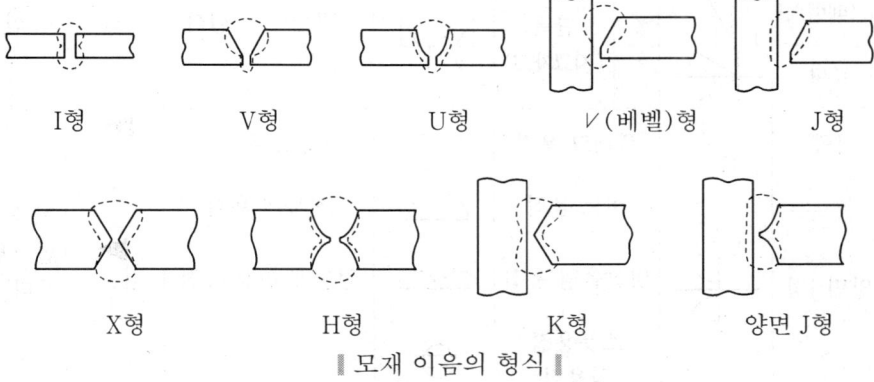

∥모재 이음의 형식∥

▼ 용접기호 및 기입보기(KS B 0052)

용접부		실제 모양	도면표시
I형 홈 용접	루트 간격 2mm		
V형 홈 용접	판의 두께 9mm 홈의 깊이 16mm 홈의 각도 60° 루트 간격 2mm		

X형 홈 용접	홈의 깊이
	   화살 쪽 16mm
	   화살 반대쪽 9mm
	홈의 각도
	   화살 쪽 60°
	   화살 반대쪽 90°
	루트 간격 3mm		

▼ 용접기호 및 보조기호

아크용접과 가스용접					보조기호			
용접의 종류		기호	용접의 종류	기호	구분		기호	비고
버트 용접 및 그루브	I형	||	연속		용접부의 표면모양	평탄	—	기선에 대하여 평행
	V형	V	단속			볼록	⌒	기선의 바깥쪽을 향하여 볼록
	X형	✕	연속 (병렬)			오목	⌣	기선의 바깥쪽을 향하여 오목
	U형	∪	단속 (병렬)		용접부의 다듬질 방법	치핑 연삭 절삭	C G M	다듬질 방법을 특히 구별하지 않을 때는 F로 한다.
	H형							
	V(베벨)형		단속 (지그재그)					
	K형							
	J형		플러그 용접	⊓	현장 용접		▶	전 둘레 용접이 분명할 때는 생략하여도 좋다.
	양면 J형		비드 용접	⌢	전둘레 용접		○	
			덧살올림 용접	⌢⌢	전둘레 현장 용접			
			스폿용접 심용접					

EXERCISES 핵심문제

CHAPTER 05

01 미터나사(Metric Thread)에서 사용하는 나사산의 각도는?
① 30° ② 45°
③ 50° ④ 60°

02 나사의 도시법에 대한 설명 중 틀린 것은?
① 수나사의 바깥지름과 암나사의 안지름은 굵은 실선으로 그린다.
② 불완전 나사부와 완전 나사부의 경계선은 굵은 실선으로 표시한다.
③ 수나사의 골지름과 암나사의 바깥지름은 굵은 실선으로 그린다.
④ 암나사 탭 구멍의 드릴 자리는 120°의 굵은 실선으로 그린다.

03 호칭 치수 3/8인치, 1인치 사이에 24산의 유니파이 가는 나사의 도시법은?
① $\frac{3}{8}$ UNC 24 ② $\frac{3}{8}$ – 24 UNF
③ $\frac{3}{8}$ UNF 24 ④ $\frac{3}{8}$ – 24 UNC

04 다음 나사의 도시법 중 옳은 것은?
① 수나사와 암나사의 골은 굵은 실선으로 그린다.
② 암나사 탭구멍의 드릴 자리는 60°의 굵은 실선으로 그린다.
③ 완전 나사부와 불완전 나사부의 경계선은 굵은 실선으로 그린다.
④ 가려서 보이지 않는 부분의 나사부는 가는 1점 쇄선으로 그린다.

05 호칭지름 40mm, 피치가 6mm인 1줄 미터 사다리꼴 왼나사를 표시하는 방법은?
① Tr40×6L ② Tr40×6P
③ Tr40×6H ④ Tr40×6LH

정답 01 ④ 02 ③ 03 ② 04 ③ 05 ④

06 나사 제도방법에 대한 설명 중 틀린 것은?
  ① 수나사의 바깥 지름은 굵은 실선으로 한다.
  ② 수나사와 암나사의 골은 가는 실선으로 한다.
  ③ 완전 나사부와 불완전 나사부와의 경계를 표시하는 선은 굵은 실선으로 한다.
  ④ 암나사의 안지름은 가는 실선으로 한다.

○ 암나사의 안지름은 굵은 실선으로 한다.

07 나사의 종류를 표시하는 기호이다. ISO 규격의 관용 평행나사를 나타내는 기호는?
  ① M   ② R
  ③ G   ④ E

○ • M : 미터 보통나사
  • R : 관용 테이퍼 수나사

08 용접부의 도시법에 대한 설명 중 틀린 것은?
  ① 설명선은 기선, 화살, 꼬리로 구성되고 기선은 필요 없으면 생략해도 좋다.
  ② 화살표는 필요하다면 기선의 한쪽 끝에 2개 이상을 붙일 수 있다.
  ③ 기선은 보통 수평선으로 하고, 기선의 한쪽 끝에는 화살표를 붙인다.
  ④ 화살표는 기선에 대하여 되도록 60°의 직선으로 한다.

○ 용접부의 설명에 기선은 반드시 포함되어야 한다.

09 롤링 베어링 호칭번호가 60 26 P6일 때 안지름의 값은 몇 mm 인가?
  ① 100   ② 120
  ③ 130   ④ 140

○ 26×5=130

10 베어링 기호 NA4916V에 대한 설명 중 틀린 것은?
  ① NA : 니들 베어링   ② 49 : 치수계열
  ③ 16 : 안지름 번호   ④ V : 접촉각 기호

○ V : 유지기 없음

정답 06 ④ 07 ③ 08 ① 09 ③ 10 ④

11 다음 그림은 구름베어링의 형식기호이다. 어떤 베어링을 나타내는가?

늡

① 니들 롤러 베어링　② 원뿔 롤러 베어링
③ 원통 롤러 베어링　④ 스러스트 롤러 베어링

12 아래 그림에서 앵귤러 볼 베어링을 나타내는 것은?

① 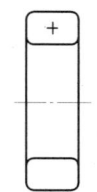　②

③ 　④

13 구름 베어링 제도에서 상세한 간략도시방법 중 그림과 같은 베어링은?

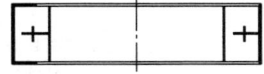

① 단열 롤러 베어링
② 단열 깊은 홈 볼 베어링
③ 스러스트 볼 베어링
④ 단열 원통 롤러 베어링

14 베어링의 호칭이 6026P6이다. P6이 가리키는 것은?

① 등급기호　② 안지름 번호
③ 계열번호　④ 치수계열

○ 베어링 등급
• 보통급 : 무기호
• 상급 : H
• 정밀급 : P
• 초정밀급 : SP

정답　11 ③　12 ④　13 ③　14 ①

15 베어링 호칭기호가 6310ZNR이다. 각부의 뜻을 틀리게 표시한 것은?

① 63 : 베어링 계열 기호
② 10 : 안지름 번호
③ Z : 실드 기호
④ NR : 틈 기호

• Z : 실드기호(한쪽 실드)
• NR : 궤도륜 모양 기호(스냅링붙이)

16 스프링 도시에 대한 설명 중 틀린 것은?

① 스프링은 원칙적으로 무하중 상태에서 도시한다.
② 스프링의 모양이나 종류만 도시하는 경우에는 스프링 재료의 중심선을 굵은 2점 쇄선으로 그린다.
③ 하중과 높이 또는 처짐과의 관계를 표시할 필요가 있는 경우에는 선도 또는 표로 표시한다.
④ 특별한 단서가 없는 한 모두 오른쪽 감기로 도시한다.

스프링의 모양이나 종류만을 도시하는 경우에는 중심선을 굵은 실선으로 그린다.

17 코일 스프링(Coil Spring)을 그리는 방법으로 옳은 것은?

① 원칙적으로 하중이 걸린 상태에서 그린다.
② 특별한 단서가 없는 한 모두 왼쪽 감기로 그린다.
③ 중간 부분을 생략할 때에는 생략한 부분을 가는 실선으로 그린다.
④ 스프링의 종류 및 모양만을 도시하는 경우에는 중심선을 굵은 실선으로 그린다.

코일스프링은 특별한 단서가 없는 한 오른쪽 감기로 그린다.

18 스프링의 제도방법으로 틀린 것은?

① 코일스프링은 하중이 가해지지 않은 상태에서 그리는 것을 원칙으로 한다.
② 겹판스프링의 모양만을 도시할 때에는 스프링의 외형을 가는 1점 쇄선으로 그린다.
③ 도면에서 지시가 없는 코일스프링은 모두 오른쪽으로 감은 것을 나타낸다.
④ 코일 스프링의 간략도는 스프링 재료의 중심선을 굵은 실선으로 그린다.

겹판스프링은 상용하중 시 스프링의 외형을 실선으로 나타내며, 무하중상태의 모양은 2점 쇄선으로 나타낸다.

정답 15 ④ 16 ② 17 ④ 18 ②

19 코일 스프링의 도시방법으로 적합한 것은?
① 모양만을 도시할 때는 스프링의 외형을 가는 파선으로 그린다.
② 특별한 단서가 없는 한 모두 왼쪽 감기로 도시한다.
③ 중간 부분을 생략할 때는 생략한 부분을 가는 1점 쇄선 또는 가는 2점 쇄선으로 도시한다.
④ 원칙적으로 하중이 걸린 상태에서 도시한다.

20 스프로킷 제도 시 바깥지름은 어떤 선으로 도시하는가?
① 굵은 실선
② 가는 실선
③ 굵은 파선
④ 가는 1점 쇄선

21 축방향에서 본 기어의 도시에서 원칙적으로 이뿌리원을 생략하여 그리는 기어는?
① 스퍼기어
② 헬리컬기어
③ 베벨기어
④ 나사기어

22 기어를 그릴 때 사용되는 선의 설명으로 틀린 것은?
① 잇봉우리원(이끝원)은 굵은 실선으로 그린다.
② 피치원은 가는 1점 쇄선으로 그린다.
③ 이골원(이뿌리원)은 가는 실선으로 그린다.
④ 잇줄 방향은 통상 3개의 굵은 실선으로 그린다.

▶ 헬리컬 치차의 잇줄 방향은 3개의 가는 실선으로 나타낸다.

23 모듈 6, 잇수 $Z_1 = 45$, $Z_2 = 85$, 압력각 14.5°의 한 쌍의 표준기어를 그리려고 할 때, 기어의 바깥지름 D_1, D_2를 얼마로 그리면 되는가?
① 282mm, 522mm
② 270mm, 510mm
③ 382mm, 622mm
④ 280mm, 610mm

▶ $D_1 = mZ_1 = 6 \times 45 = 270$
$D_2 = mZ_2 = 6 \times 85 = 510$
$D_{k1} = m(Z+2) = 6(45+2) = 282$
$D_{k2} = m(Z+2) = 6(85+2) = 522$

24 축 방향으로 본 단면으로 도시할 때 기어의 이뿌리원을 그리는데 사용되는 선의 종류는?
① 가는 1점 쇄선
② 가는 파선
③ 가는 실선
④ 굵은 실선

▶ 우측면도의 이뿌리원은 가는 실선으로 그린다.

정답 19 ③ 20 ① 21 ③ 22 ④ 23 ① 24 ③

PART 6
기출유사문제

용접기능사 2013년 1회 시행
용접기능사 2013년 2회 시행
용접기능사 2013년 5회 시행
용접기능사 2014년 1회 시행
용접기능사 2014년 2회 시행
용접기능사 2014년 4회 시행
용접기능사 2016년 1회 시행
용접기능사 2016년 2회 시행
용접기능사 2016년 3회 시행

특수용접기능사 2013년 5회 시행
특수용접기능사 2014년 1회 시행
특수용접기능사 2014년 2회 시행
특수용접기능사 2016년 1회 시행
특수용접기능사 2016년 2회 시행
특수용접기능사 2016년 3회 시행

2013년 1회 시행

용접기능사

01 가스용접 시 안전사항으로 적당하지 않은 것은?
① 산소병은 60℃ 이하 온도에서 보관하고, 직사광선을 피하여 보관한다.
② 호스는 길지 않게 하며, 용접이 끝났을 때는 용기 밸브를 잠근다.
③ 작업자 눈을 보호하기 위해 적당한 차광유리를 사용한다.
④ 호스 접속구는 호스 밴드로 조이고 비눗물 등으로 누설 여부를 검사한다.

해설
산소병은 40℃ 이하의 온도에서 저장하여야 한다.

02 맞대기 용접이음에서 모재의 인장강도는 450MPa이며, 용접 시험편의 인장강도가 470MPa일 때 이음효율은 약 몇 %인가?
① 104   ② 96
③ 60   ④ 69

해설
이음효율 = $\dfrac{\text{시험편인장강도}}{\text{모재인장강도}} = \dfrac{470}{450} \times 100 = 104\%$

03 서브머지드 아크용접의 용융형 용제에서 입도에 대한 설명으로 틀린 것은?
① 용제의 입도는 발생 가스의 방출상태에는 영향을 미치나, 용제의 용융성과 비드형상에는 영향을 미치지 않는다.
② 가는 입자일수록 높은 전류를 사용해야 한다.
③ 거친 입자의 용제에 높은 전류를 사용하면 비드가 거칠어 기공, 언더컷 등이 발생한다.
④ 가는 입자의 용제를 사용하면 비드 폭이 넓어지고, 용입이 얕아진다.

해설
서브머지드 아크용접에서 용접의 입도는 용융성과 용입깊이, 비드형상에 영향이 크다.

04 플라즈마 아크용접에 관한 설명 중 틀린 것은?
① 전류 밀도가 크고 용접속도가 빠르다.
② 기계적 성질이 좋으며 변형이 적다.
③ 설비비가 적게 든다.
④ 1층으로 용접할 수 있으므로 능률적이다.

해설
플라즈마 아크용접은 설비비가 고가이다.

05 서브머지드 아크용접의 용제 중 흡습성이 높아 보통 사용 전에 150~300℃에서 1시간 정도 재건조해서 사용하는 것은?
① 용제형   ② 혼성형
③ 용융형   ④ 소결형

정답 01 ① 02 ① 03 ① 04 ③ 05 ④

06 CO_2 가스 아크용접에서 용제가 들어있는 와이어 CO_2 법의 종류에 속하지 않는 것은?

① 솔리드 아크법　② 유니언 아크법
③ 퓨즈 아크법　　④ 아코스 아크법

07 가스 절단에 따른 변형을 최소화할 수 있는 방법이 아닌 것은?

① 적당한 지그를 사용하여 절단재의 이동을 구속한다.
② 절단에 의하여 변형되기 쉬운 부분을 최후까지 남겨놓고 냉각하면서 절단한다.
③ 여러 개의 토치를 이용하여 평행 절단한다.
④ 가스 절단 직후 절단물 전체를 650℃로 가열한 후 즉시 수랭한다.

[해설]
가스절단에서 절단 후 가열수랭은 변형하면 더욱 커진다.

08 MIG 용접에 사용되는 보호가스로 적합하지 않은 것은?

① 순수 아르곤 가스
② 아르곤 – 산소 가스
③ 아르곤 – 헬륨 가스
④ 아르곤 – 수소 가스

[해설]
수소는 가연성 가스이다.

09 아크용접작업에 의한 재해에 해당되지 않은 것은?

① 감전　　　② 화상
③ 전광성 안염　④ 전도

[해설]
전도는 고체와 고체 사이의 열 이동 현상이다.

10 다음 중 응력제거 방법에 있어 노 내 풀림법에 대한 설명으로 틀린 것은?

① 일반 구조물 압연강재의 노 내 및 국부 풀림의 유지 온도는 725±50℃이며, 유지시간은 판 두께 25mm에 대하여 5시간 정도이다.
② 잔류응력의 제거는 어떤 한계 내에서 유지온도가 높을수록 또 유지시간이 길수록 효과가 크다.
③ 보통 연강에 대하여 제품을 노 내에서 출입시키는 온도는 300℃를 넘어서는 안 된다.
④ 응력제거 열처리법 중에서 가장 잘 이용되고 또 효과가 큰 것은 제품 전체를 가열로 안에 넣고 적당한 온도에서 얼마 동안 유지한 다음 노 내에서 서냉하는 것이다.

[해설]
일반구조용 압연강재, 탄소강 : 625±25℃에서 1시간 풀림 후 10℃ 냉각에 20분 정도 냉각

11 금속 아크용접 시 지켜야 할 유의사항 중 적당하지 않은 것은?

① 작업시 전류는 적절하게 조절하고 정리정돈을 잘하도록 한다.
② 작업을 시작하기 전에는 메인 스위치를 작동시킨 후에 용접기 스위치를 작동시킨다.
③ 작업이 끝나면 항상 메인 스위치를 먼저 끈 후에 용접기 스위치를 꺼야 한다.
④ 아크 발생 시에는 항상 안전에 신경을 쓰도록 한다.

[해설]
작업이 끝나면 용접기 스위치를 끄며 전체 작업 종료 시 메인 스위치를 끈다.

정답 06 ① 07 ④ 08 ④ 09 ④ 10 ① 11 ③

12 가연물 중에서 착화온도가 가장 높은 것은?
① 수소(H_2)
② 일산화탄소(CO)
③ 아세틸렌(C_2H_2)
④ 휘발유(Gasoline)

해설
착화온도는 발화점이며 수소 580~590, 일산화탄소 637~658, 아세틸렌 400~440, 휘발유 210~400이다.

13 일반적으로 MIG 용접의 전류 밀도는 아크용접의 몇 배 정도 되는가?
① 2~4배　② 4~6배
③ 6~8배　④ 8~11배

14 미세한 알루미늄 분말과 산화철 분말을 혼합하여 과산화바륨과 알루미늄 등 혼합분말로 된 점화제를 넣고 연소시켜 그 반응열로 용접하는 것은?
① 테르밋 용접
② 전자 빔 용접
③ 불활성가스 아크용접
④ 원자 수소 용접

15 피복 아크용접에서 용접봉을 선택할 때 고려할 사항이 아닌 것은?
① 모재와 용접부의 기계적 성질
② 모재와 용접부의 물리적·화학적 성질
③ 경제성 고려
④ 용접기의 종류와 예열방법

16 용접부의 방사선 검사에서 γ선원으로 사용되지 않는 원소는?
① 이리듐 192　② 코발트 60
③ 세슘 134　④ 몰리브덴 30

해설
γ-선 투과시험에 사용하는 선원에는 이리듐(Ir), 코발트(Co), 세슘(Cs), 툴륨(Tm) 등이 있다.

17 다음 그림은 탄산가스 아크용접(CO_2 Gas Arc Welding)에서 용접토치의 팁과 모재 부분을 나타낸 것이다. d 부분의 명칭을 올바르게 설명한 것은?

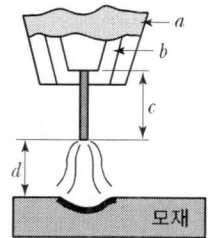

① 팁과 모재 간 거리
② 가스 노즐과 팁 간 거리
③ 와이어 돌출길이
④ 아크 길이

18 모재의 홈 가공을 U형으로 했을 경우 앤드 탭(End-Tap)은 어떤 조건으로 하는 것이 가장 좋은가?
① I형 홈가공으로 한다.
② X형 홈가공으로 한다.
③ U형 홈가공으로 한다.
④ 홈가공이 필요 없다.

해설
홈가공과 같은 형으로 한다.

19 겹치기 저항 용접에 있어서 접합부에 나타나는 용융 응고된 금속 부분은?
① 마크(Mark)　② 스포트(Spot)
③ 포인트(Point)　④ 너깃(Nugget)

20 납땜법에 관한 설명으로 틀린 것은?
① 비철 금속의 접합도 가능하다.
② 재료의 수축 현상이 없다.
③ 땜납에는 연납과 경납이 없다.
④ 모재를 녹여서 용접한다.

해설
납땜(납접)은 모재는 녹이지 않고 용가제만 녹여서 접합시키는 방법이다.

21 초음파 탐상법에 속하지 않는 것은?
① 펄스 반사법 ② 투과법
③ 공진법 ④ 관통법

22 용접균열을 방지하기 위한 일반적인 사항으로 맞지 않는 것은?
① 좋은 강재를 사용한다.
② 응력집중을 피한다.
③ 용접부에 노치를 만든다.
④ 용접 시공을 잘한다.

해설
용접부에 노치를 만들면 응력집중이 발생하기 쉽다.

23 용접 입열과 관련된 설명으로 옳은 것은?
① 아크 전류가 커지면 용접 입열은 감소한다.
② 용접 입열이 커지면 모재가 녹지 않아 용접이 되지 않는다.
③ 용접 모재에 흡수되는 열량은 입열의 10% 정도이다.
④ 용접 속도가 빠르면 용접 입열은 감소한다.

해설
발생열량= I^2Rt

아크전류가 커지면 용접입열이 증가하며 용접 속도가 빠르면 입열시간이 감소한다.

24 용접에 사용되는 가연성 가스인 수소의 폭발 범위는?
① 4~5% ② 4~15%
③ 4~35% ④ 4~75%

25 산소병의 내용적이 40.7리터인 용기에 압력이 100kg/cm²로 충전되어 있다면 프랑스식 팁 100번을 사용하여 표준 불꽃으로 약 몇 시간까지 용접이 가능한가?
① 16시간 ② 22시간
③ 31시간 ④ 41시간

해설
$$\frac{100 \times 40.7}{100} = 40.7시간$$

26 가스 절단에서 전후, 좌우 및 직선 절단을 자유롭게 할 수 있는 팁은?
① 이심형 ② 동심형
③ 곡선형 ④ 회전형

해설
가스절단에서 동심형은 프랑스식이며 이심형은 독일식이다.

27 피복 아크용접봉의 피복제에 들어가는 탈산제에 모두 해당되는 것은?
① 페로실리콘, 산화니켈, 소맥분
② 페로티탄, 크롬, 규사
③ 페로실리콘, 소맥분, 목재 톱밥
④ 알루미늄, 구리, 물유리

정답 20 ④ 21 ④ 22 ③ 23 ④ 24 ④ 25 ④ 26 ② 27 ③

28 다음 중 고압가스 용기의 색상이 틀린 것은?

① 산소 – 청색   ② 수소 – 주황색
③ 아르곤 – 회색 ④ 아세틸렌 – 황색

해설
㉠ 산소 : 녹색
㉡ 탄산가스 : 청색

29 주철 용접이 곤란하고 어려운 이유가 아닌 것은?

① 예열과 후열을 필요로 한다.
② 용접 후 급랭에 의한 수축, 균열이 생기기 쉽다.
③ 단시간 가열로 흑연이 조대화되어 용착이 양호하다.
④ 일산화탄소 가스 발생으로 용착금속에 기공이 생기기 쉽다.

해설
주철은 탄소함유량이 많아 용착이 불량하다.

30 가동철심형 교류 아크용접기에 관한 설명으로 틀린 것은?

① 교류 아크용접기의 종류에서 현재 가장 많이 사용하고 있다.
② 용접작업 중 가동철심의 진동으로 소음이 발생할 수 있다.
③ 가동철심을 움직여 누설 자속을 변동시켜 전류를 조절한다.
④ 광범위한 전류 조절은 쉬우나 미세한 전류 조정은 불가능하다.

해설
가동철심형은 미세한 전류조정이 가능하다.

31 가스용접작업에서 보통 작업을 할 때 압력 조정기의 산소압력은 몇 kg/cm² 이하이어야 하는가?

① 6~7   ② 3~4
③ 1~2   ④ 0.1~0.3

해설
산소압력조정기의 사용압력은 3~4기압 이하로 하고, 아세틸렌압력조정기는 사용압력을 0.1~0.3 기압 정도로 하며 접속나사는 왼나사이다.

32 연강판의 두께가 4.4mm인 모재를 가스용접할 때 가장 적합한 가스용접봉의 지름은 몇 mm인가?

① 1.0   ② 1.5
③ 2.0   ④ 3.2

해설
$D = \dfrac{T}{2} + 1 = \dfrac{4.4}{2} + 1 = 3.2$

33 용접 중 전류를 측정할 때 훅메타(클램프메타)의 측정 위치로 적합한 것은?

① 1차측 접지선
② 피복 아크용접봉
③ 1차측 케이블
④ 2차측 케이블

34 가스용접에서 전진법과 후진법을 비교하여 설명한 것으로 맞는 것은?

① 용착금속의 냉각속도는 후진법이 서냉된다.
② 용접 변형은 후진법이 크다.
③ 산화의 정도가 심한 것은 후진법이다.
④ 용접속도는 후진법보다 전진법이 더 빠르다.

정답 28 ① 29 ③ 30 ④ 31 ② 32 ④ 33 ③ 34 ①

35 피복 아크용접봉의 피복제가 연소 후 생성된 물질이 용접부를 어떻게 보호하는가에 따라 분류한 것이 아닌 것은?

① 가스 발생식
② 슬래그 생성식
③ 구조물 발생식
④ 반가스 발생식

36 다음 자기 불림(Magnetic Blow)은 어느 용접에서 생기는가?

① 가스용접
② 교류아크용접
③ 일렉트로 슬래그 용접
④ 직류아크용접

해설
자기불림은 아크쏠림이라고 하며 직류아크용접에서 발생한다.

37 아크 에어 가우징에 사용되는 압축공기에 대한 설명으로 올바른 것은?

① 압축공기의 압력은 2~3kgf/cm² 정도가 좋다.
② 압축공기의 분사는 항상 봉의 바로 앞에서 이루어져야 효과적이다.
③ 약간의 압력 변동에도 작업에 영향을 미치므로 주의한다.
④ 압축 공기가 없을 경우 긴급 시에는 용기에 압축된 질소나 아르곤 가스를 사용한다.

38 다음 용접자세에 사용되는 기호 중 틀리게 나타낸 것은?

① F : 아래보기 자세
② V : 수직 자세
③ H : 수평 자세
④ O : 전 자세

해설
OH : 위보기자세
AP : 전자세

39 텅스텐 전극과 모재 사이에 아크를 발생시켜 알루미늄, 마그네슘, 구리 및 구리합금, 스테인리스강 등의 절단에 사용되는 것은?

① TIG 절단
② MIG 절단
③ 탄소 절단
④ 산소 아크 절단

40 철강의 종류는 Fe－C 상태도의 무엇을 기준으로 하는가?

① 질소 함유량
② 탄소 함유량
③ 규소 함유량
④ 크롬 함유량

41 다음 중 알루미늄 합금이 아닌 것은?

① 라우탈(Lautal)
② 실루민(Silumin)
③ 두랄루민(Duralumin)
④ 켈밋(Kelmet)

해설
켈밋은 고속 고하중용 베어링 재료로 Cu+Pb의 합금이다.

42 질화처리의 특징에 관한 설명으로 틀린 것은?

① 침탄에 비해 높은 표면 경도를 얻을 수 있다.
② 고온에서 처리되어 변형이 크고 처리시간이 짧다.
③ 내마모성이 커진다.
④ 내식성이 우수하고 피로 한도가 향상된다.

해설
질화처리 후에는 변형이 작고 고온에도 경도 저하가 발생하지 않는다.

43 주철의 성장 원인이 아닌 것은?

① Fe3C 흑연화에 의한 팽창
② 불균일한 가열로 생기는 균열에 의한 팽창
③ 흡수되는 가스의 팽창으로 인해 항복되어 생기는 팽창
④ 고용된 원소인 Mn의 산화에 의한 팽창

44 Cr-Ni계 스테인리스강의 결함인 입계부식의 방지책 중 틀린 것은?

① 탄소량이 적은 강을 사용한다.
② 300℃ 이하에서 가공한다.
③ Ti을 소량 첨가한다.
④ Nb를 소량 첨가한다.

45 구리의 물리적 성질에서 용융점은 약 몇 ℃ 정도인가?

① 660℃   ② 1083℃
③ 1528℃ ④ 3410℃

46 강을 동일한 조건에서 담금질할 경우 "질량효과(Mass Effect)가 적다."의 가장 적합한 의미는?

① 냉간처리가 잘된다.
② 담금질 효과가 적다.
③ 열처리 효과가 잘된다.
④ 경화능이 적다.

해설
질량효과란 가열 후 담금질했을 때 열처리되는 깊이로 표시하며 질량효과가 크면 열처리 효과가 작다는 것이다.

47 알루미늄 합금, 구리 합금 용접에서 예열 온도로 가장 적합한 것은?

① 200~400℃
② 100~200℃
③ 60~100℃
④ 20~50℃

48 탄소강의 적열취성의 원인이 되는 원소는?

① S   ② CO_2
③ Si   ④ Mn

해설
적열취성의 원인이 되는 원소는 황(S)과 구리(Cu)이다.

49 주석(Sn)에 대한 설명 중 틀린 것은?

① 은백색의 연한 금속으로 용융점은 232℃ 정도이다.
② 독성이 없으므로 의약품, 식품 등의 튜브로 사용된다.
③ 고온에서 강도, 경도, 연신율이 증가된다.
④ 상온에서 연성이 충분하다.

해설
일반적으로 금속은 고온에서 강도, 경도는 감소되며 연신율이 증가한다.

정답 42 ② 43 ④ 44 ② 45 ② 46 ③ 47 ① 48 ① 49 ③

50 구조물 탄소강 주물의 기호 중 연신율(%)이 가장 큰 것은?

① SC 360
② SC 410
③ SCW 450
④ SC 480

해설
SC 360에서 SC은 탄소강 주조강이며 360은 최저 인장강도 360 N/mm²으로 최저 인장강도가 작을수록 일반적으로 연신율이 크다.

51 다음 재료 기호 중 용접 구조용 압연 강재에 속하는 것은?

① SPPS 380
② SPCC
③ SCW 450
④ SM 400C

52 그림은 제3각법으로 정투상한 정면도와 우측면도이다. 평면도로 가장 적합한 투상도는?

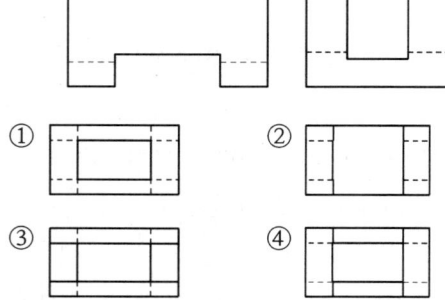

53 나사의 표시가 'M42×3 – 6H'로 되어 있을 때 이 나사에 대한 설명으로 틀린 것은?

① 암나사 등급은 6H이다.
② 호칭지름(바깥지름)은 42mm이다.
③ 피치는 3mm이다.
④ 왼 나사이다.

해설
M : 미터 가는 나사
42 : 호칭지름(바깥지름)
3 : 피치
6H : 암나사 등급
표시가 없을 시 오른나사

54 그림과 같이 구조물의 부재 등에서 절단할 곳의 전후를 끊어서 90° 회전하여 그 사이에 단면 형상을 표시하는 단면도는?

① 부분 단면도
② 한쪽 단면도
③ 회전 도시 단면도
④ 조합 단면도

55 관 끝의 표시방법 중 용접식 캡을 나타낸 것은?

①    ②

③    ④

정답 50 ① 51 ④ 52 ③ 53 ④ 54 ③ 55 ④

56 호의 길이 치수를 가장 적합하게 나타낸 것은?

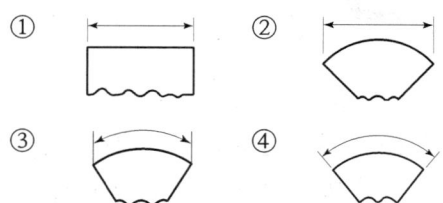

해설
② 현의 치수

57 도면에서 2종류 이상의 선이 같은 장소에서 중복될 경우 선의 우선순위를 옳게 나열한 것은?

① 외형선>숨은선>절단선>중심선>치수 보조선
② 외형선>중심선>절단선>치수 보조선>숨은선
③ 외형선>절단선>치수 보조선>중심선>숨은선
④ 외형선>치수 보조선>절단선>숨은선>중심선

58 기계제도에서 도형의 생략에 관한 설명으로 틀린 것은?

① 도형이 대칭 형식인 경우에는 대칭 중심선의 한쪽 도형만을 그리고 그 대칭 중심선의 양 끝 부분에 대칭 그림 기호를 그려서 대칭을 나타낸다.
② 대칭 중심선의 한쪽 도형을 대칭 중심선을 조금 넘는 부분까지 그려서 나타낼 수도 있으며, 이때 중심선 양 끝에 대칭 그림 기호를 반드시 나타내야 한다.
③ 같은 종류, 같은 모양의 것이 다수 줄지어 있는 경우에는 실형 대신 그림 기호를 피치선과 중심선과의 교점에 기입하여 나타낼 수 있다.
④ 축, 막대, 관과 같은 동일 단면형의 부분은 지면을 생략하기 위하여 중간 부분을 파단선으로 잘라내서 그 긴요한 부분만을 가까이 하여 도시할 수 있다.

해설
도형보다 대칭중심선이 길어야 한다.

59 그림과 같은 제3각법 정투상도에서 누락된 우측면도를 가장 적합하게 투상한 것은?

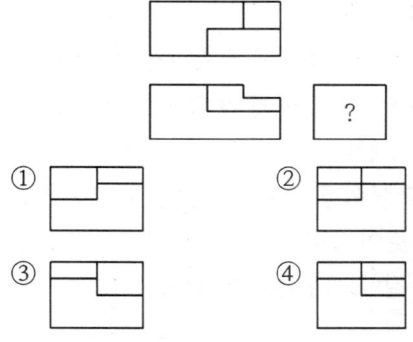

60 다음 중 필릿 용접의 기호로 옳은 것은?

① ⊓ ② ⌒
③ ◺ ④ ○

해설
① 플러그 용접
④ 점용접

정답 56 ③ 57 ① 58 ② 59 ① 60 ③

2013년 2회 시행

01 구조물의 본 용접 작업에 대하여 설명한 것 중 맞지 않는 것은?
① 위빙 폭은 심선 지름의 2~3배 정도가 적당하다.
② 용접 시단부의 기공 발생 방지대책으로 핫 스타트(Hot Start) 장치를 설치한다.
③ 용접작업 종단에 수축공을 방지하기 위하여 아크를 빨리 끊어 크레이터를 남게 한다.
④ 구조물의 끝 부분이나 모서리, 구석부분과 같이 응력이 집중되는 곳에서 용접봉을 갈아 끼우는 것을 피하여야 한다.

[해설]
크레이터는 용접결함이다.

02 대전류, 고속도 용접을 실시하므로 이음부의 청정(수분, 녹, 스케일 제거 등)에 특히 유의하여야 하는 용접은?
① 수동 피복 아크용접
② 반자동 이산화탄소 아크용접
③ 서브머지드 아크용접
④ 가스용접

[해설]
대전류 고속도 용접이 가능한 용접은 서브머지드 아크용접 즉, 잠호용접이다.

03 CO_2 가스 아크용접 시 작업장의 CO_2 가스가 몇 % 이상이면 인체에 위험한 상태가 되는가?
① 1% ② 4%
③ 10% ④ 15%

04 안전을 위하여 가죽장갑을 사용할 수 있는 작업은?
① 드릴링 작업 ② 선반 작업
③ 용접 작업   ④ 밀링 작업

05 CO_2 가스 아크용접을 보호가스와 용극가스에 의해 분류했을 때 용극식의 솔리드 와이어 혼합가스법에 속하는 것은?
① CO_2+C법
② CO_2+CO+Ar법
③ CO_2+CO+O_2법
④ CO_2+Ar법

[해설]
CO_2 용접에서 혼합가스법은 CO_2+O_2, CO_2+Ar, CO_2+Ar+O_2이다.

06 다음 중 연소를 가장 바르게 설명한 것은?
① 물질이 열을 내며 탄화한다.
② 물질이 탄산가스와 반응한다.
③ 물질이 산소와 반응하여 환원한다.
④ 물질이 산소와 반응하여 열과 빛을 발생한다.

정답 01 ③ 02 ③ 03 ④ 04 ③ 05 ④ 06 ④

07 그림과 같이 길이가 긴 T형 필릿 용접을 할 경우에 일어나는 용접변형의 영향은?

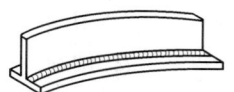

① 회전변형 ② 세로굽힘변형
③ 좌굴변형 ④ 가로굽힘변형

08 플라즈마 아크용접장치에서 아크 플라즈마의 냉각가스로 쓰이는 것은?
① 아르곤과 수소의 혼합가스
② 아르곤과 산소의 혼합가스
③ 아르곤과 메탄의 혼합가스
④ 아르곤과 프로판의 혼합가스

해설
플라즈마 아크용접의 보호가스는 수소(H_2) 아르곤(Ar) 헬륨(He) 가스이다.

09 용접부의 외관검사 시 관찰사항이 아닌 것은?
① 용입   ② 오버랩
③ 언더컷   ④ 경도

해설
외관검사는 주로 눈으로 검사하는 방법이다.

10 용접균열의 분류에서 발생하는 위치에 따라서 분류한 것은?
① 용착금속 균열과 용접 열영향부 균열
② 고온 균열과 저온 균열
③ 매크로 균열과 마이크로 균열
④ 입계 균열과 입안 균열

11 불활성가스 텅스텐 아크용접에서 고주파 전류를 사용할 때의 이점이 아닌 것은?
① 전극을 모재에 접촉시키지 않아도 아크 발생이 용이하다.
② 전극을 모재에 접촉시키지 않으므로 아크가 불안정하여 아크가 끊어지기 쉽다.
③ 전극을 모재에 접촉시키지 않으므로 전극의 수명이 길다.
④ 일정한 지름의 전극에 대하여 광범위한 전류의 사용이 가능하다.

해설
불활성가스 텅스텐 용접은 직류정극성과 직류역극성 및 고주파 교류가 있으며 고주파 교류방법은 아크가 안정되며 경금속(Al, Mg 등) 용접에 적합하다.

12 용접부 시험 중 비파괴 시험방법이 아닌 것은?
① 초음파 시험 ② 크리프 시험
③ 침투 시험   ④ 맴돌이 전류 시험

해설
크리프 시험의 인자는 고온, 장시간, 하중으로 파괴 시험방법이다.

13 MIG용접에서 와이어 송급방식이 아닌 것은?
① 푸시 방식   ② 풀 방식
③ 푸시 풀 방식 ④ 포터블 방식

정답 07 ② 08 ① 09 ④ 10 ① 11 ② 12 ② 13 ④

14 다음 중 오스테나이트계 스테인리스강을 용접할 때 냉각하면서 고온균열이 발생할 수 있는 경우는?

① 아크길이가 너무 짧을 때
② 크레이터 처리를 하지 않았을 때
③ 모재 표면이 청정했을 때
④ 구속력이 없는 상태에서 용접할 때

15 다음 용착법 중에서 비석법을 나타낸 것은?

① 5̲ 4̲ 3̲ 2̲ 1̲
② 2̲ 3̲ 4̲ 1̲ 5̲
③ 1̲ 4̲ 2̲ 5̲ 3̲
④ 3̲ 4̲ 5̲ 1̲ 2̲

해설
비석법은 용착법의 방법으로 용접이음 길이에 걸쳐서 띄엄띄엄 용접하는 방법이다.

16 알루미늄을 TIG 용접법으로 접합하고자 할 경우 필요한 전원과 극성으로 가장 적합한 것은?

① 직류 정극성
② 직류 역극성
③ 교류 저주파
④ 교류 고주파

17 연납땜에 가장 많이 사용되는 용가재는?

① 주석 납
② 인동 납
③ 양은 납
④ 황동 납

해설
연납의 용가제는 450℃ 이하에서 녹는 금속이다.

18 충전가스 용기 중 암모니아 가스 용기의 도색은?

① 회색
② 청색
③ 녹색
④ 백색

해설
암모니아 가스 용기의 도색은 백색이며 명칭은 흑색으로 표시한다.

19 다음 그림에서 루트 간격을 표시하는 것은?

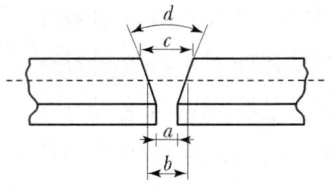

① a
② b
③ c
④ d

해설
a : 루트간격 d : 홈각도

20 일렉트로 가스 아크용접에 주로 사용하는 실드 가스는?

① 아르곤 가스
② CO_2 가스
③ 프로판 가스
④ 헬륨 가스

21 이음형상에 따라 저항용접을 분류할 때 맞대기 용접에 속하는 것은?

① 업셋 용접
② 스폿 용접
③ 심 용접
④ 프로젝션 용접

해설
전기저항용접에서 스폿, 심, 프로젝션 용접은 겹치기 용접이다.

정답 14 ② 15 ③ 16 ④ 17 ① 18 ④ 19 ① 20 ② 21 ①

22 용접기의 보수 및 점검사항 중 잘못 설명한 것은?

① 습기나 먼지가 많은 장소는 용접기 설치를 피한다.
② 용접기 케이스와 2차측 단자의 두 쪽 모두 접지를 피한다.
③ 가동부분 및 냉각판을 점검하고 주유를 한다.
④ 용접케이블의 파손된 부분은 절연 테이프로 감아준다.

해설
케이스를 접지하여야 한다.

23 교류아크용접기의 종류에 속하지 않는 것은?

① 가동 코일형 ② 가동 철심형
③ 전동기 구동형 ④ 탭 전환형

24 용접봉에서 모재로 용융금속이 옮겨가는 용적 이행 상태가 아닌 것은?

① 단락형   ② 스프레이형
③ 탭 전환형 ④ 글로불러형

해설
용적 이행 종류
㉠ 단락 이행(Short Circuit Transfer) : 용적이 용융지에 접촉되어 단락되고, 표면 장력의 작용으로 모재에 옮겨가서 용착되는 현상
㉡ 분무 이행(Spray Transfer) : 피복제의 일부가 가스화하여 가스를 뿜어내면서 미세한 용적이 모재에 옮겨가서 용착되는 현상
㉢ 입상 이행(Globular Transfer) : 비교적 큰 용적이 단락되지 않고 모재에 옮겨가는 현상으로 일명 핀치 효과형이라 한다.

25 교류와 직류 아크용접기를 비교할 때 직류 아크용접기의 특징이 아닌 것은?

① 구조가 복잡하다.
② 아크의 안정성이 우수하다.
③ 비피복 용접봉 사용이 가능하다.
④ 역률이 불량하다.

26 가스용접에서 탄화불꽃의 설명과 관련이 가장 적은 것은?

① 속불꽃과 겉불꽃 사이에 밝은 백색의 제 3불꽃이 있다.
② 산화작용이 일어나지 않는다.
③ 아세틸렌 과잉불꽃이다.
④ 표준불꽃이다.

해설
탄화불꽃은 아세틸렌 과잉염이다.

27 전기용접봉 E4301은 어느 계인가?

① 저수소계
② 고산화티탄계
③ 일미나이트계
④ 라임티타니아계

28 가스절단작업 시의 표준 드래그 길이는 일반적으로 모재 두께의 몇 % 정도인가?

① 5   ② 10
③ 20   ④ 30

해설
드래그(%) = $\dfrac{\text{드래그 길이}}{\text{판두께}} \times 100$
일반적으로 20% 정도이다.

정답 22 ② 23 ③ 24 ③ 25 ④ 26 ④ 27 ③ 28 ③

29 산소용기의 표시로 용기 윗부분에 각인이 찍혀 있다. 잘못 표시된 것은?

① 용기제작사 명칭 및 기호
② 충전가스 명칭
③ 용기 중량
④ 최저 충전압력

해설
각인기호
□□ : 용기 제조자의 명칭
02 : 충전가스 명칭
10.8.2000 : 내압시험 연월일(월. 일. 년)
ABC 1234 : 제조자의 용기번호 및 제조번호
T.P 250 : 내압시험압력(kgf/cm²)
V 40.6 : 내용적(l)
F.P 150 : 최고 충전압력(kgf/cm²)
W 65.4 : 용기중량(kgf)

30 피복 아크용접기의 아크 발생 시간과 휴식시간 전체가 10분이고 아크 발생 시간이 3분일 때 이 용접기의 사용률(%)은?

① 10% ② 20%
③ 30% ④ 40%

해설
사용률 = $\dfrac{아크발생시간}{용접\ 전체\ 소요시간} = \dfrac{3}{10} \times 100 = 30\%$

31 다음 절단법 중에서 두꺼운 판, 주강의 슬래그 덩어리, 암석의 천공 등의 절단에 이용되는 절단법은?

① 산소창 절단 ② 수중 절단
③ 분말 절단   ④ 포갬 절단

32 다음 중 직류 정극성을 나타내는 기호는?

① DCSP   ② DCCP
③ DCRP   ④ DCOP

해설
㉠ 직류 정극성 : DCSP
㉡ 직류 역극성 : DCRP

33 용접에서 직류 역극성의 설명 중 틀린 것은?

① 모재의 용입이 깊다.
② 봉의 녹음이 빠르다.
③ 비드 폭이 넓다.
④ 박판, 합금강, 비철금속의 용접에 사용한다.

해설
직류 역극성은 용접봉을 (+)극으로 한 것으로 발열이 크며 비드폭이 넓고 용입은 얕다.

34 피복 아크용접봉의 피복제에 합금제로 첨가되는 것은?

① 규산칼륨   ② 페로망간
③ 이산화망간   ④ 붕사

해설
페로망간(FeMn)은 탈산제이며 탈황제이다.

35 100A 이상 300A 미만의 피복 금속 아크용접시 차광유리의 차광도 번호가 가장 적합한 것은?

① 4~5번   ② 8~9번
③ 10~12번 ④ 15~16번

해설
• 100~200A의 차광도 10
• 200~300A의 차광도 12

정답 29 ④ 30 ③ 31 ① 32 ① 33 ① 34 ② 35 ③

36 가스절단에서 절단 속도에 영향을 미치는 요소가 아닌 것은?

① 예열 불꽃의 세기
② 팁과 모재의 간격
③ 역화방지기의 설치 유무
④ 모재의 재질과 두께

37 두께가 6.0mm인 연강판을 가스용접하려고 할 때 가장 적합한 용접봉의 지름은 몇 mm인가?

① 1.6   ② 2.6
③ 4.0   ④ 5.0

해설
$D = \dfrac{T}{2} + 1 = \dfrac{6}{2} + 1 = 4$

38 가스의 혼합비(가연성 가스 : 산소)가 최적의 상태일 때 가연성 가스의 소모량이 1이면 산소의 소모량이 가장 적은 가스는?

① 메탄   ② 프로판
③ 수소   ④ 아세틸렌

해설
가연성 가스 분자량이 작을수록 산소소모량이 적다.

39 가변압식 토치의 팁 번호 400번을 사용하여 표준불꽃으로 2시간 동안 용접할 때 아세틸렌가스의 소비량은 몇 l인가?

① 400   ② 800
③ 1600   ④ 2400

해설
$400 \times 2 = 800 l$

40 두랄루민(Duralumin)의 합금 성분은?

① Al + Cu + Sn + Zn
② Al + Cu + Si + Mo
③ Al + Cu + Ni + Fe
④ Al + Cu + Mg + Mn

41 탄소강에 관한 설명으로 옳은 것은?

① 탄소가 많을수록 가공 변형은 어렵다.
② 탄소강의 내식성은 탄소가 증가할수록 증가한다.
③ 아공석강에서 탄소가 많을수록 인장강도가 감소한다.
④ 아공석강에서 탄소가 많을수록 경도가 감소한다.

42 액체 침탄법에 사용되는 침탄제는?

① 탄산바륨
② 가성소다
③ 시안화나트륨
④ 탄산나트륨

해설
탄산바륨과 탄산나트륨은 고체 침탄법의 침탄촉진제이다.

정답 36 ③ 37 ③ 38 ③ 39 ② 40 ④ 41 ① 42 ③

43 다음 금속의 기계적 성질에 대한 설명 중 틀린 것은?

① 탄성 : 금속에 외력을 가해 변형되었다가 외력을 제거했을 때 원래 상태로 돌아오는 성질
② 경도 : 금속 표면이 외력에 저항하는 성질, 즉 물체의 기계적인 단단함의 정도를 나타내는 것
③ 취성 : 강도가 크면서 연성이 없는 것, 즉 물체가 약간의 변형에도 견디지 못하고 파괴되는 성질
④ 피로 : 재료에 인장과 압축하중을 오랜 시간 동안 연속적으로 되풀이하여도 파괴되지 않는 현상

[해설]
피로시험은 재료에 오랜 시간 동안 연속적으로 하중을 가하여 파괴되는 것을 측정하는 시험법이다.

44 다이캐스팅 합금강 재료의 요구조건에 해당되지 않는 것은?

① 유동성이 좋아야 한다.
② 열간 메짐성(취성)이 적어야 한다.
③ 금형에 대한 점착성이 좋아야 한다.
④ 응고수축에 대한 용탕 보급성이 좋아야 한다.

45 강을 담금질할 때 다음 냉각액 중에서 냉각효과가 가장 빠른 것은?

① 기름   ② 공기
③ 물   ④ 소금물

46 주석청동 중에 납(Pb)을 3~26% 첨가한 것으로 베어링 패킹재료 등에 널리 사용되는 것은?

① 인청동   ② 연청동
③ 규소 청동   ④ 베릴륨 청동

47 페라이트계 스테인리스강의 특징이 아닌 것은?

① 표면 연마된 것은 공기나 물에 부식되지 않는다.
② 질산에는 침식되나 염산에는 침식되지 않는다.
③ 오스테나이트계에 비하여 내산성이 낮다.
④ 풀림상태 또는 표면이 거친 것은 부식되기 쉽다.

[해설]
페라이트계 스테인리스강은 내산성이 낮다.

48 Mg(마그네슘)의 특성을 나타낸 것이다. 틀린 것은?

① Fe, Ni 및 Cu 등의 함유에 의하여 내식성이 대단히 좋다.
② 비중이 1.74로 실용금속 중에서 매우 가볍다.
③ 알칼리에는 견디나 산이나 열에는 약하다.
④ 바닷물에 대단히 약하다.

[해설]
Mg는 높은 산화성과 낮은 내식성 금속이다.

정답 43 ④ 44 ③ 45 ④ 46 ② 47 ② 48 ①

49 다음 주강에 대한 설명이다. 잘못된 것은?

① 용접에 의한 보수가 용이하다.
② 주철에 비해 기계적 성질이 우수하다.
③ 주철로서는 강도가 부족할 경우에 사용한다.
④ 주철에 비해 용융점이 낮고 수축률이 크다.

해설
주강은 용융온도가 주철보다 높으며 수축률이 크다.

50 가볍고 강하며 내식성이 우수하나 600℃ 이상에서는 급격히 산화되어 TIG 용접 시 용접토치에 특수(Shield Gas) 장치가 반드시 필요한 금속은?

① Al　　② Ti
③ Mg　　④ Cu

51 그림의 형강을 올바르게 나타낸 치수 표시법은?(단, 형강 길이는 K이다.)

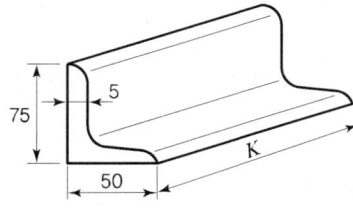

① L $75 \times 50 \times 5 \times K$
② L $75 \times 50 \times 5 - K$
③ L $50 \times 75 - 5 - K$
④ L $50 \times 75 \times 5 \times K$

52 기계제도에 관한 일반사항의 설명으로 틀린 것은?

① 도형의 크기와 대상물의 크기 사이에는 올바른 비례관계를 보유하도록 그린다. 다만 잘못 볼 염려가 없다고 생각되는 도면은 도면의 일부 또는 전부에 대하여 이 비례관계는 지키지 않아도 좋다.
② 선의 굵기 방향의 중심은 선의 이론상 그려야 할 위치 위에 있어야 한다.
③ 서로 근접하여 그리는 선의 선 간격(중심거리)은 원칙적으로 평행선의 경우 선 굵기의 3배 이상으로 하고 선과 선의 간격은 0.7mm 이상으로 하는 것이 좋다.
④ 투명한 재료로 만들어지는 대상물 또는 부분은 투상도에서 전부 투명한 것(없는 것)으로 하여 나타낸다.

해설
투명 재료 제품은 2점 쇄선으로 표시한다.

53 그림과 같은 제3각 투상도에 가장 적합한 입체도는?

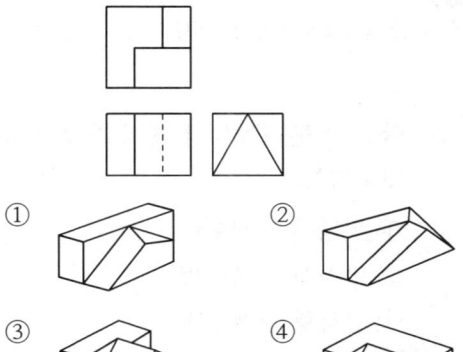

정답 49 ④　50 ②　51 ②　52 ④　53 ③

54 배관 제도 밸브 도시기호에서 일반 밸브가 닫힌 상태를 도시한 것은?

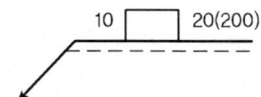

55 다음 용접기호의 설명으로 옳은 것은?

① 플러그 용접을 의미한다.
② 용접부 지름은 20mm이다.
③ 용접부 간격은 10mm이다.
④ 용접부 수는 200개이다.

56 정투상법의 제1각법과 제3각법에서 배열위치가 정면도를 기준으로 동일한 위치에 놓이는 투상도는?

① 좌측면도
② 평면도
③ 저면도
④ 배면도

해설
배면도는 뒤에서 보는 투상도이다.

57 다음 중 원기둥의 전개에 가장 적합한 전개도법은?

① 평행선 전개도법
② 방사선 전개도법
③ 삼각형 전개도법
④ 역삼각형 전개도법

58 판의 두께를 나타내는 치수 보조 기호는?

① C   ② R
③ □   ④ t

해설
① C : 모따기
② R : 라운딩
③ □ : 정사각형

59 KS 재료기호 SM10C에서 10C는 무엇을 뜻하는가?

① 제작방법
② 종별 번호
③ 탄소 함유량
④ 최저인장강도

해설
㉠ SM : 기계구조용 탄소강
㉡ 10C : 평균 탄소함유량(0.10%Cwt)

60 다음 투상도 중 표현하는 각법이 다른 하나는?

① 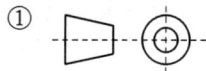   ②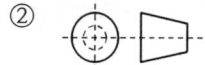

③ 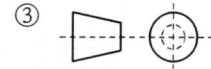   ④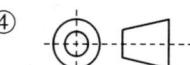

해설
①, ②, ④ : 3각법
③ : 1각법

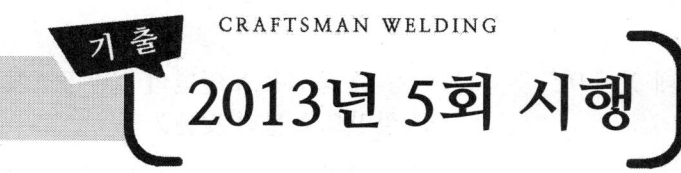

01 다음 중 가스용접에 있어 납땜의 용제가 갖추어야 할 조건으로 옳은 것은?
① 청정한 금속면의 산화가 잘 이루어질 것
② 전기 저항 납땜에 사용되는 것은 부도체일 것
③ 용제의 유효온도 범위와 납땜의 온도가 일치할 것
④ 땜납이 표면장력과 차이를 만들고, 모재와의 친화력이 낮을 것

해설
용제의 구비조건
㉠ 모재의 산화 피막과 같은 불순물을 제거하며 유동성이 좋을 것
㉡ 깨끗한 금속면을 유지하며 산화를 방지하며, 납땜 후 슬래그 제거가 용이할 것
㉢ 땜납의 표면장력을 고려하여 모재와의 친화도를 높일 것
㉣ 용제의 유효온도 범위와 납땜 온도가 일치할 것
㉤ 모재나 땜납에 대한 부식작용이 최소한이며, 인체에 해가 없을 것
㉥ 전지저항 납땜에 사용되는 것은 도체일 것

02 다음 중 MIG용접의 용적 이행 형태에 대한 설명으로 옳은 것은?
① 용적 이행에는 단락 이행, 스프레이 이행, 입상 이행이 있으며 가장 많이 사용되는 것은 입상 이행이다.
② 스프레이 이행은 저전압, 저전류에서 아르곤 가스를 사용하는 경합금 용접에서 주로 나타난다.
③ 입상 이행은 와이어보다 큰 용적으로 용융되어 이행하며 주로 CO_2가스를 사용할 때 나타난다.
④ 직류 정극성일 때 스패터가 적고, 용입이 깊게 되며 용적 이행이 안정한 스프레이 이행이 된다.

해설
단락 이행과 스프레이 이행은 전 자세 용접이 가능하나 입상 이행은 위보기자세에는 사용이 불가능하다.

03 다음 중 CO_2 가스 아크용접에서 일반적으로 다공성의 원인이 되는 가스가 아닌 것은?
① 산소(O_2)   ② 수소(H_2)
③ 질소(N_2)   ④ 일산화탄소(CO)

04 다음 중 CO_2 가스 아크용접 결함에 있어 기공 발생의 원인으로 볼 수 없는 것은?
① 팁이 마모되어 있다.
② 용접 부위가 지저분하다.
③ CO_2 가스 유량이 부족하다.
④ 노즐과 모재 간의 거리가 너무 길다.

해설
CO_2 가스용접의 팁은 모재와 닿지 않는다.

05 다음 중 연소의 3요소를 올바르게 나열한 것은?
① 가연물, 산소, 공기
② 가연물, 빛, 탄산가스
③ 가연물, 산소, 정촉매
④ 가연물, 산소, 점화원

정답 01 ③ 02 ③ 03 ① 04 ① 05 ④

06 다음 중 용접 비용을 계산하는 데 있어 비용 절감 요소로 틀린 것은?

① 대기 시간 최대화
② 효과적인 재료 사용 계획
③ 합리적이고 경제적인 설계
④ 가공 불량에 의한 용접의 손실 최소화

해설
대기시간이 길면 용접 비용이 증가한다.

07 TIG용접 토치는 공랭식과 수랭식으로 분류되는데 가볍고 취급이 용이한 공랭식 토치의 경우 일반적으로 몇 A 정도까지 사용하는가?

① 200   ② 380
③ 450   ④ 650

08 다음 중 용접작업에 있어 가용접 시 주의해야 할 사항으로 옳은 것은?

① 본용접보다 높은 온도로 예열을 한다.
② 개선 홈 내의 가접부는 백치핑으로 완전히 제거한다.
③ 가접의 위치는 주로 부품의 끝 모서리에 한다.
④ 용접봉은 본용접 작업 시에 사용하는 것보다 두꺼운 것을 사용한다.

09 다음 중 일렉트로 슬래그 용접 이음의 종류로 볼 수 없는 것은?

① 모서리 이음   ② 필릿 이음
③ T 이음   ④ X 이음

해설
일렉트로 슬래그 용접의 홈모양이 I형이다.

10 다음 중 용접용 보안면의 일반구조에 관한 설명으로 틀린 것은?

① 복사열에 노출될 수 있는 금속부분은 단열처리 해야 한다.
② 착용자와 접촉하는 보안면의 모든 부분에는 피부 자극을 유발하지 않는 재질을 사용해야 한다.
③ 용접용 보안면의 내부 표면은 유광 처리하고, 보안면 내부로는 일정량 이상의 빛이 들어오도록 해야 한다.
④ 보안면에는 돌출 부분, 날카로운 모서리 혹은 사용 도중 불편하거나 상해를 줄 수 있는 결함이 없어야 한다.

해설
보안면은 차광유리를 사용하여 빛을 차단하여야 한다.

11 다음 중 서브머지드 아크용접에 사용되는 용제(Flux)에 관한 설명으로 틀린 것은?

① 소결형 용제는 용융형 용제에 비하여 용제의 소모량이 적다.
② 용융형 용제는 거친 입자의 것일수록 높은 전류에 사용해야 한다.
③ 소결형 용제는 페로 실리콘, 페로 망간 등에 의해 강력한 탈산작용이 된다.
④ 용제는 용접부를 대기로부터 보호하면서 아크를 안정시키고, 야금 반응에 의하여 용착금속의 재질을 개선하기 위해 사용한다.

해설
서브머지드 아크용접에서 용융형 용제는 입자가 가늘수록 높은 전류를 사용한다.

12 다음 중 가스용접작업에 관한 안전사항으로 틀린 것은?

① 아세틸렌병 주변에서 흡연하지 않는다.
② 호스의 누설시험 시에는 비눗물을 사용한다.
③ 산소 및 아세틸렌병 등 빈병은 섞어서 보관한다.
④ 용접 시 토치의 끝을 긁어서 오물을 털지 않는다.

해설
산소와 아세틸렌 병은 구분해서 세워서 보관한다.

13 다음 중 전기 저항 용접에 있어 맥동 점 용접(Pulsation Welding)에 관한 설명으로 옳은 것은?

① 1개의 전류회로에 2개 이상의 용접점을 만드는 용접법이다.
② 전극을 2개 이상으로 하여 2점 이상의 용접을 하는 용접법이다.
③ 점용접의 기본적인 방법으로 1쌍의 전극으로 1점의 용접부를 만드는 용접법이다.
④ 모재 두께가 다른 경우 전극의 과열을 피하기 위하여 사이클 단위를 몇 번이고 전류를 단속하여 용접하는 것이다.

해설
1개의 전극으로 맥동을 여러 번 주어 용접하는 용접방법이다.

14 다음 중 제품별 노 내 및 국부풀림의 유지온도와 시간이 올바르게 연결된 것은?

① 탄소강 주강품 : 625±25℃, 판두께 25mm에 대하여 1시간
② 기계구조용 연강재 : 725±25℃, 판두께 25mm에 대하여 1시간
③ 보일러용 압연강재 : 625±25℃, 판두께 25mm에 대하여 4시간
④ 용접구조용 연강재 : 725±25℃, 판두께 25mm에 대하여 2시간

15 TIG 용접에서 교류전원 사용 시 모재가 (－)극이 될 때 모재 표면의 수분, 산화물 등의 불순물로 인하여 전자방출 및 전류의 흐름이 어렵고, 텅스텐 전극이 (－)극이 되는 경우에 전자가 다량으로 방출되는 등 2차 전류가 불평형하게 되는데 이러한 현상을 무엇이라 하는가?

① 전극의 소손작용
② 전극의 전압상승작용
③ 전극의 청정작용
④ 전극의 정류작용

16 다음 ( ) 안에 가장 적합한 내용은?

> 일렉트로 슬래그 용접은 용융 용접의 일종으로서 와이어와 용융 슬래그 사이에 ( )을 이용하여 용접하는 특수한 용접방법이다.

① 전자 빔열
② 통전된 전류의 저항열
③ 가스열
④ 통전된 전류의 아크열

정답 12 ③ 13 ④ 14 ① 15 ④ 16 ②

17 다음 중 가스절단작업 시 주의사항으로 틀린 것은?

① 가스 절단에 알맞은 보호구를 착용한다.
② 절단진행 중에 시선은 절단면을 떠나서는 안 된다.
③ 호스는 흐트러지지 않도록 정해진 꼬임 상태로 작업한다.
④ 가스 호스가 용융금속이나 산화물의 비산으로 인해 손상되지 않도록 한다.

해설
호스는 꼬임이 없는 상태로 작업한다.

18 다음 중 CO_2 아크용접 시 박판의 아크 전압(V_0) 산출공식으로 가장 적당한 것은?(단, I는 용접전류 값을 의미한다.)

① $V_0 = 0.07 \times I + 20 \pm 5.0$
② $V_0 = 0.05 \times I + 11.5 \pm 3.0$
③ $V_0 = 0.06 \times I + 40 \pm 6.0$
④ $V_0 = 0.04 \times I + 15.5 \pm 1.5$

19 다음 중 방사선 투과검사에 대한 설명으로 틀린 것은?

① 내부결함 검출에 용이하다.
② 검사결과를 필름에 영구적으로 기록할 수 있다.
③ 라미네이션 및 미세한 표면 균열도 검출된다.
④ 방사선 투과 검사에 필요한 기구로는 투과도계, 계조계, 증감지 등이 있다.

해설
방사선 투과검사(RT)로 표면의 미세한 균열은 검출할 수 없다.

20 다음 중 용접결함에 있어 치수상 결함에 해당하는 것은?

① 오버랩 ② 기공
③ 언더컷 ④ 변형

21 볼트나 환봉 등을 강판이나 형강에 직접 용접하는 방법으로 볼트나 환봉을 홀더에 끼우고 모재와 볼트 사이에 순간적으로 아크를 발생시켜 용접하는 것은?

① 피복 아크용접
② 스터드 용접
③ 테르밋 용접
④ 전자 빔 용접

22 다음 중 용접부의 검사방법에 있어 비파괴 시험으로 비드외관, 언더컷, 오버랩, 용입불량, 표면균열 등의 검사에 가장 적합한 것은?

① 부식검사
② 외관검사
③ 초음파 탐상검사
④ 방사선 투과검사

23 압축공기를 이용하여 가우징, 결함부위 제거, 절단 및 구멍 뚫기 등에 널리 사용되는 아크절단 방법은?

① 탄소 아크 절단
② 금속 아크 절단
③ 산소 아크 절단
④ 아크 에어 가우징

정답 17 ③ 18 ④ 19 ③ 20 ④ 21 ② 22 ② 23 ④

24 가스용접에서 산소용기 취급에 대한 설명이 잘못된 것은?

① 산소용기 밸브, 조정기 등은 기름천으로 잘 닦는다.
② 산소용기 운반 시에는 충격을 주어서는 안 된다.
③ 산소 밸브의 개폐는 천천히 해야 한다.
④ 가스 누설의 점검은 비눗물로 한다.

25 200V용 아크용접기의 1차 입력이 15kVA일 때, 퓨즈의 용량은 몇 A가 적합한가?

① 65A   ② 75A
③ 90A   ④ 100A

해설
$I = \frac{15000}{200} = 75[A]$

26 용접법과 기계적 접합법을 비교할 때, 용접법의 장점이 아닌 것은?

① 작업공정이 단축되며 경제적이다.
② 기밀성, 수밀성, 유밀성이 우수하다.
③ 재료가 절약되고 중량이 가벼워진다.
④ 이음효율이 낮다.

해설
용접법은 기계적 접합에 비해 이음효율이 높다.

27 산소-아세틸렌가스용접의 장점이 아닌 것은?

① 가열 시 열량 조절이 쉽다.
② 전원설비가 없는 곳에서도 쉽게 설치할 수 있다.
③ 피복 아크용접보다 유해광선의 발생이 적다.
④ 피복 아크용접보다 일반적으로 신뢰성이 높다.

해설
산소-아세틸렌 용접은 피복 아크용접보다 용접 후 변형이 심하며 신뢰성이 낮다.

28 가변압식 가스용접 토치에서 팁의 능력에 대한 설명으로 옳은 것은?

① 매 시간당 소비되는 아세틸렌가스의 양
② 매 시간당 소비되는 산소의 양
③ 매 분당 소비되는 아세틸렌가스의 양
④ 매 분당 소비되는 산소의 양

해설
프랑스식은 매시간 소비되는 아세틸렌 가스의 양으로 나타낸다.

29 가스용접에서 모재의 두께가 8mm 일 경우 적합한 가스용접봉의 지름(mm)은? (단, 이론적인 계산식으로 구한다.)

① 2.0   ② 3.0
③ 4.0   ④ 5.0

해설
$d = \frac{T}{2} + 1 = \frac{8}{2} + 1 = 5$

30 피복 아크용접봉에 탄소량을 적게 하는 가장 큰 이유는?

① 스패터 방지를 위하여
② 균열 방지를 위하여
③ 산화 방지를 위하여
④ 기밀 유지를 위하여

31 전류 조정이 용이하고 전류 조정을 전기적으로 하기 때문에 이동부분이 없으며 가변저항을 사용함으로써 용접 전류의 원격조정이 가능한 용접기는?

① 탭 전환형
② 가동 코일형
③ 가동 철심형
④ 가포화 리액터형

32 아세틸렌은 액체에 잘 용해되며 석유에는 2배, 알코올에는 6배가 용해된다. 아세톤에는 몇 배가 용해되는가?

① 12
② 20
③ 25
④ 50

33 직류아크용접기에 대한 설명으로 맞는 것은?

① 발전형과 정류기형이 있다.
② 구조가 간단하고 보수도 용이하다.
③ 누설자속에 의하여 전류를 조정한다.
④ 용접변압기의 리액턴스에 의해서 수하특성을 얻는다.

34 용접봉의 피복 배합제 중 탈산제로 쓰이는 가장 적합한 것은?

① 탄산칼륨
② 페로망간
③ 형석
④ 이산화망간

해설
탈산제로는 알루미늄(Al), 규소(Si), 망간(Mn) 등이 있다.

35 절단부위에 철분이나 용제의 미세한 입자를 압축공기나 압축질소로 연속적으로 팁을 통하여 분출시켜 그 산화열 또는 용제의 화학작용을 이용하여 절단하는 것은?

① 분말절단
② 수중절단
③ 산소창절단
④ 포갬절단

36 다음 중 아크용접에서 아크쏠림 방지법이 아닌 것은?

① 교류용접기를 사용한다.
② 접지점을 2개로 한다.
③ 짧은 아크를 사용한다.
④ 직류용접기를 사용한다.

해설
직류용접기 사용 시 아크쏠림(자기불림) 현상이 발생한다.

37 다음 중 압접에 속하지 않는 용접법은?

① 스폿 용접
② 심 용접
③ 프로젝션 용접
④ 서브머지드 아크용접

해설
전기저항용접은 압접이다.

38 두께가 12.7mm인 연강판을 가스 절단할 때 가장 적합한 표준 드래그의 길이는?

① 약 2.4mm
② 약 5.2mm
③ 약 5.6mm
④ 약 6.4mm

정답 31 ④ 32 ③ 33 ① 34 ② 35 ① 36 ④ 37 ④ 38 ①

39 가스용접작업에서 양호한 용접부를 얻기 위해 갖추어야 할 조건으로 잘못된 것은?

① 기름, 녹 등을 용접 전에 제거하여 결함을 방지한다.
② 모재의 표면이 균일하면 과열의 흔적은 있어도 된다.
③ 용착 금속의 용입 상태가 균일해야 한다.
④ 용접부에 첨가된 금속의 성질이 양호해야 한다.

해설
모재의 표면이 균일하며 과열의 흔적이 없어야 한다.

40 탄소강에 니켈이나 크롬 등을 첨가하여 대기 중이나 수중 또는 산에 잘 견디는 내식성을 부여한 합금강으로 불수강이라고도 하는 것은?

① 고속도강 ② 주강
③ 스테인리스강 ④ 탄소공구강

해설
오스테나이트 스테인리스강은 18%Cr, 8%Ni의 합금이다.

41 다음 중 Cu의 용융점은 몇 ℃인가?

① 1083℃ ② 960℃
③ 1530℃ ④ 1455℃

42 다음 중 철강의 탄소 함유량에 따라 대분류한 것은?

① 순철, 강, 주철
② 순철, 주강, 주철
③ 선철, 강, 주철
④ 선철, 합금강, 주물

43 경도가 큰 재료를 A_1 변태점 이하의 일정 온도로 가열하여 인성을 증가시킬 목적으로 하는 열처리법은?

① 뜨임(Tempering)
② 풀림(Annealing)
③ 불림(Normalizing)
④ 담금질(Quenching)

44 공구용 강재로 고탄소강을 사용하는 목적으로 가장 적합한 것은?

① 경도와 내마모성을 필요로 하기 때문에
② 인성과 연성이 필요하기 때문에
③ 피로와 충격에 견디어야 하기 때문에
④ 표면 경화를 할 목적으로

45 마그네슘의 성질에 대한 설명 중 잘못된 것은?

① 비중은 1.74이다.
② 비강도가 Al(알루미늄) 합금보다 우수하다.
③ 면심입방격자이며, 냉간가공이 가능하다.
④ 구상흑연 주철의 첨가제로 사용한다.

해설
마그네슘(Mg)은 조밀육방격자로서 냉간가공이 어렵다.

46 탄소강의 열처리 방법 중 표면경화 열처리에 속하는 것은?

① 풀림   ② 담금질
③ 뜨임   ④ 질화법

정답 39 ② 40 ③ 41 ① 42 ① 43 ① 44 ① 45 ③ 46 ④

47 내열강의 원소로 많이 사용되는 것은?
① 코발트(Co) ② 크롬(Cr)
③ 망간(Mn) ④ 인(P)

48 Al에 약 10%까지의 마그네슘을 첨가한 합금으로 다른 주물용 알루미늄 합금에 비하여 내식성, 강도, 연신율이 우수한 것은?
① 실루민
② 두랄루민
③ 하이드로날륨
④ Y합금

49 다음 중 탄소강에서 적열취성을 방지하기 위하여 첨가하는 원소는?
① S ② Mn
③ P ④ Ni

50 다음 중 용접 입열이 일정할 때 냉각속도가 가장 느린 재료는?
① 연강
② 스테인리스강
③ 알루미늄
④ 구리

51 그림과 같은 도면의 설명으로 가장 올바른 것은?

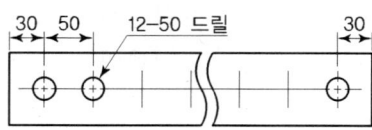

① 전체길이는 660mm이다.
② 드릴가공 구멍의 지름은 20mm이다.
③ 드릴가공 구멍의 수는 20개이다.
④ 드릴가공 구멍의 피치는 30mm이다.

해설
전체길이＝11×50＋30×2＝610
구멍수＝12, 피치＝50

52 KS에서 기계제도에 관한 일반사항 설명으로 틀린 것은?
① 치수는 참고치수, 이론적으로 정확한 치수를 기입할 수도 있다.
② 도형의 크기와 대상물의 크기 사이에는 올바른 비례관계를 보유하도록 그린다. 다만, 잘못 볼 염려가 없다고 생각되는 도면은 도면의 일부 또는 전부에 대하여 이 비례관계는 지키지 않아도 좋다.
③ 기능상의 요구, 호환성, 제작 기술 수준 등을 기본으로 불가결의 경우만 기하공차를 지시한다.
④ 길이치수는 특별히 지시가 없는 한 그 대상물의 측정을 3점 측정에 따라 행한 것으로 하여 지시한다.

해설
길이치수는 2점측정에 따라 정한다.

53 일반 구조용 압연강재 SS400에서 400이 나타내는 것은?
① 최저 인장 강도
② 최저 압축 강도
③ 평균 인장 강도
④ 최대 인장 강도

해설
400은 최저인장강도 N/mm²[MPa]이다.

정답 47 ② 48 ③ 49 ② 50 ② 51 ② 52 ④ 53 ①

54 그림의 용접 도시기호는 어떤 용접을 나타내는가?

① 점 용접   ② 플러그 용접
③ 심 용접   ④ 가장자리 용접

55 다음 선들이 겹칠 경우 선의 우선순위가 가장 높은 것은?

① 중심선   ② 치수보조선
③ 절단선   ④ 숨은선

56 그림과 같은 구조물의 도면에서 (A), (B)의 단면도 명칭은?

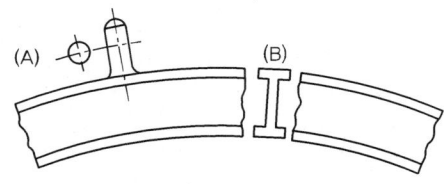

① 온단면도
② 변환 단면도
③ 회전도시 단면도
④ 부분 단면도

57 다음 입체도의 화살표 방향을 정면으로 한다면 좌측면도로 적합한 투상도는?

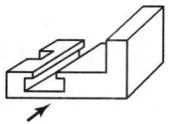

① ②
③ ④

58 KS 배관 제도 밸브 도시 기호에서 기호의 뜻은?

① 안전 밸브   ② 체크 밸브
③ 일반 밸브   ④ 앵글 밸브

59 그림과 같은 제3각법 정투상도에 가장 적합한 입체도는?

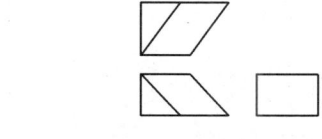

 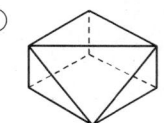   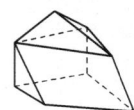

 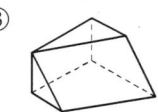

정답 54 ② 55 ④ 56 ③ 57 ① 58 ② 59 ③

60 치수기입이 "□20" 으로 치수 앞에 정사각형이 표시되었을 경우의 올바른 해석은?

① 이론적으로 정확한 치수가 20mm이다.
② 체적이 20mm³인 정육면체이다.
③ 면적이 20mm²인 정사각형이다.
④ 한 변의 길이가 20mm인 정사각형이다.

2014년 1회 시행

용접기능사

01 용접기 설치 및 보수할 때 지켜야 할 사항으로 옳은 것은?
  ① 셀렌 정류기형 직류아크용접기에서는 습기나 먼지 등이 많은 곳에 설치해도 괜찮다.
  ② 조정핸들, 미끄럼 부분 등에는 주유해서는 안 된다.
  ③ 용접 케이블 등의 파손된 부분은 즉시 절연 테이프로 감아야 한다.
  ④ 냉각용 선풍기, 바퀴 등에도 주유해서는 안 된다.

해설
용접기의 설치는 습기나 먼지가 많은 곳은 피한다. 미끄럼부분은 마찰을 감소시키기 위해 적당량을 주유한다.

02 서브머지드 아크용접에서 다전극 방식에 의한 분류가 아닌 것은?
  ① 텐덤식   ② 횡병렬식
  ③ 횡직렬식 ④ 이행형식

03 TIG 용접에서 직류 정극성으로 용접할 때 전극 선단의 각도로 가장 적합한 것은?
  ① 5~10°   ② 10~20°
  ③ 30~50°   ④ 60~70°

04 용접결함 중 구조상 결함이 아닌 것은?
  ① 슬래그 섞임
  ② 용입불량과 융합불량
  ③ 언더컷
  ④ 피로강도 부족

해설
피로강도는 성질상 결함이다.

05 화재 발생 시 사용하는 소화기에 대한 설명으로 틀린 것은?
  ① 전기로 인한 화재에는 포말소화기를 사용한다.
  ② 분말소화기에는 기름 화재에 적합하다.
  ③ CO_2 가스 소화기는 소규모의 인화성 액체 화재나 전기설비 화재의 초기 진화에 좋다.
  ④ 보통 화재에는 포말, 분말, CO_2 소화기를 사용한다.

해설
전기화재에는 분말소화기(양호)나 CO_2 소화기(적합)를 사용한다.

06 필릿용접부의 보수방법에 대한 설명으로 옳지 않는 것은?
  ① 간격이 1.5mm 이하일 때에는 그대로 용접하여도 좋다.
  ② 간격이 1.5~4.5mm일 때에는 넓혀진 만큼 각장을 감소시킬 필요가 있다.
  ③ 간격이 4.5mm일 때에는 라이너를 넣는다.
  ④ 간격이 4.5mm 이상일 때에는 300mm 정도의 치수로 판을 잘라낸 후 새로운 판으로 용접한다.

정답 01 ③ 02 ④ 03 ③ 04 ④ 05 ① 06 ②

07 다음 그림과 같은 다층 용접법은?

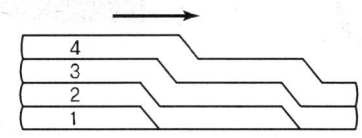

① 빌드업법　② 캐스케이드법
③ 전진 블록법　④ 스킵법

08 용접작업 시 작업자의 부주의로 발생하는 안염, 각막염, 백내장 등을 일으키는 원인은?

① 용접 품 가스
② 아크 불빛
③ 전격 재해
④ 용접 보호 가스

해설
용접용 보안면의 불량이나 보안면 없이 용접할 때 발생한다.

09 플라즈마 아크용접에 대한 설명으로 잘못된 것은?

① 아크 플라즈마의 온도는 10000~30000℃ 온도에 달한다.
② 핀치효과에 의해 전류밀도가 크므로 용입이 깊고 비드 폭이 좁다.
③ 무부하 전압이 일반 아크용접기에 비하여 2~5배 정도 낮다.
④ 용접장치 중에 고주파 발생장치가 필요하다.

10 전기저항 점 용접법에 대한 설명으로 틀린 것은?

① 인터랙 점용접이란 용접점의 부분에 직접 2개의 전극을 물리지 않고 용접전류가 피용접물의 일부를 통하여 다른 곳으로 전달하는 방식이다.
② 단극식 점용접이란 적극이 1쌍으로 1개의 점 용접부를 만드는 것이다.
③ 맥동 점용접은 사이클 단위를 몇 번이고 전류를 연속하여 통전하는 것으로 용접속도 향상 및 용접변형 방지에 좋다.
④ 직렬식 점용접이란 1개의 전류회로에 2개 이상의 용접점을 만드는 방법으로 전류 손실이 많아 전류를 증가시켜야 한다.

해설
맥동 점용접은 모재두께가 다를 경우 전극의 과열을 피하기 위해서 사이클 단위를 몇 번이고 전류를 단속하여 용접하는 방법이다.

11 이산화탄소 아크용접의 솔리드와이어 용접봉에 대한 설명으로 YGA - 50W - 1.2 - 20에서 "50" 이 뜻하는 것은?

① 용접봉의 무게
② 용착금속의 최소 인장강도
③ 용접와이어
④ 가스실드 아크용접

12 다음 중 스터드 용접법의 종류가 아닌 것은?

① 아크 스터드 용접법
② 텅스텐 스터드 용접법
③ 충격 스터드 용접법
④ 저항 스터드 용접법

정답 07 ② 08 ② 09 ③ 10 ③ 11 ② 12 ②

13 아크용접부에 기공이 발생하는 원인과 가장 관련이 없는 것은?

① 이음강도 설계가 부적당할 때
② 용착부가 급랭될 때
③ 용접봉에 습기가 많을 때
④ 아크 길이, 전류 값 등이 부적당할 때

해설
기공은 용접 시 발생하는 불량이다.

14 전자빔 용접의 종류 중 고전압 소전류형의 가속 전압은?

① 20~40kV   ② 50~70kV
③ 70~150kV ④ 150~300kV

15 다음 중 TIG 용접기의 주요장치 및 기구가 아닌 것은?

① 보호가스 공급장치
② 와이어 공급장치
③ 냉각수 순환장치
④ 제어장치

해설
와이어 공급장치는 MIG 용접기의 주요장치이다.

16 용접부에 X선을 투과하였을 경우 검출할 수 있는 결함이 아닌 것은?

① 선상조직
② 비금속 개재물
③ 언더컷
④ 용입불량

해설
X선 투과검사항목은 균열, 융합불량, 용입불량, 기공, 슬래그 섞임, 비금속 개재물, 언더컷 등이다.

17 다층용접 방법 중 각 층마다 전체의 길이를 용접하면서 쌓아 올리는 용착법은?

① 전진 블록법
② 덧살 올림법
③ 캐스케이드법
④ 스킵법

18 용접부의 시험검사에서 야금학적 시험방법에 해당되지 않는 것은?

① 파면시험
② 육안조직시험
③ 노치취성시험
④ 설퍼프린트시험

해설
노치취성시험은 기계적 시험이다.

19 구리와 아연을 주성분으로 한 합금으로 철강이나 비철금속의 납땜에 사용되는 것은?

① 황동납   ② 인동납
③ 은납   ④ 주석납

해설
구리(Cu)+아연(Zn)은 황동이다.

20 탄산가스 아크용접에 대한 설명으로 맞지 않는 것은?

① 가시 아크이므로 시공이 편리하다.
② 철 및 비철류의 용접에 적합하다.
③ 전류밀도가 높고 용입이 깊다.
④ 바람의 영향을 받으므로 풍속 2m/s 이상일 때에는 방풍장치가 필요하다.

해설
탄산가스 아크용접은 강의 용접에 적합하다.

정답 13 ① 14 ③ 15 ② 16 ① 17 ② 18 ③ 19 ① 20 ②

21 MIG 용접 제어장치의 기능으로 크레이터 처리 기능에 의해 낮아진 전류가 서서히 줄어들면서 아크가 끊어지며 이면 용접부가 녹아내리는 것을 방지하는 것을 의미하는 것은?

① 예비 가스 유출시간
② 스타트 시간
③ 크레이터 충전 시간
④ 버언 백 시간

해설
버언 백 시간은 MIG 용접에서 크레이터 현상을 방지하기 위한 제어장치이다.

22 일반적으로 안전을 표시하는 색채 중 특정행위의 지시 및 사실의 고지 등을 나타내는 색은?

① 노란색   ② 녹색
③ 파란색   ④ 흰색

23 산소 프로판 가스 절단에서 프로판 가스 1에 대하여 얼마 비율의 산소를 필요로 하는가?

① 8   ② 6
③ 4.5   ④ 2.5

해설
산소 : 아세틸렌=1 : 1
산소 : LPG=4.5 : 1

24 용접설계에 있어서 일반적인 주의사항 중 틀린 것은?

① 용접에 적합한 구조설계를 할 것
② 용접 길이는 될 수 있는 대로 길게 할 것
③ 결함이 생기기 쉬운 용접방법은 피할 것
④ 구조상의 노치부를 피할 것

해설
용접 시 용접길이는 가능한 짧게 한다.

25 가스용접에서 양호한 용접부를 얻기 위한 조건으로 틀린 것은?

① 모재 표면에 기름, 녹 등을 용접 전에 제거하여 결함을 방지하여야 한다.
② 용착금속의 용입상태가 불균일해야 한다.
③ 과열의 흔적이 없어야 하며, 용접부에 첨가된 금속의 성질이 양호해야 한다.
④ 슬래그, 기공 등의 결함이 없어야 한다.

해설
양호한 용접부는 용착금속의 용입상태가 균일해야 한다.

26 직류 아크용접에서 역극성의 특징으로 맞는 것은?

① 용입이 깊어 후판 용접에 사용된다.
② 박판, 주철, 고탄소강, 합금강 등에 사용된다.
③ 봉의 녹음이 느리다.
④ 비드 폭이 좁다.

27 직류 아크용접기와 비교한 교류 아크용접기의 설명에 해당되는 것은?

① 아크의 안정성이 우수하다.
② 자기쏠림 현상이 있다.
③ 역률이 매우 양호하다.
④ 무부하 전압이 높다.

해설
교류 아크용접기는 역률이 작고 무효율이 크다.

정답 21 ④ 22 ③ 23 ③ 24 ② 25 ② 26 ② 27 ④

28 피복 아크용접봉에서 피복 배합제인 아교는 무슨 역할을 하는가?
  ① 아크 안정제 ② 합금제
  ③ 탈산제   ④ 환원가스 발생제

29 피복금속 아크용접봉은 습기의 영향으로 기공(Blow Hole)과 균열(Crack)의 원인이 된다. 보통 용접봉 ㉠과 저수소계 용접봉 ㉡의 온도와 건조 시간은?(단, 보통 용접봉은 ㉠으로, 저수소계 용접봉은 ㉡으로 나타냈다.)
  ① ㉠ 70~100℃, 30~60분
     ㉡ 100~150℃, 1~2시간
  ② ㉠ 70~100℃, 2~3시간
     ㉡ 100~150℃, 20~30분
  ③ ㉠ 70~10℃, 30~60분
     ㉡ 300~350℃, 1~2시간
  ④ ㉠ 70~100℃, 2~3시간
     ㉡ 300~350℃, 20~30분

30 가스가공에서 강재 표면의 홈, 탈탄층 등의 결함을 제거하기 위해 얇게 그리고 타원형 모양으로 표면을 깎아내는 가공법은?
  ① 가스 가우징 ② 분말 절단
  ③ 산소창 절단 ④ 스카핑

31 가스용접에서 가변압식(프랑스식) 팁(TIP)의 능력을 나타내는 기준은?
  ① 1분에 소비하는 산소가스의 양
  ② 1분에 소비하는 아세틸렌가스의 양
  ③ 1시간에 소비하는 산소가스의 양
  ④ 1시간에 소비하는 아세틸렌가스의 양

32 아크 쏠림은 직류 아크용접 중에 아크가 한쪽으로 쏠리는 현상을 말하는 데 아크 쏠림 방지법이 아닌 것은?
  ① 접지점을 용접부에서 멀리한다.
  ② 아크 길이를 짧게 유지한다.
  ③ 가용접을 한 후 후퇴 용접법으로 용접한다.
  ④ 가용접을 한 후 전진법을 용접한다.

33 용접기의 가동 핸들로 1차 코일을 상하로 움직여 2차 코일의 간격을 변화시켜 전류를 조정하는 용접기로 맞는 것은?
  ① 가포화 리액터형
  ② 가동코어 리액터형
  ③ 가동 코일형
  ④ 가동 철심형

34 프로판 가스가 완전연소하였을 때 설명으로 맞는 것은?
  ① 완전연소하면 이산화탄소로 된다.
  ② 완전연소하면 이산화탄소와 물이 된다.
  ③ 완전연소하면 일산화탄소와 물이 된다.
  ④ 완전연소하면 수소가 된다.

해설
$C_3H_8 + 5O_2 \rightarrow 3CO_2 + 4H_2O$

35 아세틸렌가스가 산소와 반응하여 완전연소할 때 생성되는 물질은?
  ① CO, H_2O ② $2CO_2, H_2O$
  ③ CO, H_2 ④ CO_2, H_2

해설
$C_2H_2 + \frac{5}{2}O_2 \rightarrow 2CO_2 + H_2O$

정답 28 ④ 29 ③ 30 ④ 31 ④ 32 ④ 33 ③ 34 ② 35 ②

36 가스용접 시 사용하는 용제에 대한 설명으로 틀린 것은?

① 용제의 융점은 모재의 융점보다 낮은 것이 좋다.
② 용제는 용융금속의 표면에 떠올라 용착금속의 성질을 양호하게 한다.
③ 용제는 용접 중에 생기는 금속의 산화물 또는 비금속 개재물을 용해하여 용융온도가 높은 슬래그를 만든다.
④ 연강에는 용제를 일반적으로 사용하지 않는다.

해설
슬래그는 용융온도가 낮아야 한다.

37 용접법을 융접, 압접, 납땜으로 분류할 때 압접에 해당하는 것은?

① 피복 아크용접
② 전자 빔 용접
③ 테르밋 용접
④ 심 용접

해설
전기저항용접은 압접이다.

38 A는 병 전체 무게(빈 병 + 아세틸렌가스)이고, B는 빈 병의 무게이며, 또한 15℃ 1기압에서의 아세틸렌 가스용적을 905리터라고 할 때, 용해 아세틸렌가스의 양 C (리터)를 계산하는 식은?

① $C = 905(B - A)$
② $C = 905 + (B - A)$
③ $C = 905(A - B)$
④ $C = 905 + (A - B)$

39 내용적 40.7 리터의 산소병에 $150kgf/cm^2$의 압력이 게이지에 표시되었다면 산소병에 들어있는 산소량은 몇 리터인가?

① 3400
② 4055
③ 5055
④ 6105

해설
$150 \times 40.7 = 6105 l$

40 저용융점 합금이 아닌 것은?

① 아연과 그 합금
② 금과 그 합금
③ 주석과 그 합금
④ 납과 그 합금

해설
용융온도
아연(Zn, 420), 주석(Sn, 230), 납(Pb, 320), 금(Au, 1063)

41 다음 중 알루미늄 합금(Alloy)의 종류가 아닌 것은?

① 실루민(Silumin)
② Y 합금
③ 로엑스(Lo - Ex)
④ 인코넬(Inconel)

해설
① 실루민(Al+Si)
② Y합금(Al+Cu+Ni+Mg)
③ 로엑스(Al+Cu+Ni+Mg+Si)
④ 인코넬

정답 36 ③ 37 ④ 38 ③ 39 ④ 40 ② 41 ④

42 철강에서 펄라이트 조직으로 구성되어 있는 강은?
① 경질강   ② 공석강
③ 강인강   ④ 고용체강

43 Ni - Cu계 합금에서 60~70% Ni 합금은?
① 모넬메탈(Monel - Metal)
② 어드밴스(Advance)
③ 콘스탄탄(Constantan)
④ 알민(Almin)

44 가스 침탄법의 특징에 대한 설명으로 틀린 것은?
① 침탄온도, 기체혼합비 등의 조절로 균일한 침탄층을 얻을 수 있다.
② 열효율이 좋고 온도를 임의로 조절할 수 있다.
③ 대량 생산에 적합하다.
④ 침탄 후 직접 담금질이 불가능하다.

[해설]
고체침탄법, 액체침탄법, 가스침탄법은 침탄 후 담금질을 하여야 한다.

45 다음 중 풀림의 목적이 아닌 것은?
① 결정립을 조대화시켜 내부응력을 상승시킨다.
② 가공경화 현상을 해소시킨다.
③ 경도를 줄이고 조직을 연화시킨다.
④ 내부응력을 제거한다.

[해설]
풀림열처리는 가열후 노냉을 하여 조직을 초기화시켜 내부응력을 없애는 열처리이다.

46 18-8 스테인리스강의 조직으로 맞는 것은?
① 페라이트   ② 오스테나이트
③ 펄라이트   ④ 마텐자이트

47 주철의 편상 흑연 결함을 개선하기 위하여 마그네슘, 세륨, 칼슘 등을 첨가한 것으로 기계적 성질이 우수하여 자동차 주물 및 특수기계의 부품용 재료에 사용되는 것은?
① 미하나이트 주철
② 구상 흑연 주철
③ 칠드 주철
④ 가단 주철

48 특수 주강 중 주로 롤러 등으로 사용되는 것은?
① Ni 주강   ② Ni - Cr 주강
③ Mn 주강   ④ Mo 주강

49 탄소가 0.25%인 탄소강이 0~500℃의 온도 범위에서 일어나는 기계적 성질의 변화 중 온도가 상승함에 따라 증가되는 성질은?
① 항복점   ② 탄성한계
③ 탄성계수   ④ 연신율

[해설]
탄소강에서 온도가 상승하면 항복응력, 탄성한계, 탄성계수는 감소한다.

정답 42 ② 43 ① 44 ④ 45 ① 46 ② 47 ② 48 ③ 49 ④

50 용접할 때 예열과 후열이 필요한 재료는?
① 15mm 이하 연강판
② 중탄소강
③ 18℃일 때 18mm 연강판
④ 순철판

51 단면도의 표시방법에 관한 설명 중 틀린 것은?
① 단면을 표시할 때에는 해칭 또는 스머징을 한다.
② 인접한 단면의 해칭은 선의 방향 또는 각도를 변경하든지 그 간격을 변경하여 구별한다.
③ 절단했기 때문에 이해를 방해하는 것이나 절단하여도 의미가 없는 것은 원칙적으로 긴 쪽 방향으로는 절단하여 단면도를 표시하지 않는다.
④ 가스킷 같이 얇은 제품의 단면은 투상선을 한 개의 가는 실선으로 표시한다.

해설
얇은 제품의 단면은 굵은 실선으로 표시한다.

52 2종류 이상의 선이 같은 장소에서 중복될 경우 다음 중 가장 우선적으로 그려야 할 선은?
① 중심선
② 숨은선
③ 무게중심선
④ 치수보조선

53 배관도에 사용된 밸브 표시가 올바른 것은?
① 밸브 일반
② 게이트 밸브
③ 나비 밸브
④ 체크 밸브

해설
⋈ : 슬루스 밸브
⋈(●) : 글로브 밸브
◁ : 앵글 밸브

54 다음 중 일반 구조용 탄소 강관의 KS 재료 기호는?
① SPP   ② SPS
③ SKH   ④ STK

해설
SKH : 고속도강

55 용접 보조기호 중 현장용접을 나타내는 기호는?
① ▶   ② ○
③ ●   ④ ⦿

해설
○ : 온둘레 용접

정답 50 ② 51 ④ 52 ② 53 ④ 54 ④ 55 ①

56 도면에 리벳의 호칭이 "KS B 1102 보일러용 둥근 머리 리벳 13 × 30 SV 400"로 표시된 경우 올바른 설명은?

① 리벳의 수량 13개
② 리벳의 길이 30mm
③ 최대 인장강도 400kPa
④ 리벳의 호칭 지름 30mm

해설
13 : 리벳 직경 13mm
30 : 리벳 길이 30mm
SV : 리벳 재질
400 : 최저인장강도 400N/mm²

57 전개도는 대상물을 구성하는 면을 평면 위에 전개한 그림을 의미하는데, 원기둥이나 각기둥의 전개에 가장 적합한 전개도법은?

① 평행선 전개도법
② 방사선 전개도법
③ 삼각형 전개도법
④ 사각형 전개도법

58 그림과 같은 정면도와 우측면도에 가장 적합한 평면도는?

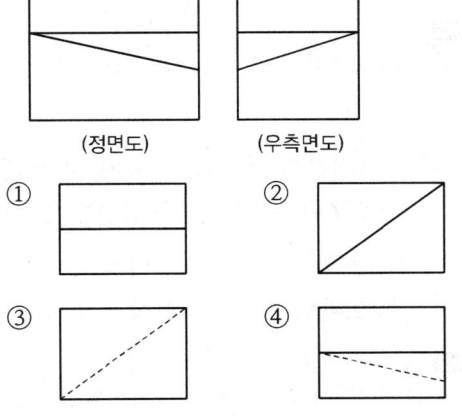

59 그림은 투상법의 기호이다. 몇 각법을 나타내는 기호인가?

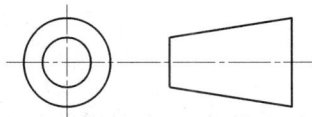

① 제1각법   ② 제2각법
③ 제3각법   ④ 제4각법

60 기계제도에서 도면에 치수를 기입하는 방법에 대한 설명으로 틀린 것은?

① 길이는 원칙으로 mm의 단위로 기입하고, 단위 기호는 붙이지 않는다.
② 치수의 자릿수가 많을 경우 세 자리마다 콤마를 붙인다.
③ 관련 치수는 되도록 한 곳에 모아서 기입한다.
④ 치수는 되도록 주 투상도에 집중하여 기입한다.

해설
기계제도에서 치수기입 시 콤마를 붙이지 않는다.

정답 56 ② 57 ④ 58 ② 59 ③ 60 ②

2014년 2회 시행

01 다음 보기와 같은 용착법은?

①④②⑤③
→ → → → →

① 대칭법 ② 전진법
③ 후진법 ④ 스킵법

02 가연성 가스로 스파크 등에 의한 화재에 대하여 가장 주의해야 할 가스는?

① C_3H_8 ② CO_2
③ He ④ O_2

해설
C_3H_8은 프로판가스로 가연성 가스이다.

03 서브머지드 아크용접기에서 다전극 방식에 의한 분류에 속하지 않는 것은?

① 푸시풀식
② 탠덤식
③ 횡병렬식
④ 횡직렬식

04 용접기의 구비조건에 해당되는 사항으로 옳은 것은?

① 사용 중 용접기 온도 상승이 커야 한다.
② 용접 중 단락되었을 경우 대전류가 흘러야 된다.
③ 소비전력이 큰 역률이 좋은 용접기를 구비한다.
④ 무부하 전압을 최소로 하여 전격기의 위험을 줄인다.

해설
무부하전압을 최소로 해야 접촉전압이 낮아져 전격방지가 된다.

05 CO_2 가스아크용접장치 중 용접전원에서 박판 아크전압을 구하는 식은?(단, I는 용접 전류의 값이다.)

① $V = 0.04 \times I + 15.5 \pm 1.5$
② $V = 0.004 \times I + 155.5 \pm 11.5$
③ $V = 0.05 \times I + 111.5 \pm 2$
④ $V = 0.005 \times I + 1111.5 \pm 2$

06 이산화탄소의 특징이 아닌 것은?

① 색, 냄새가 없다.
② 공기보다 가볍다.
③ 상온에서도 쉽게 액화한다.
④ 대지 중에서 기체로 존재한다.

해설
이산화탄소(CO_2)의 비중은 1.529(공기1)이다.

07 용접전류가 낮거나, 운봉 및 유지 각도가 불량할 때 발생하는 용접결함은?

① 용락 ② 언더컷
③ 오버랩 ④ 선상조직

해설
오버랩은 용전전류가 낮고, 용접속도가 느릴 때 발생하는 용접결함이다.

정답 01 ④ 02 ① 03 ① 04 ④ 05 ① 06 ② 07 ③

08 CO_2 가스 아크용접에서 일반적으로 용접 전류를 높게 할 때의 사항을 열거한 것 중 옳은 것은?

① 용접입열이 작아진다.
② 와이어의 녹아내림이 빨라진다.
③ 용착률과 용입이 감소한다.
④ 우수한 비드 형상을 얻을 수 있다.

해설
용접전류가 높으면 열량 발생이 크다.

09 용접부의 검사법 중 기계적 시험이 아닌 것은?

① 인장시험　② 부식시험
③ 굽힘시험　④ 피로시험

해설
부식시험은 화학적 시험방법이다.

10 주성분이 은, 구리, 아연의 합금인 경납으로 인장강도, 전연성 등의 성질이 우수하여 구리, 구리합금, 철강, 스테인리스강 등에 사용되는 납재는?

① 양은납　② 알루미늄납
③ 은납　　④ 내열납

11 용접 이음을 설계할 때 주의사항으로 틀린 것은?

① 구조상의 노치부를 피한다.
② 용접구조물의 특성 문제를 고려한다.
③ 맞대기 용접보다 필릿 용접을 많이 하도록 한다.
④ 용접성을 고려한 사용 재료의 선정 및 열 영향 문제를 고려한다.

12 불활성 아크용접에 관한 설명으로 틀린 것은?

① 아크가 안정되어 스패터가 적다.
② 피복제나 용제가 필요하다.
③ 열 집중성이 좋아 능률적이다.
④ 철 및 비철 금속의 용접이 가능하다.

해설
불활성 가스용접 중 TIG 용접은 피복재 및 용제가 불필요하다.

13 용접 후 인장 또는 굴곡시험으로 파단시켰을 때 은점을 발견할 수 있는데, 이 은점을 없애는 방법은?

① 수소 함유량이 많은 용접봉을 사용한다.
② 용접 후 실온으로 수개월 간 방치한다.
③ 용접부를 염산으로 세척한다.
④ 용접부를 망치로 두드린다.

14 가스 중에서 최소의 밀도로 가장 가볍고 확산속도가 빠르며, 열전도가 가장 큰 가스는?

① 수소　② 메탄
③ 프로판　④ 부탄

15 초음파 탐상법에서 널리 사용되며 초음파의 펄스를 시험체의 한쪽 면으로부터 송신하여 결함 에코의 형태로 결함을 판정하는 방법은?

① 투과법　② 공진법
③ 침투법　④ 펄스반사법

16 전기저항 점용접작업 시 용접기에서 조정할 수 있는 3대 요소에 해당하지 않는 것은?
① 용접 전류 ② 전극 가압력
③ 용접 전압 ④ 통전 시간

17 다음 중 비용극식 불활성 가스 아크용접은?
① GMAW ② GTAW
③ MMAW ④ SMAW

해설
비용극식 불활성 가스 아크용접은 TIG 용접으로 Gas Tungsten Arc Welding(GTAW)이다.

18 알루미늄 분말과 산화철 분말을 1 : 3의 비율로 혼합하고, 점화제로 점화하면 일어나는 화학반응은?
① 테르밋반응 ② 용융반응
③ 포정반응 ④ 공석반응

19 불활성가스 금속 아크용접에서 가스 공급계통의 확인 순서로 가장 적합한 것은?
① 용기 → 감압밸브 → 유량계 → 제어장치 → 용접토치
② 용기 → 유량계 → 감압밸브 → 제어장치 → 용접토치
③ 감압밸브 → 용기 → 유량계 → 제어장치 → 용접토치
④ 용기 → 제어장치 → 감압밸브 → 유량계 → 용접토치

20 용접을 크게 분류할 때 압접에 해당되지 않는 것은?
① 저항용접 ② 초음파용접
③ 마찰용접 ④ 전자빔용접

해설
전자빔용접은 고진공상태에서 용접하는 용접방법이다.

21 용접 현장에서 지켜야 할 안전사항 중 잘못 설명한 것은?
① 탱크 내에서는 혼자 작업한다.
② 인화성 물체 부근에서는 작업을 하지 않는다.
③ 좁은 장소에서의 작업 시는 통풍을 실시한다.
④ 부득이 가연성 물체 가까이에서 작업할 시는 화재 발생 예방조치를 한다.

22 용접 시 냉각속도에 관한 설명 중 틀린 것은?
① 예열을 하면 냉각속도가 완만하게 된다.
② 얇은 판보다는 두꺼운 판이 냉각속도가 크다.
③ 알루미늄이나 구리는 연강보다 냉각속도가 느리다.
④ 맞대기 이음보다는 T형 이음이 냉각속도가 크다.

해설
알루미늄이나 구리는 연강보다 열 방출이 빠르다.

정답 16 ③ 17 ② 18 ① 19 ① 20 ④ 21 ① 22 ③

23 수소함유량이 타 용접봉에 비해서 1/10 정도 현저하게 적고 특히 균열의 감소성이나 탄소, 황의 함유량이 많은 강의 용접에 적합한 용접봉은?

① E4301　② E4313
③ E4316　④ E4324

24 다음 중 아크 에어 가우징에 사용되지 않는 것은?

① 가우징 토치　② 가우징봉
③ 압축공기　④ 열교환기

25 다음 중 주철용접 시 주의사항으로 틀린 것은?

① 용접봉은 가능한 한 지름이 굵은 용접봉을 사용한다.
② 보수 용접을 행하는 경우는 결함부분을 완전히 제거한 후 용접한다.
③ 균열의 보수는 균열의 성장을 방지하기 위해 균열의 양끝에 정지 구멍을 뚫는다.
④ 용접 전류는 필요 이상 높이지 말고 직선비드를 배치하며, 지나치게 용입을 깊게 하지 않는다.

해설
주철용접 시 용접봉은 가능한 지름이 가는 용접봉을 사용하여 열량 발생이 국부적으로 높도록 한다.

26 가스용접용 토치의 팁 중 표준불꽃으로 1시간 용접 시 아세틸렌 소모량이 100L인 것은?

① 고압식 200번 팁
② 중압식 200번 팁
③ 가변압식 100번 팁
④ 불변압식 100번 팁

해설
프랑스식 토치의 규격은 1시간당 소모량으로 나타낸다.

27 고체상태에 있는 두 개의 금속재료를 용접, 압접, 납땜으로 분류하여 접합하는 방법은?

① 기계적 접합법　② 화학적 접합법
③ 전기적 접합법　④ 야금적 접합법

28 헬멧이나 핸드실드의 차광유리 앞에 보호유리를 끼우는 가장 타당한 이유는?

① 시력을 보호하기 위하여
② 가시광선을 차단하기 위하여
③ 적외선을 차단하기 위하여
④ 차광유리를 보호하기 위하여

29 직류 아크용접기의 음(-)극에 용접봉을, 양(+)극에 모재를 연결한 상태의 극성을 무엇이라 하는가?

① 직류정극성　② 직류역극성
③ 직류음극성　④ 직류용극성

30 수동 가스절단작업 중 절단면의 윗 모서리가 녹아 둥글게 되는 현상이 생기는 원인과 거리가 먼 것은?

① 팁과 강판 사이의 거리가 가까울 때
② 절단가스의 순도가 높을 때
③ 예열불꽃이 너무 강할 때
④ 절단속도가 너무 느릴 때

해설
절단가스의 순도가 높으면 절단면이 양호해지며 절단속도가 빨라진다.

정답 23 ③　24 ④　25 ①　26 ③　27 ④　28 ④　29 ①　30 ②

31 교류 아크용접기의 종류 중 조작이 간단하고 원격 조정이 가능한 용접기는?

① 가포화 리액터형 용접기
② 가동 코일형 용접기
③ 가동 철심형 용접기
④ 탭 전환형 용접기

32 가연성 가스에 대한 설명 중 가장 옳은 것은?

① 가연성 가스는 CO_2와 혼합하면 더욱 잘 탄다.
② 가연성 가스는 혼합공기가 적은 만큼 완전 연소한다.
③ 산소, 공기 등과 같이 스스로 연소하는 가스를 말한다.
④ 가연성 가스는 혼합한 공기와의 비율이 적절한 범위 안에서 잘 연소한다.

33 수중절단작업을 할 때에는 예열 가스의 양을 공기 중의 몇 배로 하는가?

① 0.5~1배
② 1.5~2배
③ 4~8배
④ 9~16배

해설
수중절단 시 절단부 냉각으로 공기 중보다 4~8배의 예열가스의 소모가 많다.

34 아크용접기의 구비조건으로 틀린 것은?

① 구조 및 취급이 간단해야 한다.
② 사용 중에 온도 상승이 커야 한다.
③ 전류 조정이 용이하고, 일정한 전류가 흘러야 한다.
④ 아크 발생 및 유지가 용이하고 아크가 안정되어야 한다.

35 철강을 가스절단하려고 할 때 절단조건으로 틀린 것은?

① 슬래그의 이탈이 양호하여야 한다.
② 모재에 연소되지 않은 물질이 적어야 한다.
③ 생성된 산화물의 유동성이 좋아야 한다.
④ 생성된 금속산화물의 용융온도는 모재의 용융점보다 높아야 한다.

해설
금속산화물의 온도는 모재용융온도보다 낮아야 한다.

36 아크용접에서 피복제의 역할이 아닌 것은?

① 전기 절연작용을 한다.
② 용착금속의 응고와 냉각속도를 빠르게 한다.
③ 용착금속에 적당한 합금원소를 첨가한다.
④ 용적(Globule)을 미세화하고, 용착효율을 높인다.

해설
피복재는 용착금속의 냉각속도를 느리게 해야 한다.

37 직류용접에서 발생되는 아크 쏠림의 방지 대책 중 틀린 것은?

① 큰 가접부 또는 이미 용접이 끝난 용착부를 향하여 용접할 것
② 용접부가 긴 경우 후퇴 용접법(Back Step Welding)으로 할 것
③ 용접봉 끝을 아크가 쏠리는 방향으로 기울일 것
④ 되도록 아크를 짧게 하여 사용할 것

해설
아크 쏠림 방지책
용접봉 끝을 쏠림 반대방향으로 기울인다.

38 산소-아세틸렌가스 불꽃 중 일반적인 가스용접에는 사용하지 않고 구리, 황동 등의 용접에 주로 이용되는 불꽃은?

① 탄화 불꽃　② 중성 불꽃
③ 산화 불꽃　④ 아세틸렌 불꽃

39 두 개의 모재를 강하게 맞대어 놓고 서로 상대 운동을 주어 발생되는 열을 이용하는 방식은?

① 마찰 용접
② 냉간 압접
③ 가스 압접
④ 초음파 용접

40 18-8형 스테인리스강의 특징을 설명한 것 중 틀린 것은?

① 비자성체이다.
② 18-8에서 18은 Cr%, 8은 Ni%이다.
③ 결정구조는 연심입방격자를 갖는다.
④ 500~800℃로 가열하면 탄화물이 입계에 석출하지 않는다.

41 용접금속의 용융부에서 응고과정의 순서로 옳은 것은?

① 결정핵 생성 → 결정경계 → 수지상정
② 결정핵 생성 → 수지상정 → 결정경계
③ 수지상정 → 결정핵 생성 → 결정경계
④ 수지상정 → 결정경계 → 결정핵 생성

42 질량의 대소에 따라 담금질 효과가 다른 현상을 질량효과라고 한다. 탄소강에 니켈, 크롬, 망간 등을 첨가하면 질량효과는 어떻게 변하는가?

① 질량효과가 커진다.
② 질량효과가 작아진다.
③ 질량효과는 변하지 않는다.
④ 질량효과가 작아지다가 커진다.

해설
질량효과가 작을수록 열처리 깊이가 깊어지는 것으로 담금질 효과가 크다. 탄소강에 니켈, 크롬 등을 첨가하면 열처리가 잘 된다.

43 Mg(마그네슘)의 융점은 약 몇 ℃인가?

① 650℃　② 1538℃
③ 1670℃　④ 3600℃

44 주철에 관한 설명으로 틀린 것은?

① 인장강도가 압축강도보다 크다.
② 주철은 백주철, 반주철, 회주철 등으로 나눈다.
③ 주철은 메짐(취성)이 연강보다 크다.
④ 흑연은 인장강도를 약하게 한다.

해설
주철은 압축강도가 크고 인장강도는 작다.

정답　38 ③　39 ①　40 ④　41 ①　42 ②　43 ①　44 ①

45 강재 부품에 내마모성이 좋은 금속을 용착시켜 경질의 표면층을 얻는 방법은?

① 브레이징(Brazing)
② 숏 피닝(Shot Peening)
③ 하드 페이싱(Hard Facing)
④ 질화법(Nitriding)

46 용해 시 흡수한 산소를 인(P)으로 탈산하여 산소를 0.01% 이하로 한 것이며, 고온에서 수소 취성이 없고 용접성이 좋아 가스관, 열교환관 등으로 사용되는 구리는?

① 탈산구리　② 정련구리
③ 전기구리　④ 무산소구리

47 저합금강 중에서 연강에 비하여 고장력강의 사용 목적으로 틀린 것은?

① 재료가 절약된다.
② 구조물이 무거워진다.
③ 용접공수가 절감된다.
④ 내식성이 향상된다.

해설
고장력강은 인장강도가 연강보다 크므로 무게를 경량화할 수 있다.

48 다음 중 주조상태의 주강품 조직이 거칠고 취약하기 때문에 반드시 실시해야 하는 열처리는?

① 침탄　② 풀림
③ 질화　④ 금속침투

49 합금강이 탄소강에 비하여 좋은 성질이 아닌 것은?

① 기계적 성질 향상
② 결정입자의 조대화
③ 내식성, 내마멸성 향상
④ 고온에서 기계적 성질 저하방지

해설
합금강은 결정입자가 탄소강보다 미세해서 일반적으로 강도가 크다.

50 산소나 탈산제를 품지 않으며, 유리에 대한 봉착성이 좋고 수소취성이 없는 시판 동은?

① 무산소동　② 전기동
③ 전련동　　④ 탈산동

51 도면에 "ks b 1101 둥근 머리 리벳 25×36 SWRM 10"과 같이 리벳이 표시되었을 경우 올바른 설명은?

① 호칭 지름은 25mm이다.
② 리벳이음의 피치는 400mm이다.
③ 리벳의 재질은 황동이다.
④ 둥근머리부의 바깥지름은 36mm이다.

52 기계제도 도면에서 "t120"이라는 치수가 있을 경우 "t"가 의미하는 것은?

① 모떼기　　② 재료의 두께
③ 구의 지름　④ 정사각형의 변

정답 45 ③　46 ①　47 ②　48 ②　49 ②　50 ①　51 ①　52 ②

53 도면에서의 지시한 용접법으로 바르게 짝지어진 것은?

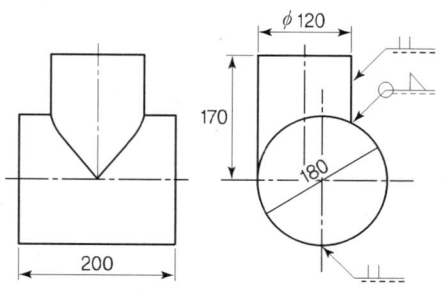

① 이면 용접, 필릿 용접
② 겹치기 용접, 플러그 용접
③ 평형 맞대기 용접, 필릿 용접
④ 심 용접, 겹치기 용접

해설

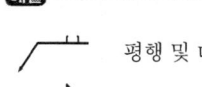 평행 및 대기용접

온둘레 필릿 용접

54 그림은 배관용 밸브의 도시기호이다. 어떤 밸브의 도시기호인가?

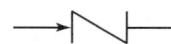

① 앵글 밸브   ② 체크 밸브
③ 게이트 밸브 ④ 안전 밸브

55 배관용 아크용접 탄소강 강관의 KS기호는?

① PW   ② WM
③ SCW   ④ SPW

56 기계제작부품 도면에서 도면의 윤곽선 오른쪽 아래 구석에 위치하는 표제란을 가장 올바르게 설명한 것은?

① 품번, 품명, 재질, 주서 등을 기재한다.
② 제작에 필요한 기술적인 사항을 기재한다.
③ 제조 공정별 처리방법, 사용공구 등을 기재한다.
④ 도번, 도명, 제도 및 검도 등 관련자 서명, 척도 등을 기재한다.

57 그림과 같이 제3각법으로 정면도와 우측면도를 작도할 때 누락된 평면도로 적합한 것은?

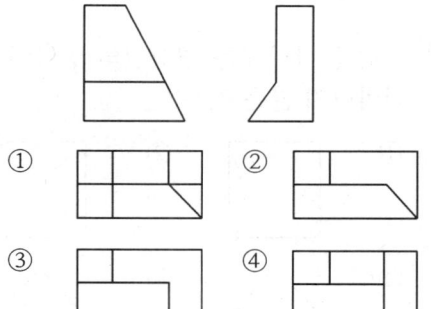

정답 53 ③ 54 ② 55 ④ 56 ④ 57 ②

58 그림과 같은 원추를 전개하였을 경우 전개면의 꼭지각이 180°가 되려면 ØD의 치수는 얼마가 되어야 하는가?

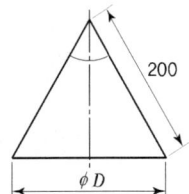

① ϕ100   ② ϕ120
③ ϕ180   ④ ϕ200

해설

$\pi D \times \dfrac{360}{180} = 2\pi D$

$2\pi l = 2\pi D$

$l = D = 200$

59 단면을 나타내는 해칭선의 방향이 가장 적합하지 않은 것은?

① 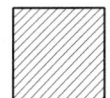　②

③ 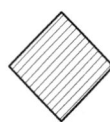　④

해설

해칭선은 단면과 45°이다.

60 기계제도에서 사용하는 선의 굵기 기준이 아닌 것은?

① 0.9mm   ② 0.25mm
③ 0.18mm   ④ 0.7mm

해설

선의 굵기기준은 0.18, 0.25, 0.35, 0.5, 0.7, 1mm이다.

정답 58 ④ 59 ③ 60 ①

2014년 4회 시행

01 납땜 시 강한 접합을 위한 틈새는 어느 정도가 가장 적당한가?
① 0.02~0.10mm ② 0.20~0.30mm
③ 0.30~0.40mm ④ 0.40~0.50mm

02 다음 중 맞대기 저항 용접의 종류가 아닌 것은?
① 업셋 용접   ② 프로젝션 용접
③ 퍼커션 용접 ④ 플래시 비트 용접

해설
프로젝션 용접은 겹치기 전기저항용접이다.

03 MIG 용접에서 가장 많이 사용되는 용적 이행 형태는?
① 단락 이행   ② 스프레이 이행
③ 입상 이행   ④ 글로뷸러 이행

04 다음 중 용접부의 검사방법에 있어 비파괴 검사법이 아닌 것은?
① X선 투과시험
② 형광침투시험
③ 피로시험
④ 초음파시험

해설
피로시험은 성질상 시험법, 즉 기계적 시험법이다.

05 CO_2 가스 아크용접에서 솔리드 와이어에 비교한 복합 와이어의 특징을 설명한 것으로 틀린 것은?
① 양호한 용착금속을 얻을 수 있다.
② 스패터가 많다.
③ 아크가 안정된다.
④ 비드 외관이 깨끗하며 아름답다.

해설
CO_2 가스 아크용접은 가시아크이므로 시공이 편리하고 스패터가 적어 아크가 안정하다.

06 다음 용접법 중 저항용접이 아닌 것은?
① 스폿 용접   ② 심 용접
③ 프로젝션 용접 ④ 스터드 용접

해설
스터드 용접은 압접의 일종이다.

07 아크용접의 재해라 볼 수 없는 것은?
① 아크 광선에 의한 전안염
② 스패터 비산으로 인한 화상
③ 역화로 인한 화재
④ 전격에 의한 감전

해설
역화로 인한 화재는 가스용접 시 발생한다.

정답 01 ① 02 ② 03 ② 04 ③ 05 ② 06 ④ 07 ③

08 다음 중 전자 빔 용접의 장점과 거리가 먼 것은?
① 고진공 속에서 용접을 하므로 대기와 반응하기 쉬운 활성재료도 용이하게 용접된다.
② 두꺼운 판의 용접이 불가능하다.
③ 용접을 정밀하고 정확하게 할 수 있다.
④ 에너지 집중이 가능하기 때문에 고속으로 용접이 된다.

09 대상물에 감마선, 엑스선을 투과시켜 필름에 나타나는 상으로 결함을 판별하는 비파괴 검사법은?
① 초음파 탐상검사
② 침투 탐상검사
③ 와전류 탐상검사
④ 방사선 투과검사

10 다음 그림 중에서 용접 열량의 냉각속도가 가장 큰 것은?

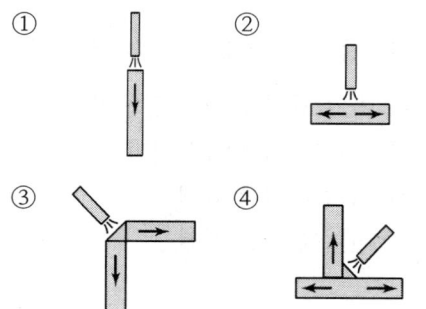

11 MIG 용접이 용적 이행 중 단락 아크용접에 관한 설명으로 맞는 것은?
① 용적이 안정된 스프레이 형태로 용접된다.
② 고주파 및 저전류 펄스를 활용한 용접이다.
③ 임계전류 이상의 용접 전류에서 많이 적용된다.
④ 저전류, 저전압에서 나타나며 박판용접에 사용된다.

해설
불활성가스 금속 아크용접의 이행형태
㉠ 단락형(비교적 낮은 전류)
㉡ 입적이행(낮은 전류 밀도)
㉢ 스프레이형(높은 전류 밀도)

12 용접결함 중 내부에 생기는 결함은?
① 언더컷   ② 오버랩
③ 크레이터 균열 ④ 기공

13 다음 중 불활성 가스 텅스텐 아크용접에서 중간 형태의 용입과 비드 폭을 얻을 수 있으며, 청정 효과가 있어 알루미늄이나 마그네슘 등의 용접에 사용되는 전원은?
① 직류 정극성 ② 직류 역극성
③ 고주파 교류 ④ 교류 전원

14 용접용 용제는 성분에 의해 용접 작업성, 용착 금속의 성질이 크게 변화하므로 다음 중 원료와 제조방법에 따른 서브머지드 아크용접의 용접용 용제에 속하지 않는 것은?
① 고온 소결형 용제
② 저온 소결형 용제
③ 용융형 용제
④ 스프레이형 용제

해설
서브머지드 용접용 용제의 종류
㉠ 용융형   ㉡ 소결형
㉢ 혼성형(용융용+소결형)

15 용접 시 발생하는 변형을 적게 하기 위하여 구속하고 용접하였다면 잔류응력은 어떻게 되는가?

　① 잔류응력이 작게 발생한다.
　② 잔류응력이 크게 발생한다.
　③ 잔류응력은 변함없다.
　④ 잔류응력과 구속용접과는 관계없다.

해설
지그 등으로 구속하고 용접하면 잔류응력이 크게 발생하므로 풀림이나 피닝작업을 하여 잔류응력을 감소시켜야 한다.

16 용접결함 중 균열의 보수방법으로 가장 옳은 방법은?

　① 작은 지름의 용접봉으로 재용접한다.
　② 굵은 지름의 용접봉으로 재용접한다.
　③ 전류를 높게 하여 재용접한다.
　④ 정지구멍을 뚫어 균열부분은 홈을 판 후 재용접한다.

17 안전·보건 표지의 색채, 색도기준 및 용도에서 문자 및 빨간색 또는 노란색에 대한 보조색으로 사용되는 색채는?

　① 파란색　　② 녹색
　③ 흰색　　　④ 검은색

18 감전의 위험으로부터 용접 작업자를 보호하기 위해 교류 용접기에 설치하는 것은?

　① 고주파발생장치
　② 전격방지장치
　③ 원격제어장치
　④ 시간제어장치

19 산화하기 쉬운 알루미늄을 용접할 경우에 가장 적합한 용접법은?

　① 서브머지드 아크용접
　② 불활성 가스 아크용접
　③ CO_2 아크용접
　④ 피복 아크용접

20 용접 홈의 형식 중 두꺼운 판의 양면 용접을 할 수 없는 경우에 가공하는 방법으로 한쪽 용접에 의해 충분한 용입을 얻으려고 할 때 사용되는 홈은?

　① I형 홈　　② V형 홈
　③ U형 홈　　④ H형 홈

21 금속산화물이 알루미늄에 의하여 산소를 빼앗기는 반응에 의해 생성되는 열을 이용하여 금속을 접합시키는 용접법은?

　① 스터드 용접
　② 테르밋 용접
　③ 원자수소 용접
　④ 일렉트로 슬래그 용접

해설
산화철과 알루미늄 분말의 용접은 테르밋 용접이다.

22 아래 그림과 같이 각 층마다 전체의 길이를 용접하면서 쌓아 올리는 가장 일반적인 방법으로 주로 사용하는 용착법은?

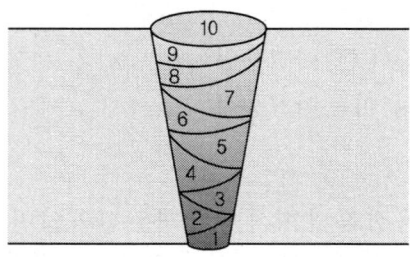

① 교호법 ② 덧살올림법
③ 캐스케이드법 ④ 전진블록법

23 용접에 의한 이음을 리벳이음과 비교했을 때, 용접이음의 장점이 아닌 것은?

① 이음구조가 간단하다.
② 판 두께에 제한을 거의 받지 않는다.
③ 용접 모재의 재질에 대한 영향이 적다.
④ 기밀성과 수밀성을 얻을 수 있다.

해설
모재의 재질에 영향을 받지 않는 이음은 리벳이음이다.

24 피복 아크용접 회로의 순서가 올바르게 연결된 것은?

① 용접기 – 전극케이블 – 용접봉 홀더 – 피복아크용접봉 – 아크 – 모재 – 접지케이블
② 용접기 – 용접봉 홀더 – 전극케이블 – 모재 – 아크 – 피복아크용접봉 – 접지케이블
③ 용접기 – 피복아크용접봉 – 아크 – 모재 – 접지케이블 – 전극케이블 – 용접봉 홀더
④ 용접기 – 전극케이블 – 접지케이블 – 용접봉 홀더 – 피복아크용접봉 – 아크 – 모재

25 연강용 가스용접봉의 용착금속의 기계적 성질 중 시험편의 처리에서 "용접한 그대로 응력을 제거하지 않은 것"을 나타내는 기호는?

① NSR   ② SR
③ GA   ④ GB

해설
No Stress Remove

26 용접 중에 아크가 전류의 자기작용에 의해서 한쪽으로 쏠리는 현상을 아크 쏠림(Arc Blow)이라 한다. 다음 중 아크 쏠림의 방지법이 아닌 것은?

① 직류 용접기를 사용한다.
② 아크의 길이를 짧게 한다.
③ 보조판(엔드탭)을 사용한다.
④ 후퇴법을 사용한다.

해설
직류 용접기에서 아크 쏠림(자기불림) 현상이 발생한다.

27 발전(모터, 엔진형)형 직류 아크용접기와 비교하여 정류기형 직류 아크용접기를 설명한 것 중 틀린 것은?

① 고장이 적고 유지보수가 용이하다.
② 취급이 간단하고 가격이 싸다.
③ 초소형 경량화 및 안정된 아크를 얻을 수 있다.
④ 완전한 직류를 얻을 수 있다.

해설
정류기형 직류 아크용접기는 교류를 정류했으므로 완전한 직류가 되지 못하며 고장이 적으나 정류기 파손에 주의해야 한다.

정답 22 ② 23 ③ 24 ① 25 ① 26 ① 27 ④

28 가스 절단에서 양호한 절단면을 얻기 위한 조건으로 맞지 않는 것은?

① 드래그가 가능한 한 클 것
② 절단면 표면의 각이 예리할 것
③ 슬래그 이탈이 양호할 것
④ 경제적인 절단이 이루어질 것

해설
가스절단에서 드래그가 가능한 작아야 양호한 절단면이 된다.

29 용접봉의 용융금속이 표면장력의 작용으로 모재에 옮겨 가는 용적 이행으로 맞는 것은?

① 스프레이형 ② 핀치효과형
③ 단락형   ④ 용적형

30 피복 아크용접봉에서 피복제의 가장 중요한 역할은?

① 변형 방지
② 인장력 증대
③ 모재 강도 증가
④ 아크 안정

31 저수소계 용접봉의 특징이 아닌 것은?

① 용착금속 중 수소량이 다른 용접봉에 비해서 현저하게 적다.
② 용착금속의 취성이 크며 화학적 성질도 좋다.
③ 균열에 대한 감수성이 특히 좋아서 두꺼운 판 용접에 사용된다.
④ 고탄소강 및 황의 함유량이 많은 쾌삭강 등의 용접에 사용되고 있다.

해설
저수소계 용접봉은 다른 용접봉에 비해 수소의 양이 적으므로 $\left(\frac{1}{10}\right)$ 용착금속의 인성과 기계적 성질이 좋다.

32 폭발위험성이 가장 큰 산소와 아세틸렌의 혼합비(%)는?

① 40 : 60   ② 15 : 85
③ 60 : 40   ④ 85 : 15

33 연강용 피복금속 아크용접봉에서 다음 중 피복제의 염기성이 가장 높은 것은?

① 저수소계
② 고산화철계
③ 고셀룰로오스계
④ 티탄계

34 35℃에서 150kgf/cm²으로 압축하여 내부용적 45.7리터의 산소 용기에 충전하였을 때, 용기속의 산소량은 몇 리터인가?

① 6855   ② 5250
③ 6150   ④ 7005

해설
$150 \times 45.7 = 6855$

35 산소 프로판 가스용접 시 산소 : 프로판 가스의 혼합비로 가장 적당한 것은?

① 1 : 1
② 2 : 1
③ 2.5 : 1
④ 4.5 : 1

정답 28 ① 29 ③ 30 ④ 31 ② 32 ① 33 ① 34 ① 35 ④

36 교류피복 아크용접기에서 아크 발생 초기에 용접전류를 강하게 흘려보내는 장치를 무엇이라고 하는가?

① 원격 제어장치
② 핫 스타트 장치
③ 전격 방지기
④ 고주파 발생장치

해설
아크 발생 초기에는 많은 열이 발생해야 한다.

37 아크 절단법의 종류가 아닌 것은?

① 플라즈마 제트 절단
② 탄소 아크 절단
③ 스카핑
④ 티그 절단

해설
스카핑은 강재표면의 탈탄층 또는 홈을 제거하는 방법이다.

38 부탄가스의 화학기호로 맞는 것은?

① C_4H_{10} ② C_3H_8
③ C_5H_{12} ④ C_2H_6

해설
C_3H_8 : 프로판가스, C_4H_{10} : 부탄가스

39 아크 에어 가우징에 가장 적합한 홀더 전원은?

① DCRP
② DCSP
③ DCRP, DCSP 모두 좋다.
④ 대전류의 DCSP가 가장 좋다.

해설
아크 에어 가우징의 전류는 직류역극성(DCRP)을 사용한다.

40 열간가공이 쉽고 다듬질 표면이 아름다우며 용접성이 우수한 강으로 몰리브덴 첨가로 담금질성이 높아 각종 축, 강력볼트, 암, 레버 등에 많이 사용되는 강은?

① 크롬 – 몰리브덴강
② 크롬 – 바나듐강
③ 규소 – 망간강
④ 니켈 – 구리 – 코발트강

41 고장력강(HT)의 용접성을 가급적 좋게 하기 위해 줄여야 할 합금원소는?

① C   ② Mn
③ Si   ④ Cr

42 내식강 중에서 가장 대표적인 특수 용도용 합금강은?

① 주강
② 탄소강
③ 스테인리스강
④ 알루미늄강

43 아공석강의 기계적 성질 중 탄소함유량이 증가함에 따라 감소하는 성질은?

① 연신율   ② 경도
③ 인장강도 ④ 항복강도

44 금속침투법에서 칼로라이징이란 어떤 원소로 사용하는 것인가?

① 니켈   ② 크롬
③ 붕소   ④ 알루미늄

정답 36 ② 37 ③ 38 ① 39 ① 40 ① 41 ① 42 ③ 43 ① 44 ④

45 주조 시 주형에 냉금을 삽입하여 주물표면을 급랭시키는 방법으로 제조되며 금속 압연용 롤 등으로 사용되는 주철은?

① 가단주철 ② 칠드주철
③ 고급주철 ④ 페라이트주철

해설
주물의 표면을 급랭하면 시멘타이트(Fe_3C) 조직이 발생하며 칠드주철이라고 한다.

46 알루마이트법이라 하며, Al 제품을 2% 수산 용액에서 전류를 흘려 표면에 단순하고 치밀한 산화막을 만드는 방법은?

① 통산법 ② 황산법
③ 수산법 ④ 크롬산법

47 주위의 온도에 의하여 선팽창 계수나 탄성률 등의 특정한 성질이 변하지 않는 불변강이 아닌 것은?

① 인바 ② 엘린바
③ 슈퍼인바 ④ 베빗메탈

해설
배빗메탈은 베어링 합금이다.

48 다음 가공법 중 소성가공법이 아닌 것은?

① 주조 ② 압연
③ 단조 ④ 인발

49 다음 중 담금질에서 나타나는 조직으로 경도와 강도가 가장 높은 조직은?

① 시멘타이트
② 오스테나이트
③ 소르바이트
④ 마텐자이트

50 일반적으로 강에 S, Pb, P 등을 첨가하여 절삭성을 향상시킨 강은?

① 구조용 강
② 쾌삭강
③ 스프링강
④ 탄소공구강

51 그림과 같이 파단선을 경계로 필요로 하는 요소의 일부만을 단면으로 표시하는 단면도는?

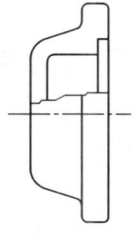

① 온 단면도
② 부분 단면도
③ 한쪽 단면도
④ 회전 도시 단면도

52 그림과 같은 치수 기입 방법은?

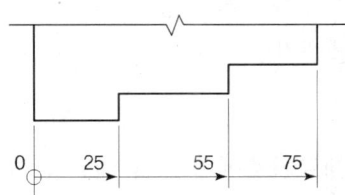

① 직렬 치수 기입법
② 병렬 치수 기입법
③ 조합 치수 기입법
④ 누진 치수 기입법

53 관의 구배를 표시하는 방법 중 틀린 것은?

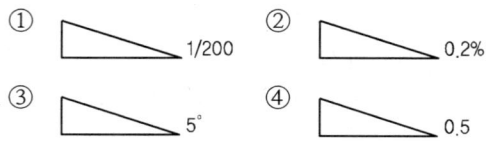

해설
구배는 숫자만으로는 표현이 불가능하다.

54 도면에서 표제란과 부품란으로 구분할 때 다음 중 일반적으로 표제란에만 기입하는 것은?

① 부품번호 ② 부품기호
③ 수량   ④ 척도

55 그림과 같은 용접이음 방법의 명칭으로 가장 적합한 것은?

① 연속 필릿 용접
② 플랜지형 겹치기 용접
③ 연속 모서리 용접
④ 플랜지형 맞대기 용접

56 KS 재료기호에서 고압 배관용 탄소강관을 의미하는 것은?

① SPP   ② SPS
③ SPPA   ④ SPPH

해설
- SPP : 배관용 탄소강관
- SPS : 일반구조용 탄소강관
- SPPS : 압력배관용 탄소강관

57 용도에 의한 명칭에서 선의 종류가 모두가 실선인 것은?

① 치수선, 치수보조선, 지시선
② 중심선, 지시선, 숨은선
③ 외형선, 치수보조선, 해칭선
④ 기준선, 피치선, 수준면선

58 그림과 같은 원뿔을 전개하였을 경우 나타난 부채꼴의 전개각(전개된 물체의 꼭지각)이 150°가 되려면 l의 치수는?

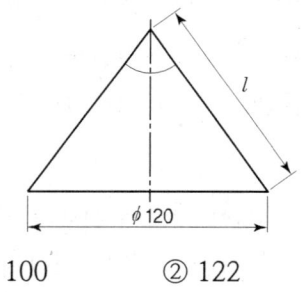

① 100   ② 122
③ 144   ④ 150

해설
$\pi \times 120 = 377$
$377 \times \dfrac{360}{150} = 904.8$
l은 반지름이므로
$2\pi l = 904.8$
$l = \dfrac{904.8}{2\pi} = 144$

59 리벳의 호칭 방법으로 옳은 것은?

① 규격 번호, 종류, 호칭지름×길이, 재료
② 명칭, 등급, 호칭지름×길이, 재료
③ 규격번호, 종류, 부품 등급, 호칭, 재료
④ 명칭, 다음질 경도, 호칭, 등급, 강도

60 그림과 같은 제3각법 정투상도의 3면도를 기초로 한 입체도로 가장 적합한 것은?

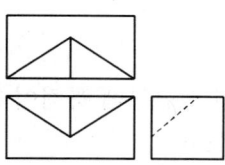

① 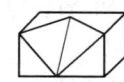 ②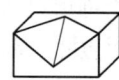

③ 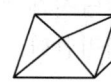 ④

정답 60 ②

2016년 1회 시행

용접기능사

01 플래시용접(flash welding)법의 특징으로 틀린 것은?

① 가열 범위가 좁고 열영향부가 적으며 용접속도가 빠르다.
② 용접면에 산화물의 개입이 적다.
③ 종류가 다른 재료의 용접이 가능하다.
④ 용접면의 끝맺음 가공이 정확하여야 한다.

해설
플래시용접은 전기저항용접의 맞대기용접으로 품질을 좋게 하기위해서 후가공이 필요하다.

02 아크 쏠림의 방지대책에 관한 설명으로 틀린 것은?

① 교류용접으로 하지 말고 직류용접으로 한다.
② 용접부가 긴 경우는 후퇴법으로 용접한다.
③ 아크 길이는 짧게 한다.
④ 접지부를 될 수 있는 대로 용접부에서 멀리한다.

해설
아크 쏠림은 직류용접에서는 발생하며 방지대책으로 용접봉 끝을 아크쏠림 반대방향으로 후퇴법으로 하며 접지부를 용접부로부터 멀리한다.

03 CO_2 가스 아크 용접 결함에 있어서 다공성이란 무엇을 의미하는가?

① 질소, 수소, 일산화탄소 등에 의한 기공을 말한다.
② 와이어 선단부에 용적이 붙어 있는 것을 말한다.
③ 스패터가 발생하여 비드의 외관에 붙어 있는 것을 말한다.
④ 노즐과 모재간 거리가 지나치게 작아서 와이어 송급 불량을 의미한다.

04 박판의 스테인리스강의 좁은 홈의 용접에서 아크 교란 상태가 발생할 때 적합한 용접방법은?

① 고주파 펄스 티그 용접
② 고주파 펄스 미그 용접
③ 고주파 펄스 일렉트로 슬래그 용접
④ 고주파 펄스 이산화탄소 아크 용접

해설
고주파 펄스 TIG 용접기의 장점은 전극봉의 소모가 적어 수명이 길며 좁은 홈의 용접에서 아크의 교란상태가 발생되지 않아 안정된 상태의 용융지가 형성되므로 20A 이하의 저전류에서 아크의 발생이 안정되므로 0.5mm 이하의 박판용접에도 가능하다.

05 용접 이음의 종류가 아닌 것은?

① 겹치기 이음
② 모서리이음
③ 라운드 이음
④ T형 필릿 이음

정답 01 ④ 02 ① 03 ① 04 ① 05 ③

06 서브머지드 아크 용접봉 와이어 표면에 구리를 도금한 이유는?

① 접촉 팁과의 전기 접촉을 원활히 한다.
② 용접 시간이 짧고 변형을 적게 한다.
③ 슬래그 이탈성을 좋게 한다.
④ 용융 금속의 이행을 촉진시킨다.

07 기계적 접합으로 볼 수 없는 것은?

① 볼트 이음
② 리벳 이음
③ 접어 잇기
④ 압접

[해설]
압접의 대표적 용접법은 전기저항용접이다.

08 용접부의 연성결함을 조사하기 위하여 사용되는 시험법은?

① 브리넬 시험
② 비커스 시험
③ 굽힘 시험
④ 충격 시험

[해설]
브리넬 시험, 비커스 시험, 충격 시험은 경도 측정 시험 방법이다.

09 다음이 설명하고 있는 현상은?

알루미늄 용접에서는 사용 전류에 한계가 있어 용접 전류가 어느 정도 이상이 되면 청정 작용이 일어나지 않아 산화가 심하게 생기며 아크 길이가 불안전하게 변동되어 비드 표면이 거칠게 주름이 생기는 현상

① 번 백(burn back)
② 퍼커링(puckering)
③ 버터링(buttering)
④ 멜트 백킹(melt backing)

[해설]
번백(Burn back)현상: 자동 및 반자동 아크 용접에 있어서 와이어가 콘택트팁에 타서 붙은 현상.

버터링 (BUTTERING) : 후속 용접을 위해 후속 용접금속과 접합력이 좋은 용착 금속을 사용 강재의 표면에 시공하는 용접 법으로서주로 용접성이 나쁜 이종 금속의 강재에 사용된다.

백킹 (backing) :맞대기 이음을 편면 완전용입 용접법으로 실시할 경우 동종 또는 이종이 금속판이나 입상 플럭스 등을 루트 뒷면에 받쳐 놓은 것을 말한다.

10 화재의 분류 중 C급 화재에 속하는 것은?

① 전기 화재
② 금속 화재
③ 가스 화재
④ 일반 화재

[해설]
화재의 종류
• A급 – 일반화재
• B급 – 유류
• C급 – 전기
• D급 – 금속분화제

11 용접 작업시 전격 방지대책으로 틀린 것은?

① 절연 홀더의 절연부분이 노출, 파손되면 보수하거나 교체한다.
② 홀더나 용접봉은 맨손으로 취급한다.
③ 용접기의 내부에 함부로 손을 대지 않는다.
④ 땀, 물 등에 의한 습기찬 작업복, 장갑, 구두 등을 착용하지 않는다.

12 용접 자세를 나타내는 기호가 틀리게 짝지어진 것은?

① 위보기자세 : OH
② 수직자세: V
③ 아래보기자세 : U
④ 수평자세: H

[해설]
아래보기 용접(F ; Flat position)

정답 06 ① 07 ④ 08 ③ 09 ② 10 ① 11 ② 12 ③

13 플라즈마 아크 용접의 특징으로 틀린 것은?

① 용접부의 기계적 성질이 좋으며 변형도 적다.
② 용입이 깊고 비드 폭이 좁으며 용접속도가 빠르다.
③ 단층으로 용접할 수 있으므로 능률적이다.
④ 설비비가 적게 들고 무부하 전압이 낮다.

해설
플라즈마 용접(Plasma Welding)은 기체를 가열 시 기체 원자는 전리되어 이온과 전자로 분리된다. 플라즈마란 이와 같이 전자와 이온이 혼합되어 도전성을 띤 가스체인데 냉각 가스를 이용하여 10000~30000℃까지 온도를 높일 수 있는 용접법으로 설비비가 많이든다.

14 다음 중 귀마개를 착용하고 작업하면 안 되는 작업자는?

① 조선소의 용접 및 취부작업자
② 자동차 조립공장의 조립작업자
③ 강재 하역장의 크레인 신호자
④ 판금작업장의 타출 판금작업자

해설
강재 하역장의 크레인 신호자는 주변의 소리에 민감해야사고를 방지할 수 있다.

15 이산화탄소 아크 용접의 보호가스 설비에서 저전류 영역의 가스유량은 약 몇 L/min 정도가 가장적당한가?

① 1~5   ② 6~9
③ 10~15   ④ 20~25

16 가용접에 대한 설명으로 틀린 것은?

① 가용접 시에는 본 용접보다도 지름이 큰 용접봉을 사용하는 것이 좋다.
② 가용접은 본 용접과 비슷한 기량을 가진 용접사에 의해 실시되어야 한다.
③ 강도상 중요한 곳과 용접의 시점 및 종점이 되는 끝 부분은 가용접을 피한다.
④ 가용접은 본 용접을 실시하기 전에 좌우의 홈 또는 이음부분을 고정하기 위한 짧은 용접이다.

해설
가용접 시에는 본 용접보다도 지름이 작은 용접봉을 사용한다.

17 지름이 10cm인 단면에 8000kgf의 힘이 작용할 때 발생하는 응력은 약 몇 kgf/cm² 인가?

① 89   ② 102
③ 121   ④ 158

해설
$$\sigma = \frac{4P}{\pi d^2} = \frac{4 \times 8000}{\pi 10^2} = 101.86$$

18 용접 자동화의 장점을 설명한 것으로 틀린 것은?

① 생산성 증가 및 품질을 향상시킨다.
② 용접조건에 따른 공정을 늘일 수 있다.
③ 일정한 전류 값을 유지할 수 있다.
④ 용접와이어의 손실을 줄일 수 있다.

해설
용접 자동화는 공정수를 줄일 수 있다.

19 용접 열원을 외부로부터 공급 받는 것이 아니라, 금속산화물과 알루미늄간의 분말에 점화제를 넣어 점화제의 화학반응에 의하여 생성되는 열을 이용한 금속 용접법은?

① 일렉트로 슬래그 용접
② 전자 빔 용접
③ 테르밋 용접
④ 저항 용접

20 서브머지드 아크 용접에 관한 설명으로 틀린 것은?

① 아크발생을 쉽게하기 위하여 스틸 울(steel wool)을 사용한다.
② 용융속도와 용착속도가 빠르다.
③ 홈의 개선각을 크게 하여 용접효율을 높인다.
④ 유해 광선이나 흄(fume) 등이 적게 발생한다.

해설
서브머지드 아크 용접은 용접 홈의 크기가 작아도 되며 용접 재료의 소비 및 용접 변형이 적다.

21 서브머지드 아크 용접부의 결함으로 가장 거리가 먼 것은?

① 기공　　　　② 균열
③ 언더컷　　　④ 용착

해설
용착은 녹아서 붙는 현상이다.

22 현미경 시험을 하기 위해 사용되는 부식제 중 철강용에 해당되는 것은?

① 왕수
② 염화제2철용액
③ 피크린산
④ 플루오르화수소액

23 피복 아크 용접에서 일반적으로 가장 많이 사용되는 차광유리의 차광도 번호는?

① 4~5　　　② 7~8
③ 10~11　　④ 14~15

해설

차광도 번호	용접 전류(A)	용접봉 지름(mm)
8	45~75	1.2~0
9	75~130	1.6~2.6
10	100~200	2.6~3.2
11	150~250	3.2~4.0
12	200~300	4.8~6.4
13	300~400	4.4~9.0
14	400 이상	9.0~9.6

24 아세틸렌 가스의 성질 중 15℃ 1기압에서의 아세틸렌 1리터의 무게는 약 몇 g 인가?

① 0.151　　② 1.176
③ 3.143　　④ 5.117

해설
아세틸렌 C_2H_2, 1mol = 22.4 L
$$\frac{12 \times 2 + 2}{22.4} = 1.16$$

25 피복 배합제의 성분 중 탈산제로 사용되지 않는 것은?

① 규소철　　② 망간철
③ 알루미늄　④ 유황

정답 19 ③　20 ③　21 ④　22 ③　23 ③　24 ②　25 ④

26 고셀룰로오스계 용접봉은 셀룰로오스를 몇 %정도 포함하고 있는가?
① 0~5 ② 6~15
③ 20~30 ④ 30~40

해설
고셀룰로오스계 용접봉은 E4311로 표시하며 피복이 얇고, 위보기, 수직자세에 좋다. 강도가 있는 중요 구조물, 고압 용기에 쓰인다. 피복제 중 셀룰로오스가 20~30% 정도 포함되어 있다. 비드 표면이 거칠고 스패터가 많은 것이 결점이다.

27 가스 용접의 특징으로 틀린 것은?
① 응용 범위가 넓으며 운반이 편리하다.
② 전원 설비가 없는 곳에서도 쉽게 설치할 수 있다.
③ 아크 용접에 비해서 유해 광선의 발생이 적다.
④ 열집중성이 좋아 효율적인 용접이 가능하여 신뢰성이 높다.

28 가스 용접에서 모재의 두께가 6mm일 때 사용되는 용접봉의 직경은 얼마인가?
① 1mm ② 4mm
③ 7mm ④ 9mm

29 규격이 AW 300인 교류 아크 용접기의 정격 2차 전류 조정 범위는?
① 0~300A ② 20~220A
③ 60~330A ④ 120~430A

30 직류아크용접기로 두께가 15mm이고, 길이가 5m인 고장력 강판을 용접하는 도중에 아크가 용접봉 방향에서 한쪽으로 쏠리었다. 다음 중 이러한 현상을 방지하는 방법이 아닌 것은?
① 이음의 처음과 끝에 엔드 탭을 이용한다.
② 용량이 더 큰 직류용접기로 교체한다.
③ 용접부가 긴 경우에는 후퇴 용접법으로 한다.
④ 용접봉 끝을 아크쏠림 반대 방향으로 기울인다.

31 피복 아크 용접시 아크 열에 의하여 용접봉과 모재가 녹아서 용착금속이 만들어지는데 이때 모재가 녹은 깊이를 무엇이라 하는가?
① 용융지 ② 용입
③ 슬래그 ④ 용적

32 다음 중 두꺼운 강판, 주철, 강괴 등의 절단에 이용되는 절단법은?
① 산소창 절단 ② 수중절단
③ 분말 절단 ④ 포갬 절단

33 가스절단에 이용되는 프로판가스와 아세틸렌가스를 비교하였을 때 프로판가스의 특징으로 틀린 것은?
① 절단면이 미세하며 깨끗하다.
② 포갬 절단 속도가 아세틸렌보다 느리다.
③ 절단 상부 기슭이 녹은 것이 적다.
④ 슬래그의 제거가 쉽다.

정답 26 ③ 27 ④ 28 ② 29 ③ 30 ② 31 ② 32 ① 33 ②

34 용접법의 분류 중 압접에 해당하는 것은?
   ① 테르밋 용접
   ② 전자 빔 용접
   ③ 유도가열 용접
   ④ 탄산가스 아크 용접

35 교류아크용접기의 종류에 속하지 않는 것은?
   ① 가동코일형
   ② 탭전환형
   ③ 정류기형
   ④ 가포화 리액터형

해설
교류아크용접기의 종류로는 가동철심형, 가동코일형, 탭전환용, 기포화리액터형이 있다. 직류아크용접기의종류로는 전동발전형, 엔진구동형, 정류기형이 있다.

36 피복아크용접봉은 금속심선의 겉에 피복제를 발라서 말린 것으로 한쪽 끝은 홀더에 물려 전류를 통할 수 있도록 심선길이의 얼마만큼을 피복하지 않고 남겨 두는가?
   ① 3mm   ② 10mm
   ③ 15mm   ④ 25mm

37 가스용기를 취급할 때의 주의사항으로 틀린 것은?
   ① 가스용기의 이동시는 밸브를 잠근다.
   ② 가스용기에 진동이나 충격을 가하지 않는다.
   ③ 가스용기의 저장은 환기가 잘되는 장소에 한다.
   ④ 가연성 가스용기는 눕혀서 보관한다.

해설
가연성 가스용기는 세워서 환기가 잘되는 곳에 보관한다.

38 강재 표면의 흠이나 개재물, 탈탄층 등을 제거하기 위해 얇고, 타원형 모양으로 표면을 깎아내는 가공법은?
   ① 가스 가우징   ② 너깃
   ③ 스카핑   ④ 아크 에어 가우징

39 니켈-크롬 합금 중 사용한도가 1000℃까지 측정할 수 있는 합금은?
   ① 망가닌   ② 우드메탈
   ③ 배빗메탈   ④ 크로멜-알루멜

해설
800℃ 이하에는 Fe-constantan[J(IC)] 또는 Cu-constantan[T(CC)]이고 1000~1200℃까지는 크로멜-알루멜[K(CA)], 1600℃에는 백금(Pt)-백금(Pt)-로듐(Rh)[R(PR)]이 사용된다.

40 Mg 및 Mg 합금의 성질에 대한 설명으로 옳은 것은?
   ① Mg의 열전도율은 Cu와 Al보다 높다.
   ② Mg의 전기전도율은 Cu와 Al보다 높다.
   ③ Mg합금보다 Al합금의 비강도가 우수하다.
   ④ Mg는 알칼리에 잘 견디나, 산이나 염수에는 침식된다.

41 철에 Al, Ni, Co를 첨가한 합금으로 잔류자속밀도가 크고 보자력이 우수한 자성재료는?
   ① 퍼멀로이   ② 센더스트
   ③ 알니코 자석   ④ 페라이트 자석

정답 34 ③ 35 ③ 36 ④ 37 ④ 38 ③ 39 ④ 40 ④ 41 ③

42 Al의 비중과 용융점(℃)은 약 얼마인가?
① 2.7, 660℃   ② 4.5, 390℃
③ 8.9, 220℃   ④ 10.5, 450℃

43 금속간 화합물의 특징을 설명한 것 중 옳은 것은?
① 어느 성분 금속보다 용융점이 낮다.
② 어느 성분 금속보다 경도가 낮다.
③ 일반 화합물에 비하여 결합력이 약하다.
④ Fe_3C는 금속간 화합물에 해당되지 않는다.

해설
금속간 화합물은 일반 화합물(이온결합, 공유결합)에 비하여 결합력이 약하다.

44 주위의 온도 변화에 따라 선팽창 계수나 탄성률 등의 특정한 성질이 변하지 않는 불변강이 아닌 것은?
① 인바   ② 엘린바
③ 코엘린바   ④ 스텔라이트

해설
불변강은 Fe 와 Ni 의 합금이며 스텔라이트(Co-Cr-W)의 합금이다.

45 강에 S, Pb등의 특수 원소를 첨가하여 절삭할 때 칩을 잘게 하고 피삭성을 좋게 만든 강은 무엇인가?
① 불변강   ② 쾌삭강
③ 베어링강   ④ 스프링강

46 주철에 대한 설명으로 틀린 것은?
① 인장강도에 비해 압축강도가 높다.
② 회주철은 편상 흑연이 있어 감쇠능이 좋다.
③ 주철 절삭 시에는 절삭유를 사용하지 않는다.
④ 액상일 때 유동성이 나쁘며, 충격 저항이 크다.

해설
주철은 주조성이 좋으며 충격에는 취약하다.

47 황동의 종류중 순 Cu와 같이 연하고 코이닝하기 쉬우므로 동전이나 메달 등에 사용되는 합금은?
① 95%Cu - 5%Zn 합금
② 70%Cu - 30%Zn 합금
③ 60%Cu - 40%Zn 합금
④ 50%Cu - 50%Zn 합금

해설
70%Cu - 30%Zn 합금은 어드미럴티로서 연성이 큰 황동이다.

48 금속재료의 표면에 강이나 주철의 작은 입자(ϕ0.5mm~1.0mm)를 고속으로 분사시켜, 표면의 경도를 높이는 방법은?
① 침탄법   ② 질화법
③ 폴리싱   ④ 쇼트피닝

정답 42 ① 43 ③ 44 ④ 45 ② 46 ④ 47 ① 48 ④

49 탄소강은 200~300℃에서 연신율과 단면 수축률이 상온보다 저하되어 단단하고 깨지기 쉬우며, 강의 표면이 산화되는 현상은?

① 적열메짐 ② 상온메짐
③ 청열메짐 ④ 저온메짐

50 물과 얼음, 수증기가 평형을 이루는 3중점 상태에서의 자유도는?

③ 0 ② 1
③ 2 ④ 3

51 다음 치수 중 참고 치수를 나타내는 것은?

① (50) ② □50
③ 50̄ (boxed) ④ 50

해설
□50 : 정사각형
50̄ : 정확한치수
50̲ : 비례척이 아님

52 기계제도에서 물체의 보이지 않는 부분의 형상을 나타내는 선은?

① 외형선 ② 가상선
③ 절단선 ④ 숨은선

53 그림의 입체도에서 화살표 방향을 정면으로 하여 제3각법으로 그린 정투상도는?

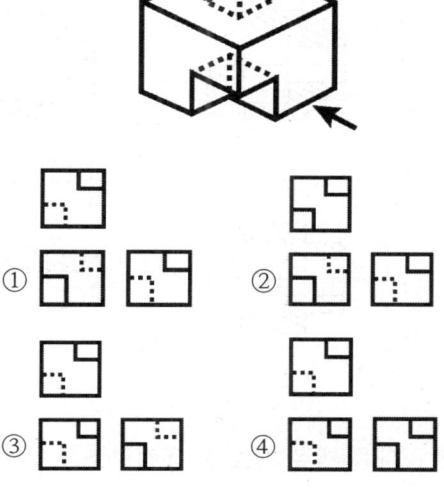

54 그림의 도면에서 X 의 거리는?

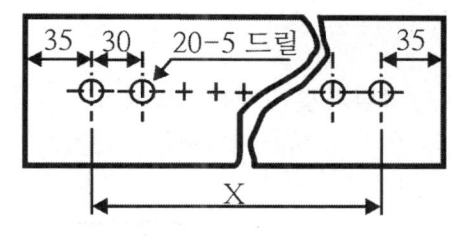

① 510mm ② 570mm
③ 600mm ④ 630mm

해설
$30 \times (20 - 1) = 570$

정답 49 ③ 50 ① 51 ① 52 ④ 53 ① 54 ②

55 다음 중 한쪽 단면도를 올바르게 도시한 것은?

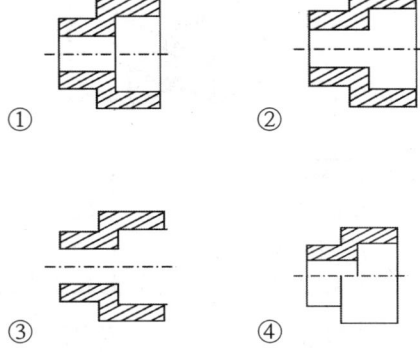

56 다음 재료 기호 중 용접구조용 압연 강재에 속하는 것은?

① SPPS380　② SPCC
③ SCW450　④ SM400C

57 그림과 같은 배관 도면에서 도시기호 S는 어떤 유체를 나타내는 것인가?

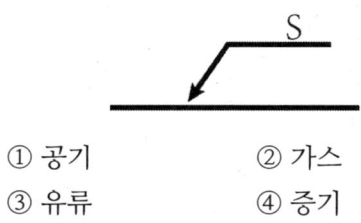

① 공기　② 가스
③ 유류　④ 증기

58 주 투상도를 나타내는 방법에 관한 설명으로 옳지 않은 것은?

① 조립도 등 주로 기능을 나타내는 도면에서는 대상물을 사용하는 상태로 표시한다.
② 주 투상도를 보충하는 다른 투상도는 되도록 적게 표시한다.
③ 특별한 이유가 없을 경우, 대상물을 세로 길이로 놓은 상태로 표시한다.
④ 부품도 등 가공하기 위한 도면에서는 가공에 있어서 도면을 가장 많이 이용하는 공정에서 대상물을 놓은 상태로 표시한다.

59 그림과 같은 입체도의 화살표 방향을 정면도로 표현할 때 실제와 동일한 형상으로 표시하는 면을 모두 고른 것은?

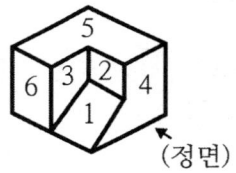

① 3과 4　② 4와 6
③ 2와 6　④ 1과 5

60 그림에서 나타난 용접기호의 의미는?

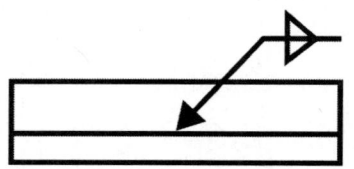

① 플래어 K형 용접
② 양쪽 필릿 용접
③ 플러그 용접
④ 프로젝션 용접

정답　55 ④　56 ④　57 ④　58 ③　59 ①　60 ②

2016년 2회 시행

용접기능사

01 서브머지드 아크 용접에서 사용하는 용제 중 흡습성이 가장 적은 것은?
① 용융형
② 혼성형
③ 고온소결형
④ 저온소결형

02 고주파 교류 전원을 사용하여 TIG 용접을 할 때 장점으로 틀린 것은?
① 긴 아크유지가 용이하다.
② 전극봉의 수명이 길어진다.
③ 비접촉에 의해 용착 금속과 전극의 오염을 방지한다.
④ 동일한 전극봉 크기로 사용할 수 있는 전류 범위가 작다.

03 맞대기 용접이음에서 판두께가 9mm, 용접선길이가 120mm, 하중이 7560N 일 때, 인장응력은 몇 N/mm²인가?
① 5
② 6
③ 7
④ 8

해설
$\sigma = \dfrac{7560}{9 \times 120} = 7\,N/mm^2$

04 용접 설계상 주의사항으로 틀린 것은?
① 용접에 적합한 설계를 할 것
② 구조상의 노치부가 생성되게 할 것
③ 결함이 생기기 쉬운 용접 방법은 피할 것
④ 용접이음이 한곳으로 집중되지 않도록 할 것

해설
노치부가 생성되면 응력집중현상이 발생할 수 있다.

05 납땜에 사용되는 용제가 갖추어야 할 조건으로 틀린 것은?
① 청정한 금속면의 산화를 방지할 것
② 납땜 후 슬래그의 제거가 용이할 것
③ 모재나 땜납에 대한 부식 작용이 최소한 일 것
④ 전기 저항 납땜에 사용되는 것은 부도체 일 것

해설
납땜에 사용되는 용제는 양도체이어야 한다.

06 용접이음부에 예열하는 목적을 설명한 것으로 틀린 것은?
① 수소의 방출을 용이하게 하여 저온균열을 방지 한다.
② 모재의 열 영향부와 용착금속의 연화를 방지하고, 경화를 증가시킨다.
③ 용접부의 기계적 성질을 향상시키고, 경화조직의 석출을 방지시킨다.
④ 온도분포가 완만하게 되어 열응력의 감소로 변형과 잔류응력의 발생을 적게 한다.

해설
일반적으로 주물, 내열 합금 등의 경우에도 용접 균열의 발생을 막기 위하여 예열을 필요로 한다.

정답 01 ① 02 ④ 03 ③ 04 ② 05 ④ 06 ②

07 전자 빔 용접의 특징으로 틀린 것은?
① 정밀 용접이 가능하다.
② 용접부의 열 영향부가 크고 설비비가 적게 든다.
③ 용입이 깊어 다층용접도 단층용접으로 완성할 수 있다.
④ 유해가스에 의한 오염이 적고 높은 순도의 용접이 가능하다.

해설
전자 빔 용접은 고진공 전자빔용접이라고 하며 티그 용접보다 좁고 깊은 용입이 가능하다. 용점이 높아 지르코늄(Zr)의 용접이 가능하다.

08 샤르피식의 시험기를 사용하는 시험 방법은?
① 경도시험   ② 인장시험
③ 피로시험   ④ 충격시험

09 다음 중 서브머지드 아크 용접의 다른 명칭이 아닌 것은?
① 잠호 용접
② 헬리 아크 용접
③ 유니언 멜트 용접
④ 불가시 아크 용접

10 용접제품을 조립하다가 V홈 맞대기 이음 홈의 간격이 5mm 정도 멀어졌을 때 홈의 보수 및 용접방법으로 가장 적합한 것은?
① 그대로 용접한다.
② 뒷댐판을 대고 용접한다.
③ 덧살올림 용접 후 가공하여 규정 간격을 맞춘다.
④ 치수에 맞는 재료로 교환하여 루트 간격을 맞춘다.

11 한 부분의 몇 층을 용접하다가 이것을 다음 부분의 층으로 연속시켜 전체 모양이 계단 형태를 이루는 용착법은?
① 스킵법   ② 덧살 올림법
③ 전진 블록법   ④ 캐스케이드법

해설
스킵법은 용접 길이를 짧게 나누어 간격을 두면서 용접하는 방법으로 비석법이라고도 하며 잔류응력을 적게 할 경우 사용한다.

12 아세틸렌 용기의 취급상의 주의사항으로 옳은 것은?
① 직사광선이 잘 드는 곳에 보관한다.
② 아세틸렌병은 안전상 눕혀서 사용한다.
③ 산소병은 40℃ 이하 온도에서 보관한다.
④ 산소병 내에 다른 가스를 혼합해도 상관없다.

13 피복 아크 용접의 필릿 용접에서 루트 간격이 4.5mm 이상일 때의 보수 요령은?
① 규정대로의 각장으로 용접한다.
② 두께 6mm 정도의 뒤판을 대서 용접한다.
③ 라이너를 넣든지 부족한 판을 300mm 이상 잘라내서 대체 하도록 한다.
④ 그대로 용접하여도 좋으나 넓혀진 만큼 각장을 증가 시킬 필요가 있다.

14 다음 중 초음파 탐상법의 종류가 아닌 것은?
① 극간법   ② 공진법
③ 투과법   ④ 펄스 반사법

해설
극간법은 프로드법
시험체의 국부에 2개의 전극을 접촉시키고 시험체 표면에 근접한 2점 사이에만 집중적으로 전류를 흘려, 필요한 강도의 원형 자계를 형성시켜 시험하는 방법.

15 CO_2 가스 아크 편면용접에서 이면 비드의 형성은 물론 뒷면 가우징 및 뒷면 용접을 생략할 수 있고, 모재의 중량에 따른 뒤엎기(turn over) 작업을 생략할 수 있도록 홈 용접부 이면에 부착하는 것은?

① 스캘롭　　② 엔드탭
③ 뒷댐재　　④ 포지셔너

16 탄산가스 아크 용접의 장점이 아닌 것은?

① 가스 아크이므로 시공이 편리하다.
② 적용되는 재질이 철계통으로 한정되어 있다.
③ 용착 금속의 기계적 성질 및 금속학적 성질이 우수하다.
④ 전류 밀도가 높아 용입이 깊고 용접 속도를 빠르게 할 수 있다.

17 현상제(MgO, $BaCO_3$)를 사용하여 용접부의 표면 결함을 검사하는 방법은?

① 침투 탐상법　　② 자분 탐상법
③ 초음파 탐상법　④ 방사선 투과법

18 미세한 알루미늄 분말과 산화철 분말을 혼합하여 과산화바륨과 알루미늄 등의 혼합분말로 된 점화제를 넣고 연소시켜 그 반응열로 용접하는 방법은?

① MIG 용접　　② 테르밋 용접
③ 전자 빔 용접　④ 원자 수소 용접

19 용접결함에서 언더컷이 발생하는 조건이 아닌 것은?

① 전류가 너무 낮을 때
② 아크 길이가 너무 길 때
③ 부적당한 용접봉을 사용할 때
④ 용접속도가 적당하지 않을 때

해설
언더컷의 발생은 용접 전류가 너무 높을 때, 부적당한 용접봉 사용 시, 용접 속도가 너무 빠를 때, 용접봉의 유지 각도가 부적당할 때, 아크 길이가 길 때 등이다

20 플라스마 아크 용접장치에서 아크 플라스마의 냉각가스로 쓰이는 것은?

① 아르곤과 수소의 혼합가스
② 아르곤과 산소의 혼합가스
③ 아르곤과 메탄의 혼합가스
④ 아르곤과 프로판의 혼합가스

21 피복아크용접 작업 시 감전으로 인한 재해의 원인으로 틀린 것은?

① 1차 측과 2차 측 케이블의 피복 손상부에 접촉되었을 경우
② 피용접물에 붙어있는 용접봉을 떼려다 몸에 접촉되었을 경우
③ 용접기기의 보수 중에 입출력 단자가 절연된 곳에 접촉 되었을 경우
④ 용접 작업 중 홀더에 용접봉을 물릴 때나, 홀더가 신체에 접촉 되었을 경우

정답　15 ③　16 ②　17 ①　18 ②　19 ①　20 ①　21 ③

22. 보기에서 설명하는 서브머지드 아크 용접에 사용되는 용제는?

> - 화학적 균일성이 양호하다.
> - 반복 사용성이 좋다.
> - 비드 외관이 아름답다.
> - 용접 전류에 따라 입자의 크기가 다른 용제를 사용해야 한다.

① 소결형 ② 혼성형
③ 혼합형 ④ 용융형

23. 기체를 수천도의 높은 온도로 가열하면 그 속도의 가스원자가 원자핵과 전자로 분리되어 양(+)과 음(-) 이온상태로 된 것을 무엇이라 하는가?

① 전자빔 ② 레이저
③ 테르밋 ④ 플라스마

24. 정격 2차 전류 300A, 정격 사용률 40%인 아크용접기로 실제 200A 용접 전류를 사용하여 용접하는 경우 전체시간을 10분으로 하였을 때 다음 중 용접 시간과 휴식 시간을 올바르게 나타낸 것은?

① 10분 동안 계속 용접한다.
② 5분 용접 후 5분간 휴식한다.
③ 7분 용접 후 3분간 휴식한다.
④ 9분 용접 후 1분간 휴식한다.

25. 용해 아세틸렌 취급 시 주의 사항으로 틀린 것은?

① 저장 장소는 통풍이 잘 되어야 된다.
② 저장 장소에는 화기를 가까이 하지 말아야 한다.
③ 용기는 진동이나 충격을 가하지 말고 신중히 취급해야 한다.
④ 용기는 아세톤의 유출을 방지하기 위해 눕혀서 보관한다.

[해설]
용기는 세워서 보관한다.

26. 다음 중 아크 절단법이 아닌 것은?

① 스카핑 ② 금속 아크 절단
③ 아크 에어 가우징 ④ 플라즈마 제트

[해설]
가우징은 홈을 파는 작업이며 개재물, 탈탄층의 제거를 위해 얇고 넓게 깎아내는 작업은 스카핑이다.

27. 피복아크 용접봉의 피복제 작용을 설명한 것 중 틀린 것은?

① 스패터를 많게 하고, 탈탄 정련작용을 한다.
② 용융금속의 용적을 미세화하고, 용착 효율을 높인다.
③ 슬래그 제거를 쉽게 하며, 파형이 고운 비드를 만든다.
④ 공기로 인한 산화, 질화 등의 해를 방지하여 용착금속을 보호한다.

[해설]
스패터는 전류가 높을 때, 건조되지 않은 용접봉 사용 시, 아크 길이가 너무 길 때, 봉각도가 부적당할 때 발생하는 용접 결함이다.

28. 용접법의 분류 중에서 융접에 속하는 것은?

① 시임 용접 ② 테르밋 용접
③ 초음파 용접 ④ 플래시 용접

정답 22 ④ 23 ④ 24 ④ 25 ④ 26 ① 27 ① 28 ②

29 산소 용기의 윗부분에 각인되어 있는 표시 중 최고 충전 압력의 표시는 무엇인가?

① TP　　　② FP
③ WP　　　④ LP

해설
내용적(기초: V, 단위: L)
아세틸렌가스 충전용기(기호: TW, 단위: kg)
내압시험압력(기호 : TP, 단위 : MPa)
최고충전압력(기호 : FP, 단위 : MPa)

30 2개의 모재에 압력을 가해 접촉시킨 다음 접촉에 압력을 주면서 상대운동을 시켜 접촉면에서 발생하는 열을 이용하는 용접법은?

① 가스압접　　　② 냉간압접
③ 마찰용접　　　④ 열간압접

31 사용률이 60%인 교류 아크 용접기를 사용하여 정격전류로 6분 용접하였다면 휴식시간은 얼마인가?

① 2분　　　② 3분
③ 4분　　　④ 5분

해설
사용율 = 아크발생시간/(아크발생시간 + 정지시간)
0.6 = 6 / (6+ 정지시간) 에서
6= 3.6 +0.6 * 정지시간
정지시간 =(6-3.6) /0.6 = 4분

32 모재의 절단부를 불활성가스로 보호하고 금속전극에 대전류를 흐르게 하여 절단하는 방법으로 알루미늄과 같이 산화에 강한 금속에 이용되는 절단방법은?

① 산소 절단　　　② TIG 절단
③ MIG 절단　　　④ 플라스마 절단

33 용접기의 특성 중에서 부하전류가 증가하면 단자 전압이 저하하는 특성은?

① 수하 특성　　　② 상승 특성
③ 정전압 특성　　④ 자기제어 특성

34 산소-아세틸렌 불꽃의 종류가 아닌 것은?

① 중성 불꽃　　　② 탄화 불꽃
③ 산화 불꽃　　　④ 질화 불꽃

해설
불꽃의 종류를 온도에따라 구분하면 다음과같다.
• 중성 불꽃 : 3230℃
• 산화 불꽃 : 3320~3430℃
• 탄화 불꽃 : 3070~3150℃

35 리벳이음과 비교하여 용접이음의 특징을 열거한 중 틀린 것은?

① 구조가 복잡하다.
② 이음 효율이 높다.
③ 공정의 수가 절감된다.
④ 유밀, 기밀, 수밀이 우수하다.

해설
용접이음의 특징은 리벳에 의해 공정이 간단하나 용접후변형이 문제가된다.

36 아크에어 가우징 작업에 사용되는 압축공기의 압력으로 적당한 것은?

① 1~3kgf/cm^2　　② 5~7kgf/cm^2
③ 9~12kgf/cm^2　　④ 14~156kgf/cm^2

37 탄소 전극봉 대신 절단 전용의 특수 피복을 입힌 전극봉을 사용하여 절단하는 방법은?

① 금속아크 절단
② 탄소아크 절단
③ 아크에어 가우징
④ 플라스마 제트 절단

38 산소 아크 절단에 대한 설명으로 가장 적합한 것은?

① 전원은 직류 역극성이 사용된다.
② 가스절단에 비하여 절단속도가 느리다.
③ 가스절단에 비하여 절단면이 매끄럽다.
④ 철강 구조물 해체나 수중 해체 작업에 이용된다.

해설
산소 아크 절단(Oxygen Arc Cutting)은 전극봉의 중앙에 구멍이 뚫린 피복 용접봉과 모재 사이에 아크를 발생시켜 예열하고 전극구멍에서 고압산소를 분출하여 그 산화열로 절단하는 방법이며 보통 직류정극성이 사용된다. 특징으로는 절단속도가 높으며 수중해체 작업에 널리 이용할 수 있으나 절단면이 거칠다.

39 다이캐스팅 주물품, 단조품 등의 재료로 사용되며 융점이 약 660℃이고, 비중이 약 2.7인 원소는?

① Sn   ② Ag
③ Al   ④ Mn

40 다음 중 주철에 관한 설명으로 틀린 것은?

① 비중은 C와 Si 등이 많을수록 작아진다.
② 용융점은 C와 Si 등이 많을수록 낮아진다.
③ 주철을 600℃ 이상의 온도에서 가열 및 냉각을 반복하면 부피가 감소한다.
④ 투자율을 크게 하기 위해서는 화합 탄소를 적게 하고 유리 탄소를 균일하게 분포시킨다.

해설
보통 주철은 650~950℃ 사이에서 가열과 냉각을 반복하면 부피가 크게 되어 변형이나 균열이 발생하고 강도와 수명이 단축된다. 이런 현상을 주철의 성장이라한다.

41 금속의 소성변형을 일으키는 원인 중 원자 밀도가 가장 큰 격자면에서 잘 일어나는 것은?

① 슬립   ② 쌍정
③ 전위   ④ 편석

42 다음 중 Ni – Cu 합금이 아닌 것은?

① 어드밴스   ② 콘스탄탄
③ 모넬메탈   ④ 니칼로이

해설
니칼로이(nickalloy): 50%Ni, 50%Fe 합금으로 초투자율, 포화 자기, 전기 저항이 크므로 저출력 변성기, 저주파 변성기 등의 자심으로 널리 사용된다.

43 침탄법에 대한 설명으로 옳은 것은?

① 표면을 용융시켜 연화시키는 것이다.
② 망상 시멘타이트를 구상화시키는 방법이다.
③ 강재의 표면에 아연을 피복시키는 방법이다.
④ 홈강재의 표면에 탄소를 침투시켜 경화시키는 것이다.

정답 37 ① 38 ④ 39 ③ 40 ③ 41 ① 42 ④ 43 ④

44 그림과 같은 결정격자의 금속 원소는?

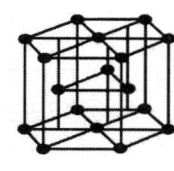

① Mi
② Mg
③ Al
④ Au

해설
Mg은 조밀육방격자이다.

45 전해 인성 구리는 약 400℃ 이상의 온도에서 사용하지 않는 이유로 옳은 것은?

① 풀림취성을 발생시키기 때문이다.
② 수소취성을 발생시키기 때문이다.
③ 고온취성을 발생시키기 때문이다.
④ 상온취성을 발생시키기 때문이다.

46 구상흑연주철은 주조성, 가공성 및 내마멸성이 우수하다. 이러한 구상흑연주철 제조 시 구상화제로 첨가되는 원소로 옳은 것은?

① P, S
② O, N
③ Pb, Zn
④ Mg, Ca

47 형상 기억 효과를 나타내는 합금이 일으키는 변태는?

① 펄라이트 변태
② 마텐자이트 변태
③ 오스테나이트 변태
④ 레데뷰라이트 변태

48 Y합금의 일종으로 Ti과 Cu를 0.2% 정도씩 첨가한 것으로 피스톤에 사용되는 것은?

① 두랄루민
② 코비탈륨
③ 로엑스합금
④ 하이드로날륨

해설
내열용 Al 합금
① Y 합금(Al+4% Cu+2% Ni+1.5% Mg) : 피스톤, 실린더용
② Lo-Ex 합금(Low Expansion : 12% Si+1% Cu+2% Ni+1% Mg+Al)
③ 코비탈리움(Cobitalium) : Y 합금+Ti+Cu

49 시험편을 눌러 구부리는 시험방법으로 굽힘에 대한 저항력을 조사하는 시험방법은?

① 충격시험
② 굽힘시험
③ 전단시험
④ 인장시험

50 Fe-C 평 형상태도에서 공정점의 C%는?

① 0.02%
② 0.8%
③ 4.3%
④ 6.67%

51 다음 용접 기호 중 표면 육성을 의미하는 것은?

①
②
③
④

52 배관의 간략 도시방법에서 파이프의 영구 결합부(용접 또는 다른 공법에 의한다) 상태를 나타내는 것은?

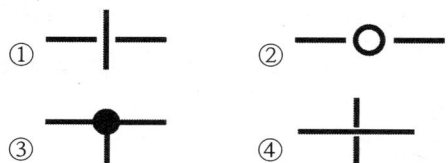

53 제3각법의 투상도에서 도면의 배치 관계는?

① 평면도를 중심하여 정면도는 위에 우측면도는 우측에 배치된다.
② 정면도를 중심하여 평면도는 밑에 우측면도는 우측에 배치된다.
③ 정면도를 중심하여 평면도는 위에 우측면도는 우측에 배치된다.
④ 정면도를 중심하여 평면도는 위에 우측면도는 좌측에 배치된다.

54 그림과 같이 제3각법으로 정투상한 각뿔의 전개도 형상으로 적합한 것은?

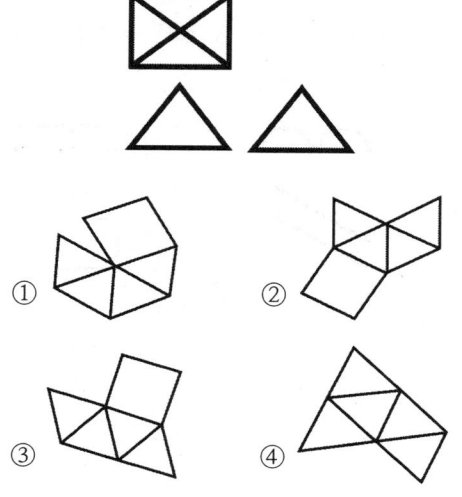

55 도면에 대한 호칭방법이 다음과 같이 나타날 때 이에 대한 설명으로 틀린 것은?

K2 B ISO 5457-Alt-TP
112.5-R-TBL

① 도면은 KS B ISO 5457을 따른다.
② A1 용지 크기이다.
③ 재단하지 않은 용지이다.
④ 112.5g/m² 사양의 트레이싱지이다.

56 그림과 같은 도면에서 나타난 "□40" 치수에서 "□"가 뜻하는 것은?

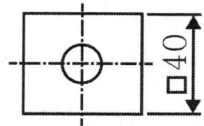

① 정사각형의 변
② 이론적으로 정확한 치수
③ 판의 두께
④ 참고치수

57 그림과 같이 원통을 경사지게 절단한 제품을 제작할 때, 다음 중 어떤 전개법이 가장 적합한가?

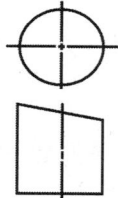

① 사각형법   ② 평행선법
③ 삼각형법   ④ 방사선법

정답 52 ③ 53 ③ 54 ② 55 ③ 56 ① 57 ②

58 다음 중 가는 실선으로 나타내는 경우가 아닌 것은?

① 시작점과 끝점을 나타내는 치수선
② 소재의 굽은 부분이나 가공 공정의 표시선
③ 상세도를 그리기 위한 틀의 선
④ 금속 구조 공학 등의 구조를 나타내는 선

해설
금속 구조 공학 등의 구조를 나타내는 선은 가는2점쇄선

59 그림과 같은 도면에서 괄호 안의 치수는 무엇을 나타내는가?

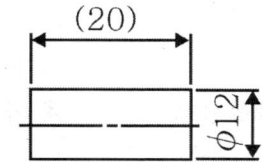

① 완성 치수
② 참고 치수
③ 다듬질 치수
④ 비례척이 아닌 치수

해설
(20) 은 참고치수이다.

60 다음 중 일반 구조용 탄소 강관의 KS 재료 기호는?

① SPP
② SPS
③ SKH
④ STK

해설
SPP : 배관용강관
SPS : 일반 구조용 탄소강관
SKH : 고속도강

정답 58 ④ 59 ② 60 ④

2016년 3회 시행

01 다음 중 용접 시 수소의 영향으로 발생하는 결함과 가장 거리가 먼 것은?
① 기공 ② 균열
③ 은점 ④ 설퍼

해설
설퍼는 황으로서 수소의 영향으로 발생하는 결함과 관계없다.

02 가스 중에서 최소의 밀도로 가장 가볍고 확산속도가 빠르며, 열전도가 가장 큰 가스는?
① 수소 ② 메탄
③ 프로판 ④ 부탄

해설
수소 (H_2 분자량 2)
메탄 (CH_4 분자량 16)
프로판 (C_3H_8 분자량 44)
부탄 (C_4H_{10} 분자량 58)

03 용착금속의 인장강도가 55N/m³, 안전율이 6이라면 이음의 허용응력은 약 몇 N/m²인가?
① 0.92 ② 9.2
③ 92 ④ 920

해설
$\sigma = \dfrac{55}{6} = 9.2$

04 팁 끝이 모재에 닿는 순간 순간적으로 팁 끝이 막혀 팁 속에서 폭발음이 나면서 불꽃이 꺼졌다가 다시 나타나는 현상은?
① 인화 ② 역화
③ 역류 ④ 선화

05 다음 중 파괴 시험 검사법에 속하는 것은?
① 부식시험 ② 침투시험
③ 음향시험 ④ 와류시험

해설
침투시험, 음향시험, 와류시험 은 비파괴검사 시험법이다.

06 TIG 용접 토치의 분류 중 형태에 따른 종류가 아닌 것은?
① T형 토치 ② Y형 토치
③ 직선형 토치 ④ 플렉시블형 토치

07 용접에 의한 수축 변형에 영향을 미치는 인자로 가장 거리가 먼 것은?
① 가접
② 용접 입열
③ 판의 예열 온도
④ 판 두께에 따른 이음 형상

해설
가접은 용접 중 변형을 방지하기 위하여 양 끝을 미리 용접하는 방법이다.

정답 01 ④ 02 ① 03 ② 04 ② 05 ① 06 ② 07 ①

08 전자동 MIG 용접과 반자동 용접을 비교했을 때 전자동 MIG 용접의 장점으로 틀린 것은?

① 용접 속도가 빠르다.
② 생산 단가를 최소화 할 수 있다.
③ 우수한 품질의 용접이 얻어진다.
④ 용착 효율이 낮아 능률이 매우 좋다.

해설
전자동 MIG 용접 용착 효율이 높아 능률이 매우 좋다.

09 다음 중 탄산가스 아크 용접의 자기쏠림 현상을 방지하는 대책으로 틀린 것은?

① 엔드 탭을 부착한다.
② 가스 유량을 조절한다.
③ 어스의 위치를 변경한다.
④ 용접부의 틈을 적게 한다.

해설
탄산가스 아크 용접에서 가스 유량은 불활성가스이다.

10 다음 용접법 중 비소모식 아크 용접법은?

① 논 가스 아크 용접
② 피복 금속 아크 용접
③ 서브머지드 아크 용접
④ 불활성 가스 텅스텐 아크 용접

11 용접부를 끝이 구면인 해머로 가볍게 때려 용착금속부의 표면에 소성변형을 주어 인장 응력을 완화시키는 잔류 응력 제거법은?

① 피닝법
② 노내 풀림법
③ 저온 응력 완화법
④ 기계적 응력 완화법

12 용접 변형의 교정법에서 점 수축법의 가열온도와 가열시간으로 가장 적당한 것은?

① 100~200℃, 20초
② 300~400℃, 20초
③ 500~600℃, 30초
④ 700~800℃, 30초

13 수직판 또는 수평면 내에서 선회하는 회전 영역이 넓고 팔이 기울어져 상하로 움직일 수 있어 주로 스폿 용접, 중량물 취급 등에 많이 이용되는 로봇은?

① 다관절 로봇
② 극좌표 로봇
③ 원통 좌표 로봇
④ 직각 좌표계 로봇

14 서브머지드 아크 용접 시 발생하는 기공의 원인이 아닌 것은?

① 직류 역극성 사용
② 용제의 건조 불량
③ 용제의 산포량 부족
④ 와이어 녹, 기름, 페인트

15 다음 중 전자 빔 용접에 관한 설명으로 틀린 것은?

① 용입이 낮아 후판 용접에는 적용이 어렵다.
② 성분 변화에 의하여 용접부의 기계적 성질이나 내식성의 저하를 가져올 수 있다.
③ 가공재나 열처리에 대하여 소재의 성

질을 저하시키지 않고 용접할 수 있다.
④ 10-4~10-6mmHg 정도의 높은 진공실 속에서 음극으로부터 방출된 전자를 고전압으로 가속시켜 용접을 한다.

해설
전자 빔 용접은 고진공 전자빔용접이라고 하며 고진공의 용기 중에서 전자빔을 사용하는 방법으로 티그 용접보다 좁고 깊은 용입이 가능하다. 융점이 높아 지르코늄(Zr)의 용접이 가능하며 용접부가 좁고 용입이 깊으며 얇은 판에서 두꺼운 판까지 광범위한 용접이 가능하다.

16. 안전 보건표지의 색채, 색도기준 및 용도에서 지시의 용도 색채는?

① 검은 색 ② 노란색
③ 빨간 색 ④ 파란 색

해설
흑색 : 방향 표시, 글씨
노란색 : 경고
적색 : 방향 표시, 규제, 고도의 위험 등

17. X선이나 γ선을 재료에 투과시켜 투과된 빛의 강도에 따라 사진 필름에 감광시켜 결함을 검사하는 비파괴 시험법은?

① 자분 탐상 검사
② 침투 탐상 검사
③ 초음파 탐상 검사
④ 방사선 투과 검사

18. 다음 중 용접봉의 용융속도를 나타낸 것은?

① 단위 시간 당 용접 입열의 양
② 단위 시간 당 소모되는 용접 전류
③ 단위 시간 당 형성되는 비드의 길이
④ 단위 시간 당 소비되는 용접봉의 길이

19. 물체와의 가벼운 충돌 또는 부딪침으로 인하여 생기는 손상으로 충격 부위가 부어오르고 통증이 발생되며 일반적으로 피부 표면에 창상이 없는 상처를 뜻하는 것은?

① 출혈 ② 화상
③ 찰과상 ④ 타박상

20. 일명 비석법이라고도 하며, 용접 길이를 짧게 나누어 간격을 두면서 용접하는 용착법은?

① 전진법 ② 후진법
③ 대칭법 ④ 스킵법

21. 금속 산화물이 알루미늄에 의하여 산소를 빼앗기는 반응에 의해 생성되는 열을 이용한 용접법은?

① 마찰 용접
② 테르밋 용접
③ 일렉트로 슬래그 용접
④ 서브머지드 아크 용접

해설
테르밋 용접은 Al 분말과 Fe_3O_4를 약 1 : 3으로 혼합한 것을 이용하는 용접 방법이다.

22. 저항 용접의 장점이 아닌 것은?

① 대량 생산에 적합하다.
② 후열 처리가 필요하다.
③ 산화 및 변질 부분이 적다.
④ 용접봉, 용제가 불필요하다.

해설
저항용접의 대표적인 방법이 전기저항용접으로 후열 처리가 필요없다.

정답 16 ④ 17 ④ 18 ④ 19 ④ 20 ④ 21 ② 22 ②

23 정격 2차 전류 200A, 정격 사용률 40%인 아크용접기로 실제 아크 전압 30V, 아크 전류 130A로 용접을 수행한다고 가정할 때 허용 사용률은 약 얼마인가?

① 70%　　② 75%
③ 80%　　④ 95%

해설

허용사용률(%)×(실제 용접전류)² =정격사용률(%)×(정격 2차 전류)²

허용사용률(%) =정격사용률(%)×(정격 2차 전류)² /(실제 용접전류)²

$= 40 \times \dfrac{200^2}{130^2} = 94.67$

24 아크 전류가 일정할 때 아크 전압이 높아지면 용접봉의 용융속도가 늦어지고 아크 전압이 낮아지면 용융속도가 빨라지는 특성을 무엇이라 하는가?

① 부저항 특성
② 절연회복 특성
③ 전압회복 특성
④ 아크길이 자기제어 특성

25 강재 표면의 홈이나 개재물, 탈탄층 등을 제거하기 위하여 될 수 있는 대로 얇게 그리고 타원형 모양으로 표면을 깎아내는 가공법은?

① 분말 절단　　② 가스 가우징
③ 스카핑　　④ 플라즈마 절단

해설

가우징은 홈을 파는 작업이며 개재물, 탈탄층의 제거를 위해 얇고 넓게 깎아내는 작업은 스카핑이다.

26 다음 중 야금적 접합법에 해당되지 않는 것은?

① 융접(fusion welding)
② 접어 잇기(seam)
③ 압접(pressure welding)
④ 납땜(brazing and soldering)

해설

접어 잇기(seam)는 양쪽 판을 굽혀서 붙이는 방법이다.

27 다음 중 불꽃의 구성 요소가 아닌 것은?

① 불꽃심　　② 속불꽃
③ 겉불꽃　　④ 환원불꽃

해설

불꽃의 구성
• 백심(불꽃심), 속불꽃, 겉불꽃으로 구성되어 있다.
• 백심 : 환원성 백색 불꽃이다.
• 속불꽃 : 백심부에서 생성된 일산화탄소와 수소가 공기 중의 산소와 결합 연소되어 고열을 발생하는 부분이다. 온도가 가장 강한 부분으로 3200~3450℃이다.
• 겉불꽃 : 연소가스가 다시 주위 공기의 산소와 결합하여 완전연소되는 부분이다.

28 피복 아크 용접봉에서 피복제의 주된 역할이 아닌 것은?

① 용융금속의 용적을 미세화하여 용착 효율을 높인다.
② 용착금속의 응고와 냉각속도를 빠르게 한다.
③ 스패터의 발생을 적게 하고 전기 절연 작용을 한다.
④ 용착금속에 적당한 합금원소를 첨가한다.

해설

피복제는 용착금속의 응고와 냉각속도를 느리게 한다.

정답　23 ④　24 ④　25 ③　26 ②　27 ④　28 ②

29 교류 아크 용접기에서 안정한 아크를 얻기 위하여 상용주파의 아크 전류에 고전압의 고주파를 중첩시키는 방법으로 아크 발생과 용접작업을 쉽게 할 수 있도록 하는 부속장치는?
① 전격방지장치 ② 고주파 발생장치
③ 원격 제어장치 ④ 핫 스타트장치

30 피복 아크 용접봉의 피복제 중에서 아크를 안정시켜 주는 성분은?
① 붕사 ② 페로망간
③ 니켈 ④ 산화티탄

31 산소 용기의 취급 시 주의사항으로 틀린 것은?
① 기름이 묻은 손이나 장갑을 착용하고는 취급하지 않아야 한다.
② 통풍이 잘되는 야외에서 직사광선에 노출시켜야 한다.
③ 용기의 밸브가 얼었을 경우에는 따뜻한 물로 녹여야 한다.
④ 사용 전에는 비눗물 등을 이용하여 누설 여부를 확인한다.

[해설]
통풍이 잘되는 실내에서 직사광선이 없는 장소에 저장 한다.

32 피복 아크 용접봉의 기호 중 고산화티탄계를 표시한 것은?
① E 4301 ② E 4303
③ E 4311 ④ E 4313

[해설]
일미나이트계 (E 4301)
E4311(고셀룰로오스계) 고산화티탄계(E4313)

33 가스 절단에서 프로판 가스와 비교한 아세틸렌가스의 장점에 해당되는 것은?
① 후판 절단의 경우 절단속도가 빠르다.
② 박판 절단의 경우 절단속도가 빠르다.
③ 중첩 절단을 할 때에는 절단속도가 빠르다.
④ 절단면이 거칠지 않다.

34 용접기의 구비조건이 아닌 것은?
① 구조 및 취급이 간단해야 한다.
② 사용 중에 온도 상승이 적어야 한다.
③ 전류 조정이 용이하고 일정한 전류가 흘러야 한다.
④ 용접 효율과 상관없이 사용 유지비가 적게 들어야 한다.

35 다음 중 연강을 가스 용접할 때 사용하는 용제는?
① 붕사
② 염화나트륨
③ 사용하지 않는다.
④ 중탄산소다 + 탄산소다

36 프로판 가스의 특징으로 틀린 것은?
① 안전도가 높고 관리가 쉽다.
② 온도 변화에 따른 팽창률이 크다.
③ 액화하기 어렵고 폭발 한계가 넓다.
④ 상온에서는 기체 상태이고 무색, 투명하다.

[해설]
프로판 가스가 공기보다 약 1.5배 가량 더 무겁기 때문으로 기체지만 압력을 가하면 액체로 쉽게 된다.

정답 29 ② 30 ④ 31 ② 32 ④ 33 ② 34 ④ 35 ③ 36 ③

37 피복 아크 용접봉에서 아크 길이와 아크 전압의 설명으로 틀린 것은?

① 아크 길이가 너무 길면 불안정하다.
② 양호한 용접을 하려면 짧은 아크를 사용한다.
③ 아크 전압은 아크 길이에 반비례한다.
④ 아크 길이가 적당할 때 정상적인 작은 입자의 스패터가 생긴다.

38 다음 중 용융금속의 이행 형태가 아닌 것은?

① 단락형 ② 스프레이형
③ 연속형 ④ 글로블러형

해설
용융 금속의 이행 형태에는 단락형, 글로블러형, 스프레이형이 있다. 단락형은 맨용접봉·박피용 용접봉, 글로블러형은 저수소계 용접봉, 스프레이형은 일미나이트계·고산화티탄계 용접봉에서 발생한다.

39 강자성을 가지는 은백색의 금속으로 화학 반응용 촉매, 공구 소결재로 널리 사용되고 바이탈륨의 주성분 금속은?

① Ti ② Co
③ Al ④ Pt

해설
강자성금속은 Fe : 768℃, Ni : 360℃, Co : 1120℃

40 재료에 어떤 일정한 하중을 가하고 어떤 온도에서 긴 시간 동안 유지하면 시간이 경과함에 따라 스트레인이 증가하는 것을 측정하는 시험 방법은?

① 피로 시험 ② 충격 시험
③ 비틀림 시험 ④ 크리프 시험

41 금속의 결정구조에서 조밀육방격자(HCP)의 배위수는?

① 6 ② 8
③ 10 ④ 12

해설
면심입방격자(FCC) 배위수 : 12
체심입방격자(BCC) 배위수 : 8

42 주석청동의 용해 및 주조에서 1.5~1.7%의 아연을 첨가할 때의 효과로 옳은 것은?

① 수축률이 감소된다.
② 침탄이 촉진된다.
③ 취성이 향상된다.
④ 가스가 흡입된다.

43 금속의 결정구조에 대한 설명으로 틀린 것은?

① 결정입자의 경계를 결정입계라 한다.
② 결정체를 이루고 있는 각 결정을 결정입자라 한다.
③ 체심입방격자는 단위격자 속에 있는 원자수가 3개이다.
④ 물질을 구성하고 있는 원자가 입체적으로 규칙적인 배열을 이루고 있는 것을 결정이라 한다.

해설
체심입방격자는 단위격자 속에 있는 원자수가 2개이다.

정답 37 ③ 38 ③ 39 ② 40 ④ 41 ④ 42 ① 43 ③

44 Al의 표면을 적당한 전해액 중에서 양극 산화처리하면 표면에 방식성이 우수한 산화 피막층이 만들어진다. 알루미늄의 방식 방법에 많이 이용되는 것은?
   ① 규산법   ② 수산법
   ③ 탄화법   ④ 질화법

해설
알루미늄 인공 내식 처리법
- 알루마이트법(수산법) : 수산 용액에 넣고 전류를 통과시켜 알루미늄 표면에 황금색 경질 피막을 형성하는 방법
- 황산법 : 황산액을 사용하며, 농도가 낮은 것을 사용할수록 피막이 단단하게 형성된다. 값이 저렴하여 널리 사용되고 있다.
- 크롬산법 : 산화크롬 수용액을 사용, 전압을 가감하면서 통전시간을 조정한다. 피막은 내마멸성은 적으나 내식성은 대단히 크다.

45 강의 표면 경화법이 아닌 것은?
   ① 풀림   ② 금속 용사법
   ③ 금속 침투법   ④ 하드 페이싱

해설
풀림은 어닐링(노냉)으로 조직을 초기화하는 열처리 방법이다.

46 비금속 개재물이 강에 미치는 영향이 아닌 것은?
   ① 고온 메짐의 원인이 된다.
   ② 인성은 향상시키나 경도를 떨어뜨린다.
   ③ 열처리 시 개재물로 인한 균열을 발생시킨다.
   ④ 단조나 압연 작업 중에 균열의 원인이 된다.

해설
비금속 개재물은 인성과 경도를 떨어뜨린다.

47 해드 필드강(hadfield steel)에 대한 설명으로 옳은 것은?
   ① Ferrite계 고 Ni강이다.
   ② Pearlite계 고 Co강이다.
   ③ Cementite계 고 Cr강이다.
   ④ Austenite계 Mn강이다.

해설
해드 필드강(hadfield steel)은 고 Mn 강이다.

48 잠수함, 우주선 등 극한 상태에서 파이프의 이음쇠에 사용되는 기능성 합금은?
   ① 초전도 합금   ② 수소 저장 합금
   ③ 아모퍼스 합금 ④ 형상 기억 합금

49 탄소강에서 탄소의 함량이 높아지면 낮아지는 것은?
   ① 경도   ② 항복강도
   ③ 인장강도   ④ 단면 수축률

50 3~5% Ni, 1% Si을 첨가한 Cu 합금으로 C 합금이라고도 하며, 강력하고 전도율이 좋아 용접봉이나 전극재료로 사용되는 것은?
   ① 톰백   ② 문쯔메탈
   ③ 길딩메탈   ④ 콜슨합금

정답 44 ② 45 ① 46 ② 47 ④ 48 ④ 49 ④ 50 ④

51 치수 기입법에서 지름, 반지름, 구의 지름 및 반지름, 모떼기, 두께 등을 표시할 때 사용하는 보조기호 표시가 잘못된 것은?

① 두께 : D6
② 반지름 : R3
③ 모떼기 : C3
④ 구의 반지름 : SR6

해설
두께 : t3

52 인접부분을 참고로 표시하는데 사용하는 것은?

① 숨은 선　　② 가상선
③ 외형선　　④ 피치선

53 보기와 같은 KS 용접 기호의 해독으로 틀린 것은?

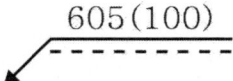

① 화살표 반대쪽 점용접
② 점 용접부의 지름 6mm
③ 용접부의 개수(용접 수) 5개
④ 점 용접한 간격은 100mm

해설
파선 반대에 치수가 있으므로 화살표 쪽 점용접

54 좌우, 상하 대칭인 그림과 같은 형상을 도면화하려고 할 때 이에 관한 설명으로 틀린 것은? (단, 물체에 뚫린 구멍의 크기는 같고 간격은 6㎜로 일정하다.)

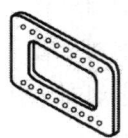 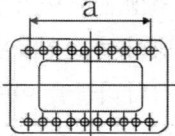

① 치수 a는 9×6(=54)으로 기입할 수 있다.
② 대칭기호를 사용하여 도형을 1/2로 나타낼 수 있다.
③ 구멍은 동일 형상일 경우 대표 형상을 제외한 나머지 구멍은 생략할 수 있다.
④ 구멍은 크기가 동일하더라도 각각의 치수를 모두 나타내야 한다.

해설
구멍은 크기가 동일하면 각각의 치수를 생략하고 나타낼 수 있다.

55 그림과 같은 제3각법 정투상도에 가장 적합한 입체도는?

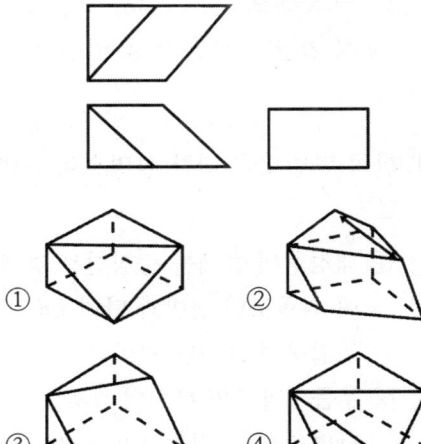

정답 51 ① 52 ② 53 ① 54 ④ 55 ③

56 3각 기둥, 4각 기둥 등과 같은 각 기둥 및 원기둥을 평행하게 펼치는 전개 방법의 종류는?

① 삼각형을 이용한 전개도법
② 평행선을 이용한 전개도법
③ 방사선을 이용한 전개도법
④ 사다리꼴을 이용한 전개도법

57 SF-340A는 탄소강 단강품이며, 340은 최저인장강도를 나타낸다. 이 때 최저 인장강도의 단위로 가장 옳은 것은?

① N/m^2
② kgf/m^2
③ N/mm^2
④ kgf/mm^2

해설
340 MPa = 340 N/mm^2

58 배관 도면에서 그림과 같은 기호의 의미로 가장 적합한 것은?

① 체크 밸브
② 볼 밸브
③ 콕 일반
④ 안전 밸브

59 한쪽 단면도에 대한 설명으로 올바른 것은?

① 대칭형의 물체를 중심선을 경계로 하여 외형도의 절반과 단면도의 절반을 조합하여 표시한 것이다.
② 부품도의 중앙 부위의 전후를 절단하여 단면을 90° 회전시켜 표시한 것이다.
③ 도형 전체가 단면으로 표시된 것이다.
④ 물체의 필요한 부분만 단면으로 표시한 것이다

60 판금 작업 시 강판재료를 절단하기 위하여 가장 필요한 도면은?

① 조립도
② 전개도
③ 배관도
④ 공정도

2013년 5회 시행

01 용접부의 외부에서 주어지는 열량을 무엇이라 하는가?
① 용접 외열   ② 용접 가열
③ 용접 열효율 ④ 용접 입열

02 아크 에어 가우징의 특징에 대한 설명 중 틀린 것은?
① 가스 가우징보다 작업의 능률이 높다.
② 모재에 미치는 영향이 별로 없다.
③ 비철금속의 절단도 가능하다.
④ 장비가 복잡하여 조작하기가 어렵다.

해설
아크 에어 가우징은 산소아크절단에 압축공기를 병용하여 결함을 제거하며 소음이 없고, 전원으로 직류 역극성을 이용하며 경비가 저렴하다.

03 용접기에 AW-300이란 표시가 있다. 여기서 "300"이 의미하는 것은?
① 2차 최대 전류
② 최고 2차 무부하 전압
③ 정격 사용률
④ 정격 2차 전류

해설
AW-300은 교류 아크용접기의 정격 2차 전류가 300A이며, 정격 2차 전류의 조정범위는 20~110%이라는 의미이다.

04 가스용접법에서 후진법과 비교한 전진법의 설명에 해당하는 것은?
① 열 이용률이 나쁘다.
② 용접속도가 빠르다.
③ 용접변형이 적다.
④ 용접가능 판 두께가 두껍다.

해설
전진법은 용접봉이 토치보다 앞서나가는 용접방법으로 열이용률이 나쁘고 용접속도가 느리며 용접변형이 크나 비드모양이 좋고 박판 용접에 사용한다.

05 다음 보기에서 ㉠, ㉡에 알맞는 말은?

> 스테인리스강용 용접봉의 피복제는 루틸을 주성분으로 한 (㉠)와, 형석, 석회석 등을 주성분으로 한 (㉡)가 있는데, 전자는 아크가 안정되고 스패터도 적으며, 후자는 아크가 불안정하며 스패터도 큰 입자인 것이 비산된다.

① ㉠ 일미나이트계, ㉡ 저수소계
② ㉠ 저수소계, ㉡ 일미나이트계
③ ㉠ 라임계, ㉡ 티탄계
④ ㉠ 티탄계, ㉡ 라임계

06 산소-아세틸렌가스를 이용하여 용접할 때 사용하는 산소압력조정기의 취급에 관한 설명 중 틀린 것은?
① 산소용기에 산소압력조정기를 설치할 때 압력조정기 설치구에 있는 먼지를 털어 내고 연결한다.
② 산소압력조정기 설치구 나사부나 조정기의 각 부에 그리스를 발라 잘 조립되도록 한다.
③ 산소압력조정기를 견고하게 설치한 후

정답 01 ④ 02 ④ 03 ④ 04 ① 05 ④ 06 ②

가스 누설 여부를 비눗물로 점검한다.
④ 산소압력조정기의 압력지시계가 잘 보이도록 설치하며 유리가 파손되지 않도록 주의한다.

07 산소-아세틸렌가스용접기로 두께가 3.2mm인 연강 판을 V형 맞대기 이음을 할 때 이에 적합한 연강용 가스용접봉의 지름(mm)을 계산식에 의해 구하면 얼마인가?
① 4.6　② 3.2
③ 3.6　④ 2.6

해설
$d = \dfrac{T}{2} + 1 = \dfrac{3.2}{2} + 1 = 2.6$

08 용접의 단점이 아닌 것은?
① 재질의 변형과 잔류응력 발생
② 제품의 성능과 수명 향상
③ 저온취성 발생
④ 용접에 의한 변형과 수축

해설
제품의 성능과 수명 향상은 장점이다.

09 정격사용률 40%, 정격 2차 전류 300(A)인 용접기로 180(A)의 전류를 사용하여 용접하는 경우 이 용접기의 허용 사용률은?(단, 소수점 미만은 버린다.)
① 109%　② 111%
③ 113%　④ 115%

해설
허용사용률 = $\left(\dfrac{정격아크전류}{실제아크전류}\right)^2 \times$ 정격사용률
= $\left(\dfrac{300}{180}\right)^2 \times 40 = 111.1\%$

10 피복 아크용접에서 피복제의 역할이 아닌 것은?
① 아크를 안정되게 한다.
② 스패터를 적게 한다.
③ 용착금속에 적당한 합금 원소를 첨가한다.
④ 용착금속에 산소를 공급한다.

11 산소-아세틸렌의 불꽃에서 속불꽃과 겉불꽃 사이에 백색의 제3의 불꽃, 즉 아세틸렌 페더라고도 하는 것은?
① 탄화 불꽃　② 중성 불꽃
③ 산화 불꽃　④ 백색 불꽃

해설
속불꽃과 겉불꽃 사이의 연한 백색의 불꽃을 제3의 불꽃 또는 아세틸렌 깃이라고 하는 것이 아세틸렌 페더이며 아세틸렌 과잉염이다.

12 피복 아크용접기에 관한 설명으로 맞는 것은?
① 용접기는 역률과 효율이 낮아야 한다.
② 용접기는 무부하 전압이 낮아야 한다.
③ 용접기의 역률이 낮으면 입력에너지가 증가한다.
④ 용접기의 사용률은 아크시간÷(아크시간-휴식시간)에 대한 백분율이다.

해설
역률 = $\dfrac{피상전력}{유효전력}$ 으로 역률이 낮으면 피상전력, 즉 입력에너지가 증가해야 한다.

13 피복 아크용접법의 운봉법 중 수직용접에 주로 사용되는 것은?
① 8자형　② 진원형
③ 6각형　④ 3각형

해설
수직용접은 파형, 삼각형, 지그재그 형으로 운봉한다.

정답 07 ④　08 ②　09 ②　10 ④　11 ①　12 ③　13 ④

14 아크용접에서 정극성과 비교한 역극성의 특징은?

① 모재의 용입이 깊다.
② 용접봉의 녹음이 빠르다.
③ 비드 폭이 좁다.
④ 후판 용접에 주로 사용된다.

해설
역극성은 용접봉이 (+)극으로 녹는 것이 빠르다.

15 용접용 산소용기 취급상의 주의사항 중 틀린 것은?

① 용기 운반 시 충격을 주어서는 안 된다.
② 통풍이 잘 되고 직사광선이 잘 드는 곳에 보관한다.
③ 기름이 묻은 손이나 장갑을 끼고 취급하지 않는다.
④ 가연성 물질이 있는 곳에는 용기를 보관하지 말아야 한다.

해설
용접용 산소용기는 통풍이 잘 되고 직사광선이 없는 곳에 보관한다.

16 강재 표면의 흠이나 개재물, 탈탄층 등을 제거하기 위하여 될 수 있는 대로 얇게 그리고 타원형 모양으로 표면을 깎아내는 가공법은?

① 가우징   ② 드래그
③ 프로젝션   ④ 스카핑

17 가스절단에서 재료 두께가 25mm일 때 표준 드래그의 길이는 다음 중 몇 mm 정도인가?

① 10   ② 8
③ 5   ④ 2

해설
드래그 길이 = $\frac{25}{5}$ = 5

18 다음 중 Al, Cu, Mn, Mg을 주성분으로 하는 알루미늄 합금은?

① 실루민   ② 두랄루민
③ Y합금   ④ 로우엑스

19 다음 중 기계구조용 탄소 강재에 해당하는 것은?

① SM30C   ② STD11
③ SPS7   ④ STC6

해설
SM : 기계구조용 탄소강
30C : 평균탄소함유량 0.30% 중량비

20 다음 중 탄소강의 인장강도, 탄성한도를 증가시키며 내식성을 향상시키는 성분은?

① 황(S)   ② 구리(Cu)
③ 인(P)   ④ 망간(Mn)

21 다음 중 용접성이 가장 좋은 스테인리스강은?

① 펄라이트계 스테인리스강
② 페라이트계 스테인리스강
③ 마르텐사이트계 스테인리스강
④ 오스테나이트계 스테인리스강

정답 14 ② 15 ② 16 ④ 17 ③ 18 ② 19 ① 20 ② 21 ④

22 다음 중 열처리 방법에 있어 불림의 목적으로 가장 적합한 것은?

① 급랭시켜 재질을 경화시킨다.
② 담금질된 것에 인성을 부여한다.
③ 재질을 강하게 하고 균일하게 한다.
④ 소재를 일정온도에 가열 후 공랭시켜 표준화한다.

해설
- 담금 : 급랭시켜 재질 경화
- 뜨임 : 담금질된 것에 인성부여

23 다음 중 칼로라이징(Calorizing) 금속침투법은 철강 표면에 어떠한 금속을 침투시키는가?

① 규소 ② 알루미늄
③ 크롬 ④ 아연

해설
㉠ 실리코나이징 : 규소 침투
㉡ 크로마이징 : 크롬 침투
㉢ 세라다이징 : 아연 침투

24 다음 중 구리 및 구리합금의 용접성에 대한 설명으로 옳은 것은?

① 순구리의 열전도도는 연강의 8배 이상이므로 예열이 필요 없다.
② 구리의 열팽창계수는 연강보다 50% 이상 크므로 용접 후 응고 수축 시 변형이 생기지 않는다.
③ 순수 구리의 경우 구리에 산소 이외에 납이 불순물로 존재하면 균열 등의 용접 결함이 발생된다.
④ 구리 합금의 경우 과열에 의한 주석의 증발로 작업자가 중독을 일으키기 쉽다.

해설
모든 금속은 용접 시 예열이 필요하다. 구리는 열팽창계수가 크므로 용접 시 변형이 크게 발생한다. 구리에 주석을 함유한 경우는 청동이다.

25 주철의 결점을 개선하기 위하여 백주철의 주물을 만들고 이것을 장시간 열처리하여 탄소의 상태를 분해 또는 소실시켜 인성 또는 연성을 증가시킨 주철은?

① 회주철(Gray Cast Iron)
② 반주철(Mottled Cast Iron)
③ 가단주철(Malleable Cast Iron)
④ 칠드주철(Chilled Cast Iron)

26 니켈(Ni)에 관한 설명으로 옳은 것은?

① 증류수 등에 대한 내식성이 나쁘다.
② 니켈은 열간 및 냉간가공이 용이하다.
③ 360℃ 부근에서는 자기변태로 강자성체이다.
④ 아황산가스(SO_2)를 품는 공기에서는 부식되지 않는다.

해설
니켈의 성질
- 은백색의 면심입방격자이다.
- 비중 8.9, 용융점 1455℃, 자기변태점 853℃, 재결정 온도 약 600℃이다.
- 상온에서는 강자성체이지만 358℃ 부근에 자기 변태하여 그 이상에서는 강자성이 없어진다. 특히 V, Cr, Si, Al, Ti 등은 니켈의 자기 변태점의 온도를 저하시키고, Cu, Fe은 이 온도를 상승시킨다.
- Cr 함유량이 증가하면 비저항이 증가하여 약 40%에서 최대가 된다.
- 황산, 염산에는 부식되지만 유기 화합물이나 알칼리에는 잘 견딘다.
- 대기 중 500℃ 이하에서는 거의 산화하지 않으나, 500℃ 이상에서 오랫동안 가열하면 취약해지고, 750℃ 이상에서는 산화속도가 빨라진다. 특히 화학 약품에 대해서는 다른 금속보다 내식성이 커서 화학, 식품, 화폐, 도금 등에 사용된다.
- 전연성이 크고 상온에서도 소성 가공이 용이하며, 열간 가공은 1000~1200℃, 풀림 열처리는 800℃ 정도에서 한다.

27 다음 중 금속재료의 가공방법에 있어 냉간가공의 특징으로 볼 수 없는 것은?

① 제품의 표면이 미려하다.
② 제품의 치수 정도가 좋다.
③ 연신율과 단면수축률이 저하된다.
④ 가공 경화에 의한 강도가 저하된다.

해설
냉간가공은 가공경화 현상이 발생하므로 가공 후 경도가 증가한다.

28 다음 중 일반적으로 경금속과 중금속을 구분할 때 중금속은 비중이 얼마 이상을 말하는가?

① 1.0   ② 2.0
③ 4.5   ④ 7.0

29 용접 홈 종류 중 두꺼운 판을 한쪽방향에서 충분한 용입을 얻으려고 할 때 사용되는 것은?

① U형 홈   ② X형 홈
③ H형 홈   ④ I형 홈

30 용접분위기 가운데 수소 또는 일산화탄소가 과잉될 때 발생하는 결함은?

① 언더컷   ② 기공
③ 오버랩   ④ 스패터

31 다음 중 화학적 시험에 해당되는 것은?

① 물성 시험
② 열특성 시험
③ 설퍼 프린트 시험
④ 함유 수소 시험

32 이산화탄소 아크용접의 특징이 아닌 것은?

① 전원은 교류 정전압 또는 수하 특성을 사용한다.
② 가시 아크이므로 시공이 편리하다.
③ MIG 용접에 비해 용착금속에 기공 생김이 적다.
④ 산화 및 질화가 되지 않는 양호한 용착금속을 얻을 수 있다.

해설
이산화탄소 아크용접은 정전압 특성이나 상승 특성을 이용한 직류 또는 교류를 이용한다.

33 다음 소화기의 설명으로 옳지 않은 것은?

① A급 화재에는 포말소화기가 적합하다.
② A급 화재란 보통화재를 뜻한다.
③ C급 화재에는 CO_2 소화기가 적합하다.
④ C급 화재란 유류화재를 뜻한다.

해설
㉠ A급 : 일반화재   ㉡ B급 : 유류화재
㉢ C급 : 전기화재   ㉣ D급 : 금속분 화재

34 다음 용접법 중 용접봉을 용제 속에 넣고 아크를 일으켜 용접하는 것은?

① 원자수소 용접
② 서브머지드 아크용접
③ 불활성 가스 아크용접
④ 이산화탄소 아크용접

정답 27 ④ 28 ③ 29 ① 30 ② 31 ④ 32 ① 33 ④ 34 ②

35 전자 빔 용접의 특징 중 잘못 설명한 것은?

① 용접변형이 적고 정밀용접이 가능하다.
② 열전도율이 다른 이종 금속의 용접이 가능하다.
③ 진공 중에서 용접하므로 불순가스에 의한 오염이 적다.
④ 용접물의 크기에 제한이 없다.

해설
전자빔용접은 피용접물의 크기에 제한을 받으며 장치가 고가이다.

36 불활성 가스 텅스텐 아크용접법의 극성에 대한 설명으로 틀린 것은?

① 직류정극성에서는 모재의 용입이 깊고, 비드폭이 좁다.
② 직류역극성에서는 전극 소모가 많으므로 지름이 큰 전극을 사용한다.
③ 직류정극성에서는 청정작용이 있어 알루미늄이나 마그네슘 용접에 아르곤 가스를 사용한다.
④ 직류역극성에서는 모재의 용입이 얕고, 비드폭이 넓다.

37 CO_2 가스 아크용접에서 플럭스 코어드 와이어의 단면형상이 아닌 것은?

① NCG형
② Y관상형
③ 풀(Pull)형
④ 아코스(Arcos)형

38 납땜의 용제가 갖추어야 할 조건 중 맞는 것은?

① 모재나 땜납에 대한 부식작용이 최대한일 것
② 납땜 후 슬래그 제거가 용이할 것
③ 전기저항 납땜에 사용되는 것은 부도체일 것
④ 침지땜에 사용되는 것은 수분을 함유하여야 할 것

39 모재 두께가 9~10mm인 연강 판의 V형 맞대기 피복 아크용접 시 홈의 각도로 적당한 것은?

① 20~40°   ② 40~50°
③ 60~70°   ④ 90~100°

40 용접부의 잔류응력을 제거하기 위한 방법으로 끝이 둥근 해머로 용접부를 연속적으로 때려 용접 표면상에 소성 변형을 주어, 용접 금속부의 인장응력을 완화하는 방법은?

① 코킹법
② 피닝법
③ 저온응력완화법
④ 국부풀림법

41 가스용접에 의한 역화가 일어날 경우 대처방법으로 잘못된 것은?

① 아세틸렌을 차단한다.
② 산소밸브를 열어 산소량을 증가시킨다.
③ 팁을 물로 식힌다.
④ 토치의 기능을 점검한다.

해설
역화의 대처법으로 연소 공급원을 차단한다.

정답 35 ④ 36 ③ 37 ③ 38 ② 39 ③ 40 ② 41 ②

42 다음 중 응급처치 구명 4대 요소에 속하지 않는 것은?

① 상처 보호
② 지혈
③ 기도 유지
④ 전문구조기관에 연락

해설
전문구조기관 연락은 응급조치가 아니다.

43 용접작업 시 전격 방지를 위한 주의사항 중 틀린 것은?

① 캡타이어 케이블의 피복상태, 용접기의 접지상태를 확실하게 점검할 것
② 기름기가 묻었거나 젖은 보호구와 복장은 입지말 것
③ 좁은 장소의 작업에서는 신체를 노출시키지 말 것
④ 개로 전압이 높은 교류 용접기를 사용할 것

해설
개로전압이 높으면 전격의 위험이 있다.

44 CO_2 가스 아크용접 결함에 있어서 다공성이란 무엇을 의미하는가?

① 질소, 수소, 일산화탄소 등에 의한 기공을 말한다.
② 와이어 선단부에 용적이 붙어 있는 것을 말한다.
③ 스패터가 발생하여 비드의 외관에 붙어 있는 것을 말한다.
④ 노즐과 모재가 거리가 지나치게 작아서 와이어 송급불량을 의미한다.

45 용접지그 선택의 기준이 아닌 것은?

① 물체를 튼튼하게 고정시킬 크기와 힘이 있어야 할 것
② 용접위치를 유리한 용접자세로 쉽게 움직일 수 있을 것
③ 물체의 고정과 분해가 용이해야 하며 청소에 편리할 것
④ 변형이 쉽게 되는 구조로 제작될 것

해설
용접지그는 변형이 되지 않으며 물체를 확실히 고정시켜야 한다.

46 MIG 알루미늄 용접을 그 용적 이행 형태에 따라 분류할 때 해당되지 않는 용접법은?

① 단락 아크용접
② 스프레이 아크용접
③ 펄스 아크용접
④ 저전압 아크용접

47 선박, 보일러 등 두꺼운 판의 용접 시 용융 슬래그와 와이어의 저항열을 이용 연속적으로 상진하면서 용접하는 것은?

① 테르밋 용접
② 일렉트로 슬래그 용접
③ 넌시일드 아크용접
④ 서브머지드 아크용접

정답 42 ④ 43 ④ 44 ① 45 ④ 46 ④ 47 ②

48 심 용접에서 사용하는 통전방법이 아닌 것은?

① 포일 통전법 ② 단속 통전법
③ 연속 통전법 ④ 맥동 통전법

49 가스용접장치에 대한 설명으로 틀린 것은?

① 화기로부터 5m 이상 떨어진 곳에 설치한다.
② 전격방지기를 설치한다.
③ 아세틸렌가스 집중장치시설에는 소화기를 준비한다.
④ 작업 종료 시 메인 밸브 및 콕 등을 완전히 잠근다.

해설
가스용접은 전기를 사용하지 않으므로 전격방지장치가 필요없다.

50 아크용접 로봇 자동화시스템의 구성으로 틀린 것은?

① 포지셔너(Positioner)
② 아크발생장치
③ 모재 가공부
④ 안전장치

해설
모재 가공은 직접적인 용접분야가 아니다.

51 기계제도의 일반사항에 관한 설명으로 틀린 것은?

① 잘못 볼 염려가 없다고 생각되는 도면은 도면의 일부 또는 전부에 대하여 비례관계를 지키지 않아도 좋다.
② 선의 굵기 방향의 중심은 이론상 그려야 할 위치 위에 그린다.
③ 선이 근접하여 그리는 선의 선 간격은 원칙적으로 평행선의 경우 선의 굵기의 3배 이상으로 하고, 선과 선의 간격은 0.7mm 이상으로 하는 것이 좋다.
④ 다수의 선이 1점에 집중할 경우 그 점 주위를 스머징하여 검게 나타낸다.

해설
스머징은 해칭의 대용으로 사용한다.

52 그림과 같은 양면 필릿 용접기호를 가장 올바르게 해석한 것은?

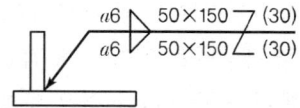

① 목길이 6mm, 용접길이 150mm, 인접한 용접부 간격 50mm
② 목길이 6mm, 용접길이 50mm, 인접한 용접부 간격 30mm
③ 목두께 6mm, 용접길이 150mm, 인접한 용접부 간격 30mm
④ 목두께 6mm, 용접길이 50mm, 인접한 용접부 간격 50mm

53 제3각법으로 정투상한 그림과 같은 정면도와 우측면도에 가장 적합한 평면도는?

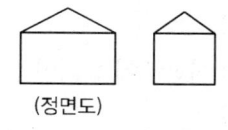

(정면도)

① ② ③ ④

54 제도에 사용되는 문자 크기의 기준으로 맞는 것은?
① 문자의 폭
② 문자의 높이
③ 문자의 대각선의 길이
④ 문자의 높이와 폭의 비율

55 치수를 나타내기 위한 치수선의 표시가 잘못된 것은?

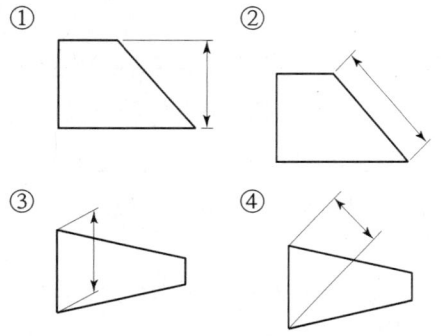

해설
치수선은 나타내려는 선과 평행해야 한다.

56 그림의 A 부분과 같이 경사면부가 있는 대상물에서 그 경사면의 실형을 표시할 필요가 있는 경우 사용하는 투상도는?

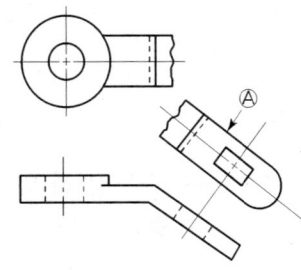

① 국부 투상도 ② 전개 투상도
③ 회전 투상도 ④ 보조 투상도

57 나사 표시기호 "M50×2"에서 "2"는 무엇을 나타내는가?
① 나사 산의 수
② 나사 피치
③ 나사의 줄 수
④ 나사의 등급

해설
M : 미터가는나사
50 : 호칭지름(바깥지름)
2 : 피치

58 그림과 같은 도면에서 가는 실선으로 대각선을 그려 도시한 면의 설명으로 올바른 것은?

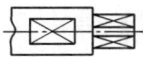

① 대상의 면이 평면임을 도시
② 특수 열처리한 부분을 도시
③ 다이아몬드의 볼록 형상을 도시
④ 사각형으로 관통한 면

59 배관에서 유체의 종류 중 공기를 나타내는 기호는?
① A   ② C
③ S   ④ W

해설
가스 : G
유류 : O
수증기 : S
물 : W

60 배관용 탄소 강관의 KS 기호는?
① SPP   ② SPCD
③ STKM   ④ SAPH

정답 54 ② 55 ④ 56 ④ 57 ② 58 ① 59 ① 60 ①

2014년 1회 시행

특수용접기능사

01 다음 중 정전압 특성에 관한 설명으로 옳은 것은?
 ① 부하 전압이 변화하면 단자 전압이 변하는 특성
 ② 부하 전류가 증가하면 단자 전압이 저하하는 특성
 ③ 부하 전압이 변화하여도 단자 전압이 변하지 않는 특성
 ④ 부하 전류가 변화하지 않아도 단자 전압이 변하는 특성

[해설]
정전압 특성은 부하전류가 변화하여도 단자의 전압이 거의 변화하지 않는 용접특성으로서 Mig 용접, 솔리드 와이어를 사용하는 CO_2 용접과 같은 고전류 밀도의 자동아크용접에 적합하다.

02 다음 중 연강 용접봉에 비해 고장력강 용접봉의 장점이 아닌 것은?
 ① 재료의 취급이 간단하고 가공이 용이하다.
 ② 동일한 강도에서 판의 두께를 얇게 할 수 있다.
 ③ 소요 강재의 중량을 상당히 무겁게 할 수 있다.
 ④ 구조물의 하중을 경감시킬 수 있어 그 기초공사가 단단해진다.

[해설]
고장력강 용접봉은 동일한 강도에서 판의 두께를 얇게 할 수 있으므로 중량을 작게 할 수 있다.

03 다음 중 피복 아크용접에 있어 위빙 운봉 폭은 용접봉 심선 지름의 얼마로 하는 것이 가장 적절한가?
 ① 1배 이하 ② 약 2~3배
 ③ 약 4~5배 ④ 약 6~7배

04 피복 아크용접에서 용접속도(Welding Speed)에 영향을 미치지 않는 것은?
 ① 모재의 재질 ② 이음 모양
 ③ 전류값   ④ 전압값

05 다음 중 가스불꽃의 온도가 가장 높은 것은?
 ① 산소 - 메탄 불꽃
 ② 산소 - 프로판 불꽃
 ③ 산소 - 수소 불꽃
 ④ 산소 - 아세틸렌 불꽃

[해설]
가스불꽃온도
㉠ 산소-메탄 : 2600~2700℃
㉡ 산소-프로판 : 2700~2800℃
㉢ 산소-수소 : 2600~2900℃
㉣ 산소-아세틸렌 : 3000~3400℃

06 다음 중 아크에어가우징 시 압축공기의 압력으로 가장 적합한 것은?
 ① 1~3kgf/cm²
 ② 5~7kgf/cm²
 ③ 9~15kgf/cm²
 ④ 11~20kgf/cm²

정답 01 ③ 02 ③ 03 ② 04 ④ 05 ④ 06 ②

07 다음 중 직류 아크용접의 극성에 관한 설명으로 틀린 것은?
① 전자의 충격을 받는 양극이 음극보다 발열량이 적다.
② 정극성일 때는 용접봉의 용융이 늦고 모재의 용입은 깊다.
③ 역극성일 때는 용접봉의 용융속도는 빠르고 모재의 용입이 얕다.
④ 얇은 판의 용접에는 용락(Burn Through)을 피하기 위해 역극성을 사용하는 것이 좋다.

해설
양극(+)의 발열량이 70%이다.

08 다음 중 원판상의 롤러 전극 사이에 용접할 2장의 판을 두고 가압·통전하여 전극을 회전시키며 연속적으로 점용접을 반복하는 용접법은?
① 심 용접 ② 프로젝션 용접
③ 전자빔 용접 ④ 테르밋 용접

해설
연속적인 점용접은 심(Seam) 용접이다.

09 다음 중 정격 2차 전류가 200A, 정격 사용률이 40%의 아크용접기로 150A의 용접전류를 사용하여 용접하는 경우 허용사용률은 약 몇 %인가?
① 33% ② 40%
③ 50% ④ 71%

해설
허용사용률 $= \dfrac{(정격전류)^2}{(실제\ 용접전류)^2} \times 정격사용률$
$= \dfrac{200^2}{150^2} \times 40 = 71.1\%$

10 다음 중 가연성 가스가 가져야 할 성질과 가장 거리가 먼 것은?
① 발열량이 클 것
② 연소속도가 느릴 것
③ 불꽃의 온도가 높을 것
④ 용융금속과 화학반응을 일으키지 않을 것

해설
가연성 가스는 산소 또는 공기와 혼합하여 점화하면 연소하는 가스이다.

11 다음 중 전기용접에 있어 전격방지기가 기능하지 않을 경우 2차 무부하 전압은 어느 정도가 가장 적합한가?
① 20~30V ② 40~50V
③ 60~70V ④ 90~100V

12 다음 중 고속분출을 얻는 데 적합하고, 보통의 팁에 비하여 산소의 소비량이 같을 때 절단속도를 20~25% 증가시킬 수 있는 절단 팁은?
① 직선형 팁
② 산소-LP형 팁
③ 보통형 팁
④ 다이버전트형 팁

13 다음 중 산소-아세틸렌 가스용접에서 주철에 사용하는 용제에 해당하지 않는 것은?
① 붕사
② 탄산나트륨
③ 염화나트륨
④ 중탄산나트륨

14 다음은 수중 절단(Underwater Cutting)에 관한 설명으로 틀린 것은?

① 일반적으로 수중 절단은 수심 45m 정도까지 작업이 가능하다.
② 수중작업 시 절단 산소의 압력은 공기 중에서의 1.5~2배로 한다.
③ 수중작업 시 예열 가스의 양은 공기 중에서의 4~8배 정도로 한다.
④ 연료가스로는 수소, 아세틸렌, 프로판, 벤젠 등이 사용되나 그 중 아세틸렌이 가장 많이 사용된다.

해설
수중 절단의 연료가스로는 주로 수소가스를 사용한다.

15 강재의 가스 절단 시 팁 끝과 연강판 사이의 거리는 백심에서 1.5~2.0mm 정도 떨어지게 하며, 절단부를 예열하여 약 몇 ℃ 정도가 되었을 때 고압 산소를 이용하여 절단을 시작하는 것이 좋은가?

① 300~450℃
② 500~600℃
③ 650~750℃
④ 800~900℃

16 내용적이 40L, 충전압력이 150kgf/cm^{2}인 산소용기의 압력이 50kgf/cm^{2}까지 내려갔다면 소비한 산소의 양은 몇 L인가?

① 2000L   ② 3000L
③ 4000L   ④ 5000L

해설
$(150-50) \times 40 = 4000L$

17 다음 중 연강용 피복 아크용접봉 피복제의 역할과 가장 거리가 먼 것은?

① 아크를 안정하게 한다.
② 전기를 잘 통하게 한다.
③ 용착금속의 급랭을 방지한다.
④ 용착금속의 탈산 및 정련작용을 한다.

18 담금질 가능한 스테인리스강으로 용접 후 경도가 증가하는 것은?

① STS 316   ② STS 304
③ STS 202   ④ STS 410

19 다음 중 저융점 합금에 대하여 설명한 것 중 틀린 것은?

① 납(Pb : 용융점 327℃)보다 낮은 융점을 가진 합금을 말한다.
② 가용합금이라 한다.
③ 2원 또는 다원계의 공정합금이다.
④ 전기 퓨즈, 화재 경보기, 저온 땜납 등에 이용된다.

해설
저융점 합금은 연납점으로서 450℃ 이하에서 용접하는 것이다.

20 열처리방법에 따른 효과로 옳지 않은 것은?

① 불림 – 미세하고 균일한 표준조직
② 풀림 – 탄소강의 경화
③ 담금질 – 내마멸성 향상
④ 뜨임 – 인성 개선

정답 14 ④ 15 ④ 16 ③ 17 ② 18 ④ 19 ① 20 ②

21 고 Ni의 초고장력강이며 1370~2060Mpa의 인장강도와 높은 인성을 가진 석출경화형 스테인리스강의 일종은?

① 마르에이징(Maraging)강
② Cr 18% - Ni8%의 스테인리스강
③ 13%Cr강의 마텐자이트계 스테인리스강
④ Cr 12 - 17%, CO 2%의 페라이트계 스테인리스강

해설
마르에이징강(Maraging Steel)
무탄소로서 다량의 Ni, CO, Ti를 첨가한 강으로 마텐자이트와 에이징(Aging)의 합성어이다.

22 다음 중 대표적인 주조경질 합금은?

① HSS   ② 스텔라이트
③ 콘스탄탄   ④ 켈밋

23 침탄법을 침탄제의 종류에 따라 분류할 때 해당되지 않는 것은?

① 고체 침탄법   ② 액체 침탄법
③ 가스 침탄법   ④ 화염 침탄법

24 금속의 공통적 특성이 아닌 것은?

① 상온에서 고체이며 결정체이다. (단, Hg은 제외)
② 열과 전기의 양도체이다.
③ 비중이 크고 금속적 광택을 갖는다.
④ 소성변형이 없어 가공하기 쉽다.

25 비자성이고 상온에서 오스테나이트 조직인 스테인리스강은?(단, 숫자는 %를 의미한다.)

① 18 Cr - 8 Ni 스테인리스강
② 13 Cr 스테인리스강
③ Cr계 스테인리스강
④ 13 Cr - Al 스테인리스강

해설
18-8은 오스테나이트 스테인리스강으로 비자성체이다.

26 구리는 비철재료 중에 비중을 크게 차지한 재료이다. 다른 금속재료와의 비교 설명 중 틀린 것은?

① 철에 비해 용융점이 높아 전기제품이 많이 사용된다.
② 아름다운 광택과 귀금속적 성질이 우수하다.
③ 전기 및 열의 전도도가 우수하다.
④ 전연성이 좋아 가공이 용이하다.

해설
용융점
㉠ Fe(1539℃)
㉡ Cu(1083℃)

27 크롬강의 특징을 잘못 설명한 것은?

① 크롬강은 담금질이 용이하고 경화층이 깊다.
② 탄화물이 형성되어 내마모성이 크다.
③ 내식 및 내열강으로 사용한다.
④ 구조용은 W, V, Co를 첨가하여 공구용은 Ni, Mn, Mo을 첨가한다.

정답 21 ① 22 ② 23 ④ 24 ④ 25 ① 26 ① 27 ④

28 청동은 다음 중 어느 합금을 의미하는가?
① Cu – Zn ② Fe – Al
③ Cu – Sn ④ Zn – Sn

29 용접부의 표면이 좋고 나쁨을 검사하는 것으로 가장 많이 사용하며 간편하고 경제적인 검사방법은?
① 자분검사 ② 외관검사
③ 초음파검사 ④ 침투검사

30 아크용접작업에 관한 안전사항으로서 올바르지 않은 것은?
① 용접기는 항상 환기가 잘 되는 곳에 설치할 것
② 전류는 아크를 발생하면서 조절할 것
③ 용접기는 항상 건조되어 있을 것
④ 항상 정격에 맞는 전류로 조절할 것

31 서브머지드 아크용접에 사용되는 용융형 용제에 대한 특징 설명 중 틀린 것은?
① 흡습성이 거의 없으므로 재건조가 불필요하다.
② 미용융 용제는 다시 사용이 가능하다.
③ 고속 용접성이 양호하다.
④ 합금 원소의 첨가가 용이하다.

32 보통화재와 기름화재의 소화기로는 적합하나 전기화재의 소화기로는 부적합한 것은?
① 포말소화기 ② 분말소화기
③ CO_2 소화기 ④ 물소화기

해설
포말소화기는 일반화재용이다.

33 다음 중 용접성 시험이 아닌 것은?
① 노치취성시험 ② 용접연성시험
③ 파면시험 ④ 용접균열시험

해설
파면시험은 시편에 경미한 노치를 만들어 이를 타격으로 절단하여 그 파면에 따라서 결정립의 조밀, 불순물의 편석, 탈탄의 유무, 열처리 적부를 판단하는 시험법

34 용접결함 방지를 위한 관리기법에 속하지 않는 것은?
① 설계도면에 따른 용접 시공 조건의 검토와 작업 순서를 정하여 시공한다.
② 용접 구조물의 재질과 형상에 맞는 용접 장비를 사용한다.
③ 작업 중인 시공 상황을 수시로 확인하고 올바르게 시공할 수 있게 관리한다.
④ 작업 후에 시공 상황을 확인하고 올바르게 시공할 수 있게 관리한다.

35 용접부의 인장응력을 완화하기 위하여 특수해머로 연속적으로 용접부 표면층을 소성변형 주는 방법은?
① 피닝법
② 저온응력 완화법
③ 응력제거 어닐링법
④ 국부가열 어닐링법

36 이산화탄소 아크용접에서 일반적인 용접 작업(약 200A 미만)에서의 팁과 모재 간 거리는 몇 mm 정도가 가장 적합한가?

① 0~5mm   ② 10~15mm
③ 40~50mm   ④ 30~40mm

37 점용접 조건의 3대 요소가 아닌 것은?

① 고유저항   ② 가압력
③ 전류의 세기 ④ 통전시간

38 경납용 용제의 특징으로 틀린 것은?

① 모재와 친화력이 있어야 한다.
② 용융점이 모재보다 낮아야 한다.
③ 모재와의 전위차가 가능한 한 커야 한다.
④ 모재와 야금적 반응이 좋아야 한다.

[해설] 경납은 가스불꽃을 이용하는 용접법이다.

39 액체 이산화탄소 25kg 용기는 대기 중에서 가스량이 대략 12700L이다. 20L/min의 유량으로 연속 사용할 경우 사용 가능한 시간(hour)은 약 얼마인가?

① 60시간   ② 6시간
③ 10시간   ④ 1시간

[해설] $\frac{12700}{20 \times 60} = 10.58$시간

40 파장이 같은 빛을 렌즈로 집광하면 매우 작은 점으로 집중이 가능하고 높은 에너지로 집속하면 높은 열을 얻을 수 있다. 이것을 열원으로 하여 용접하는 방법은?

① 레이저 용접
② 일렉트로 슬래그 용접
③ 테르밋 용접
④ 플라즈마 아크용접

41 티그용접의 전원 특성 및 사용법에 대한 설명이 틀린 것은?

① 역극성을 사용하면 전극의 소모가 많아진다.
② 알루미늄 용접 시 교류를 사용하면 용접이 잘 된다.
③ 정극성은 연강, 스테인리스강 용접에 적당하다.
④ 정극성을 사용할 때 전극은 둥글게 가공하여 사용하는 것이 아크가 안정된다.

[해설] 티그용접의 전극봉은 뾰족하게 가공하여 사용한다.

42 플러그 용접에서 전단강도는 일반적으로 구멍의 면적당 전 용착금속 인장강도의 몇 % 정도로 하는가?

① 20~30%   ② 40~50%
③ 60~70%   ④ 80~90%

43 용접에서 변형교정방법이 아닌 것은?

① 얇은 판에 대한 점 수축법
② 롤러에 거는 방법
③ 형재에 대한 직선 수축법
④ 노내풀림법

[해설] 노내풀림법은 응력제거방법이다.

정답 36 ② 37 ① 38 ③ 39 ③ 40 ① 41 ④ 42 ③ 43 ④

44 이산화탄소 가스 아크용접에서 아크전압이 높을 때 비드 형상으로 맞는 것은?

① 비드가 넓어지고 납작해진다.
② 비드가 좁아지고 납작해진다.
③ 비드가 넓어지고 볼록해진다.
④ 비드가 좁아지고 볼록해진다.

45 용접재 예열의 목적으로 옳지 않은 것은?

① 변형 방지
② 잔류응력 감소
③ 균열 발생 방지
④ 수소 이탈 방지

46 다음 중 용접부에 언더컷이 발생했을 경우 결함보수방법으로 가장 적당한 것은?

① 드릴로 정지 구멍을 뚫고 다듬질한다.
② 절단작업을 한 다음 재용접한다.
③ 가는 용접봉을 사용하여 보수용접한다.
④ 일부분을 깎아내고 재용접한다.

47 화재 및 폭발의 방지조치사항으로 틀린 것은?

① 용접작업 부근에 점화원을 두지 않는다.
② 인화성 액체의 반응 또는 취급을 폭발한계범위 이내의 농도로 한다.
③ 아세틸렌이나 LP가스용접 시에는 가연성 가스가 누설되지 않도록 한다.
④ 대기 중에 가연성 가스를 누설 또는 방출시키지 않는다.

해설
인화성 액체가 폭발한계범위 이내라도 점화원이 있으면 위험하다.

48 가스용접작업 시 주의사항으로 틀린 것은?

① 반드시 보호안경을 착용한다.
② 산소호스와 아세틸렌호스는 색깔 구분없이 사용한다.
③ 불필요한 긴 호스를 사용하지 말아야 한다.
④ 용기 가까운 곳에서는 인화물질의 사용을 금한다.

해설
산소호스는 흑색 또는 연녹색, 아세틸렌 호스는 적색

49 불활성 가스 금속 아크용접의 용접토치 구성 부품 중 와이어가 송출되면서 전류를 통전시키는 역할을 하는 것은?

① 가스분출기(Gas Diffuser)
② 팁(Tip)
③ 인슐레이터(Insulator)
④ 플렉시블 콘딧(Flexible Conduit)

해설
인슐레이터는 절연체이며 플렉시블 콘딧은 유연성 도관이다.

50 다음 중 테르밋 용접의 점화제가 아닌 것은?

① 과산화바륨   ② 망간
③ 알루미늄   ④ 마그네슘

51 그림과 같은 도면에서 지름 3mm 구멍의 수는 모두 몇 개인가?

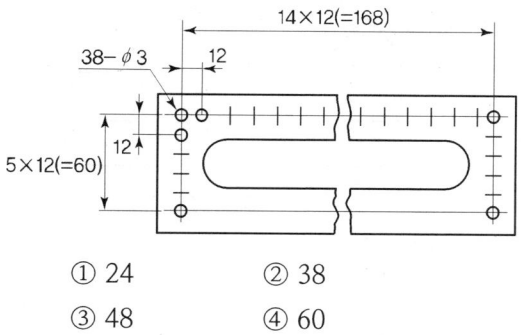

① 24   ② 38
③ 48   ④ 60

52 다음 중 도면의 일반적인 구비조건으로 거리가 먼 것은?

① 대상물의 크기, 모양, 자세, 위치의 정보가 있어야 한다.
② 대상물을 명확하고 이해하기 쉬운 방법으로 표현해야 한다.
③ 도면의 보존, 검색 이용이 확실히 되도록 내용과 양식을 구비해야 한다.
④ 무역과 기술의 국제 교류가 활발하므로 대상물의 특징을 알 수 없도록 보안성을 유지해야 한다.

53 그림과 같은 용접기호에서 a7이 의미하는 뜻으로 알맞은 것은?

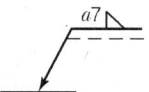

① 용접부 목 길이가 7mm이다.
② 용접 간격이 7mm이다.
③ 용접 모재의 두께가 7mm이다.
④ 용접부 목 두께가 7mm이다.

해설
필릿용접의 목두께이다.

54 일반적으로 표면의 결 도시기호에서 표시하지 않는 것은?

① 표면 재료 종류
② 줄무늬 방향의 기호
③ 표면의 파상도
④ 컷오프값, 평가 길이

55 치수 숫자와 함께 사용되는 기호가 바르게 연결된 것은?

① 지름 : P
② 정사각형 : □
③ 구면의 지름 : O
④ 구면의 반지름 : C

해설
① 지름 : ϕ
③ 구면의 지름 : Sϕ
④ 구면의 반지름 : SR

56 그림과 같은 입체도에서 화살표 방향을 정면으로 할 때 제3각법으로 올바르게 정투상한 것은?

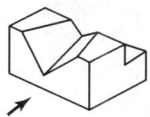

① 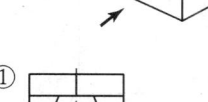   ②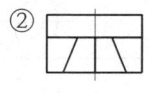

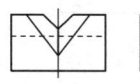   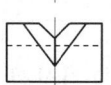

③ 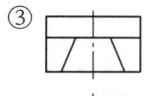   ④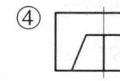

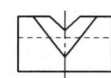   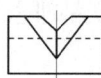

정답 51 ② 52 ④ 53 ④ 54 ① 55 ② 56 ②

57 다음 중 일반구조용 압연강재의 KS 재료 기호는?

① SS 490
② SSW 41
③ SBC 1
④ SM 400A

해설
SM : 기계구조용 탄소강

58 배관의 접합 기호 중 플랜지 연결을 나타내는 것은?

①  ②
③ ④

59 그림에서 '6.3' 선이 나타내는 선의 명칭으로 옳은 것은?

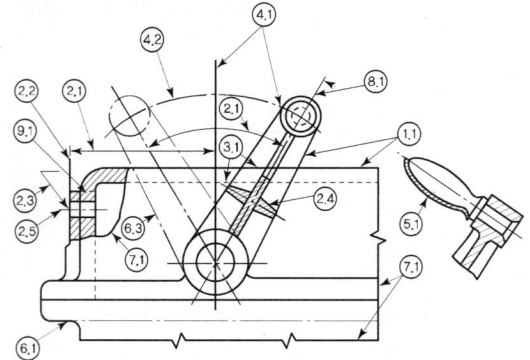

① 가상선
② 절단선
③ 중심선
④ 무게중심선

60 다음 중 직원뿔 전개도의 형태로 가장 적합한 형상은?

①  ②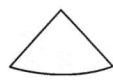
③ ④

정답 57 ① 58 ② 59 ① 60 ②

2014년 2회 시행

01 아세틸렌가스의 성질에 대한 설명으로 옳은 것은?
① 수소와 산소가 화합된 매우 안정된 기체이다.
② 1리터의 무게는 1기압 15℃에서 117g이다.
③ 가스용접용 가스이며, 카바이드로부터 제조된다.
④ 공기를 1로 했을 때의 비중은 1.91이다.

해설
아세틸렌(C_2H_2)에 수소와 산소가 포함되면 폭발위험이 증가하며, 1L의 무게는 1.176g이며 비중은 0.906으로 공기보다 가볍다.

02 금속의 접합법 중 야금학적 접합법이 아닌 것은?
① 융접   ② 압접
③ 납땜   ④ 볼트 이음

해설
볼트이음은 기계적 접합법이다.

03 오스테나이트계 스테인리스 강은 용접 시 냉각되면서 고온균열이 발생되는데 주 원인이 아닌 것은?
① 아크 길이가 짧을 때
② 모재가 오염되어 있을 때
③ 크레이터 처리를 하지 않을 때
④ 구속력이 가해진 상태에서 용접할 때

해설
18-8 스테인리스강의 용접봉은 가능한 지름이 가는 것을 짧은 아크로 사용한다.

04 직류 아크용접의 극성에 관한 설명으로 옳은 것은?
① 직류 정극성에서는 용접봉의 녹음 속도가 빠르다.
② 직류 역극성에서는 용접봉에 30%의 열 분배가 되기 때문에 용입이 깊다.
③ 직류 정극성에서는 용접봉에 70%의 열 분배가 되기 때문에 모재의 용입이 얕다.
④ 직류 역극성은 박판, 주철, 고탄소강, 비철금속의 용접에 주로 사용된다.

해설
직류 정극성은 모재에 70%의 열분배가 된다.

05 다음 중 가스압접의 특징으로 틀린 것은?
① 이음부의 탈탄층이 전혀 없다.
② 작업이 거의 기계적이어서 숙련이 필요하다.
③ 용기재 및 용제가 불필요하고, 용접시간이 빠르다.
④ 장치가 간단하여 설비비, 보수비가 싸고 전력이 불필요하다.

해설
가스압접은 접합할 양쪽 부재의 끝 부분을 아세틸렌 가스로 가열 용융온도에 이르기 직전에 접합면에 압력을 가하여 접합하는 방법으로 장치가 간단하여 철근이나 레일 접합에 이용한다.

정답 01 ③ 02 ④ 03 ① 04 ④ 05 ②

06 직류용접기와 비교하여, 교류용접기의 특징을 틀리게 설명한 것은?
① 유지가 쉽다.
② 아크가 불안정하다.
③ 감전의 위험이 적다.
④ 고장이 적고, 값이 싸다.

07 가스절단 시 예열 불꽃이 약할 때 나타나는 현상으로 틀린 것은?
① 절단속도가 늦어진다.
② 역화 발생이 감소된다.
③ 드래그가 증가한다.
④ 절단이 중단되기 쉽다.

해설
가스절단 시 예열불꽃이 약하면 역화를 일으키기 쉽다.

08 피복 아크용접작업에서 아크 길이에 대한 설명 중 틀린 것은?
① 아크 길이는 일반적으로 3mm 정도가 적당하다.
② 아크 전압은 아크 길이에 반비례한다.
③ 아크 길이가 너무 길면 아크가 불안정하게 된다.
④ 양호한 용접은 짧은 아크(Short Arc)를 사용한다.

해설
아크 전압은 아크 길이와 무관하다.

09 가스절단에 영향을 미치는 인자가 아닌 것은?
① 후열 불꽃   ② 예열 불꽃
③ 절단 속도   ④ 절단 조건

10 피복 아크용접에서 아크열에 의해 모재가 녹아 들어간 깊이는?
① 용적   ② 용입
③ 용락   ④ 용착금속

11 가스용접 시 전진법과 후진법을 비교 설명한 것 중 틀린 것은?
① 전진법은 용접속도가 느리다.
② 후진법은 열이용률이 좋다.
③ 후진법은 용접변형이 크다.
④ 전진법은 개선 홈의 각도가 크다.

해설
용접변형이 큰 용접방법은 전진법이다.

12 피복 아크용접봉에서 피복 배합제인 아교의 역할은?
① 고착제   ② 합금제
③ 탈산제   ④ 아크 안정제

13 교류 아크용접기 부속장치 중 용접봉 홀더의 종류(KS)가 아닌 것은?
① 100호   ② 200호
③ 300호   ④ 400호

해설
아크전압 30V짜리는 200호, 300호, 400호, 500호이다. 100호는 25V 100A로 사용하지 않는다. 300호는 300A, 30V이다.

14 절단용 산소 중의 불순물이 증가되면 나타나는 결과가 아닌 것은?
① 절단속도가 늦어진다.
② 산소의 소비량이 적어진다.
③ 절단 개시 시간이 길어진다.
④ 절단 홈의 폭이 넓어진다.

해설
절단용 산소 중의 불순물이 증가되면 산소의 소비량이 많아진다.

정답 06 ③ 07 ② 08 ② 09 ① 10 ② 11 ③ 12 ① 13 ① 14 ②

15 탄소 아크 절단에 압축공기를 병용하여 전극 홀더의 구멍에서 탄소 전극봉에 나란히 분출하는 고속의 공기를 분출시켜 용융금속을 불어내어 홈을 파는 방법은?

① 금속 아크 절단
② 아크 에어 가우징
③ 플라즈마 아크 절단
④ 불활성 가스 아크 절단

16 균열에 대한 감수성이 좋아 구속도가 큰 구조물의 용접이나 탄소가 많은 고탄소강 및 황의 함유량이 많은 쾌삭강 등의 용접에 사용되는 용접봉의 계통은?

① 고산화티탄계 ② 일미나이트계
③ 라임티탄계 ④ 저수소계

17 서브머지드 아크용접법에서 다전극 방식의 종류에 해당되지 않는 것은?

① 탠덤식 방식 ② 횡병렬식 방식
③ 횡직렬식 방식 ④ 종직렬식 방식

18 스테인리스강을 용접하면 용접부가 임계부식을 일으켜 내식성을 저하시키는 원인으로 가장 적합한 것은?

① 자경성 때문이다.
② 적열취성 때문이다.
③ 탄화물의 석출 때문이다.
④ 산화에 의한 취성 때문이다.

19 라우탈(Lautal) 합금의 주성분은?

① Al – Cu – Si ② Al – Si – Ni
③ Al – Cu – Mn ④ Al – Si – Mn

20 다음의 열처리 중 항온열처리 방법에 해당되지 않는 것은?

① 마퀜칭 ② 마템퍼링
③ 오스템퍼링 ④ 인상 담금질

해설
인상 담금질은 단계 담금질이라고 하며, 가열된 강재를 급랭한 후 적당한 시간을 유지시킨 후에 공중 방랭하고 다시 급랭하는 열처리 방법이다.

21 금속의 공통적 특성에 대한 설명으로 틀린 것은?

① 열과 전기의 부도체이다.
② 금속 특유의 광택을 갖는다.
③ 소성변형이 있어 가공이 가능하다.
④ 수은을 제외하고 상온에서 고체이며, 결정체이다.

해설
금속은 열과 전기의 양도체이다.

22 베어링에 사용되는 대표적인 구리합금으로 70%Cu – 30%Pb 합금은?

① 켈밋(Kelmet)
② 톰백(Tombac)
③ 다우메탈(Dow Metal)
④ 배빗메탈(Babbit Metal)

해설
켈밋 : 고속고하중용(Cu+Pb) 베어링

23 구리(Cu)와 그 합금에 대한 설명 중 틀린 것은?

① 가공하기 쉽다.
② 전연성이 우수하다.
③ 아름다운 색을 가지고 있다.
④ 비중이 약 2.7인 경금속이다.

해설
구리(Cu)의 비중은 8.7인 중금속이다.

정답 15 ② 16 ④ 17 ④ 18 ③ 19 ① 20 ④ 21 ① 22 ① 23 ④

24 주강에 대한 설명으로 틀린 것은?

① 주조조직 개선과 재질 균일화를 위해 풀림처리를 한다.
② 주철에 비해 기계적 성질이 우수하고, 용접에 의한 보수가 용이하다.
③ 주철에 비해 강도는 작으나 용융점이 낮고 유동성이 커서 주조성이 좋다.
④ 탄소함유량에 따라 저탄소 주강, 중탄소 주강, 고탄소 주강으로 분류한다.

[해설]
주강은 주철에 비해 강도가 크고 용융점이 높아 유동성이 나쁘다.

25 주철에서 탄소와 규소의 함유량에 의해 분류한 조직의 분포를 나타낸 것은?

① T.T.T 곡선
② Fe-C 상태도
③ 공정반응 조직도
④ 마우러(Maurer) 조직도

26 탄소강의 담금질 중 고온의 오스테나이트 영역에서 소재를 냉각하면 냉각 속도의 차에 따라 마텐자이트, 페라이트, 펄라이트, 소르바이트 등의 조직으로 변태되는데 이들 조직 중에서 강도와 경도가 가장 높은 것은?

① 마텐자이트   ② 페라이트
③ 펄라이트   ④ 소르바이트

27 Mg-Al에 소량의 Zn과 Mn을 첨가한 합금은?

① 엘린바(Elinvar)
② 엘렉트론(Elektron)
③ 퍼멀로이(Permalloy)
④ 모넬메탈(Monel Metal)

28 산소-아세틸렌 가스를 사용하여 담금질성이 있는 강재의 표면만을 경화시키는 방법은?

① 질화법
② 가스침탄법
③ 화염경화법
④ 고주파경화법

[해설]
화염경화법은 쇼터라이징이라고 하며 선반베드 안내면의 표면 열처리에 사용한다.

29 시험재료의 전성, 연성 및 균열의 유무 등 용접부위를 시험하는 시험법은?

① 굴곡시험   ② 경도시험
③ 압축시험   ④ 조직시험

30 납땜 시 사용하는 용제가 갖추어야 할 조건이 아닌 것은?

① 사용재료의 산화를 방지할 것
② 전기 저항 납땜에는 부도체를 사용할 것
③ 모재와의 친화력을 좋게 할 것
④ 산화피막 등의 불순물을 제거하고 유동성이 좋을 것

[해설]
납땜은 양도체를 사용한다.

정답 24 ③ 25 ④ 26 ① 27 ② 28 ③ 29 ① 30 ②

31 불활성 가스 텅스텐 아크용접의 장점으로 틀린 것은?

① 용제가 불필요하다.
② 용접품질이 우수하다.
③ 전자세 용접이 가능하다.
④ 후판용접에 능률적이다.

해설
텅스텐 아크용접(TIG)은 주로 3mm 이하의 박판용접에 사용한다.

32 제품을 제작하기 위한 조립순서에 대한 설명으로 틀린 것은?

① 대칭으로 용접하여 변형을 예방한다.
② 리벳작업과 용접을 같이 할 때는 리벳작업을 먼저 한다.
③ 동일 평면 내에 많은 이음이 있을 때는 수축은 가능한 자유단으로 보낸다.
④ 용접선의 직각 단면 중심축에 대하여 용접의 수축력의 합이 0(zero)이 되도록 용접순서를 취한다.

해설
리벳이음과 용접이음은 같이 하는 것을 피한다.

33 언더컷의 원인이 아닌 것은?

① 전류가 높을 때
② 전류가 낮을 때
③ 빠른 용접속도
④ 운봉 각도의 부적합

해설
언더컷은 높은 전류에서 빠른 용접속도일 때 발생하는 결함이다.

34 반자동 CO_2 가스 아크 편면(One Side) 용접 시 뒷댐 재료로 가장 많이 사용되는 것은?

① 세라믹 제품
② CO_2 가스
③ 테프론 테이프
④ 알루미늄 판재

35 서브머지드 아크용접에서 맞대기 용접이음 시 받침쇠가 없을 경우 루트간격은 몇 mm 이하가 가장 적합한가?

① 0.8mm   ② 1.5mm
③ 2.0mm   ④ 2.5mm

36 용접 후 잔류응력이 있는 제품에 하중을 주어 용접부에 약간의 소성 변형을 일으키게 한 다음 하중을 제거하는 잔류응력 경감방법은?

① 노내 풀림법
② 국부 풀림법
③ 기계적 응력완화법
④ 저온응력완화법

37 연강용 피복용접봉에서 피복제의 역할이 아닌 것은?

① 아크를 안정시킨다.
② 스패터(Spatter)를 많게 한다.
③ 파형이 고운 비드를 만든다.
④ 용착금속의 탈산정련작용을 한다.

정답 31 ④ 32 ② 33 ② 34 ① 35 ② 36 ③ 37 ②

38 전기누전에 의한 화재의 예방대책으로 틀린 것은?
① 금속관 내에는 접속점이 없도록 해야 한다.
② 금속관의 끝에는 캡이나 절연 부싱을 하여야 한다.
③ 전선공사 시 전선피복의 손상이 없는지를 점검한다.
④ 전기기구의 분해조립을 쉽게 하기 위하여 나사의 조임을 헐겁게 해놓는다.

해설
나사의 조임은 확실하게 조인다.

39 솔리드 이산화탄소 아크용접의 특징에 대한 설명으로 틀린 것은?
① 바람의 영향을 전혀 받지 않는다.
② 용제를 사용하지 않아 슬래그의 혼입이 없다.
③ 용접 금속의 기계적·야금적 성질이 우수하다.
④ 전류 밀도가 높아 용입이 깊고 용융 속도가 빠르다.

해설
불활성 가스용접은 바람의 영향을 많이 받는다.

40 화상에 의한 응급조치로서 적절하지 않은 것은?
① 냉찜질을 한다.
② 붕산수에 찜질한다.
③ 전문의의 치료를 받는다.
④ 물집을 터트리고 수건으로 감싼다.

해설
물집은 터지지 않고 냉찜질을 한 후 전문의의 치료를 받는다.

41 서브머지드 아크용접에 사용되는 용접용 용제 중 용융형 용제에 대한 설명으로 옳은 것은?
① 화학적 균일성이 양호하다.
② 미용융 용제는 다시 사용이 불가능하다.
③ 흡습성이 있어 재건조가 필요하다.
④ 용융 시 분해되거나 산화되는 원소를 첨가할 수 있다.

해설
용융성 용제는 흡습성이 없고 반복사용성이 좋다.

42 아크 발생 시간이 3분, 아크 발생 정지시간이 7분일 경우 사용률(%)은?
① 100%   ② 70%
③ 50%   ④ 30%

해설
$\frac{3}{3+7} \times 100 = 30\%$

43 용접부의 결함 검사법에서 초음파 탐상법의 종류에 해당되지 않는 것은?
① 공진법   ② 투과법
③ 스테레오법 ④ 펄스반사법

해설
스테레오법은 결정방위를 나타내는 투영법이다.

44 서브머지드 아크용접용 재료 중 와이어의 표면에 구리를 도금한 이유에 해당되지 않는 것은?
① 콘택트 팁과의 전기적 접촉을 좋게 한다.
② 와이어에 녹이 발생하는 것을 방지한다.
③ 전류의 통전효과를 높게 한다.
④ 용착금속의 강도를 높게 한다.

해설
도금은 강도와 무관하다.

정답 38 ④ 39 ① 40 ④ 41 ① 42 ④ 43 ③ 44 ④

45 공랭식 MIG 용접토치의 구성요소가 아닌 것은?

① 와이어
② 공기 호스
③ 보호가스 호스
④ 스위치 케이블

46 전기저항 점 용접작업 시 용접기 조작에 대한 3대 요소가 아닌 것은?

① 가압력
② 통전시간
③ 전극봉
④ 전류세기

47 논가스 아크용접(Non Gas Arc Welding)의 장점에 대한 설명으로 틀린 것은?

① 바람이 있는 옥외에서도 작업이 가능하다.
② 용접장치가 간단하며 운반이 편리하다.
③ 용착금속의 기계적 성질은 다른 용접법에 비해 우수하다.
④ 피복 아크용접봉의 저수소계와 같이 수소의 발생이 적다.

해설
논가스 아크용접은 솔리드와이어 또는 플럭스가든 와이어를 써서 실드가스(탄산가스 등) 없이 공기 중에서 직접 용접하는 방법으로 옥외용접이 가능하며 기계적 강도와는 무관하다.

48 전격에 의한 사고를 입을 위험이 있는 경우와 거리가 가장 먼 것은?

① 옷이 습기에 젖어 있을 때
② 케이블의 일부가 노출되어 있을 때
③ 홀더의 통전부분이 절연되어 있을 때
④ 용접 중 용접봉 끝에 몸이 닿았을 때

해설
절연되어 있으면 전격방지장치가 있는 것이다.

49 용접부의 내부 결함으로써 슬래그 섞임을 방지하는 것은?

① 용접전류를 최대한 낮게 한다.
② 루트 간격을 최대한 좁게 한다.
③ 전층의 슬래그는 제거하지 않고 용접한다.
④ 슬래그가 앞지르지 않도록 운봉속도를 유지한다.

50 수냉 동판을 용접부의 양면에 부착하고 용융된 슬래그 속에서 전극와이어를 연속적으로 송급하여 용융슬래그 내를 흐르는 저항열에 의하여 전극와이어 및 모재를 용융 접합시키는 용접법은?

① 초음파 용접
② 플라즈마 제트 용접
③ 일렉트로 가스용접
④ 일렉트로 슬래그 용접

51 냉간 압연 강판 및 강대에서 일반용으로 사용되는 종류의 KS 재료기호는?

① SPSC
② SPHC
③ SSPC
④ SPCC

52 원호의 길치 치수 기입에서 원호를 명확히 하기 위해서 치수에 사용되는 치수보조기호는?

① (20)
② C20
③ 20
④ $\overset{\frown}{20}$

해설
(20) : 참고치수
C20 : 모떼기
20 : 정확한 치수

정답 45 ② 46 ③ 47 ③ 48 ③ 49 ④ 50 ④ 51 ④ 52 ④

53 미터 나사의 호칭지름은 수나사의 바깥지름을 기준으로 정한다. 이에 결합되는 암나사의 호칭지름은 무엇이 되는가?

① 암나사의 골지름
② 암나사의 안지름
③ 암나사의 유효지름
④ 암나사의 바깥지름

54 배관의 간략도시방법 중 환기계 및 배수계의 끝부분 장치 도시방법의 평면도에서 그림과 같이 도시된 것의 명칭은?

① 회전식 환기삿갓
② 고정식 환기삿갓
③ 벽붙이 환기삿갓
④ 콕이 붙은 배수구

55 바퀴의 암(Arm), 림(Rim), 축(Shaft), 훅(Hook) 등을 나타낼 때 주로 사용하는 단면도로서, 단면의 일부를 90° 회전하여 나타낸 단면도는?

① 부분 단면도   ② 회전도시 단면도
③ 계단 단면도   ④ 곡면 단면도

56 도면의 마이크로필름 촬영, 복사할 때 등의 편의를 위해 만든 것은?

① 중심마크   ② 비교눈금
③ 도면구역   ④ 재단마크

57 그림과 같은 입체를 제3각법으로 나타낼 때 가장 적합한 투상도는?(단, 화살표 방향을 정면으로 한다.)

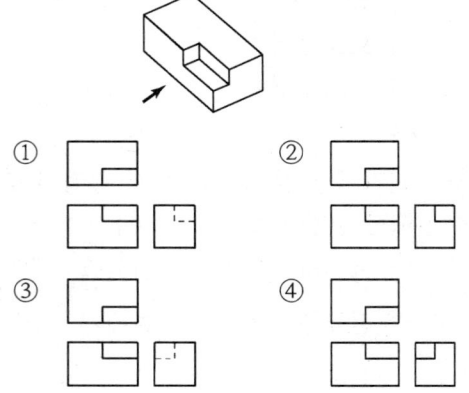

58 그림과 같은 입체도에서 화살표 방향이 정면일 경우 좌측면도로 가장 적합한 것은?

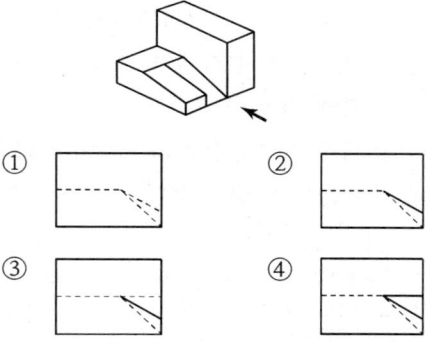

정답 53 ① 54 ④ 55 ② 56 ① 57 ④ 58 ②

59 용기 모양의 대상물 도면에서 아주 굵은 실선을 외형선으로 표시하고 치수 표시가 φint 34로 표시된 경우 가장 올바르게 해독한 것은?

① 도면에서 int로 표시된 부분의 두께 치수
② 화살표로 지시된 부분의 폭방향 치수가 φ34mm
③ 화살표로 지시된 부분의 안쪽 치수가 φ34mm
④ 도면에서 int로 표시된 부분만 인치단위 치수

해설
int는 내부이다.

60 용접부의 도시기호가 "a4△ 3×25(7)"일 때의 설명으로 틀린 것은?

① △ - 필릿 용접
② 3 - 용접부의 폭
③ 25 - 용접부의 길이
④ 7 - 인접한 용접부의 간격

해설
㉠ a4 : 용접부의 두께
㉡ 3 : 용접부의 개수
㉢ 25 : 용접부의 길이
㉣ 7 : 인접한 용접부의 간격(피치)

정답 59 ③ 60 ②

2016년 1회 시행

01 용접이음 설계 시 충격하중을 받는 연강의 안전율은?
① 12   ② 8
③ 5   ④ 3

02 다음 중 기본 용접 이음 형식에 속하지 않는 것은?
① 맞대기 이음   ② 모서리 이음
③ 마찰 이음   ④ T자 이음

해설
마찰 용접은 마찰력을 이용하는 압접의 종류로서 이음형식이 아니다.

03 화재의 분류는 소화시 매우 중요한 역할을 한다. 서로 바르게 연결 된 것은?
① A급화재 - 유류화재
② B급화재 - 일반화재
③ C급화재 - 가스화재
④ D급화재 - 금속화재

해설
화재의 종류
• A급 - 일반화재   • B급 - 유류
• C급 - 전기   • D급 - 금속분화제

04 불활성 가스가 아닌 것은?
① C_2H_2 ② Ar
③ Ne   ④ He

해설
C_2H_2는 아세틸렌가스로서 가연성 기체이다.

05 서브머지드 아크 용접장치 중 전극형상에 의한 분류에 속하지 않는 것은?
① 와이어(wire) 전극
② 테이프(tape) 전극
③ 대상(hoop) 전극
④ 대차(carriage) 전극

06 용접 시공 계획에서 용접 이음 준비에 해당되지 않는 것은?
① 용접 홈의 가공   ② 부재의 조립
③ 변형 교정   ④ 모재의 가용접

해설
변형 교정방법은 용접후 변형을 주어 교정하는 방법으로 점 수축법, 직선 수축법 및 롤러에 거는 방법이 있으며 점 수축법, 직선 수축법 등은 모두 열을 가하여 변형을 감소시키는 방법이며 롤러에 거는 방법은 열을 가하지 않고 외력만으로 소성 변형을 일으켜 변형을 교정하는 방법이다.

07 다음 중 서브머지드 아크 용접(Submerged Arc Welding)에서 용제의 역할과 가장 거리가 먼 것은?
① 아크 안정
② 용락 방지
③ 용접부의 보호
④ 용착금속의 재질 개선

해설
용락이란 모재가 녹아 쇳물이 떨어져 흘러내려 구멍이 나는 것으로 용제의 역할이 아니다.

정답 01 ① 02 ③ 03 ④ 04 ① 05 ④ 06 ③ 07 ②

08 다음 중 전기저항의 용접의 종류가 아닌 것은?

① 점 용접　　② MIG 용접
③ 프로젝션 용접　④ 플래시 용접

해설
MIG 용접은 불활성 가스용접법이다.

09 다음 중 용접 금속에 기공을 형성하는 가스에 대한 설명으로 틀린 것은?

① 응고 온도에서의 액체와 고체의 용해도 차에 의한 가스 방출
② 용접금속 중에서의 화학반응에 의한 가스 방출
③ 아크 분위기에서의 기체의 물리적 혼입
④ 용접 중 가스 압력의 부적당

10 가스용접 시 안전조치로 적절하지 않은 것은?

① 가스의 누설검사는 필요할 때만 체크하고 점검은 수돗물로 한다.
② 가스용접 장치는 화기로부터 5m 이상 떨어진 곳에 설치해야 한다.
③ 작업 종료시 메인 밸브 및 콕 등을 완전히 잠가준다.
④ 인화성 액체 용기의 용접을 할 때는 증기 열탕물로 완전히 세척 후 통풍구멍을 개방하고 작업한다.

해설
가스의 누설검사는 수시로 비눗물등으로 가스누설검사를 할 것.

11 TIG 용접에서 가스이온이 모재에 충돌하여 모재 표면에 산화물을 제거하는 현상은?

① 제거효과　　② 청정효과
③ 용융효과　　④ 고주파효과

12 연강의 인장시험에서 인장시험편의 지름이 10mm이고 최대하중이 5500kgf일 때 인장강도는 약 몇 kgf/mm²인가?

① 60　　② 70
③ 80　　④ 90

해설
$$\sigma = \frac{P}{A} = \frac{4 \times 5500}{\pi \times 10^2} = 70\,kg/mm^2$$

13 용접부의 표면에 사용되는 검사법으로 비교적 간단하고 비용이 싸며, 특히 자기 탐상 검사가 되지 않는 금속 재료에 주로 사용되는 검사법은?

① 방사선비파괴 검사
② 누수 검사
③ 침투 비파괴 검사
④ 초음파 비파괴 검사

14 용접에 의한 변형을 미리 예측하여 용접하기 전에 용접 반대 방향으로 변형을 주고 용접하는 방법은?

① 억제법　　② 역변형법
③ 후퇴법　　④ 비석법

해설
① 억제법 : 모재를 가접하여 변형 억제
② 역변형법 : 변형의 크기 및 방향을 예측하여 미리 변형시키는 방법
③ 도열법 : 용접부 주위에서 열을 흡수하는 방법

정답 08 ② 09 ④ 10 ① 11 ② 12 ② 13 ③ 14 ②

15 다음 중 플라즈마 아크 용접에 적합한 모재가 아닌 것은?

① 텅스텐, 백금
② 티탄, 니켈 합금
③ 티탄, 구리
④ 스테인리스강, 탄소강

해설
스테인레스강, 저탄소 합금강, 구리합금, 니켈합금, 티타늄 합금, 지르코늄합금 등과 같이 비교 적 용접하기 힘든 금속의 용접에 주로 사용되고 있다.

16 용접 지그를 사용했을 때의 장점이 아닌 것은?

① 구속력을 크게 하여 잔류응력 발생을 방지한다.
② 동일 제품을 다량 생산할 수 있다.
③ 제품의 정밀도를 높인다.
④ 작업을 용이하게 하고 용접능률을 높인다.

해설
JIG란 제조작업에서 제품생산의 한 보조수단으로 사용되는 것으로 가공물 혹은 조립물을 소정의 위치에 신속 정확하게 위치를 결정하는 동시에 움직이지 않도록 고정해 주는 장치로 잔류응력과는 무관하다.

17 일종의 피복아크 용접법으로 피더(feeder)에 철분계 용접봉을 장착하여 수평 필릿용접을 전용으로 하는 일종의 반자동 용접장치로서 모재와 일정한 경사를 갖는 금속지주를 용접홀더가 하강하면서 용접되는 용접법은?

① 그래비트 용접   ② 용사
③ 스터드 용접   ④ 테르밋 용접

18 피복아크용접에 의한 맞대기 용접에서 개선홈과 판 두께에 관한 설명으로 틀린 것은?

① I형 : 판 두께 6mm 이하 양쪽용접에 적용
② V형 : 판 두께 20mm이하 한쪽용접에 적용
③ U형 : 판 두께 40 ~ 60mm 양쪽용접에 적용
④ X형 : 판 두께 15 ~ 40mm 양쪽용접에 적용

해설
U 형은 두꺼운 판의 한쪽용접에 적용한다.

19 이산화탄소 아크 용접 방법에서 전진법의 특징으로 옳은 것은?

① 스패터의 발생이 적다.
② 깊은 용입을 얻을 수 있다.
③ 비드 높이가 낮고 평탄한 비드가 형성된다.
④ 용접선이 잘 보이지 않아 운봉을 정확하게 하기 어렵다.

20 일렉트로 슬래그 용접에서 주로 사용되는 전극와이어의 지름은 보통 몇 mm 정도 인가?

① 1.2 ~ 1.5   ② 1.7 ~ 2.3
③ 2.5 ~ 3.2   ④ 3.5 ~ 4.0

정답 15 ① 16 ① 17 ① 18 ③ 19 ③ 20 ③

21 볼트나 환봉을 피스톤형의 홀더에 끼우고 모재와 볼트 사이에 순간적으로 아크를 발생시켜 용접하는 방법은?
   ① 서브머지드 아크 용접
   ② 스터드 용접
   ③ 테르밋 용접
   ④ 불활성가스 아크 용접

22 용접 결함과 그 원인에 대한 설명 중 잘못 짝지어진 것은?
   ① 언더컷 – 전류가 너무 높을 때
   ② 기공 – 용접봉이 흡습 되었을 때
   ③ 오버랩 – 전류가 너무 낮을 때
   ④ 슬래그 섞임 – 전류가 과대 되었을 때

해설
슬래그 섞임은 용접부의 내부 결함으로서 슬래그 제거 불완전, 전류 과소 및 운봉조작 불완전, 용접 이음의 부적당, 슬래그 유동성이 좋고 냉각하기 쉬울 때, 봉의 각도 부적당, 운봉속도가 느릴 때 발생하며 방지방법은 슬래그가 앞지르지 않도록 운봉속도를 유지 한다이다.

23 피복아크용접에서 피복제의 성분에 포함되지 않는 것은?
   ① 아크 안정제   ② 가스 발생제
   ③ 피복 이탈제   ④ 슬래그 생성제

24 피복 아크 용접봉의 용융속도를 결정하는 식은?
   ① 용융속도 = 아크전류 × 용접봉 쪽 전압강하
   ② 용융속도 = 아크전류 × 모재 쪽 전압강하
   ③ 용융속도 = 아크전압 × 용접봉 쪽 전압강하
   ④ 용융속도 = 아크전압 × 모재 쪽 전압강하

25 용접법의 분류에서 아크용접에 해당되지 않는 것은?
   ① 유도가열용접   ② TIG용접
   ③ 스터드용접   ④ MIG용접

26 피복아크용접시 용접선 상에서 용접봉을 이동시키는 조작을 말하며 아크의 발생, 중단, 재아크, 위빙 등이 포함된 작업을 무엇이라 하는가?
   ① 용입   ② 운봉
   ③ 키홀   ④ 용융지

27 다음 중 산소 및 아세틸렌 용기의 취급방법으로 틀린 것은?
   ① 산소용기의 밸브, 조정기, 도관, 취부구는 반드시 기름이 묻은 천으로 깨끗이 닦아야 한다.
   ② 산소용기의 운반 시에는 충돌, 충격을 주어서는 안 된다.
   ③ 사용이 끝난 용기는 실병과 구분하여 보관한다.
   ④ 아세틸렌 용기는 세워서 사용하며 용기에 충격을 주어서는 안 된다.

28 가스용접이나 절단에 사용되는 가연성가스의 구비조건으로 틀린 것은?
   ① 발열량이 클 것
   ② 연소속도가 느릴 것
   ③ 불꽃의 온도가 높을 것
   ④ 용융금속과 화학반응이 일어나지 않을 것

해설
가스용접이나 절단에 사용되는 가연성가스는 연소속도가 빠르고 불꽃의 온도가 높아야한다.

정답 21 ② 22 ④ 23 ③ 24 ① 25 ① 26 ② 27 ① 28 ②

29 다음 중 가변저항의 변화를 이용하여 용접전류를 조정하는 교류 아크 용접기는?

① 탭 전환형
② 가동 코일형
③ 가동 철심형
④ 가포화 리액터형

30 AW-250, 무부하전압 80V, 아크전압 20V인 교류 용접기를 사용할 때 역률과 효율은 각각 약 얼마인가?(단, 내부손실은 4kW이다.)

① 역률 : 45%, 효율 : 56%
② 역률 : 48%, 효율 : 69%
③ 역률 : 54%, 효율 : 80%
④ 역률 : 69%, 효율 : 72%

해설

입력 피상전력
=아크전류(AW-250) × 무부하전압
$= IV = 250 \times 80 = 20000 \, VA = 20 \, kVA$

아크출력=아크전류× 아크 전압
$= 250 \times 20 = 5000 \, VA = 5 \, kVA$

소비전력=아크출력 + 내부손실
$= 5 + 4 = 9 \, kVA$

역률 = ((소비전력)/(전원입력))×100 = $\frac{9}{20} \times 100 = 45\%$

효율 = ((아크출력) / (소비전력))×100 = $\frac{5}{9} \times 100 = 55.56\%$

31 혼합가스 연소에서 불꽃 온도가 가장 높은 것은?

① 산소 - 수소 불꽃
② 산소 - 프로판 불꽃
③ 산소 - 아세틸렌 불꽃
④ 산소 - 부탄 불꽃

해설

① 산소 – 수소 불꽃 : 2900 ℃
② 산소 – 프로판 불꽃 : 2800 ℃
③ 산소 – 아세틸렌 불꽃 : 3000 ℃
④ 산소 – 부탄 불꽃 : 1500 ℃

32 연강용 피복 아크 용접봉의 종류와 피복제계통으로 틀린 것은?

① E4303 : 라임티타니아계
② E4311 : 고산화티탄계
③ E4316 : 저수소계
④ E4327 : 철분산화철계

해설

E4311 : 고셀룰로오스계

33 산소-아세틸렌 가스 절단과 비교한 산소-프로판 가스절단의 특징으로 옳은 것은?

① 절단면이 미세하며 깨끗하다.
② 절단 개시 시간이 빠르다.
③ 슬래그 제거가 어렵다.
④ 중성불꽃을 만들기가 쉽다.

해설

산소-아세틸렌 가스 절단의 특징은
1. 불꽃의 조정이 용이하다.
2. 절단개시까지의 예열시간이 짧다.
3. 박판 절단의 경우 프로판보다 절단속도가 빠르다.

산소-프로판 가스절단의 특징
1. 절단면 상연이 잘 녹아내리지 않는다.
2. 절단면이 미세하며 깨끗하다
3. 슬래그가 쉽게 떨어진다.
4. 중첩 절단이나 후판 절단 할 때는 아세틸렌보다 절단속도가 빠르다.

정답 29 ④ 30 ① 31 ③ 32 ② 33 ①

34 피복 아크 용접에서 "모재의 일부가 녹은 쇳물 부분"을 의미하는 것은?

① 슬래그   ② 용융지
③ 피복부   ④ 용착부

35 가스 압력 조정기 취급 사항으로 틀린 것은?

① 압력 용기의 설치구 방향에는 장애물이 없어야 한다.
② 압력 지시계가 잘 보이도록 설치하며 유리가 파손되지 않도록 주의한다.
③ 조정기를 견고하게 설치한 다음 조정 나사를 잠그고 밸브를 빠르게 열어야 한다.
④ 압력 조정기 설치구에 있는 먼지를 털어내고 연결부에 정확하게 연결한다.

36 연강용 가스 용접봉에서 "625±25℃에서 1시간 동안 응력을 제거한 것"을 뜻하는 영문자 표시에 해당되는 것은?

① NSR   ② GB
③ SR   ④ GA

해설
조정기를 견고하게 설치한후 밸브를 천천히 열고 지침의 움직임이 멈춘뒤 압력 조정핸들을 조정한다.
NSR은 용접한 그대로 응력을 제거하지않음
SR 은 625±25℃ 로서 풀림처리 (응력제거) 한 것
GA ,GB 는 용접봉 의 종류로 길이는 1000mm로동일

37 피복아크용접에서 위빙(weaving) 폭은 심선 지름의 몇 배로 하는 것이 가장 적당한가?

① 1 배   ② 2 ~ 3 배
③ 5 ~ 6 배 ④ 7 ~ 8 배

38 전격방지기는 아크를 끊음과 동시에 자동적으로 릴레이가 차단되어 용접기의 2차 무부하 전압을 몇 V 이하로 유지시키는가?

① 20 ~ 30   ② 35 ~ 45
③ 50 ~ 60   ④ 65 ~ 75

39 30% Zn을 포함한 황동으로 연신율이 비교적 크고, 인장 강도가 매우 높아 판, 막대, 관, 선 등으로 널리 사용되는 것은?

① 톰백(tombac)
② 네이벌 황동(naval brass)
③ 6 - 4 황동(muntz metal)
④ 7 - 3 황동(cartridge brass)

해설
톰백(Tombac) : 8~20% Zn을 함유한 α 황동으로 빛깔이 금에 가깝고 연성이 크므로 금박, 금분, 불상, 화폐제조 등에 사용
7/3 황동(Cartridge Brass) : 63~72% Cu에 25~35% Zn을 함유한 α 황동. 부드럽고 연성이 풍부, 압연압출이 용이
6/4 황동(Muntz Brass) : 58~62% Cu에 35~45% Zn을 함유한 $\alpha + \beta$ 황동. 내식성이 좋고 가격이 싸며, 강도가 요구되는 부분에 사용
애드미럴티(Admiralty) : 7/3 황동+1% Sn
네이벌(Naval) 황동 : 6/4 황동+1% Sn

40 Au의 순도를 나타내는 단위는?

① K(carat)   ② P(pound)
③ %(percent) ④ μm(micron)

정답 34 ② 35 ③ 36 ③ 37 ② 38 ① 39 ④ 40 ①

41 다음 상태도에서 액상선을 나타내는 것은?

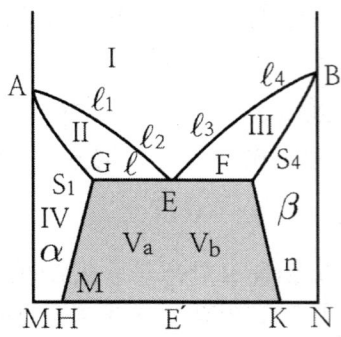

① AGFB　　② AGEB
③ AEB　　　④ AGH

42 금속 표면에 스텔라이트, 초경합금 등의 금속을 용착시켜 표면경화 층을 만드는 것은?

① 금속 용사법　　② 하드페이싱
③ 쇼트 피이닝　　④ 금속 침투법

43 철강 인장시험결과 시험편이 파괴되기 직전 표점거리 62 mm, 원표점거리 50 mm일 때 연신율은?

① 12%　　② 24%
③ 31%　　④ 36%

해설

$\varepsilon = \dfrac{62-50}{50} = 0.24$

44 주철의 조직은 C와 Si 의 양과 냉각속도에 의해 좌우된다. 이들의 요소와 조직의 관계를 나태는 것은?

① C.C.T 곡선
② 탄소 당량도
③ 주철의 상태도
④ 마우러 조직도

45 Al-Cu-Si계 합금의 명칭으로 옳은 것은?

① 알민　　　② 라우탈
③ 알드리　　④ 코오슨합금

46 Al 표면에 방식성이 우수하고 치밀한 산화피막이 만들어지도록 하는 방식 방법이 아닌 것은?

① 산화법　　② 수산법
③ 황산법　　④ 크롬산법

47 다음 중 재결정온도가 가장 낮은 것은?

① Sn　　② Mg
③ Cu　　④ Ni

48 다음 중 해드필드(Hadfield)강에 대한 설명으로 틀린 것은?

① 오스테나이트조직은 Mn 강이다.
② 성분은 10 ~ 14Mn%, 0.9 ~ 1.3C% 정도이다.
③ 이 강은 고온에서 취성이 생기므로 600 ~ 800 ℃에서 공랭한다.
④ 내마멸성과 내충격성이 우수하고, 인성이 우수하기 때문에 파쇄장치, 임펠러 플레이트 등에 사용된다.

정답　41 ③　42 ②　43 ②　44 ④　45 ②　46 ①　47 ①　48 ③

49 Fe-C 상태도에서 A3와 A4변태점 사이에서의 결정구조는?

① 체심정방격자 ② 체심입방격자
③ 조밀육방격자 ④ 면심입방격자

50 열팽창계수가 다른 두 종류의 판을 붙여서 하나의 판으로 만든 것으로 온도 변화에 따라 휘거나 그 변형을 구속 하는 힘을 발생하며 온도감응소자 등에 이용 되는 것은?

① 서멧 재료
② 바이메탈 재료
③ 형상기억합금
④ 수소저장합금

51 기계제도에서 가는 2점 쇄선을 사용하는 것은?

① 중심선 ② 지시선
③ 피치선 ④ 가상선

해설
중심선 : 가는 1점쇄선
지시선 : 가는 1점 실선
피치선 : 가는 1점쇄선

52 나사의 종류에 따라 표시기호가 옳은 것은?

① M - 미터 사다리꼴 나사
② UNC - 미니추어 나사
③ Rc - 관용 테이퍼 암나사
④ G - 전구 나사

해설
M - 미터 삼각나사
UNC - 유니파이 보통 나사
G - 관용 평행 나사

53 배관용 탄소 강관의 종류를 나타내는 기호가 아닌 것은?

① SPPS 380 ② SPPH 380
③ SPCD 390 ④ SPLT 390

해설
SPCD : 냉간압연 강관

54 기계제도에서 도형의 생략에 관한 설명으로 틀린 것은?

① 도형이 대칭 형식인 경우에는 대칭 중심선의 한쪽 도형만을 그리고, 그 대칭 중심선의 양끝 부분에 대칭그림기호를 그려서 대칭임을 나타낸다.
② 대칭 중심선의 한쪽 도형을 대칭 중심선을 조금 넘는 부분까지 그려서 나타낼 수도 있으며, 이 때 중심선 양 끝에 대칭그림기호를 반드시 나타내야 한다.
③ 같은 종류, 같은 모양의 것이 다수 줄지어 있는 경우에는 실형 대신 그림기호를 피치선과 중심선과의 교점에 기입하여 나타낼 수 있다.
④ 축, 막대, 관과 같은 동일 단면형의 부분은 지면을 생략하기 위하여 중간 부분을 파단선으로 잘라내서 그 긴요한 부분만을 가까이 하여 도시할 수 있다.

55 모떼기의 치수가 2mm이고 각도가 45°일 때 올바른 치수 기입 방법은?

① C2 ② 2C
③ 2-45° ④ 45°×2

정답 49 ④ 50 ② 51 ④ 52 ③ 53 ③ 54 ② 55 ①

56 도형의 도시 방법에 관환 설명으로 틀린 것은?

① 소성가공 때문에 부품의 초기 윤곽선을 도시해야 할 필요가 있을 때는 가는 2점 쇄선으로 도시한다.
② 필릿이나 둥근 모퉁이와 같은 가상의 교차선은 윤곽선과 서로 만나지 않은 가는 실선으로 투상도에 도시할 수 있다.
③ 널링 부는 굵은 실선으로 전체 또는 부분저긍로 도시한다.
④ 투명한 재료로 된 모든 물체는 기본적으로 투명한 것처럼 도시한다.

해설
투명한 재료로 만들어지는 대상물 또는 부분은 투상도에서는 전부 불투명한 것으로 하고 그린다.

57 그림과 같은 제3각 정투상도에 가장 적합한 입체도는?

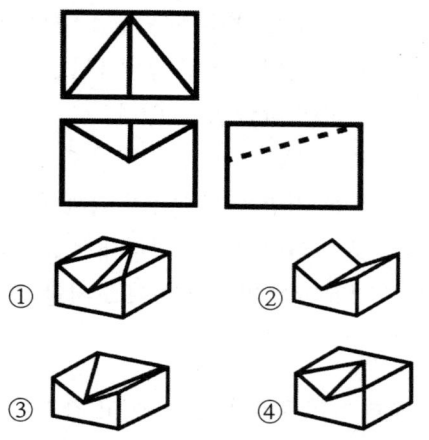

58 제3각법으로 정투상한 그림에서 누락된 정면도로 가장 적합한 것은?

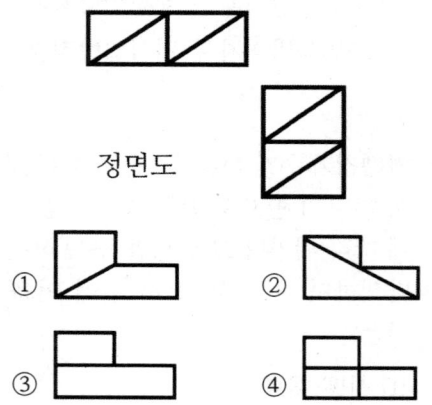

59 다음 중 게이트 밸브를 나타내는 기호는?

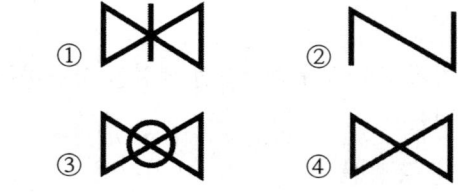

해설
① 글로브밸브
② 체크밸브
③ 볼밸브
④ 밸브일반

60 그림과 같은 용접 기호는 무슨 용접을 나타내는가?

① 심 용접 ② 비드 용접
③ 필릿 용접 ④ 점 용접

2016년 2회 시행

특수용접기능사

01 용접봉의 습기가 원인이 되어 발생하는 결함으로 가장 적절한 것은?
① 기공
② 선상조직
③ 용입불량
④ 슬래그 섞임

02 은납땜이나 황동납땜에 사용되는 용제(Flux)는?
① 붕사
② 송진
③ 염산
④ 염화암모늄

해설
연납땜
염산, 염화아연, 염화암모니아, 인산
경납땜
붕사, 붕산, 염화나트륨, 염화리튬, 산화 제 1구리, 빙정석

03 다음 금속 중 냉각속도가 가장 빠른 금속은?
① 구리
② 연강
③ 알루미늄
④ 스테인레스강

해설
열전도율은 Ag>Cu>Au>Al>Mg>Ni>Fe>Pb의 순이다.

04 아크용접기의 사용에 대한 설명으로 틀린 것은?
① 사용률을 초과하여 사용하지 않는다.
② 무부하 전압이 높은 용접기를 사용한다.
③ 전격방지기가 부착된 용접기를 사용한다.
④ 용접기 케이스는 접지(earth)를 확실히 해둔다.

해설
입력 피상전력
=아크전류(AW-250) × 무부하전압

역률
= ((소비전력)/(전원입력(피상전력)))으로 무부하 전압이 높으면 역률이 감소한다.

05 서브머지드 아크 용접에서 와이어 돌출 길이는 보통 와이어 지름을 기준으로 정한다. 적당한 와이어 돌출길이는 와이어 지름의 몇 배가 가장 적합한가?
① 2배
② 4배
③ 6배
④ 8배

06 다음 중 지그나 고정구의 설계 시 유의사항으로 틀린 것은?
① 구조가 간단하고 효과적인 결과를 가져와야 한다.
② 부품의 고정과 이완은 신속히 이루어져야 한다.
③ 모든 부품의 조립은 어렵고 눈으로 볼 수 없어야 한다.
④ 한번 부품을 고정시키면 차후 수정 없이 정확하게 고정되어 있어야 한다.

해설
모든 부품의 조립은 가능한 눈으로 볼 수 있도록 한다.

정답 01 ① 02 ① 03 ① 04 ② 05 ④ 06 ③

07 다음 중 일반적으로 모재의 용융선 근처의 열영향부에서 발생되는 균열이며 고탄소강이나 저합금강을 용접할 때 용접열에 의한 열영향부의 경화와 변태응력 및 용착금속 속의 확산성 수소에 의해 발생되는 균열은?

① 루트 균열　② 설퍼 균열
③ 비드 밑 균열　④ 크레이터 균열

08 플라즈마 아크 용접의 특징으로 틀린 것은?

① 비드 폭이 좁고 용접속도가 빠르다.
② 1층으로 용접할 수 있으므로 능률적이다.
③ 용접부의 기계적 성질이 좋으며 용접변형이 작다.
④ 핀치효과에 의해 전류밀도가 작고 용입이 얕다.

해설
핀치 효과에는 열적 핀치 효과 와 자기적 핀치 효과가 있으며 특징은 다음과같다.
(1) 열적 핀치 효과 (Thermal Pinch Effect)
열손실이 최소한으로 되도록 단면이 수축되고 전류밀도가 증가하여, 대단히 높은 온도의 아크 플라즈마가 얻어지는 성질.
(2) 자기적 핀치 효과(Magnetic Pinch Effect)
아크 플라즈마가 대전류가 되면 방전전류에 의해 생기는 자장과 전류의 작용으로 수축되며, 전류밀도가 증가하여 큰 에너지를 발생하는 성질

09 가스 용접 시 안전사항으로 적당하지 않는 것은?

① 호스는 길지 않게 하며 용접이 끝났을 때는 용기밸브를 잠근다.
② 작업자 눈을 보호하기 위해 적당한 차광유리를 사용한다.
③ 산소병은 60℃이상 온도에서 보관하고 직사광선을 피하여 보관한다.
④ 호스 접속부는 호스밴드로 조이고 비눗물 등으로 누설여부를 검사한다.

해설
산소병은 40℃이하 온도에서 보관하고 직사광선을 피하여 보관한다.

10 다음 중 연소의 3요소에 해당하지 않는 것은?

① 가연물　② 부촉매
③ 산소공급원　④ 점화원

11 다음 중 불활성 가스인 것은?

① 산소　② 헬륨
③ 탄소　④ 이산화탄소

12 다음 중 유도방식에 의한 광의 증폭을 이용하여 용융하는 용접법은?

① 맥동 용접　② 스터드 용접
③ 레이저 용접　④ 피복 아크 용접

해설
레이저란 유도광선 증폭기이다(Light Amplification by Stimulated Emission of Radiation)

13 저항 용접의 특징으로 틀린 것은?

① 산화 및 변질부분이 적다.
② 용접봉, 용제 등이 불필요하다.
③ 작업속도가 빠르고 대량생산에 적합하다.
④ 열손실이 많고, 용접부에 집중열을 가할 수 없다.

해설
전기 저항용접은 압접으로 열손실이 적으므로 용접부에 집중열을 가할 수 있다.

정답 07 ③　08 ④　09 ③　10 ②　11 ②　12 ③　13 ④

14 제품을 용접한 후 일부분에 언더컷이 발생하였을 때 보수 방법으로 가장 적당한 것은?

① 홈을 만들어 용접한다.
② 결함부분을 절단하고 재 용접한다.
③ 가는 용접봉을 사용하여 재 용접한다.
④ 용접부 전체부분을 가우징으로 따낸 후 재 용접한다.

15 서브머지드 아크 용접법에서 두 전극사이의 복사열에 의한 용접은?

① 텐덤식
② 횡 직렬식
③ 횡 병렬식
④ 종 병렬식

16 다음 중 TIG 용접 시 주로 사용되는 가스는?

① CO_2
② H_2
③ O_2
④ Ar

17 심용접의 종류가 아닌 것은?

① 횡 심 용접(circular seam welding)
② 매시 심 용접(mash seam welding)
③ 포일 심 용접(foil seam welding)
④ 맞대기 심 용접(butt seam welding)

18 용접 순서에 관한 설명으로 틀린 것은?

① 중심선에 대하여 대칭으로 용접한다.
② 수축이 적은 이음을 먼저하고 수축이 큰 이음은 후에 용접한다.
③ 용접선의 직각 단면 중심축에 대하여 용접의 수축력의 합이 0이 되도록 한다.
④ 동일 평면 내에 많은 이음이 있을 때는 수축은 가능한 자유단으로 보낸다.

해설
수축이 큰 이음을 먼저하고 수축이 적은 이음은 후에 용접한다.

19 맞대기 용접이음에서 판 두께가 6mm, 용접선 길이가 120mm, 인장응력이 9.5 N/mm^2 일 때 모재가 받는 하중은 몇 N 인가?

① 5680
② 5860
③ 6480
④ 6840

해설
$W = 9.5 \times 6 \times 120 = 6840 N$

20 다음 중 인장시험에서 알 수 없는 것은?

① 항복점
② 연신율
③ 비틀림강도
④ 단면수축률

21 다음 용접 결함 중 구조상의 결함이 아닌 것은?

① 기공
② 변형
③ 용입 불량
④ 슬래그 섞임

22 다음 중 일렉트로 가스 아크 용접의 특징으로 옳은 것은?

① 용접속도는 자동으로 조절된다.
② 판 두께가 얇을수록 경제적이다.
③ 용접장치가 복잡하여, 취급이 어렵고 고도의 숙련을 요한다.
④ 스패터 및 가스의 발생이 적고, 용접 작업 시 바람의 영향을 받지 않는다.

해설
일렉트로 가스 아크 용접
원리
이산화탄소(CO_2) 가스를 보호가스로 사용하여 CO_2 가스 분

정답 14 ③ 15 ② 16 ④ 17 ① 18 ② 19 ④ 20 ③ 21 ② 22 ①

위기 속에서 아크를 발생시키고 그 아크열로 모재를 용융시켜 접합한다. 이 용접법은 수냉식 동판을 사용하고 있으므로 이산화탄소 엔크로즈 아크 용접이라고도 한다.

특징
- 수동용접에 비하여 약 4~5배의 용융속도를 가지며, 용착금속량은 10배 이상 된다.
- 판 두께가 두꺼울수록 경제적이다.
- 판 두께에 관계없이 단층으로 상진 용접한다.
- 용접장치가 간단하며, 취급이 쉽고 고도의 숙련을 요하지 않는다.
- 용접속도는 자동으로 조절된다.
- 가스 절단 그대로 용접 할 수도 있다.
- 이동용 냉각동판에 급수장치가 필요하다.
- 용접 작업시 바람의 영향을 많이 받는다.
- 수직상태에서 횡 경사 60~90° 용접이 가능하며, 수평면에 45~90° 경사 용접이 가능하다.

23 피복 아크 용접에서 아크의 특성 중 정극성에 비교하여 역극성의 특징으로 틀린 것은?

① 용입이 얕다.
② 비드 폭이 좁다.
③ 용접봉의 용융이 빠르다.
④ 박판, 주철 등 비철금속의 용접에 쓰인다.

해설
직류 정극성의 특징
① 모재의 용입이 깊다.
② 비드 폭이 좁다.
③ 주로 후판에 사용된다.
④ 용접봉의 용융이 느리다.

24 가스 용접봉 선택조건으로 틀린 것은?

① 모재와 같은 재질일 것
② 용융 온도가 모재보다 낮을 것
③ 불순물이 포함되어 있지 않을 것
④ 기계적 성질에 나쁜 영향을 주지 않을 것

해설
용융 온도가 모재보다 높아야 용접이 가능하다.

25 아크 용접에 속하지 않는 것은?

① 스터드 용접
② 프로젝션 용접
③ 불활성가스 아크 용접
④ 서브 머지드 아크 용접

해설
프로젝션 용접은 전기저항용접의 종류이다.

26 아세틸렌(C_2H_2) 가스의 성질로 틀린 것은?

① 비중이 1,906으로 공기보다 무겁다.
② 순수한 것은 무색, 무취의 기체이다.
③ 구리, 은, 수은과 접촉하면 폭발성 화합물을 만든다.
④ 매우 불안전한 기체이므로 공기 중에서 폭발 위험성이 크다.

해설
아세틸렌(C_2H_2) 가스의 비중은 2.2~2.3이다.

27 용접용 2차측 케이블의 유연성을 확보하기 위하여 주로 사용하는 캡 타이어 전선에 대한 설명으로 옳은 것은?

① 가는 구리선을 여러 개로 꼬아 얇은 종이로 싸고 그 위에 니켈 피폭을 한 것
② 가는 구리선을 여러 개로 꼬아 튼튼한 종이로 싸고 그 위에 고무 피복을 한 것
③ 가는 알루미늄선을 여러 개로 꼬아 튼튼한 종이로 싸고 그 위에 니켈 피복을 한 것
④ 가는 알루미늄선을 여러 개로 꼬아 얇은 종이로 싸고 그 위에 고무 피복을 한 것

정답 23 ② 24 ② 25 ② 26 ① 27 ②

28 산소 용기를 취급할 때 주의사항으로 가장 적합한 것은?

① 산소밸브의 개폐는 빨리해야 한다.
② 운반 중에 충격을 주지 말아야 한다.
③ 직사광선이 쬐이는 곳에 두어야 한다.
④ 산소 용기의 누설시험에는 순수한 물을 사용해야 한다.

해설
산소 용기를 취급할 때 주의사항
① 산소밸브의 개폐는 천천히 해야 한다.
② 운반 중에 충격을 주지 말아야 한다.
③ 직사광선이 쬐이지 않는 장소에 온도는 40℃이하를 유지
④ 산소 용기의 누설시험에는 비눗물을 사용한다.

29 프로판 가스의 성질에 대한 설명으로 틀린 것은?

① 기화가 어렵고 발열량이 낮다.
② 액화하기 쉽고 용기에 넣어 수송이 편리하다.
③ 온도 변화에 따른 팽창률이 크고 물에 잘 녹지 않는다.
④ 상온에서는 기체 상태이고 무색, 투명하고 약간의 냄새가 난다.

해설
프로판 가스 (C_3H_8)는 액화와 기화가 다른 기체보다 용이하다.

30 아크가 발생될 때 모재에서 심선까지의 거리를 아크 길이라 한다. 아크 길이가 짧을 때 일어나는 현상은?

① 발열량이 작다.
② 스패터가 많아진다.
③ 기공 균열이 생긴다.
④ 아크가 불안정해 진다.

31 피복 아크 용접 중 용접봉의 용융속도에 관한 설명으로 옳은 것은?

① 아크전압 x 용접봉쪽 전압강하로 결정된다.
② 단위시간당 소비되는 전류 값으로 결정된다.
③ 동일종류 용접봉인 경우 전압에만 비례하여 결정된다.
④ 용접봉 지름이 달라도 동일종류 용접봉인 경우 용접봉 지름에는 관계가 없다.

32 산소-아세틸렌가스 용접기로 두께가 3.2mm인 연강 판을 V형 맞대기 이음을 하려면 이에 적합한 연강용 가스 용접봉의 지름(mm)을 계산서에 의해 구하면 얼마인가?

① 2.6   ② 3.2
③ 3.6   ④ 4.6

해설
$D = \dfrac{T}{2}+1 = \dfrac{3.2}{2}+1 = 2.6mm$
(D : 지름, T : 판 두께)

33 산소 프로판 가스 절단에서, 프로판 가스 1에 대하여 얼마의 비율로 산소를 필요로 하는가?

① 1.5   ② 2.5
③ 4.5   ④ 6

34 가스 절단작업에서 절단속도에 영향을 주는 요인과 가장 관계가 먼 것은?

① 모재의 온도   ② 산소의 압력
③ 산소의 순도   ④ 아세틸렌 압력

정답 28 ② 29 ① 30 ① 31 ④ 32 ① 33 ③ 34 ④

35 일미나이트계 용접봉을 비롯하여 대부분의 피복 아크 용접봉을 사용할 때 많이 볼 수 있으며 미세한 용적이 날려서 옮겨가는 용접이행 방식은?

① 단락형   ② 누적형
③ 스프레이형 ④ 글로뷸러형

해설
용융금속의 이행 형태
- 단락형 : 큰 용적이 용융지에 단락 되어 표면 장력의 작용으로 이행되는 형식으로 맨 용접봉, 박피복 용접봉에서 발생한다.
- 글로 블러형 : 비교적 큰 용적이 단락되지 않고 옮겨가는 형식으로 피복제가 두꺼운 저수소계 용접봉 등에서 발생한다.
- 스프레이형 : 미세한 용적이 스프레이와 같이 날려 이행되는 형식으로 고산화티탄계, 일미나이트계 등에서 발생한다.

36 아크 용접기의 구비조건으로 틀린 것은?

① 효율이 좋아야 한다.
② 아크가 안정되어야 한다.
③ 용접 중 온도상승이 커야 한다.
④ 구조 및 취급이 간단해야 한다.

해설
아크 용접기는 용접 중 온도상승의 변화가 적을수록 좋다.

37 피복 아크 용접봉에서 피복제의 역할로 틀린 것은?

① 용착금속의 급랭을 방지한다.
② 모재 표면의 산화물을 제거 한다.
③ 용착금속의 탈산 정련 작용을 방지한다.
④ 중성 또는 환원성 분위기로 용착금속을 보호한다.

38 가스용접에서 용제(flux)를 사용하는 가장 큰 이유는?

① 모재의 용융온도를 낮게 하여 가스 소비량을 적게하기 위해
② 산화작용 및 질화작용을 도와 용착금속의 조직을 미세화하기 위해
③ 용접봉의 용융속도를 느리게 하여 용접봉 소모를 적게하기 위해
④ 용접 중에 생기는 금속의 산화물 또는 비금속 개재물을 용해하여 용착금속의 성질을 양호하게 하기 위해

39 인장시험편의 단면적이 $50mm^2$이고 최대 하중이 $500kgf$일 때 인장강도는 얼마인가?

① $10\ kgf/mm^2$ ② $50\ kgf/mm^2$
③ $100\ kgf/mm^2$ ④ $250\ kgf/mm^2$

해설
$\sigma = \dfrac{W}{A} = \dfrac{500}{50} = 10\,kg/mm^2$

40 4% Cu, 2% Ni, 1.5% Mg 등을 알루미늄에 첨가한 Al 합금으로 고온에서 기계적 성질이 매우 우수하고, 금형 줄물 및 단조용으로 이용될 뿐만 아니라 자동차 피스톤용에 많이 사용되는 합금은?

① Y 합금   ② 슈퍼인바
③ 코슨합금   ④ 두랄루민

41 Al-Si계 합금을 개량처리하기 위해 사용되는 접종처리제가 아닌 것은?

① 금속나트륨   ② 염화나트륨
③ 불화알칼리   ④ 수산화나트륨

해설
개량 처리(Modification) : 실루민 합금(Al-Si계 합금)을 서랭하면 공정조직이 거칠게 발달하여 기계적 성질이 저하되므로 용융체에 미량의 Na, NaF, Sr(스트론튬)을 첨가하여 조직을 미세화시켜주는 처리

42 [그림]과 같은 결정격자는?

① 면심입방격자 ② 조밀육방격자
③ 저심면방격자 ④ 체심입방격자

43 Mg의 비중과 용융점(℃)은 약 얼마인가?

① 0.8, 350℃   ② 1.2, 550℃
③ 1.74, 650℃ ④ 2.7, 780℃

44 다음 중 Fe - C 평형상태도에서 가장 낮은 온도에서 일어나는 반응은?

① 공석반응   ② 공정반응
③ 포석반응   ④ 포정반응

해설
공석반응 (723℃)
공정반응 (1147℃)
포정반응 (1493℃)

45 금속의 공통적 특성으로 틀린 것은?

① 열과 전기의 양도체이다.
② 금속 고유의 광택을 갖는다.
③ 이온화하면 음(-)이온이 된다.
④ 소성변형성이 있어 가공하기 쉽다.

46 담금질한 강을 뜨임 열처리하는 이유는?

① 강도를 증가시키기 위하여
② 경도를 증가시키기 위하여
③ 취성을 증가시키기 위하여
④ 연성을 증가시키기 위하여

47 다음 중 소결 탄화물 공구강이 아닌 것은?

① 듀콜(Duecole)강
② 미디아(Midia)
③ 카블로이(Carboloy)
④ 텅갈로이(Tungalloy)

해설
듀콜강은 교량재 등 일반 구조용으로 쓰이는 저 망간강이다.

48 미세한 결정립을 가지고 있으며, 어느 응력하에서 파단에 이르기까지 수백 % 이상의 연신율을 나타내는 합금은?

① 제진합금   ② 초소성합금
③ 미경질합금 ④ 형상기억합금

49 합금 공구강 중 게이지용강이 갖추어야 할 조건으로 틀린 것은?

① 경도는 HRC 45 이하를 가져야 한다.
② 팽창계수가 보통강보다 작아야 한다.
③ 담금질에 의한 변형 및 균열이 없어야 한다.
④ 시간이 지남에 따라 치수의 변화가 없어야 한다.

해설
게이지용강은 정밀계측기 및 정밀부품에 사용하는 강으로서 경도는 HRC 55 이상를 가져야 한다.

정답 42 ④ 43 ③ 44 ① 45 ③ 46 ④ 47 ① 48 ② 49 ①

50 상온에서 방치된 황동 가공재나, 저온 풀림 경화로 얻은 스프링재가 시간이 지남에 따라 경도 등 여러 가지 성질이 악화되는 현상은?

① 자연 균열　② 경년 변화
③ 탈아연 부식　④ 고온 탈아연

51 그림과 같이 기점 기호를 기준으로 하여 연속된 치수선으로 치수를 기입하는 방법은?

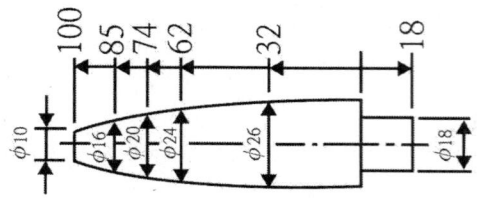

① 직렬 치수 기입법
② 병렬 치수 기입법
③ 좌표 치수 기입법
④ 누진 치수 기입법

52 아주 굵은 실선의 용도로 가장 적합한 것은?

① 특수 가공하는 부분의 범위를 나타내는데 사용
② 얇은 부분의 단면도시를 명시하는데 사용
③ 도시된 단면의 앞쪽을 표현하는데 사용
④ 이동한계의 위치를 표시하는데 사용

53 나사의 표시방법에 대한 설명으로 옳은 것은?

① 수나사의 골지름은 가는 실선으로 표시한다.
② 수나사의 바깥지름은 가는 실선으로 표시한다.
③ 암나사의 골지름은 아주 굵은 실선으로 표시한다.
④ 완전 나사부와 불완전 나사부의 경계선은 가는 실선으로 표시한다.

해설

수나사의 바깥지름은 굵은 실선으로 표시한다.
③ 암나사의 골지름은 가는 4분원 실선으로 표시한다.
④ 완전 나사부와 불완전 나사부의 경계선은 굵은 실선으로 표시한다.

54 다음 입체도의 화살표 방향을 정면으로 한다면 좌측면도로 적합한 투상도는?

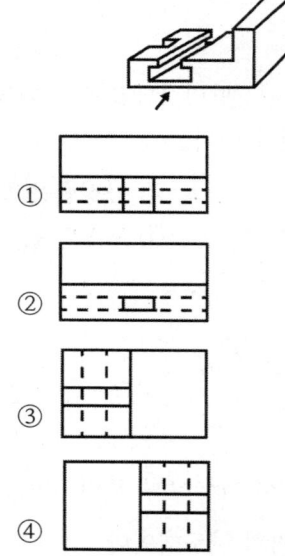

55 판을 접어서 만든 물체를 펼친 모양으로 표시할 필요가 있는 경우 그리는 도면을 무엇이라 하는가?

① 투상도　② 개략도
③ 입체도　④ 전개도

정답 50 ② 51 ④ 52 ② 53 ① 54 ① 55 ④

56 배관도서기호에서 유량계를 나타내는 기호는?

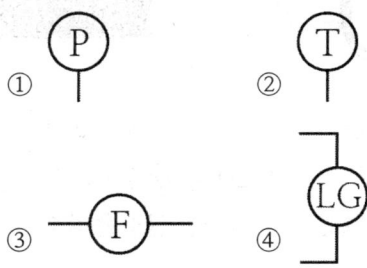

57 그림과 같은 입체도의 정면도로 적합한 것은?

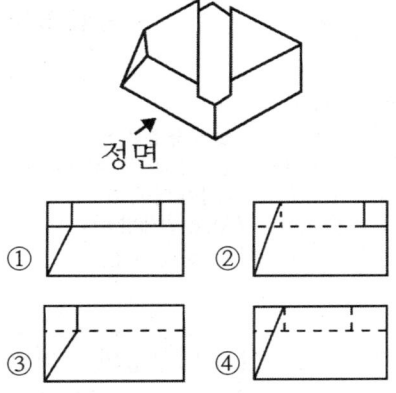

58 재료 기호 중 SPHC의 명칭은?

① 배관용 탄소 강관
② 열간 압연 연강판 및 강대
③ 용접구조용 압연 강재
④ 냉간 압연 강판 및 강대

59 용접 보조기호 중 "제거 가능한 이면 관계 사용" 기호는?

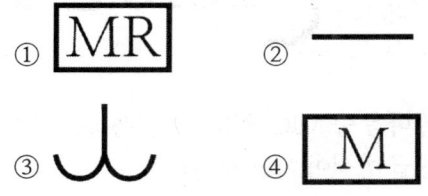

해설
② 평면 다듬질
③ 필릿 용접 끝단부 매끄럽게 다듬질
④ 영구적인 덮개판(이면) 사용

60 기계제도에서 사용하는 척도에 대한 설명으로 틀린 것은?

① 척도의 표시방법에는 현척, 배척, 축척이 있다.
② 도면에 사용한 척도는 일반적으로 표제란에 기입한다.
③ 한 장의 도면에 서로 다른 척도를 사용할 필요가 있는 경우에는 해당되는 척도를 모두 표제란에 기입한다.
④ 척도는 대상물과 도면의 크기로 정해진다.

해설
한 장의 도면에 서로 다른 척도를 사용할 필요가 있는 경우에는 해당되는 척도를 부품도 옆에 기입해도 무방하다.

정답 56 ③ 57 ② 58 ② 59 ① 60 ③

2016년 3회 시행

01 다음 중 MIG 용접에서 사용하는 와이어 송급 방식이 아닌 것은?

① 풀(pull) 방식
② 푸시(push) 방식
③ 푸시 풀(push-pull) 방식
④ 푸시 언더(push-under) 방식

해설
MIG 용접에서 사용하는 와이어 송급 방식에는 풀방식, 푸시 방식, 푸시 풀 방식, 더블 푸쉬방식 이있다.

02 용접결함과 그 원인의 연결이 틀린 것은?

① 언더컷 – 용접전류가 너무 낮을 경우
② 슬래그 섞임 – 운봉속도가 느릴 경우
③ 기공 – 용접부가 급속하게 응고될 경우
④ 오버랩 – 부적절한 운봉법을 사용했을 경우

해설
언더컷은 용접선 끝에 생기는 작은 홈으로 용접전류의 과대, 운봉의 불량, 용접전류, 속도의 부적당으로 발생하는 결함이다.

03 일반적으로 용접순서를 결정할 때 유의해야할 사항으로 틀린 것은?

① 용접물의 중심에 대하여 항상 대칭으로 용접한다.
② 수축이 작은 이음을 먼저 용접하고 수축이 큰 이음은 나중에 용접한다.
③ 용접 구조물이 조립되어감에 따라 용접작업이 불가능한 곳이나 곤란한 경우가 생기지 않도록 한다.
④ 용접 구조물의 중립축에 대하여 용접수축력의 모멘트 합이 0이 되게 하면 용접선 방향에 대한 굽힘을 줄일 수 있다.

04 용접부에 생기는 결함 중 구조상의 결함이 아닌 것은?

① 기공   ② 균열
③ 변형   ④ 용입 불량

해설
용접 시공 시 유의점
• 수축이 큰 맞대기 이음을 먼저 용접한 후 필릿 용접
• 큰 구조물은 구조물의 중앙에서 끝으로 향하여 용접
• 용접선에 대하여 수축력의 합이 영이 되도록 한다.
• 리벳과 같이 쓸 때에는 용접 후 리베팅한다.
• 물품의 중심에 대하여 대칭으로 용접 진행

05 스터드 용접에서 내열성의 도기로 용융 금속의 산화 및 유출을 막아주고 아크열을 집중시키는 역할을 하는 것은?

① 페룰   ② 스터드
③ 용접토치   ④ 제어장치

해설
페룰의 역할은 용융금속의 유출 방지, 용착부의 오염 방지, 용접사의 눈을 아크로부터 보호 이다.

06 다음 중 저항 용접의 3요소가 아닌 것은?

① 가압력   ② 통전 시간
③ 용접 토치   ④ 전류의 세기

정답 01 ④ 02 ① 03 ② 04 ③ 05 ① 06 ③

07 다음 중 용접이음의 종류가 아닌 것은?
① 십자 이음   ② 맞대기 이음
③ 변두리 이음   ④ 모따기 이음

08 일렉트로 슬래그 용접의 장점으로 틀린 것은?
① 용접 능률과 용접 품질이 우수하다.
② 최소한의 변형과 최단시간의 용접법이다.
③ 후판을 단일층으로 한 번에 용접할 수 있다.
④ 스패터가 많으며 80%에 가까운 용착 효율을 나타낸다.

09 선박, 보일러 등 두꺼운 판의 용접 시 용융 슬래그와 와이어의 저항 열을 이용하여 연속적으로 상진하는 용접법은?
① 테르밋 용접
② 넌실드 아크 용접
③ 일렉트로 슬래그 용접
④ 서브머지드 아크 용접

10 다음 중 스터드 용접법의 종류가 아닌 것은?
① 아크 스터드 용접법
② 저항 스터드 용접법
③ 충격 스터드 용접법
④ 텅스텐 스터드 용접법

11 탄산가스 아크 용접에서 용착속도에 관한 내용으로 틀린 것은?
① 용접속도가 빠르면 모재의 입열이 감소한다.
② 용착률은 일반적으로 아크전압이 높은 쪽이 좋다.
③ 와이어 용융속도는 와이어의 지름과는 거의 관계가 없다.
④ 와이어 용융속도는 아크 전류에 거의 정비례하며 증가한다.

해설
이산화탄소 가스 아크용접에서 아크 전압이 높아지면 비드 폭은 넓어지나 용착률은 높아지지 않는다.

12 플래시 버트 용접 과정의 3단계는?
① 업셋, 예열, 후열
② 예열, 검사, 플래시
③ 예열, 플래시, 업셋
④ 업셋, 플래시, 후열

13 용접결함 중 은점의 원인이 되는 주된 원소는?
① 헬륨   ② 수소
③ 아르곤 ④ 이산화탄소

14 다음 중 제품별 노내 및 국부풀림의 유지 온도와 시간이 올바르게 연결된 것은?
① 탄소강 주강품 : 625±25℃, 판두께 25mm에 대하여 1시간
② 기계구조용 연강재 : 725±25℃, 판두께 25mm에 대하여 1시간
③ 보일러용 압연강재 : 625±25℃, 판두께 25mm에 대하여 4시간
④ 용접구조용 연강재 : 725±25℃, 판두께 25mm에 대하여 2시간

정답 07 ④ 08 ④ 09 ③ 10 ④ 11 ② 12 ③ 13 ② 14 ①

15 용접 시공에서 다층 쌓기로 작업하는 용착법이 아닌 것은?

① 스킵법　　② 빌드업법
③ 전진 블록법　④ 캐스케이드법

해설
스킵법은 비석법이라고도 하며 용접 길이를 짧게 나누어 간격을 두면서 용접하는 방법으로 잔류응력을 적게 할 경우 사용한다.

16 예열의 목적에 대한 설명으로 틀린 것은?

① 수소의 방출을 용이하게 하여 저온 균열을 방지한다.
② 열영향부와 용착 금속의 경화를 방지하고 연성을 증가시킨다.
③ 용접부의 기계적 성질을 향상시키고 경화조직의 석출을 촉진시킨다.
④ 온도 분포가 완만하게 되어 열응력의 감소로 변형과 잔류 응력의 발생을 적게 한다.

해설
예열의 목적
• 용접부와 인접된 모재의 수축응력을 감소하여 균열 발생 억제
• 냉각속도를 느리게 하여 모재의 취성 방지
• 용착금속의 수소 성분이 방출되는 시간적 여유를 주어 비드 밑의 균열 방지

17 용접 작업에서 전격의 방지대책으로 틀린 것은?

① 땀, 물 등에 의해 젖은 작업복, 장갑 등은 착용하지 않는다.
② 텅스텐봉을 교체할 때 항상 전원 스위치를 차단하고 작업한다.
③ 절연홀더의 절연부분이 노출, 파손되면 즉시 보수하거나 교체한다.
④ 가죽 장갑, 앞치마, 발 덮게 등 보호구를 반드시 착용하지 않아도 된다.

해설
가죽 장갑, 앞치마, 발 덮게 등 보호구를 반드시 착용하여야 한다.

18 서브머지드 아크용접에서 용제의 구비조건에 대한 설명으로 틀린 것은?

① 용접 후 슬래그(Slag)의 박리가 어려울 것
② 적당한 입도를 갖고 아크 보호성이 우수할 것
③ 아크 발생을 안정시켜 안정된 용접을 할 수 있을 것
④ 적당한 합금성분을 첨가하여 탈황, 탈산 등의 정련작용을 할 것

19 MIG 용접의 전류밀도는 TIG 용접의 약 몇 배 정도인가?

① 2　　② 4
③ 6　　④ 8

20 다음 중 파괴시험에서 기계적 시험에 속하지 않는 것은?

① 경도 시험　② 굽힘 시험
③ 부식 시험　④ 충격 시험

해설
부식 시험은 화학적시험이다.

21 다음 중 초음파 탐상법에 속하지 않는 것은?

① 공진법　　② 투과법
③ 프로드법　④ 펄스 반사법

해설
프로드법은 자분탐상검사 시험방법으로 시험체의 국부에 2개의 전극을

정답 15 ① 16 ③ 17 ④ 18 ① 19 ① 20 ③ 21 ③

접촉시키고 시험체 표면에 근접한 2점 사이에만 집중적으로 전류를 흘려, 필요한 강도의 원형 자계를 형성시켜 시험하는 방법이다.

22 화재 및 소화기에 관한 내용으로 틀린 것은?

① A급 화재란 일반화재를 뜻한다.
② C급 화재란 유류화재를 뜻한다.
③ A급 화재에는 포말소화기가 적합하다.
④ C급 화재에는 CO_2 소화기가 적합하다.

해설
A급 - 일반화재, B급 - 유류, C급 - 전기, D급 - 금속분화제

23 TIG 절단에 관한 설명으로 틀린 것은?

① 전원은 직류 역극성을 사용한다.
② 절단면이 매끈하고 열효율이 좋으며 능률이 대단히 높다.
③ 아크 냉각용 가스에는 아르곤과 수소의 혼합가스를 사용한다.
④ 알루미늄, 마그네슘, 구리와 구리합금, 스테인리스강 등 비철금속의 절단에 이용한다.

해설
전원은 주로 직류 정극성을 사용한다.

24 다음 중 기계적 접합법에 속하지 않는 것은?

① 리벳   ② 용접
③ 접어 잇기   ④ 볼트 이음

25 다음 중 아크절단에 속하지 않는 것은?

① MIG 절단
② 분말 절단
③ TIG 절단
④ 플라즈마 제트 절단

26 가스 절단 작업 시 표준 드래그 길이는 일반적으로 모재 두께의 몇 % 정도인가?

① 5   ② 10
③ 20   ④ 30

27 용접 중에 아크를 중단시키면 중단된 부분이 오목하거나 납작하게 파진 모습으로 남게 되는 것은?

① 피트   ② 언더컷
③ 오버랩   ④ 크레이터

28 10000~30000°C의 높은 열에너지를 가진 열원을 이용하여 금속을 절단하는 절단법은?

① TIG 절단법
② 탄소 아크 절단법
③ 금속 아크 절단법
④ 플라즈마 제트 절단법

29 일반적인 용접의 특징으로 틀린 것은?

① 재료의 두께에 제한이 없다.
② 작업공정이 단축되며 경제적이다.
③ 보수와 수리가 어렵고 제작비가 많이 든다.
④ 제품의 성능과 수명이 향상되며 이종 재료도 용접이 가능하다.

정답 22 ② 23 ① 24 ② 25 ② 26 ③ 27 ④ 28 ④ 29 ③

30 일반적으로 두께가 3mm인 연강판을 가스 용접하기에 가장 적합한 용접봉의 직경은?

① 약 2.6mm ② 약 4.0mm
③ 약 5.0mm ④ 약 6.0mm

31 연강용 피복 아크 용접봉의 종류에 따른 피복제 계통이 틀린 것은?

① E 4340 : 특수계
② E 4316 : 저수소계
③ E 4327 : 철분산화철계
④ E 4313 : 철분산화티탄계

해설
E 4313 은 고산화티탄계로 용입이 적은 박판 용접에 좋다.

32 다음 중 아크 쏠림 방지대책으로 틀린 것은?

① 접지점 2개를 연결할 것
② 용접봉 끝은 아크 쏠림 반대 방향으로 기울일 것
③ 접지점을 될 수 있는 대로 용접부에서 가까이 할 것
④ 큰 가접부 또는 이미 용접이 끝난 용착부를 향하여 용접할 것

해설
아크 쏠림(아크 블로, 자기불림)은 용접전류에 의해 아크 주위에 발생하는 자장이 용접봉에 대하여 비대칭일 때 일어나는 현상이며 방지대책은 다음과 같다.

• 직류용접기 대신 교류접기를 사용한다.
• 아크 길이를 짧게 유지한다.
• 접지를 용접부로부터 멀리한다.
• 긴 용접선에는 후퇴법을 사용한다.
• 용접봉 끝은 아크쏠림 반대방향으로 기울인다.

33 양호한 절단면을 얻기 위한 조건으로 틀린 것은?

① 드래그가 가능한 클 것
② 슬래그 이탈이 양호할 것
③ 절단면 표면의 각이 예리할 것
④ 절단면이 평활하다 드래그의 홈이 낮을 것

34 산소-아세틸렌가스 절단과 비교한, 산소-프로판가스절단의 특징으로 틀린 것은?

① 슬래그 제거가 쉽다.
② 절단면 윗 모서리가 잘 녹지 않는다.
③ 후판 절단 시에는 아세틸렌보다 절단 속도가 느리다.
④ 포갬 절단 시에는 아세틸렌보다 절단 속도가 빠르다.

해설
산소-아세틸렌 가스 절단의 특징
1. 불꽃의 조정이 용이하다.
2. 절단개시까지의 예열시간이 짧다.
3. 박판 절단의 경우 프로판보다 절단속도가 빠르다.

산소-프로판 가스절단의 특징
1. 절단면 상연이 잘 녹아내리지 않는다.
2. 절단면이 미세하며 깨끗하다
3. 슬래그가 쉽게 떨어진다.
4. 중첩 절단이나 후판 절단 할 때는 아세틸렌보다 절단속도가 빠르다.

정답 30 ① 31 ④ 32 ③ 33 ① 34 ③

35 용접기의 사용률(duty cycle)을 구하는 공식으로 옳은 것은?

① 사용률(%) = 휴식시간 / (휴식시간 + 아크발생시간) × 100
② 사용률(%) = 아크발생시간 / (아크발생시간 + 휴식시간) × 100
③ 사용률(%) = 아크발생시간 / (아크발생시간 - 휴식시간) × 100
④ 사용률(%) = 휴식시간 / (아크발생시간 - 휴식시간) × 100

36 가스절단에서 예열불꽃의 역할에 대한 설명으로 틀린 것은?

① 절단산소 운동량 유지
② 절단산소 순도 저하 방지
③ 절단개시 발화점 온도 가열
④ 절단재의 표면 스케일 등의 박리성 저하

해설
예열불꽃의 역할
• 절단 개시점을 발화온도로 가열, 절단 산소의 순도 저하 방지, 절단 산소의 운동량 유지, 절단재 표면 스케일 등을 제거하여 절단 산소와의 반응을 용이하게 한다.

37 가스 용접 작업에서 양호한 용접부를 얻기 위해 갖추어야 할 조건으로 틀린 것은?

① 용착 금속의 용집 상태가 균일해야 한다.
② 용접부에 첨가된 금속의 성질이 양호해야 한다.
③ 기름, 녹 등을 용접 전에 제거하여 결함을 방지한다.
④ 과열의 흔적이 있어야 하고 슬래그나 기공 등도 있어야 한다.

38 용접기 설치 시 1차 입력이 10 kVA이고 전원전압이 200V이면 퓨즈 용량은?

① 50A   ② 100A
③ 150A ④ 200A

해설
퓨즈용량 = $\frac{10000}{200} = 50\,A$

39 다음의 희토류 금속원소 중 비중이 약 16.6, 용융점은 약 2996℃이고, 150℃ 이하에서 불활성 물질로서 내식성이 우수한 것은?

① Se   ② Te
③ In   ④ Ta

40 압입체의 대면각이 136°인 다이아몬드 피라미드에 하중 1~120kg을 사용하여 특히 얇은 물건이나 표면 경화된 재료의 경도를 측정하는 시험법은 무엇인가?

① 로크웰 경도 시험법
② 비커스 경도 시험법
③ 쇼어 경도 시험법
④ 브리넬 경도 시험법

41 T.T.T 곡선에서 하부 임계냉각 속도란?

① 50% 마텐자이트를 생성하는데 요하는 최대의 냉각속도
② 100% 오스테나이트를 생성하는데 요하는 최소의 냉각속도
③ 최초의 소르바이트가 나타나는 냉각속도
④ 최초의 마텐자이트가 나타나는 냉각속도

정답 35 ② 36 ④ 37 ④ 38 ① 39 ④ 40 ② 41 ④

42 1000~1100℃에서 수중냉각 함으로써 오스테나이트 조직으로 되고, 인성 및 내마멸성 등이 우수하여 광석 파쇄기, 기차레일, 굴삭기 등의 재료로 사용되는 것은?

① 고 Mn강　　② Ni – Cr강
③ Cr – Mo강　④ Mo계 고속도강

해설
고 Mn강은 하드필드강으로 인성 및 내마멸성 등이 우수한 합금강이다.

43 게이지용 강이 갖추어야 할 성질로 틀린 것은?

① 담금질에 의해 변형이나 균열이 없을 것
② 시간이 지남에 따라 치수변화가 없을 것
③ HRC55 이상의 경도를 가질 것
④ 팽창계수가 보통 강보다 클 것

해설
게이지용강은 정밀계측기 및 정밀부품에 사용하는 강으로서 팽창계수가 보통 강보다 작으며 경도는 HRC 55 이상를 가져야한다.

44 알루미늄을 주성분으로 하는 합금이 아닌 것은?

① Y합금　　② 라우탈
③ 인코넬　　④ 두랄루민

해설
인코넬의 주 성분은 니켈을 주체로 하며 15%의 크롬과, 6~7%의 철, 2.5%의 티탄, 1%이하의 알루미늄, 망간, 규소 함유되어 있으며 900℃ 이상의 산화기류 상태에서 산화하지 않는 우수한 내열성을 갖고 있습니다.

45 두 종류 이상의 금속 특성을 복합적으로 얻을 수 있고 바이메탈 재료 등에 사용되는 합금은?

① 제진 합금　　② 비정질 합금
③ 클래드 합금　④ 형상 기억 합금

46 황동 중 60%Cu + 40%Zn 합금으로 조직이 α + β 이므로 상온에서 전연성이 낮으나 강도가 큰 합금은?

① 길딩 메탈(gilding metel)
② 문쯔 메탈(Muntz metel)
③ 두라나 메탈(durana metel)
④ 애드미럴티 메탈(Admiralty metel)

47 가단주철의 일반적인 특징이 아닌 것은?

① 담금질 경화성이 있다.
② 주조성이 우수하다.
③ 내식성, 내충격성이 우수하다.
④ 경도는 Si량이 적을수록 좋다.

48 금속에 대한 성질을 설명한 것으로 틀린 것은?

① 모든 금속은 상온에서 고체 상태로 존재한다.
② 텅스텐(W)의 용융점은 약 3410℃이다.
③ 이리듐 (Ir)의 비중은 약 22.5 이다.
④ 열 및 전기의 양도체이다.

해설
수은은 금속으로 상온에서 액상이다.

정답 42 ① 43 ④ 44 ③ 45 ③ 46 ② 47 ④ 48 ①

49 순철이 910℃에서 Ac_3 변태를 할 때 결정 격자의 변화로 옳은 것은?

① BCT → FCC ② BCC → FCC
③ FCC → BCC ④ FCC → BCT

50 압력이 일정한 Fc-C 평형상태도에서 공정점의 자유도는?

① 0 ② 1
③ 2 ④ 3

51 다음 중 도면의 일반적인 구비조건으로 관계가 가장 먼 것은?

① 대상물의 크기, 모양, 자세, 위치의 정보가 있어야 한다.
② 대상물을 명확하고 이해하기 쉬운 방법으로 표현해야 한다.
③ 도면의 보존, 검색 이용이 확실히 되도록 내용과 양식을 구비해야 한다.
④ 무역과 기술의 국제 교류가 활발하므로 대상물의 특징을 알 수 없도록 보안성을 유지해야 한다.

해설
도면은 항상 규격에 맞추어서 제작해야한다.

52 보기 입체도를 제 3각법으로 올바르게 투상한 것은?

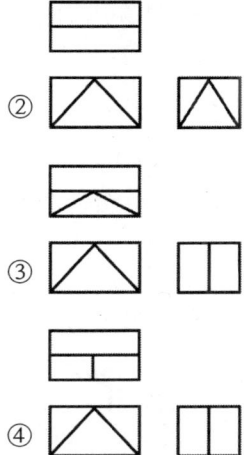

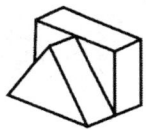

①

②

③

④

53 배관도에서 유체의 종류와 문자 기호를 나타내는 것 중 틀린 것은?

① 공기 : A
② 연료 가스 : G
③ 증기 : W
④ 연료유 또는 냉동기유 : O

해설
증기 : S

54 리벳의 호칭 표기법을 순서대로 나열한 것은?

① 규격번호, 종류, 호칭지름×길이, 재료
② 종류, 호칭지름×길이, 규격번호, 재료
③ 규격번호, 종류, 재료, 호칭지름×길이
④ 규격번호, 호칭지름×길이, 종류, 재료

55 다음 중 일반적으로 긴 쪽 방향으로 절단하여 도시할 수 있는 것은?

① 리브 ② 기어의 이
③ 바퀴의 암 ④ 하우징

정답 49 ② 50 ① 51 ④ 52 ④ 53 ③ 54 ① 55 ④

56 단면의 무게 중심을 연결한 선을 표시하는데 사용하는 선의 종류는?

① 가는 1점 쇄선　② 가는 2점 쇄선
③ 가는 실선　④ 굵은 파선

57 다음 용접 보조기호에 현장 용접기호는?

58 보기 입체도의 화살표 방향 투상 도면으로 가장 적합한 것은?

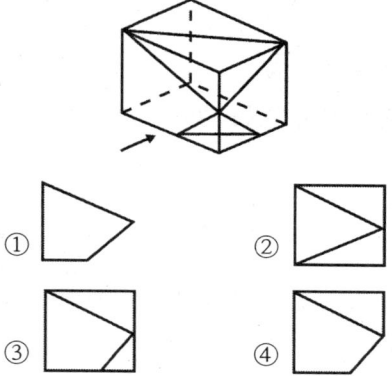

59 탄소강 단강품의 재료 표시기호 "SF 490A"에서 "490"이 나타내는 것은?

① 최저 인장강도　② 강재 종류 번호
③ 최대 항복강도　④ 강재 분류 번호

해설
SF : 단조강
490A : 최저 인장강도
490 N/mm^2

60 다음 중 호의 길이 치수를 나타내는 것은?

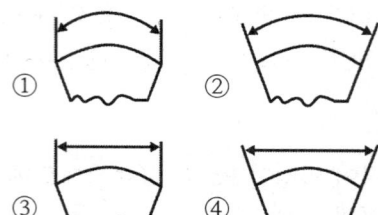

정답 56 ② 57 ② 58 ③ 59 ① 60 ①

저자와 동의하에 생략

디딤돌
용접기능사 필기

발행일	2021년 05월 31일 초판 인쇄
	2023년 08월 15일 재판 인쇄
저자	한홍걸
발행처	도서출판 한필
주소	강원도 원주시 배울로 27, 202호
Tel.	0507. 1308. 8101
Email	hanpil7304@gmail.com

· 책의 어느 부분도 저작권자나 발행인의 승인 없이 무단 복제하여 이용 할 수 없습니다.
· 본 및 낙장에 관한 문의는 출판사로 해주시기 바랍니다.

정가 : 20,000
ISBN 979-11-89374-49-5